우주경쟁의 세계정치

복합지정학의 시각

이 저서는 2020년 서울대학교 미래전연구센터의 지원을 받아 수행된 연구임; 이 저서는 2020년 대한민국
교육부와 한국연구재단의 지원을 받아 수행된 연구임(NRF-2020S1A3A2A01095177).

우주경쟁의 세계정치

복합지정학의 시각

김상배 엮음

김상배·최정훈·김지이·알리나 쉬만스카·
한상현·이강규·이승주·안형준·유준구 지음

World Politics of the Competition for Space

The Perspective of Complex Geopolitics

한울
아카데미

차례

제2부　우주경쟁의 세계정치

이 책은 서울대학교 미래전연구센터 총서 시리즈의 세 번째 책이다. 총서 1 『4차 산업혁명과 신흥 군사안보: 미래전의 진화와 국제정치의 변환』(2020)과 총서 2 『4차 산업혁명과 첨단 방위산업: 신흥권력 경쟁의 세계정치』(2021)에 이어 총서 3으로 출간하게 되었다. 총서 1이 4차 산업혁명이 무기체계와 전쟁 양식 및 세계정치의 변환에 미친 영향에 대한 분석에 주력했다면, 총서 2는 미래의 전쟁 수행 능력에 영향을 미치는 4차 산업혁명 시대의 첨단 방위산업을 파헤쳤다. 이러한 연속선상에서 총서 3이 다룬 주제는 복합지정학의 시각에서 본 우주경쟁의 세계정치이다.

앞선 총서 두 권이 모두 서울대학교 미래전연구센터와 연계된 전문가 연구 프로젝트의 결과물이었던 데 반해, 이번 책은 다소 느슨한 형식으로 시작된 공부 모임의 산물이다. 이 책에 담긴 고민은, 2019년 여름 새로운 연구 주제로서 우주 이슈를 탐색하기 위해서 모였던 세미나에서 시작되었다. 그 후 2년여의 다소 긴 여정을 거치며 생각을 다듬고 필진도 보강하면서 이제 단행본으로 묶어서 세상에 나오게 되었다. 최근 미래전 연구 분야에서 우주 이슈가 새로이 주목받고 있는데, 미래전연구센터 세미나 프로그램의 수강생들에게 의미 있는 '읽을거리'가 되기를 기대한다.

이 책의 총론인 제1장 "우주공간의 복합지정학: 전략·산업·규범의 3차원 경쟁"(김상배)은 이 책의 기저에 깔린 문제의식을 소개했다. 최근 우주에 관심이 집중되는 것은, 냉전기의 우주공간을 다시 소환하려는 의도는 아니다. 오늘날의 우주공간은 4차 산업혁명 시대의 기술·정보·데이터 환경을 배경으로 일상생활 전반에 큰 영향을 미치고 있다. 우주공간은 새롭게 구성되는 사회적 공간이며, 육·해·공·사이버공간과 연동된 '복합공간'이라고 할 수 있다. 더욱이 우주공간에 참여하는 주체도 다변화하고 있다. 고도의 과학기술과 자본이 필요한 분야라는 우주개발의 특성상 과거에는 주로 몇몇 강대국들의 업무로 인식되었다. 그러나 최근에는 그 참여의 문턱이 낮아져서 여타 선진국들과 중견국들도 참여하게 되었으며, 더 나아가 민간기업들도 우주산업에 참여하고 있다. 이렇게 양적으로 확대되고 질적으로 변화하는 우주 복합공간에서의 경쟁이 치열해지면서 그것이 초래할 안보 위협에 대한 인식도 달라지고 있다. 우주공간에 대한 전략적·경제적·사회적 수요가 커지면서 우주공간을 둘러싼 지정학적 갈등의 소지도 늘어났다. 복합공간으로 이해되고 있는 우주가 국가안보에 미치는 영향을 이해하고 이에 대응하는 국방전략을 모색할 과제도 제기되고 있다. 그러나 오늘날의 우주는 지정학적 프레임에서만 이해할 성격의 것은 아니다. 우주의 복합적 특성에 대한 이해를 바탕으로 현재 제기되고 있는 주요 현안에 대한 분석과 더 나아가 이에 걸맞은 국제협력과 거버넌스, 그리고 관련 국가 행위자의 역할에 대한 고민이 필요하다. 이러한 문제의식을 바탕으로 이 책은 복합지정학 complex geopolitics의 시각에서 우주경쟁의 세계정치를 탐구했다.

제1부 '주요국의 우주전략'은 미국, 중국, 러시아, 유럽연합의 우주전략과 그 기저에 깔린 인식과 제도 및 국제적 차원에서 우주외교의 현안에 대한 입장을 분석했다.

제2장 "트럼프 행정부 이후 미국 우주정책: '뉴스페이스'와 '신우주경쟁'에 따른 변화의 추세"(최정훈)는 트럼프 행정부 출범 이후 국가전략적 목표를 위해 우주공간을 적극적으로 활용하겠다는 의지를 강하게 드러내고 있는 미국의 우

주정책을 다루었다. 미국의 우주정책은 우주탐사뿐 아니라, 우주의 상업적 이용 촉진, 우주교통관리 및 우주상황인식, 우주군 설립 등 다방면으로 이루어지고 있다. 이러한 미국의 행보는 지구 대기권 내에서 점차 윤곽을 드러내고 있는 미중경쟁의 양상이 지구 저궤도, 나아가 심우주까지 확장될 가능성을 시사하는 것으로 해석되어 왔다. 또 다른 한편으로는 민간의 상업적 우주 활용 역량이 폭발적으로 신장되면서 출현하고 있는 이른바 '뉴스페이스NewSpace'에 적응하여, 자신의 국익 추구에 활용하려는 측면도 존재한다. 그렇다면 트럼프 행정부와 그 이후 미국의 우주정책이 보이고 있는 변화는 미중경쟁과 민간 우주산업의 발달이라는 두 가지 요인과 어떠한 관계가 있는가? 미국의 새로운 우주정책은 이전 냉전기 및 탈냉전기 우주정책과 차별화된 면모를 보이고 있다고 할 수 있는가? 이러한 질문에 대한 한 가지 답을 찾기 위해, 제2장은 트럼프 행정부의 출범을 전후한 미국의 우주정책을 분석하고, 그 변화의 궤적을 살펴보았다. 그리고 이를 통해 변혁보다는 점진적 진화에 가깝게 변화해 온 미국 우주정책이, 중국의 부상과 이에 따른 새로운 안보환경에 대응하기 위해 민간 영역의 우주역량을 적극적으로 육성하고, 이를 활용해 자국의 안보와 우주 분야 주도권을 재확립하는 방향으로 전환되고 있음을 보이고자 한다. 미중경쟁이라는 국제적 환경과 '뉴스페이스'의 부상이라는 산업 영역에서의 변화가 지속되는 한, 이러한 움직임은 트럼프 행정부 이후에도 지속될 것으로 전망할 수 있다.

제3장 "중국의 우주전략과 주요 현안에 대한 입장"(김지이)은 최근 공격적으로 우주개발을 추진하고 있는 중국의 우주공간에 대한 인식 및 우주개발의 역사적 배경과 전략을 살펴보았다. 특히 우주 영역에서의 빠른 발전을 바탕으로 중국이 궁극적으로 우주개발을 통해 얻고자 하는 바가 무엇인가를 탐구했다. 이를 위해서 현재 중국의 우주기관, 우주백서, 민관협력, 우주제도 등을 중심으로 중국의 우주전략의 추진 현황을 전반적으로 살펴보았다. 동시에 중국 국무원에서 5년 주기로 내놓는 『중국 항공우주 백서』와 중국의 군사전략이 담겨

있는 『국방백서』를 토대로 중국의 우주에 대한 구체적 추진 전략 및 제도를 알아보고 관련 변화 양상을 고찰했다. 또한 중국이 가진 우주공간 또는 우주 분야에 대한 인식을 '구성적 제도주의' 분석틀을 원용하여 살펴봄으로써 이익·제도·관념의 각 차원별로 우주공간에 대한 중국의 인식 양상이 어떻게 나타나는지를 살펴보았다. 끝으로 현재 중국은 공식적으로는 우주공간에 대한 평화적 이용을 강조하고 지지하는 모습을 보이고 있지만, 동시에 어느 나라보다도 빠르게 우주공간의 군사화를 준비하고 있다는 사실을 주장했으며, 이러한 내용들이 한국에게 주는 시사점을 제시해 보았다.

제4장 "러시아의 우주전략: 우주프로그램의 핵심 과제와 우주 분야 국제협력의 주요 현안에 대한 입장"(알라나 쉬만스카)은 러시아 우주프로그램의 주요 개발 과제가 무엇이고, 다양한 우주 외교 이슈에 대해 러시아가 어떠한 입장을 취했는지를 살펴보았다. 냉전 시대에 러시아는 우주 강국으로 널리 알려져 있었다. 그러나 소련이 해체된 후, 러시아는 심각한 경제난에 직면했고 우주 능력을 보유하는 다른 나라들에 비해 많이 뒤처졌다. 러시아는 우주역량의 약화가 군사·경제·사회적 경쟁력은 물론 세계무대에서 강대국 이미지까지 훼손시키고 러시아의 국가전략 전반을 발전시키는 데에 걸림돌이 된다고 인식했다. 이러한 이유로 새천년이 시작되면서 러시아 연방 정부는 산업과 기반시설에 대한 국가 경쟁력을 회복하기 위해 우주 인프라의 개발 프로젝트 및 새로운 우주프로그램을 시행하게 되었다. 그리고 기술적인 차원을 넘어서 우주 외교 분야에 크게 관여하고 있다. 이러한 연속선상에서 러시아 외교는 우주 군사화, 우주파편물 적극 제거, 각국의 우주 자주 국방권, 투명성과 신뢰구축조치 TCBMs, 우주활동의 장기적 지속가능성LTS, 달 탐사 등과 관련된 다양한 이슈에 대해 러시아의 견해를 적극적으로 밝히고 있다.

제5장 "자강불식(自強不息)의 유럽연합: 우주공간의 전략·산업·규범을 중심으로"(한상현)는 미국, 중국, 러시아와 같은 강대국뿐만 아니라 한국, 호주, 인도과 같은 중견국들과 경쟁을 벌이고 있는 유럽연합의 우주전략을 살펴보았

다. 의존성을 낮추고 독립성을 높이고자 하는 유럽연합의 행태는 마치 스스로 끊임없이 노력하는 자강불식의 모습을 보여주고 있다. 전략적 측면에서 유럽연합은 자체적인 위성항법, 지구관측 체계 구축을 목표로 이를 군사안보의 영역까지 확대하고자 하는 모습을 보이고 있다. 특히 지구관측 영역에서는 민간 분야가 주도적으로 데이터를 활용하는 뉴스페이스 패러다임을 반영한다. 산업적 측면에서 유럽연합은 유럽산 부품 이니셔티브나 비의존성 행동계획을 통해 유럽의 우주산업을 적극적으로 지원하고 있다. 특히 유럽연합 차원의 투자를 통해 유럽의 우주산업 전반에 혁신이 도입될 수 있으며 이는 다시 유럽 차원의 이익이 되는 선순환적 구조를 구축하고자 한다. 마지막으로 유럽연합에서 주도적으로 추진하고 있는 외기권 활동에 대한 행동규범도 역시 미국과 중국, 러시아가 주도하는 우주규범 구축 경쟁에 있어서 유럽만의 규범을 구축하려는 시도로 평가될 수 있다. 내용적으로 투명성과 신뢰구축 조치를 중점으로 추진하는 행태는 교착 상태에 빠진 우주규범 경쟁을 돌파하고자 하는 의도를 가지고 있다고 볼 수 있다. 물론 유럽연합의 모든 시도들이 성공적인 전망을 낳는 것은 아니나 이는 독자적인 영역을 구축하고자 시도하는 한국에도 많은 함의를 준다.

제2부 '우주경쟁의 세계정치'는 우주 군사력과 우주군, 우주기술과 우주산업, 위성항법시스템, 우주 국제규범 등과 같은 우주경쟁 및 협력의 쟁점 주제들을 살펴보았다.

제6장 "글로벌 우주 군사력 경쟁과 우주군 창설"(이강규)이 다룬 쟁점 주제는 우주 군사력과 우주군이다. 우주를 둘러싼 각국의 경쟁이 최근 들어 격화되고 있으며, 이는 민간 영역뿐 아니라 군사부문에서도 두드러진다. 우주 관련 기술은 민군겸용의 이중용도 성격이 강하기 때문에 민군 중 어느 한 영역에서의 우위가 다른 영역에서의 우위로도 귀결된다. 그럼에도 지금까지 글로벌 우주경쟁을 하나의 틀로 이해하려는 시도는 부족했다. 제6장은 이러한 공백을 '경쟁적 안행모형Flying Geese Racing Model'을 고안하여 채워보았다. 정치경제의

'안행모형'을 변형한 이 모형은 기본적으로 각국의 우주능력과 발전양상이 차등적인 층위를 가진 기러기 떼와 같은 모습을 보인다고 파악한다. 정치적 상징성, 경제적 잠재성, 군사적 활용성을 추구하는 이 기러기 떼는 우주의 평화적 이용, 군사적 이용, 우주의 무기화라는 공간을 이동한다. 또한, 기러기 떼의 유지와 비행은 시너지를 낳는 낙수효과보다는 경쟁의 메커니즘으로 이루어져 있다. 글로벌 우주경쟁과 관련하여 이와 같은 경쟁적 안행모형이 특히 두드러지는 분야가 우주군 창설이다. 각국은 우주군 창설과 관련하여 출산형, 독자형, 진화형, 접목형 등 크게 네 가지 유형을 보이고 있으며, 각 유형이 가지는 장단점은 글로벌 안행모형의 메커니즘과 더불어 군사안보적 측면에서 우리의 우주발전의 방향성에 시사점을 제공해 줄 것으로 기대된다.

제7장 "미중 복합 우주경쟁: 경제-안보 연계의 다면성"(이승주)은 과학기술, 군사, 민간 산업 등 우주산업의 모든 영역에서 이루어지고 있는 중국의 우주굴기에 초점을 맞추어 미중 우주경쟁의 복합적 성격을 분석했다. 중국 정부가 2014년 우주산업의 전략적 육성을 발표한 이래 중국의 민간 우주산업은 빠르게 성장했다. 중국 민간 우주산업 성장의 이면에는 정부와의 긴밀한 협력, 민군 융합, 기업 간 연합 등 다양한 정책적·제도적 요인들이 작용했다. 중국 우주산업의 성장하는 과정에서 중앙 정부와 성 정부 사이의 유기적 분업, 군사 부문과 상업 부문의 연계, 국영 기업과 민간기업의 협력 등 다양한 협력적 메커니즘이 형성되었다. 중국이 우주경쟁에서 유리한 위치를 확보하기 위해 국제협력을 다차원적으로 추구하는 것도 미국에게는 도전 요인이다. 미국의 수출통제에 직면한 중국은 국내 시장은 물론 대외적으로 일대일로를 우주산업의 확장과 연계하기 시작했다. 중국 정부는 특히 일대일로 참여국들 사이에 디지털 연결성을 촉진하기 위해 일대일로 우주 정보 회랑과 디지털 실크로드를 적극 활용하는 한편, 우주 협력을 위한 다자 프레임워크로서 APSCO Asia-Pacific Space Cooperation Organization를 활용했다. 이처럼 미중 우주경쟁은 복합적이고 다차원적 성격을 띠고 있다.

제8장 "위성항법시스템의 국제 경쟁과 국제협력"(안형준)의 쟁점 주제는 위성항법시스템이다. 인공위성의 전파 신호를 이용해 위치, 항법, 시각 정보를 제공하는 위성항법시스템은 경제·사회·국방 전반에 활용되는 기반기술 시스템이자 국가 핵심 인프라다. 2000년대 전후 그동안 전 세계 유일하게 무료로 제공되던 미국의 GPS 신호에 대한 의존성에서 탈피하고 관련 산업 영역에서 새로운 기회를 찾기 위해 유럽, 중국, 인도, 일본 등 주요국들을 중심으로 독자적인 위성항법시스템을 구축하려는 시도가 이어졌다. 이에 따라 미국 주도의 국제 위성항법 질서가 다극화되면서 국제 질서가 재편되는 양상이다. 최근 위성항법시스템 구축 국가들의 증가에 따라 위성의 궤도와 주파수/신호라는 제한된 자원의 확보와 분배, 위성항법신호의 다종화에 따르는 신호 간섭 등에 대한 조정, 그리고 의도적인 공격 행위에 대한 대응 등 국제 분쟁이 늘고 있다. 위성항법시스템을 구축하기 위해서는 궤도와 주파수라는 한정된 자원을 확보하는 일이 전제되어야 하고, 군용과 민간용으로 동시에 사용되는 이중용도 기술에 대한 국가 간 제한이나 신호 간 간섭을 둘러싼 분쟁에 대한 외교적인 조정의 중요성이 커지고 있는 것이다. 이러한 위성항법과 관련한 국제 경쟁은 다양한 국제 표준화 기구를 통한 다자협력, 그리고 국가 간 양자협력을 통해 통제 및 조정되고 있다. 위성항법 구축의 전제조건이 되는 위성 궤도와 주파수는 ITU 같은 국제기구의 표준화 규범에 의해 확보해야 하며, 유엔 ICG 같은 민간기구 활동을 통해 회원국들의 사전 동의와 협의를 통해 대략 10여 년 전에 준비가 되어야 한다. 조정 대상 국가와의 기술적인 협상만으로 관련 자원을 확보하고 동의와 지지를 단기간에 얻는 일은 매우 어려운 일이므로, 기술적인 측면에 관한 논의와 더불어 신뢰 구축부터 협력까지 이어지는 '과학기술외교'의 다양하고 장기적인 방안을 수립해야 한다.

제9장 "미러 우주 항법체계 경쟁에 대한 러시아의 대응: 복합지정학의 시각"(알리나 쉬만스카)은 미국과 러시아에 초점을 맞추어 위성항법시스템의 사례를 분석했다. 위성항법시스템은 러시아가 미국과 경쟁할 수 있는 능력을 갖춘

분야 중 하나다. 이는 단순한 기술적 문제가 아니라 국가경쟁력과 위신의 문제이기도 하다. 러시아 연방의 공식문서를 보면 러시아 국가안보와 사회경제적 안정성 측면에서 글로나스GLONASS 위성항법시스템이 지닌 가치를 높게 평가하고 있다. 이러한 문제의식을 바탕으로 제9장은 다음과 같은 이슈에 초점을 맞추었다. 첫째, 러시아의 관점에서 글로나스 시스템은 국가전략의 일선 도구로서 어떤 의미가 있는지 살펴보았다. 둘째, 미국과의 위성항법 경쟁에 있어서 러시아가 취하는 경쟁 방식을 탐구했다. 러시아에 있어서 위성항법시스템은 강대국의 국력과 위신의 회복 도구이며, 미국과 러시아의 위성항법 경쟁은 기술경쟁 프레임을 넘어서는 정치경쟁으로 우주·지상관제·사용자 분야 등 세 부문에 걸쳐 나타난다. 이처럼 러시아는 위성항법시스템 고도화 등 글로나스의 우주 부문 발전을 추진하는 한편, 지상관제 네트워크 확장을 위해 동맹 정치를 활용하고 있다. 그리고 더욱 많은 사용자를 확보하여 경쟁력을 얻기 위해 러시아는 국내 법제를 정비하여 글로나스 사용을 적극적으로 장려하는 등 복합지정학의 접근을 모색하고 있다.

제10장 "우주 국제규범의 세계정치: 우주경쟁의 제도화"(유준구)가 다룬 쟁점 주제는 우주 국제규범이다. 우주개발 기술의 급격한 발전에 따라 우주 진출 기회가 확대되고 우주경제의 현실화 시기가 근접해 오고 있다. 이에 따라 전 세계 우주 선진국들은 통신, 영상촬영, 위성항법시스템, 기상예보, 정찰·정보 수집, 지휘 및 통제, 정밀추적 등 광범위한 민간 상용 및 군사 프로그램을 통해 우주기반 활동을 확대해 가고 있다. 이렇듯 인류의 생활 전반이 우주와 필수적으로 연결되고 있다. 문제는 우주공간에 대한 의존도가 높아짐에 따라 우주에서의 국가 간 안보경쟁이 치열하게 전개되고 있다는 사실이다. 실제로 최근 우주를 둘러싼 국제사회의 핵심적 과제는 우주활동의 안전safety, 안보security, 지속가능성sustainability을 유지하는 것이다. 우주 환경의 급격한 변화에도 우주공간에 적용되는 국제규범 및 국제법은 진영 간 대립으로 인해 여전히 시급한 현안에 있어 답보 상태에 머물러 있다. 더욱이 우주안보 관련 국제규범 정립과

국제법 창설 논의에도 불구하고 실제 주요 우주강국들은 최근 수년간 대외적으로는 우주의 무기화·전장화에 반대하는 입장을 내세우면서도 실제로는 위성 공격 미사일, 레이저 발사 무기, 우주로봇, 주파수 교란, 사이버 위협 등 다양한 수단을 개발하여 전략화하고 있다. 현 단계에서 우주안보의 제도화 과제는 진영 및 국가 간 첨예한 대립 속에서 여러 난제가 존재한다. 이는 기존 우주안보 레짐이 변화하는 우주안보 환경을 반영하지 못한 상황에서 각국의 우주경쟁은 가속화하는 데서 기인한다. 따라서 미래의 제도화 이슈는 기존 우주안보 레짐의 분절·분화과정을 거쳐 새로운 우주안보 거버넌스 구축 논의로 진화될 것으로 전망된다.

이 책이 나오기까지 도움을 주신 분들께 감사드린다. 무엇보다도 2019년 여름 시작한 공부 모임에서부터 새로운 어젠다에 대한 고민을 함께 한 이승주, 유준구 두 분 교수께 감사드린다. 대학원 팀의 최정훈, 김지이, 알리나 쉬만스카, 한상현과 이 팀을 총괄한 양종민 박사도 고맙다. 2020년 7월 세미나에 새로이 참가해 준 안형준, 이강규 두 분 박사께도 감사의 마음을 전한다. 이 책에 담긴 초고들은 2020년 8월 20일(목) 한국정치학회 하계학술대회(비대면 회의)에서 발표되었는데, 당시 사회자와 토론자로 참여해 주신 분들(직함과 존칭 생략, 가나다 순)께도 감사를 전한다. 고봉준(충남대), 손한별(국방대), 양종민(중앙대), 엄정식(공사), 이원태(정보통신정책연구원), 조관행(공사), 주정민(항우연), 표광민(중앙대). 이 책을 출판하는 과정에서 교정과 편집 총괄을 맡아준 한상현에 대한 감사의 말도 잊을 수 없다. 끝으로 출판을 맡아주신 한울엠플러스(주) 관계자들께도 감사의 말씀을 전한다.

2021년 4월
서울대학교 미래전연구센터장
김상배

1 우주공간의 복합지정학

전략·산업·규범의 3차원 경쟁

김상배 | 서울대학교

1. 서론

과거 관찰과 탐험의 대상으로 이해되었던 우주공간에 대한 관심이 최근 새롭게 제기되고 있다. 사이버공간의 부상과 결합되면서 우주는 육·해·공에 이어 우주·사이버전戰이 벌어지는 '다영역 작전multi-domain operation'의 공간으로 인식되고 있다. 그렇다고 냉전기 강대국들이 군비경쟁을 벌이던 공간과 같은 의미로 우주공간을 다시 소환하자는 것은 아니다. 오늘날의 우주공간은 민군겸용의 함의를 갖는 첨단 방위산업의 대상일 뿐만 아니라 그 상업적 활용을 통해서 민간산업과 서비스 영역으로 연결되고 있다. 좀 더 포괄적인 의미에서 4차 산업혁명 시대의 기술·정보·데이터 환경을 배경으로 일상생활 전반에도 큰 영향을 미치고 있다. 이렇게 재조명되는 우주공간은 새롭게 구성되는 성격의 사회적 공간이며, '저 멀리 있는 공간'이 아니라 우리 삶의 여타 공간과 연동된 '복합공간'이라고 할 수 있다(김상배, 2019; 2020).

이렇듯 전략적·경제적·사회적 수요가 커지면서 우주공간을 둘러싼 이익갈

등도 늘어나고 있다. 우주공간은 이제는 누구나 사용할 수 있는 공공재가 아니라 제한된 희소재이며, 마냥 사용할 수 있는 무한 자원이 아니라 언젠가는 소실될 유한 자원이다. 정지궤도는 이미 꽉 차 있고 주파수도 제한된 자산이어서 우주교통관리가 필요한 밀집 공간이 되어가고 있으며, 군사적 충돌도 우려되는 분쟁의 공간으로 인식되기도 한다. 더욱 주목할 것은 참여 주체의 다변화이다. 고도의 과학기술과 자본이 필요한 분야라는 우주개발의 특성상 과거 우주개발에 참여할 수 있는 국가들은 몇몇 강대국들로 국한되어 있었다. 최근에는 그 참여의 문턱이 낮아져서 여타 선진국과 중견국들도 참여하게 되었으며, 더 나아가 민간기업들도 우주산업에 참여하고 있다. 이른바 '뉴스페이스NewSpace'의 부상을 거론케 하는 대목이다(Moltz, 2019).

이렇게 양적으로 확대되고 질적으로 변화하는 우주 복합공간의 경쟁이 치열해지면서 그것이 초래할 안보 위협에 대한 인식도 달라지고 있다. 우주공간을 통한 군사적 위협이 전통적으로 문제시되었던 안보 위협이었다면, 민군겸용의 성격을 강하게 지닌 우주공간에서의 상업적 활동의 확대도 사실상의 군사·정보 활동을 의미하는 잠재적 위협요인으로 간주된다. 실제로 미국, 러시아, 중국 등은 우주공간에서의 정보·군사 수행 능력 향상을 위한 경쟁을 가속화하고 있다. 아울러 적극적인 개발과 경쟁의 대상이 된 우주공간 자체도 인류에 대한 새로운 안보 위협으로 인식되고 있다. 우주의 난개발에 따른 우주 환경의 훼손에 따른 위협도 만만치 않아서, 우주 잔해물이나 폐위성 추락 등이 초래할 피해도 크다. 이러한 맥락에서 우주는 새로운 국제규범의 마련을 필요로 하는 공간으로도 인식된다.

복합공간으로 이해되고 있는 우주가 세계정치에 던지는 의미를 이해하고 이에 대응하는 미래 국가 전략을 모색할 과제가 최근 시급히 제기되고 있다. 이전의 우주전략이 과학기술 전담 부처를 중심으로 한 연구개발 역량의 획득을 중심으로 전개되었다면, 이제는 좀 더 복합적인 우주전략을 모색하는 새로운 접근이 필요하다. 우주기술의 개발과 확보 이외에도 우주산업 육성, 우주자산의 관리·활용, 미사일·정찰위성 등 국방·안보, 우주탐사, 우주 외교 등에 이르기까지 좀 더 포괄적인 대응 전략의 마련이 필요하다. 우주의 복합적 특성에 대한 이해를 바탕으로 현재 제기되고 있는 주요 현안에 대한 분석과 더 나아가 이에 걸맞은 국제협력과 거버넌스, 그리고 관련 국가 행위자의 역할에 대한 고민이 필요하다. 사실 이러한 시각에서 보면 우리에게 필요한 것은 단순한 우주 전략이 아니라, 최근 쟁점이 되고 있는 사이버 안보나 인공지능AI 탑재 무기체계까지도 포함하는 '신흥기술emerging technology' 관련 안보에 대응하는 복합적인 우주 미래 전략이라고 할 수 있다.

이러한 문제의식을 바탕으로 이 글은 '복합지정학complex geopolitics'의 시각에서 우주경쟁의 세계정치를 탐구하고자 한다(김상배, 2019). 오늘날 우주공간은 지정학의 귀환이라는 추세에 편승하여 그 군사적 활용 가능성이 거론되고 있다. 이런 점에서 보면 이른바 '우주지정학Cosmo-geopolitics'의 시각은 견지되어야 할 것이다. 그러나 오늘날의 우주공간을 냉전기를 배경으로 한 고전 지정학의 시각으로만 보아서는 안 된다. 우주는 기본적으로 일국의 주권적·지리적 경계를 넘어서는 탈脫지정학의 공간인 데다가, 최근에는 탈지정학 공간으로서 사이버공간과 밀접히 연계되고 있다. 또한 뉴스페이스의 등장은 우주공간을 자유주의적 비非지정학의 초국적 비즈니스와 국제협력의 공간으로 인식케 했으며, 이러한 과정에서 우주 문제를 안보화securitization하는 구성주의적 비판 지정학의 동학도 작동한다. 이렇듯 우주공간을 둘러싸고 벌어지고 있는 세계정치의 다양성은 이 글이 복합지정학의 시각을 원용한 중요한 이유이기도 하다.

이 글은 우주경쟁의 세계정치에서 드러나는 복합지정학적 성격을 전략·산업·규범의 3차원 경쟁이라는 시각에서 탐구했다. 2절에서는 우주전략 경쟁과 주요국의 우주전략을 살펴보았다. 최근 우주공간을 안보화하는 세계 주요국들의 미래 국력 경쟁이 가속화하고 있으며, 이러한 추세는 고전 지정학의 시각에서 본 우주경쟁의 군사화와 무기화의 경향을 강하게 부추기고 있다. 3절에서는 뉴스페이스의 부상에 따라 새롭게 펼쳐지고 있는 우주산업 경쟁을 살펴보았다. 뉴스페이스의 부상은 비지정학적 우주 상업화의 현상인 동시에 4차 산업 혁명 시대를 맞아 활성화하고 있는 다양한 위성 활용 서비스와 연계되는 현상 이다. 4절에서는 우주의 군사화, 특히 무기화를 규제하기 위해서 논의되는 우 주 분야 국제규범 경쟁의 양상을 살펴보았다. 우주 분야의 규범 형성을 놓고 펼쳐지는 경쟁에서 주요국들은 다양한 입장 차를 드러내고 있다. 결론에서는 이 글의 주장을 종합·요약하고 한국 우주전략의 추진 방향을 간략히 짚어보 았다.

2. 우주전략 경쟁과 우주공간의 지정학

1) 우주공간의 안보화와 우주전략 경쟁

최근 주요국들은 우주 문제를 국가안보의 사안으로 안보화하고, 이에 전략 적으로 접근하는 양상을 보이고 있다. 우주공간의 중요성이 높아질수록 우주 를 선점하고, 우주력을 육성하려는 각국의 경쟁이 치열해지는 양상이다. 우주 시대의 초창기에는 미국과 구소련 간의 양자 경쟁이 진행되었다면, 최근에는 중국의 진입으로 경쟁 구도가 확장되었다. 미국, 중국, 러시아 등은 우주공간 을 과학기술과 경제산업의 문제로 인식하는 차원을 넘어서 전략적이고 군사적 인 시각에서 보고 있으며, 이러한 인식을 바탕으로 우주력을 배양하고, 더 나 아가 우주공간에서의 전쟁 수행 능력을 향상하기 위한 군비경쟁을 벌이고 있 다. 이들 우주강국들은 우주력을 국가안보 전략 구현의 핵심으로 이해하여 위 성, 발사체, 제어 등과 관련된 우주 기술·자산의 확보는 물론이고 우주무기 개 발과 우주군 창설을 추진하고 있다.

미국은 트럼프 대통령 취임 직후인 2017년 6월 국가우주위원회National Space Council: NSC를 부활시키고, 「국가우주전략National Space Strategy」을 발표했으며,

대통령 문서Presidential Documents의 형태로 '우주정책지침Space Policy Directive'을 계속 발표하면서 우주정책을 구현하고 있다(He, 2019; 최정훈, 2019). 트럼프 행정부 우주전략의 핵심은 '미국 우선주의America First'의 취지에 따라 우주 군사력을 강화하고 상업적 규제개혁을 통해 미국의 이익을 보호하는 것이다(유준구, 2018). 이러한 기조에 따라 미국은 2019년 12월 24일 우주군을 창설했는데, 이는 육군·해군·공군과 해병대, 해안경비대에 이은 6번째 군종이다. 이 외에도 '우주상황인식Space Situational Awareness System: SSA' 발표, '우주교통관리Space Traffic Management: STM' 체계 정비, 2018년 '수출통제개혁법ECRA' 등 일련의 우주안보 정책을 추진했다. 2024년까지 인류 최초의 달궤도 우주정거장을 만들고, 2033년엔 화성에 사람을 보낸다는 구상이다. 최근 미국이 우주전략을 가속화하는 배경에는 중국의 유인우주선 발사나 위성요격무기Anti-satellite: ASAT 개발 등에 대한 위협감이 있다(나영주, 2007; 정종필·박주진, 2010; Shea, 2016. 9.27). 특히 중국이 2019년 1월 인류 최초로 달의 뒷면에 탐사선 '창어嫦娥 4호'를 착륙시키자, 미국은 우주군 창설을 공표하는 반응을 보였다.

중국도 우주개발 사업을 국가안보와 국가 발전 전략의 핵심으로 인식하고, 우주강국 달성을 위한 혁신 개발과 과학탐구 및 경제개발 능력 등을 자체적으로 갖추기 위한 노력을 기울여 왔다. 2016년 『우주전략 백서』 발표를 계기로 중국의 우주전략은 시진핑 정부의 '중국몽' 구현의 일환으로 이해되어 광범위하고 포괄적으로 진행되고 있다(Drozhashchikh, 2018). 특히 중국은 2020년 3월 54번째 베이더우北斗 위성을 쏘아 올리면서, 미국의 전 지구적 위성항법장치에 상응하는 자체 위성항법시스템의 완성 단계에 와 있는 것으로 알려졌다. 군사적 차원에서도 중국은 2015년 12월 미 우주군과 유사한 '전략지원군'을 새로운 군종으로 창설해 위성 발사와 항법통신위성을 운영하고 있으며, 위성요격무기 실험을 진행하는 등 '우주 굴기' 계획을 구체화하고 있다(Goswami, 2018). 중국은 2030년까지 우주 분야 선진국으로 도약하고 2045년에는 우주장비와 기술 면에서 최고의 선진국으로 부상하는 것을 목표로 하고 있다. 이를 위해 중국은 우주 관련 기술의 연구개발에 집중하는 정책을 펴고 있다(김지이, 2019).

러시아는 1992년 우주군을 창설했지만, 소련 붕괴 이후 경제난으로 1997년 해체했다. 푸틴 대통령이 집권한 뒤 2001년 우주군을 재창설했고 2011년에 우주항공방위군으로 개편했으며, 이는 2015년 8월 다시 공군과 합쳐져서 항공우주군이 되었다. 러시아 우주군은 항공우주군의 3개 군대 중 하나로서 우주에 기반을 둔 미국의 미사일 방어 전략에 대응하는 임무를 갖고 있다. 러시아는 1996년에 통과된 '러시아연방 우주활동 관련법', 2014년 발표되어 현재까지 적용되고 있는 「러시아 안보독트린」과 「2006~2015 러시아연방 우주프로그램」 등 핵심 문서들을 통해 우주안보 및 우주기술개발정책을 추진하고 있다. 러시아는 우주를 국가안보의 가장 핵심적인 영역으로 인식하고 있는데, 러시아의 전략적 목표로 타국의 우주 군사화 시도에 대한 저항, 우주활동의 안전을 보장하기 위한 유엔에서의 정책 조율, 우주공간의 감시와 관련한 국가역량의 강화를 내세우고 있다. 러시아는 우주개발 예산이 미국이나 중국에 비해 크게 부족한 상황이지만, 여전히 앞선 우주기술력을 보유하고 있어 이를 바탕으로 과거의 우위를 회복하려는 전략을 추구하고 있다(쉬만스카, 2019; 유준구, 2019).

2000년대 이후 기존 우주 선진국뿐만 아니라 일본, 인도를 비롯한 후발주자들도 우주개발에 본격적으로 참여하고 있다(Klein, 2012; 조홍제, 2017; 한상현, 2019). 일본의 우주전략은 과거 민간 부문의 역할 증대와 상업적 목적 추구에 중점을 두었으나, 최근에는 중국의 우주개발에 자극받아 적극적인 우주개발 정책을 추진하고 있으며, 점차 국가안보 차원에서 접근하는 비중이 늘어나는 추세이다. 일본은 2008년 '우주기본법'을 제정하여 우주기술을 군사적 목적으로 사용할 수 있도록 했으며, 2022년을 목표로 '우주대Space Corps'의 창설을 추진 중이다. 인도의 경우에도 국가안보 차원에서 우주전략을 야심차게 벌이고 있다. 미국, 러시아, 중국에 이어서 네 번째로 달 착륙 국가가 되겠다는 목표로 2019년 9월 무인 달탐사선 찬드라얀 2호의 달 착륙을 시도했으나 실패했다.

2019년 3월에는 저궤도위성을 인공위성요격미사일로 격추하는 실험에 성공했으며, 2022년까지는 유인우주선을 발사하겠다는 목표를 밝혔다. 오늘날 전 세계적으로 단독 혹은 국제협력을 통해 우주개발에 참여하고 있는 국가는 50개국이 넘으며 이 중 15개국 정도는 독자적인 우주 군사 프로그램을 수행 중이다. 이 국가들은 우주 군사력 증강에 막대한 투자를 하고 있는데, 우주 예산 중 군사 부문 예산이 1990년대 초반의 30%에서 2010년대에는 50%로 늘어났다 (유준구, 2019: 206).

2) 우주공간의 군사화와 무기화

미국, 중국, 러시아 등 강대국들이 우주경쟁을 본격화하는 과정에서 우주전 수행을 위한 능력을 강화하는 경쟁이 벌어지고 있다(박병광, 2012). 우주공간은 육·해·공에 이어 '제4의 전장'으로 인식되고 있으며, 사이버공간의 전쟁과 더불어 '다영역 작전'이 수행되는 복합공간으로서 그 위상을 정립해 가고 있다 (Reily, 2016). 최근 군사작전 수행 과정에서 우주와 인공위성의 활용은 선택이 아닌 필수가 되었으며, 우주력을 활용하지 않고서는 효과적으로 전쟁을 수행하기 어려운 작전환경이 펼쳐지고 있다. 우주전의 수행 과정에서 제기되는 우주의 군사적 활용 문제는 주로 우주의 '군사화militarization'와 우주의 '무기화weponization'라는 두 가지 차원으로 나눠 이해된다.

우주의 군사화는, 우주공간을 활용한 지상전 지원작전의 중요성이 커지면서, 위성 자산을 활용한 정찰, GPS를 이용한 유도제어 등 민간 및 국방 분야에서 우주자산이 적극적으로 활용되는 현상으로 나타나고 있다. 군사 정찰위성, 미사일 조기경보 시스템, 지리적 위치 및 내비게이션, 표적 식별 및 적의 활동 추적을 포함한 많은 군사작전에서 우주공간의 활용이 핵심으로 부상하고 있다. 상대국의 민감한 군사 실험, 평가 활동, 군사훈련 및 군사작전을 탐지하는데 있어서 인공위성이 제공하는 정보수집이 더욱 중요해지고 있는 것이다.

특히 군 정찰위성의 개발은 국방 우주력 구축의 출발점으로 이해된다. 인공위성은 평시의 첩보활동뿐만 아니라 1992년 걸프전 이후 전장에서 꾸준히 활용되고 있다. 2014년 7월 기준으로 지구궤도에서 활동 중인 인공위성은 총 1235기에 달하는데, 이 중에서 약 41.5%를 차지하는 512기가 미국의 인공위성이며, 그 512기 중에서 159기가 군사위성이다. 공식적으로 확인되지 않은 러시아, 중국, 프랑스 등의 군사위성과 군사 목적의 장비를 탑재한 통신, 지구 관측 및 과학 목적의 민간위성을 포함하면, 군사 활동에 이용되는 인공위성의 숫자는 상당한 수준에 이를 것이다(정영진, 2015).

우주의 군사화가 통신, 조기경보, 감시 항법, 기상관측, 정찰 등과 같이 우주에서 수행하는 안정적이고 소극적이며 비강제적인 군사 활동을 의미한다면, 우주의 무기화란 대衛 위성 무기 배치, 우주 기반 탄도미사일 방어 등과 같이 적극적·강제적·독립적이면서 불안정한 군사 활동을 의미한다(Zhao and Jiang, 2019). 쉽게 말해, 우주의 무기화는 주로 위성 요격무기 등과 같은 실용적인 무기체계 그 자체를 우주공간에 도입하는 행위와 관련된다. 우주의 무기화를 구성하는 우주무기는 여러 가지 방식으로 분류되는데, 일반적으로 무기의 발포 지점과 표적이 위치한 공간에 따라 다음과 같이 네 가지 형태로 분류할 수 있다.

첫째, 우주를 활용한 '지상에서 지상으로earth-to-earth via space 공격 무기'이다. 대륙간탄도미사일뿐만 아니라 탄도 요격미사일을 포함한 미사일방어 시스템 등은 모두 우주공간의 인공위성을 활용하여 작동하는 무기체계들이다. GPS 신호나 위성통신대역을 교란 또는 방해하는 전자전 수단인 GPS 재밍Jamming도 이러한 환경에서 구현되는 공격이다. 재밍에는 우주에 있는 위성을 지상에서부터 교란하여 위성 수신 지역의 모든 사용자에 대한 서비스를 훼손하는 '업링크uplink 재밍'과 공중의 위성을 사용하여 지상부대와 같은 지상 사용자를 대상으로 하는 '다운링크downlink 재밍'이 있다. 최근 중국이 중국 연안에 출현한 미군 무인정찰기를 상대로 재밍 공격을 실험하여 논란이 된 적이 있다. 중국은 2019년 4월 남중국해 분쟁 도서에 차량 탑재형 재밍 장치를 배치한 것으로 확인되었다(김상진, 2019.11.15).

둘째, '지상에서 우주로earth-to-space 공격 무기'이다. 위성 요격무기 시스템을 가동시켜 인공위성을 직접 요격하는 것이 여기에 해당한다. 2008년 2월 미국이 이지스함에서 SM-3를 발사하여 자국의 정찰위성 USA-193을 격추했다. 러시아도 표적 인공위성의 주변 궤도에 재래식 폭발물의 발사를 목적으로 공공전궤도 인공위성 요격미사일 시스템을 개발했다. 중국은 2007년 1월 지상에서 KT-1 위성 요격미사일로 고도 약 850㎞ 상공의 노후화된 자국 기상위성인 평원風雲1CFY-1C를 요격·파괴하는 실험을 했으며, 2010년과 2014년에도 위성 요격무기 실험에 성공했다. 위성 요격 방식으로는 인공위성요격미사일과 같은 키네틱kinetic 에너지 무기체계 이외에도 레이저나 고출력 마이크로파, 기타 유형의 무선주파수 공격을 가하는 지향성 무기Directed Energy Weapons가 있다.

셋째, '우주 간space-to-space 공격 무기'이다. 우주 궤도의 위성을 사용하여 상대 위성을 공격하는 '궤도 위협orbital threats'인데, 이 경우도 인공위성을 물리적으로 타격하는 키네틱 에너지 무기와 레이저나 고주파 등을 활용하는 지향성 무기가 있다. 예를 들어, 상대 위성에 대해 일시적 또는 영구적 손상을 주기 위한 다양한 방법을 사용하는데, 여기에는 키네틱 킬 차량, 무선주파수 재머, 레이저, 화학 분무기, 고전력 마이크로파 및 로봇 기기와 같은 수단이 동원된다. 특히 로봇 기기는 위성 서비스 및 수리, 잔해물 제거 등의 평화적 목적과 동시에 군사적 목적으로도 사용되는 민군겸용의 성격을 가진다.

끝으로, '우주에서 지상으로space-to-earth 공격 무기'이다. 이는 폐위성 등 우주물체의 지상 추락을 유도하는 방법으로서, 1997년 미국 텍사스주에 250kg의 위성 잔해가 추락해서 논란이 된 바가 있다. 위성 자체를 공격의 수단으로 삼을 수 있다는 점에서 정교한 우주무기의 공격 역량을 갖추지 않은 나라라도 위성을 운영하는 것만으로 잠재적 위협을 가할 수 있다. 최근 북한의 위성에 대해서 미국이 문제를 제기하고 있는 사안이기도 하다. 이 밖에도 인공위성궤도에서 무거운 물체를 떨어뜨려 운동에너지를 폭탄처럼 활용하는 무기인 '신의 지팡이Rods of God'가 있다. 그러나 이렇게 우주공간에서 지구를 공격하는 무기는 아직 개발 단계이고 실전에 배치되기에는 멀었다는 평가가 주류를 이룬다.

우주의 군사화와 무기화의 과정에서 출현하는 우주무기들은 단순한 군용에만 그치는 것이 아니라 민군겸용의 성격을 지니고 있다는 점에 주목할 필요가 있다. 최근 모든 국가의 군과 정부는 상업적 우주산업에 크게 의존하고 있다(유준구, 2016). 예를 들어, 미국에서 통신·지휘·감시·정찰 등과 같은 군사정보 서비스는 민간기업들이 제공하고 있다. 미국의 군과 정부의 투자로 개발한 다양한 민간 기술들이 인공위성의 민군겸용 임무 수행에 직간접적으로 활용되고 있다. 따라서 이러한 민간 주체들의 우주활동은 그것이 아무리 상업적 활동일지라도 많은 경우 사실상 군사적 활동을 전제하거나 또는 수반하는 측면이 강하다. 이 대목에서 주목해야 할 점은 우주개발 경쟁이 본격화하면서 상업적 목적의 우주산업이 차지하는 비중이 급격히 증가하고 있다는 사실이다.

3. 우주산업 경쟁과 뉴스페이스의 부상

1) 뉴스페이스의 부상과 우주공간의 상업화

글로벌 우주산업은 2018년 3500억 달러 규모에서 2040년까지 1조 달러 규모로 성장할 것으로 전망하는데, 이러한 성장을 추동하는 것은 정부 부문이 아니라 민간 부문일 것으로 예견된다. 이러한 변화는 과거 정부 주도의 '올드 스페이스Old Space 모델'로부터 민간업체들이 신규 시장을 개척하는 '뉴스페이스NewSpace 모델'로의 패러다임 전환을 바탕에 깔고 있다. 2000년대 중반 일론 머스크나 제프 베이조스 등과 같은 ICT 업계의 억만장자들이 우주산업에 진출한 이후, 2010년을 전후하여 상업 우주 시대를 뜻하는 뉴스페이스라는 용어가 널리 쓰이기 시작했다. 뉴스페이스는 혁신적인 우주 상품이나 서비스를 통한 이익 추구를 목표로 하는 민간 우주산업의 부상을 의미한다. 뉴스페이스의 부상은 우주개발의 상업화 및 민간 참여의 확대와 함께 그 기저에서 작동하는 기술적 변화, 그리고 '정부-민간 관계'의 변화를 수반한 우주산업 생태계 전반의 변화를 뜻한다.

뉴스페이스의 부상은 우주 분야에서 민간 스타트업들의 참여가 늘어나고 이들에 의한 벤처투자가 확대되는 형태로 나타났다. 냉전기 미소와 같은 강대국 정부들에 의한 공공투자의 영역으로만 이해되었던 우주 분야에 민간기업들이 적극 진출하는 현상이 나타났다. 실제로 전 세계적으로 우주 창업 기업 수가 눈에 띄게 증가하여, 2011년 125개 기업에서 2017년 약 1000개로 늘어났으며, 2027년에는 약 1만 개 이상이 될 것으로 예상된다. 이 뉴스페이스 기업들은 ICT 산업을 기반으로 한 첨단기술을 축적하고 있을 뿐만 아니라, 초기 투자금 회수에 대한 리스크를 감수하는 등 공격적인 투자성향을 보이고 있다. 게다가 이들 스타트업이 참여하면서 이제는 우주 분야를 더 이상 소수 대기업의 독무대가 아닌 것으로 인식하게 되었다.

이러한 뉴스페이스 부상의 기저에는 소형 위성과 재사용 로켓 개발로 인해 비용이 감소하면서 우주 진입장벽을 낮춘 기술적 변화가 있다. 통신 및 전자공학 기술의 비약적 발달로 인해 500kg 이하 소형 위성 시장이 확대되었으며, 표준화와 모듈화를 바탕으로 한 대량생산 시스템의 구축을 통해서 규모의 경제를 실현했고, 민수 부품을 활용하고 부품의 숫자를 축소하는 방향으로 재설계가 이루어졌다. 위성은 다품종소량생산 및 고부가가치의 특성을 지닌다고 하지만, 최근 스마트 팩토리를 통해 위성도 대량생산하는 패러다임의 변화가 발생한 것이다. 또한, 위성이 소형화됨에 따라 대규모 군집 위성군을 바탕으로 민간기업들이 위성 인터넷 통신, 지구관측 등의 신규 서비스를 제공하게 되었다. 향후 10년간 발사될 소형 위성 중 약 70%가 위성군으로 운영될 예정인데, 아마존의 카이퍼Kuiper 프로젝트는 3236개 위성 발사, 스페이스X의 스타링크 Starlink는 1만 2000개 위성 발사, 원웹OneWeb은 648개 위성을 발사할 예정이다.

뉴스페이스의 출현은 우주개발에서 정부의 역할이 점점 더 줄어들고 민간부문의 역할이 늘어나는 현상으로 나타났다. 글로벌 우주산업의 역사를 되돌아보면, 1950~1970년대에는 1957년 소련의 인공위성 스푸트니크가 발사되고 미국의 아폴로 프로그램이 진행되면서 우주 군사 경쟁이 시작되었다. 1980~1990년대에는 군수 우주기술의 상업적 활용이 있었지만 우주산업은 정부가 유일 또는 주요 고객으로서 주도했다. 2000년대 이후에는 민간기업들이 진출하여 신흥 우주 시장을 창출하면서 우주산업의 주도권이 정부에서 민간으로 넘어가는 '탈집중화' 현상이 발생하고 있다(Weinzierl, 2018). 우주산업은 정부가 위험부담을 감수하고, 주요 고객이 되는 정부 주도 생태계에서 민간기업체들이 상업 우주 분야를 개척하는 방향으로 변화의 움직임을 드러내고 있다(Quintana, 2017).

뉴스페이스 부상의 계기는 일론 머스크가 이끄는 미국의 민간 우주기업 스페이스X의 등장에서 시작되었다. 2002년 설립된 스페이스X는 우주 수송 비용을 획기적으로 절감하고 화성을 식민지화하겠다는 목표를 내세워 시선을 끌기도 했다. 그 후 스페이스X는 지구궤도로 인공위성을 쏘아 올리기 위한 팰컨 발사체와 화물 및 인간을 우주로 수송하기 위한 드래건 우주선 시리즈를 개발했다. 스페이스X의 경쟁력은 NASA로 하여금 2011년 자신들이 운영하던 유인우주선 프로젝트인 스페이스 셔틀을 취소하고, 그 대신 스페이스X를 상업용 유인우주선 개발 프로젝트Commercial Crew & Cargo Program의 지원 대상자로 선정케 하는 과정에서 나타났다. 이후 9년 만인 2020년 5월 스페이스X는 미국의 첫 민간 우주선 '크루 드래건'을 '팰컨9' 로켓에 실어 쏘아 올리면서 세간의 관심을 모았다(김윤수, 2020.5.29). 스페이스X는 민간인을 대상으로 지구궤도의 우주여행을 제공하는 상업 비행 사업도 기획하고 있다.

스페이스X는 스타링크 프로젝트를 통해서 1차로 4409개의 위성을 발사하고 그보다 저궤도에 7518개의 위성을 쏘아 올려 전 지구적 위성 인터넷 시스템을 구축하겠다는 계획을 추진 중이다. 2020년 상반기 코로나19 국면에서 파산보호 신청을 냈다가 영국 정부에 인수된 원웹도 2021년까지 150kg 미만의 저궤도 소형 위성을 1200km 상공에 올려 북극 지역까지 아우르는 전 세계 인터넷망 연결을 계획하고 있다. 원웹은 총 648기의 위성을 쏘아 전 세계에 인터넷 서비스를 제공한다는 계획을 2012년 공개하며 위성 인터넷 사업을 처음으로 발표한 업체다(이혁, 2019). 한편 아마존의 제프 베이조스가 2000년 설립한 블루오리진도 '뉴 셰퍼드'라는 우주선을 개발하여 우주여행 관광상품을 내놓겠다는 계획을 추진하고 있다(노동균, 2019.1.3).

미국이나 유럽 기업들이 주도하고 있는 뉴스페이스 분야에 도전하는 중국의 행보에도 주목할 필요가 있다. 최근 중국 정부가 승인한 민간 우주기업의 수가 급격히 증가하고 있는데, 이 중국 기업들은 독자적으로 로켓을 궤도에 발사하거나 재사용 가능한 로켓 실험에 성공하기도 했다. 중국의 민간 우주산업은 아직 미국보다 규모나 기술력이 낮고 정부의 규제가 여전히 심하지만, 최근 중국 정부가 민간투자를 장려하면서 정부 시설과 발사 장소에 대한 접근이 쉬워지고 있다. 이들 중국의 신생기업은 국가사업과는 경쟁을 피하면서 주로 초소형 위성, 재사용 가능한 로켓 및 저가 운송 서비스와 같은 저렴한 기술에 사업 중점을 두고 있다(신성호, 2020: 82~83).

최근 뉴스페이스 모델은 우주 발사 서비스, 위성 제작, 통신·지구관측 이외에도 우주상황인식, 자원 채굴, 우주 관광 등 다양한 활용 범위로 확장되고 있으며 이에 참여하는 기업의 수와 투자 규모도 늘어나고 있다. 게다가 우주 식민지 건설, 우주 자원 채굴, 우주 공장Space Factory 등과 같이 장기적으로나 실현 가능한 불확실한 분야에까지 우주개발 투자가 확대되는 양상이다. 최근에는 우주공간에서의 제조업, 사물인터넷을 활용한 인터넷 서비스, 우주 폐기물 처리와 우주태양광 에너지 활용 등도 시작 또는 기획하고 있다(그림 1-1 참조).

그림 1-1 뉴스페이스와 새로운 비즈니스모델

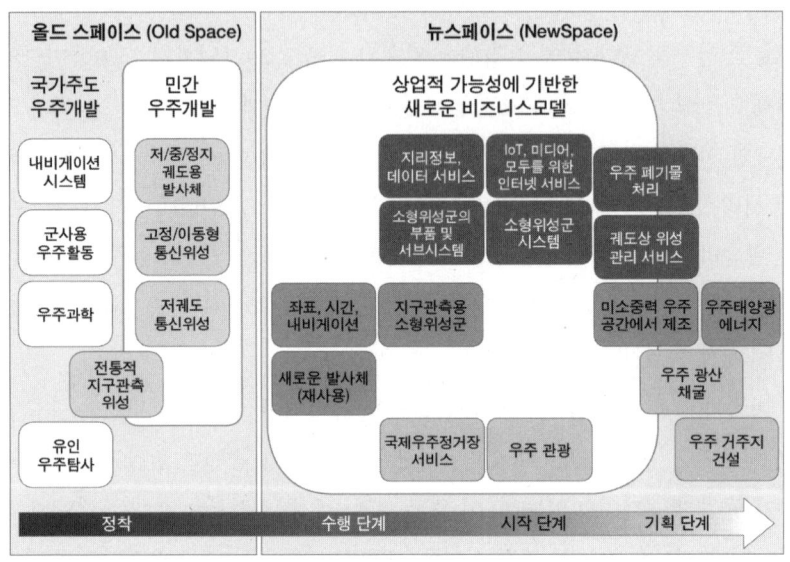

자료: SpaceTec Partners(2016: 2); 안형준 외(2018: 7)에서 재인용.

2) 4차 산업혁명과 위성 활용 서비스 경쟁

4차 산업혁명이 우주산업에 미치는 영향은 '스페이스4.0'에 대한 논의에서
나타난다. 스페이스1.0은 고대의 우주 천문 관측 시대이고, 스페이스2.0이 냉
전기 미소 우주 군사 경쟁 시대이며, 스페이스3.0이 우주정거장으로 대변되는
우주 국제협력 시대였다면, 2010년 초중반부터 논의되기 시작한 스페이스4.0
은 4차 산업혁명의 맥락에서 본 우주공간의 융복합화 시대를 의미한다. 특히
우주산업을 위성과 발사체를 생산하는 '업스트림upstream'과 위성 영상·통신
서비스를 제공하는 '다운스트림downstream'으로 구분해서 볼 때, 스페이스4.0
은 다운스트림 서비스를 기반으로 하여 4차 산업혁명 분야의 기술을 융복합한
신산업과 서비스가 창출되는 시대를 의미한다(신상우, 2019.8.9). 4차 산업혁명

과 관련된 스페이스4.0의 우주 서비스로는 ① 위성항법시스템, ② 위성 인터넷 서비스, ③ 우주 영상 및 데이터 활용 서비스 등을 들 수 있다.

첫째, 4차 산업혁명 시대를 맞이하여 특히 주목을 받는 위성 활용 서비스는 위성항법시스템이다. 위성항법시스템은 항법 위성군을 이용하여 위치 정보를 제공하는 PNT positioning, navigation, timing 서비스이다(PNT 서비스에는 위성항법시스템만 있는 것이 아니고 최근에는 인공지능과 사물인터넷을 활용한 PNT 서비스도 개발되고 있다). 이러한 서비스는 위성을 통해 위치 및 내비게이션 데이터를 제공함으로써 해상, 지상 및 항공 운송에서 좀 더 효율적인 경로를 계획하고 경로를 관리하는 서비스를 제공한다. 위성항법시스템은 4차 산업혁명 시대의 사회기반시설을 구축하여 개인의 편익을 증진하는 국가의 주요 인프라로 부상하고 있다. 또한 위성항법시스템은 항법, 긴급구조 등 공공부문뿐만 아니라 스마트폰 등과 같은 국민 개개인의 생활 속까지 그 활용 영역을 급속히 확대하고 있다. 게다가 최근 미래전이 인공위성의 위성항법장치를 이용한 우주전의 형태를 띠고 있다는 점에서 그 군사안보적 함의도 커지고 있다.

이러한 추세에 부응하여 각국은 독자적 위성항법시스템 구축에 박차를 가하고 있다. 미국의 GPS와 러시아의 글로나스GLONASS는 GNSS Global Navigation Satellite System를 이미 구축했고, 유럽연합의 갈릴레오Galileo와 중국의 베이더우 北斗는 GNSS를 구축 중이다. 한편, 인도의 나빅Navic과 일본의 큐즈QZSS는 RNSS Regional Navigation Satellite System을 구축 중이고, 한국도 독자 위성항법시스템인 KPS 구축에 대한 논의를 벌이고 있다. 이 중에서 최근 쟁점은 중국에 관한 것이다. 중국은 우주 군사력 건설 차원에서 미국의 GPS와 같은 독자적인 위성항법시스템을 구축하고자 시도하고 있다. 중국은 미국이 제공하는 GPS의 위치정보에 의존할 경우 자국의 안보에 심각한 위협을 초래할 수 있다는 전략적 판단에 따라 국가안보 차원에서 베이더우를 구축해 왔다(김상진, 2019. 11.15).

항법위성에서 제공하는 초정밀 위치정보 데이터는 내비게이션, 빅데이터,

증강현실, 사물인터넷, 인공지능, 스마트시티, 자율주행차에 이르기까지 다양한 분야에 적용되고 있다. 예를 들어, 자율주행차의 경우 이미 미국의 GM, 독일의 벤츠와 BMW 등 자동차 회사뿐만 아니라 구글, 마이크로소프트까지 시장에 뛰어들었다. GPS 신호의 오차범위를 3m까지 줄여주는 초정밀 GPS 보정 시스템SBAS도 주요국들에서 운영하거나 준비 중이다. 항법위성은 자율비행과 커넥티드 특성을 갖는 드론의 운용에도 적용된다. 드론은 위치를 추적할 수 있는 GPS, 항공역학, 수직이착륙, 컴퓨터, 이미지 처리, 통신, 배터리, 소프트웨어 등 이미 존재하는 기술들이 융복합된 대표적인 사례이다. 한편, 위성 기반 사물인터넷IoT 시장규모도 2013년 11억 달러에서 2023년 24억 달러로 증가할 것으로 전망된다(류장수, 2017).

둘째, 저궤도 소형 위성을 대거 발사해 인터넷망을 구축하려는 계획도 4차 산업혁명의 맥락에서 진행 중인 위성활용 서비스이다. 앞서 언급한 것처럼, 스페이스X는 2020년부터 약 4000대, 원웹은 2017년부터 648대의 인공위성을 발사해 글로벌 차원의 위성 인터넷을 구축할 계획이다. 최대 5000개에 달하는 위성으로 지구를 뒤덮는 대형 '저궤도 위성군 lowearth orbit: LEO 기반 인터넷 시스템이 실현되면 현재 지상망 중심으로 이뤄지고 있는 인터넷과 모바일 통신의 지역적 제약을 획기적으로 극복하고 전 지구적 연결을 더욱 강화할 것이다(류장수, 2017). 이를 기반으로 한 위성 광대역 서비스의 제공은 디지털 인프라의 확대에 크게 이바지할 것이다. 모건스탠리는 2040년 우주 경제 규모가 1조 달러 이상에 이를 것으로 추정하고 있으며, 특히 위성을 통한 인터넷 접속 서비스 시장이 4000억 달러 규모로 신규 창출될 것으로 예측했다.

끝으로, 위성을 활용하여 지구의 관측 영상을 제공하고 데이터를 분석하는 서비스도 새롭게 떠오르고 있다. 위성정보는 환경·에너지·자원·식량안보·재난 등의 신흥 안보 문제 해결에 이바지하는 필수 요소이다. 특히 정밀한 위성 데이터는 사물인터넷, 빅데이터, 인공지능 딥러닝 등의 기술과 융합되어 다양한 분야에 정보를 제공함으로써 4차 산업혁명의 중요한 인프라를 형성하게 된다. 예를 들어, 위성에서 얻은 데이터를 통해서 기후변화(환경), 수확량 모니터링(농업), 사람의 흐름에 맞춘 마케팅(유통), 선박·기차의 규모 파악 및 교통 체증에 대한 파악(교통), 세계에서 발생하는 산불 등의 조기 발견과 산림개간 현황 파악(임업), 지하자원이나 유적 발굴, 석유 시추 상황 파악(자원), 북극해 결빙 시 최단 항로 예측(해상 운수), 위성사진 분석으로 정확한 인구분포 파악(인구) 등을 목적으로 다양한 분야에서 분석을 진행하며 새로운 부가가치를 창출할 것으로 기대된다(김종범, 2017.6.26).

여타 우주 분야에서도 4차 산업혁명 분야의 기술을 적용하려는 움직임이 시작되었다. 최신 ICT 관련 기술들을 수용하여 기존의 우주발사체와 인공위성 분야의 기술혁신이 가속화하고 있다. 인공위성의 특정 부품을 만드는 데 3D 프린터가 사용되면서 생산 비용을 낮추고 새로운 비즈니스모델을 창출하는 데 기여하고 있다. 예를 들어, 실리콘밸리에 있는 우주발사체 분야의 스타트업인 '렐러티비티 스페이스Relativity Space'는 발사 비용의 90% 절감을 목표로 발사체 전체를 3D 프린팅 기술로 제작하는 사업을 추진하고 있다(임철호, 2018.2.23). 이와 같이 우주 분야는 4차 산업혁명 시대에 주변 기술들과 영향을 주고받으면서 융합과 연결을 촉진하는 기술혁신의 핵심 분야로 주목받고 있다.

4. 우주규범 경쟁과 국제협력의 모색

1) 우주의 군사화에 대한 국제법 적용 논의

1950년대 이래 국제사회는 우주에서의 군비경쟁 방지와 지속가능한 우주환경 조성을 위해 규범적 방안을 모색해 왔다. 현재 우주 분야 국제규범에 대한 논의는 주로 강대국들을 중심으로 유엔 차원에서 진행해 왔다. 이러한 우주 국제규범의 모색 과정에서 '아래로부터의 국제규범 형성 작업'과 '위로부터의 국제조약 창설 모색'의 두 가지 트랙이 병행해서 진행되었다(Schmitt, 2006; 임채홍, 2011; Johnson-Freese and Burbach, 2019).

유엔 총회 산하에 우주 문제를 논의할 수 있는 위원회는, 1959년 12월 설립된 유엔 '우주공간평화적이용위원회Committee on the Peaceful Uses of Outer Space: COPUOS'와 1978년 5월 처음 개최된 유엔 군축특별총회에 기원을 두고 1982년부터 우주 문제를 논의해 온 다자간 제네바군축회의Conference on Disarmament: CD가 있다(박병광, 2012). COPUOS는 지속가능한 우주 환경 조성에 관한 방안을, 군축회의는 '우주공간에서의 군비경쟁 방지Prevention of Arms Race in Outer Space: PAROS'을 논의하고 있다. COPUOS는 국제조약 채택을 주도하기보다는 국가 간 공동합의를 유도하는 방향으로 최근 선회했으며, 이는 아래로부터의 공동합의를 통한 국제규범 형성을 모색하려는 서방 진영, 특히 미국의 사실상 de facto 접근과 맥이 닿는다. CD에서의 우주에 대한 논의는 일종의 위로부터의 국제조약 모색 논의로서 이해되며, 이는 중국과 러시아 등 비서방 진영이 주도하는 법률상de jure 접근과 맥이 닿는다(유준구, 2016).

이러한 국제규범 논의 과정에서 미국과 유럽연합, 그리고 중국과 러시아로 대변되는 서방 대 비서방 진영의 대립 구도가 견고하게 유지되고 있다. 미국과 유럽연합은 2012년 ICoCDraft International Code of Conduct for Outer Space Activities를 제출한 바 있다. 이러한 과정에서 특히 미국과 중러를 중개하려는 유럽연합의 접근은 기본적으로 법적 구속력이 없는 행동 규범의 채택을 의도하고 있다. 반면 중국과 러시아는 '우주에서의 무기 배치와 우주물체에 대한 위협과 무력 사용 금지에 관한 조약안Treaty on the Prevention of the Placement of Weapons in Outer Space and of the Threat or Use of Force against Outer Space Objects: PPWT'을 공동 제출했다. 이러한 PPWT 기반의 접근은 법적 구속력 있는 국제 우주법을 제정하려는 입장으로 요약된다. 이 밖에 현재 우주 관련 국제규범의 형성 및 창설과 관련한 쟁점으로 논의되는 사항은 우주의 군사화·무기화, 자위권의 적용, 우주 파편의 경감 등 위험요소 제거, 투명성 및 신뢰구축 등이 있으며, 각 쟁점에서 각국은 자국의 이해를 반영하기 위해서 서로 다른 입장을 드러내고 있다 (유준구, 2016).

한편 우주공간의 국제규범 창설 논의에 있어서 우주개발 선진국과 개도국 간 갈등도 첨예한 쟁점으로 제기되고 있다. 개도국들은 우주가 인류의 유한 천연자원이고 그 혜택이 모든 국가에게 미쳐야 하며, 우주개발 활성화를 위한 국제협력을 촉진하기 위해서는 조속히 그 '경계획정'의 문제가 해결되어야 한다는 입장이다. 이에 대해 선진국들은 우주의 정의 및 경계획정을 추진하는 것은 시기상조이며, 국제적 합의가 부재한 상황에서 추진할 경우 우주활동을 위축시킬 수 있고, 경계획정으로 인해 관할권 문제를 둘러싼 국제분쟁을 촉발시킬 가능성이 크다고 주장한다. 이러한 선진국과 개도국의 입장 차는, 우주공간의 유한자원 이용과 관련하여 우주 무선통신 수용 주파수 지대와 지구정지궤도 geostationary orbit 문제에서 제기되고 있으며, 영공과 우주의 경계획정 문제에서도 이들 국가군 간 의견 대립이 존재한다.

최근 우주규범에 대한 논의를 살펴보면, 2017년 12월 유엔총회 결의에 따라 설치된 PAROS에 관한 정부전문가그룹GGE에서 2018~2019년 조약 문서에 포함될 요소의 검토 및 권고 사항에 대해 논의를 했으나, 미국·유럽연합 중심의 서방 진영과 중러 및 개도국 진영 간 현격한 입장 차로 인해 보고서 채택에 실패했다. 25개국 위원들은 PAROS 조약의 일반의무, 범주, 정의, 검증 등 제반 이슈별로 심도 있는 토의를 했으나, 논의가 진행될수록 PAROS에 대한 기본 철학 및 접근법, 세부 이슈별 입장차가 분명하게 드러났고, 보고서 초안 내용이 자국 및 우방국 입장을 충분히 반영할 수 없다고 판단한 미국의 불참 선언으로 회의가 종료되었다. CD에서 PAROS 논의를 주도하고 있는 중러는 미국의 우주활동 재량 및 우월적 지위를 상쇄한다는 전략을 펼치고 있고, 이에 비해 미국 등 서방 진영은 PAROS 조약 성립은 시기상조이며, 불완전한 조약의 성립이 오히려 정당한 군사적·상업적 우주활동을 제약할 위험이 크다는 입장을 취하고 있다(유준구, 2019: 220~221).

한편, 2019년 미국의 우주군 창설을 계기로 다영역작전MDO 개념이 급부상했고, 이를 법제화하려는 노력이 2020년 미국을 중심으로 구체화하고 있다. 이러한 논의 동향은 국제규범 모색 과정에도 상당한 영향을 미칠 것으로 예상되는데, 우주전을 사이버전에 대한 국제법 논의 틀 내에서 다루려는 작업이 진행되고 있다. 예를 들어 '우메라Woomera 매뉴얼'은 우주공간에서의 군사작전에 대한 국제법 적용을 검토하려는 작업이다. 이는 기존에 미국과 나토를 중심으로 진행된 사이버 안보 분야 '탈린 매뉴얼Tallinn Manual on the International Law Applicable to Cyber Warfare'의 구도를 우주 분야의 국제규범으로 확대하는 노력이다. 이와 유사한 맥락에서 이른바 '밀라모스 매뉴얼Manual in International Law Applicable to Military Uses of Outer Space: Milamos Manual' 작업도 진행되고 있다. 향후 우주의 무기화 문제를 다룰 적절한 국제규범의 형식과 내용에 대한 논의는 지속될 것으로 보인다(유준구, 2019: 226).

2) 우주규범의 주요 쟁점과 진영 간 입장 차

최근 인공위성과 우주활동국의 수가 증가하면서 우주 환경이 피폐화·과밀화되는 문제가 발생하고 있다. 국제사회는 우주활동의 목적, 즉 상업적 활동 또는 군사적 활동의 여부를 불문하고 지속가능한 우주 환경 조성과 우주에서의 군비경쟁 방지를 위해 정책적·규범적 방안을 동시에 모색해 왔다. 현재 제기되는 우주 분야 국제 갈등과 협력의 주요 현안은, ① 장기지속성LTS 가이드라인과 '우주2030' 어젠다, ② '우주상황인식SSA', '우주교통관리STM', '우주파편물 space debris', ③ '투명성 신뢰구축 조치TCBMs', PAROS GGE, 우주의 군사화·무기화 및 자위권 적용 문제, '위성부품수출통제ECR'와 같은 우주공간의 군비경쟁 방지 관련 현안 등의 세 그룹으로 나누어볼 수 있다.

(1) 장기지속성 가이드라인과 우주2030 어젠다

우주활동 장기지속성Long-Term Sustainability: LTS 가이드라인은 우주협력과 관련한 국제적 논의에서 '기본적이고 법적인 프레임워크fundamental legal framework'의 위상을 갖고 있다. 유엔 COPUOS는 총 28개 세부 지침안 중 7개를 제외한 21개 지침을 2019년 7월에 채택했는데, 쟁점별로 주요국들의 이견이 표출되었다. 미국·유럽연합과 중국·러시아는 국제규범의 논의와 형성 방식, 주요 행위자, 실행 시기, 안보 이슈의 포함 여부 등에 대해 생각이 달랐다. 미국·유럽연합이 '다중이해당사자주의multistakeholderism'를 기반으로 구속성이 약한 가이드라인의 조기 작성 및 실행을 주장한다면, 중·러는 국가 간 협의의 방식을 기반으로 법적 구속력과 그에 따른 이행에 우선순위를 부여한다. 미국·유럽연합 대 중·러의 기본구도 위에 미국과 유럽연합 국가들 사이에도 입장 차가 발견된다. 미국은 기본적으로 구속성 없는 가이드라인의 작성을 선호하고 있으나, 유럽연합은 자발적 가이드라인의 한계를 인정하고 어떤 형태로건 제도 형성의 필요성을 강조하고 있다(Martinez, 2018).

우주2030 어젠다는 제1회 UNISPACE 50주년 기념 회의인 UNISPACE+50의 의제를 보완·발전시키면서 등장했다. 우주2030 논의는 UNISPACE 6개 의제를 경제·사회·접근권·외교로 재조정한 데서 나타나듯이, 유엔의 SDGs Sustainable Development Goals 및 재난 위험 경감을 위한 '센다이Sendai 프레임워크'와 연계하려고 한다. 우주2030 논의도 기본적으로 미국·유럽연합 대 중국·러시아의 구도가 유지되고 있으나, LTS의 경우보다 그 논의 구도가 복잡하다. SDGs와의 연계 문제를 기준으로 할 때, 미국이 다소 신중한 입장인 반면, 유럽연합·중국·러시아가 적극적인 자세를 보이고 있다. 우주2030 관련 미국과 유럽연합의 입장 차는 좀 더 두드러지는데, 유럽연합이 SDGs와의 연계에 적극적인 반면, 미국은 우주 이슈와 SDGs 문제의 양자 연계를 원론적으로만 지지하고 있으며 특정 이슈에 대한 부분적 관심만 표명하고 있다.

(2) 우주상황인식과 우주교통관리, 우주파편물

우주상황인식Space Situational Awareness: SSA이란 일반적으로 인공 우주물체의 충돌·추락 등의 우주 위험에 대처하기 위해 우주 감시 자산을 이용하여 지구 주위를 선회하는 인공위성, 우주 폐기물 등의 궤도 정보를 파악하여 위험 여부 등을 분석하는 활동을 의미한다. 우주에 기반을 둔 위험은 일정 국가의 안보에 치명적일 뿐만 아니라 전 세계의 모든 국가에 직간접적으로 영향을 미치기 때문에 SSA 활동에는 국제협력이 매우 중요하다(Borowitz, 2019). SSA 관련 국제적 논의를 촉발시킨 결정적인 사건은 중국의 위성요격미사일ASAT 발사 실험의 성공이었다. 이로 인해 우주공간에서의 군비경쟁이 급진전되는 상황이 발생했고 미국·유럽연합 대 중국·러시아의 구도가 더욱 명확해졌으며, SSA 관련 국제적 논의의 기본적인 틀이 구성되었다. 그러나 민관협력과 군사적 차원의 접근에 대한 미국·유럽연합과 중국·러시아의 입장 차가 명확해지는 가운데, 미국과 유럽연합 간 관계에서도 개별 국가들의 역량에 따라 파트너십 수준의 편차가 상당히 나타나고 있다.

인공위성 및 우주 폐기물의 기하급수적인 증가로 우주에서 우주물체 간 충돌 가능성이 현저히 증대함에 따라 항공관제와 유사한 개념으로 우주물체의 충돌 방지를 위한 우주교통관리Space Traffic Management: STM의 필요성이 제기된다(Palanca, 2018). 정보 공유와 국제협력의 필요성이 인식되고 있으나, 주요국들이 국제협력에 대한 기본 인식과 방향, 특히 민간과의 협력과 군사적 차원의 대응 문제 등에 있어 견해차를 보인다(Hitchens, 2019). 미국과 유럽연합은 군사적 차원에서 관리해야 할 필요성을 강조하지만, 군사적 역량을 증대하는 데 한계가 있으므로 민간기업을 통해 그 공백을 메우는 접근을 시도한다. 미국과 유럽연합 주요국의 양자 협력은 정책의 방향성과 SSA 관련 자립적 능력의 보유 수준에 따라 상당한 차별성을 보인다. 중국은 우주 정보·감시·관찰을 비롯한 전략적인 조기경보 능력을 독자적으로 개발·강화하는 데 정책적 우선순위를 부여하고 있으며, 러시아도 SSA/STM에 있어서 군사적 측면에 우주 감시 및 추적 시스템을 우선적으로 고려하는 정책을 추진하는 특징을 보인다.

우주파편물space debris은 우주 궤도상에 대량 산재해 있고, 고도 500km에서 초당 약 7~8km라는 엄청난 속도로 움직이고 있어 통제 불가능하므로 그 충돌 가능성을 포함하여 우주의 항행에 상당한 위험을 초래하는 요소로 인식되고 있다. 이 문제는 1994년 COPUOS 소위원회에서 의제화한 이래 논의되고 있다. ICoC에서는 우주파편물의 심각성을 인식하여 그 발생을 최소화하는 방안으로 우주물체의 발사 시기부터 궤도에서의 비행 수명이 종료하는 전 기간에 걸쳐 장기 잔류 우주파편물을 발생시킬 수 있는 모든 활동을 제한하고 있다. 이와 관련하여 ICoC는 서명국에게 유엔 COPUOS가 채택한 우주파편물 경감 가이드라인의 준수를 촉구하고 있으며, 국내 이행에 필요한 정책과 절차를 수립하도록 요구하고 있다. ICoC에서는 우주파편물의 발생을 경감하는 조치와 기술이 군사적으로 전용될 수 있다는 것이 쟁점이다. 실제로 우주파편물의 제거를 위한 명분과 목적으로 미국·중국·러시아는 요격미사일, 인접 폭발, 레이저 파괴 등 다양한 군사적 전용 기술을 실험 및 상용화하고 있다(Doboš and Pražák, 2019).

(3) 우주공간의 군비경쟁 방지 관련 현안

우주공간의 군비경쟁 방지 관련 현안으로서 투명성 신뢰구축 조치Transparency and Confidence-Building Measures: TCBMs란 시의적절한 정보 공유를 통해 상호이해와 신뢰를 형성함으로써 국가 간에 발생 가능한 갈등을 예방하는 조치를 말한다. 우주 분야에서 TCBMs는 우주에서의 군비경쟁을 방지하기 위한 목적으로 유엔총회의 요청에 의해 1990년대 초 논의가 시작되어 1993년 '우주에서 신뢰구축조치 적용에 대한 정부 전문가 연구보고서'가 채택되었다. 또한 유엔은 2012년 총회 제1위원회에 '우주에서 TCBMs GGE'를 구성했으며, 2013년 유엔 GGE 보고서가 총회에서 승인되었다. 핵군축과 대량살상무기를 다루는 제1위원회에서 우주활동과 TCBMs를 연계해 논의한다는 것은 유엔이 우주의 군사적 이용을 사실상 허용한다는 것을 의미할 뿐만 아니라, 군사적 또는 비군사적 우주활동을 구분하지 않고 우주에서 이뤄지는 활동 그 자체를 규제하겠다는 것을 의미한다.

PAROS로 알려진 외기권에서의 군비경쟁 방지 문제는 1980년대 초 제네바 군축회의에서 제기된 의제이다. 외기권에 무기 배치와 위성 요격무기의 배치를 금지하는 것을 핵심 내용으로 하지만, 이를 지지하는 중국·러시아 그룹과 서방 그룹 간의 갈등으로 인해 공식 의제로 채택되지는 않고 현재까지 교착상태에 있다. 2008년 PAROS 의제를 기반으로 중국과 러시아는 국제조약의 성격을 가진 PPWT를 제출했으며, 2014년에는 그 수정안을 제출했다. 2017년 총회 결의안에 의거하여 우주 군비경쟁 방지에 대해 법적 구속력을 가진 규범 형성을 위한 요소의 식별 및 건의를 위해 PAROS GGE 창설을 합의했다. 일반 원칙, 범주 및 목표, 정의, 모니터링·검증·투명성 및 신뢰구축 조치, 국제협력, 제도적 장치 등의 의제를 논의했다. 이후 PAROS GGE는 결과보고서를 제출했으나 국가 간 제도적 협의와 강제성에 대한 이견 그리고 논의 주제에 대한 인식의 차이로 인해 최종 채택되지 못했다.

우주공간의 군사화와 무기화, 자위권 적용 문제도 쟁점이다. 우주공간이 군사적 목적으로 이용될 경우, 지속적인 우주탐사와 비군사적 이용에 대한 보장을 확신할 수 없게 되므로, 이를 반영하여 1967년 외기권 조약 제4조 1항에서는 우주의 군사화·무기화의 일정한 금지를 규정하고 있다. 달과 다른 천체에서는 군사 활동이 포괄적으로 금지되는 반면, 지구 주변 궤도에서는 대량파괴 무기만이 금지 대상이라는 것이 쟁점이다. 이에 대해서 중국과 러시아는 외기권 조약의 평화적 목적과 관련해 완전한 비군사화를 주장하는 반면, 미국은 침략적 이용만 금지하면 된다는 입장을 취하고 있다. 한편, 우주공간에서의 자위권 적용도 핵심 쟁점인데, 국가 간 이견이 현저하게 존재한다. 중국과 러시아는 우주가 자위권의 대상이 된다는 것을 받아들일 수 없다는 입장인 데 비해, 미국과 서방은 특정한 상황에서의 자위권의 적용은 UN헌장에 보장된 기본적

권리라는 입장이다.

국제적 차원에서 우주산업과 관련한 위성부품 수출통제ECR는 바세나르 협약과 '미사일기술통제레짐MTCR'을 통해 이뤄지고 있다. 미국과 유럽연합은 바세나르 협약과 MTCR에서 우주산업 분야의 수출통제에 대한 논의와 규범 형성을 주도하고 있으며, 이를 위한 국제협력을 비교적 긴밀하게 진행하고 있다. 미국과 유럽연합은 다용도omni-use 신흥 기술이 대두하는 과정에서 비서구적 규범과 표준이 확산되는 데 대해 경계심을 늦추지 않고 있다. 특히 중국의 부상으로 인해 우주 분야에서 비서구적 규범과 표준의 대두가 가속화될 가능성이 있다는 인식하에 기존의 수출통제 레짐을 우주 분야 국제협력에도 원용하려는 공통의 인식을 갖고 있다. 미국이 2018년 8월 '수출통제개혁법Export Control Reform Act: ECRA'을 발표한 것은 이러한 맥락인데, 이 개혁은 각 부처에 산재되어 있는 수출통제 목록을 단일화하고, 수출통제 권한 역시 단일화하는 데 목표를 두고 있다.

5. 결론

최근 육·해·공 및 사이버공간의 연속선상에 있는 복합공간으로 이해되는 우주공간의 주도권을 장악하기 위한 주요국들의 경쟁이 뜨겁다. 이러한 우주경쟁은 단순한 기술적·산업적 차원에서만 이해할 현상이 아니라 미래 국가 전략을 거론케 하는 국제정치의 지정학적 현상이라고 할 수 있다. 그렇지만 4차 산업혁명 시대를 맞은 우주공간의 세계정치가 보여주는 복합성은 전통적인 고전 지정학적 시각을 넘어서는 좀 더 정교한 분석틀의 구비를 요청한다. 특히 복합공간으로서 우주공간의 부상에 제대로 대응하기 위해서는 좀 더 거시적이고 포괄적인 차원에서 파악된 미래 국가 전략의 모색이 필요하다. 이러한 문제의식을 바탕으로 이 글은 복합지정학의 시각을 원용하여 우주공간을 둘러싸고 벌어지는 세계정치의 동학을 전략과 산업 및 규범의 3차원 경쟁으로 이해했다.

먼저, 우주공간의 세계정치가 국가안보가 걸린 지정학적 사안으로 '안보화'되면서 주요국 간의 전략 경쟁이 치열하게 벌어지고 있다. 특히 미국, 중국, 러시아 등 우주강국들의 군사·안보·전략 경쟁이 가속화되고 있으며, 아시아와 유럽의 우주 후발국들도 나서고 있다. 이들 국가는 단순한 우주기술개발의 차원을 넘어서 우주공간에서의 전쟁 수행 능력을 높이기 위한 군비경쟁 및 우주무기 경쟁을 벌이고 있다. 특히 최근에는 우주 군사력을 국가안보 전략 수행의 핵심으로 이해하여 다양한 우주무기의 개발과 배치는 물론, 우주전의 수행을 위해 우주군을 독립 군종으로 창설하는 데까지 나아갔다. 그야말로 우주공간은 국가안보의 공간이자 국가적 자존심과 꿈을 실현할 공간으로 확고하게 자리매김하는 양상을 보이고 있다.

둘째, 뉴스페이스의 부상이라는 시대적 변환 속에서 우주산업 경쟁이 치열하게 벌어지고 있다. 이러한 변화는 단순히 민간 우주기업들의 수적 증가나 벤처형 투자의 증대라는 차원을 넘어서 우주산업 생태계의 변동과도 연결된다. 이러한 변환의 이면에는 획기적인 기술 발달과 혁신을 추구하는 민간기업가들의 발상 전환이 존재하고 있다. 4차 산업혁명을 배경으로 다양한 위성 활용 서비스들이 활성화되고 있는데, 위성항법시스템에서 제공하는 위치정보서비스, 전지구적 위성 인터넷, 위성을 활용한 각종 영상 및 데이터 서비스 분야에서 새로운 비즈니스모델들이 부상하고 있다. 우주 분야가 4차 산업혁명 관련 기술들과 융복합되면서 뉴스페이스의 지평을 넓혀나가고 있는 것이다.

끝으로, 우주공간에서의 군비경쟁 방지와 지속가능한 우주 환경 조성을 위한 우주규범 마련을 위한 노력이 진행되는 가운데, 그 형식과 내용을 놓고 주요국 간의 견해가 대립하는 우주규범 경쟁의 양상도 나타나고 있다. 유엔 COPUOS나 제네바군축회의 등에서 진행되고 있는 우주규범에 대한 논의 과정에서 서방과 비서방 진영 또는 선진국과 개도국 진영 간의 입장 차가 드러나고 있다. 이러한 진영 간 입장 차는 장기지속성 가이드라인, 우주2030 어젠다, 우주상황인식, 우주교통관리, 우주파편물, 투명성 신뢰구축 조치, PAROS GGE, 우주의 군사화·무기화 및 자위권 적용 문제, 위성부품수출통제 등과 같은 다양한 쟁점들에 걸쳐서 나타나고 있다.

한국도 2018년 2월에 수립한 '제3차 우주개발진흥기본계획'을 통해 우주 분야의 변화에 대응하는 적극적인 정책적 대응을 펼쳐왔다. 한국은 선진국보다 늦은 1990년대 중반에 국가 주도로 위성 개발을 시작했으나 오늘날 세계적으로 어깨를 견줄 인공위성 개발 기술력을 확보하고 있으며, 독자 우주발사체 개발에도 성공하면서 종합 10위권의 우주 선진국 대열에 진입한 것으로 평가된다. 한국은 현재 자체 개발한 인공위성 6기를 운영 중이며, 2020년 7월 21일 아나시스 2호를 쏘아 올리면서 최초의 군 전용 위성을 보유하게 되었다. 이 밖에도 차세대 중형 위성 1호 발사와 2021년 독자 우주발사체 '누리호' 발사 및 초소형 군집 위성 개발, 우주 부품 국산화 등을 본격 추진할 예정이다. 또한, 2030년까지 무인 달 착륙선 개발을 목표로 한국형 달 탐사 프로젝트를 위한 연구개발과 핵심기술개발을 추진 중이며, 이를 통해 민간 우주기업의 수출 판로를 개척하기 위해 적극 나설 계획이다.

그러나 한국의 우주전략은 아직도 초보 단계에 머물고 있는 것이 사실이다. 그렇지만 그동안 축적한 기술과 구축한 인프라, 국내 경제력의 수준 등을 바탕으로 볼 때, 한국의 우주개발 능력과 우주 국제협력 참여에 대한 기대를 버릴 수는 없다. 한국의 우주개발은 비교적 늦은 편이지만 빠르게 기술 축적을 이루었으며, 우주정책의 범위 역시 연구개발 중심에서 국방·안보·외교·산업 등으로 확대되는 추세이다. 지금 필요한 것은 우주 분야의 글로벌 추세를 제대로 읽고 적절히 대응하는 국내적 추진 체계 정비라고 할 수 있다. 우주전략의 컨트롤 타워와 전담 부처의 위상 설정 및 뉴스페이스 시대를 맞은 정부-민간 관계의 재정립, 그리고 우주 국제규범 참여의 노력이 필요하다.

요컨대, 우주경쟁의 세계정치는 전략·산업·규범의 시각에서 본 복합지정학적 양상을 띠며 전개되고 있다. 우주 분야에서 벌어지는 최근의 양상은 사이버 안보나 자율 무기체계 분야의 세계정치과 더불어 4차 산업혁명 시대 신흥 기술 분야의 구조 변동에 대한 국가 전략적 대응의 필요성을 제기한다. 이 글에서 살펴본 우주공간의 복합지정학은 21세기 세계정치의 중견국으로서 한국에게 기회와 과제를 동시에 제기한다. 우주전략은 근대화, 자주국방, 경제개발, 국가 자긍심, 외교 리더십 등의 연속선상에서 본 미래 국가 전략의 또 하나의 과제가 아닐 수 없다. 한국에게도 이제 우주는 '저 멀리 있는 공간'이 아니라, 우리 삶에 밀접히 연계된 '복합공간'이라는 점을 염두에 두고 적극적인 대응 전략을 구상하고 실천해야 한다.

김상배. 2019. 「미래전의 진화와 국제정치의 변환: 자율무기체계의 복합지정학」. ≪국방연구≫, 제 62권 3호, 93~118쪽.

_____. 2020. 「4차 산업혁명과 첨단 방위산업 경쟁: 신흥권력론으로 본 세계정치의 변환」. ≪국제 정치논총≫, 제60권 2호, 87~131쪽.

김상진. 2019.11.15. "미·중 간 불붙는 '제3의 스타워즈'…우주패권은 누구 손에?" ≪중앙일보≫.

김윤수. 2020.5.29. "스페이스X 첫발 딛는 우주는 新산업 플랫폼…'우주 상업화 기폭제'". ≪조선비즈≫.

김종범. 2017.6.26. "사이언스 리뷰: 4차 산업혁명 시대 이끄는 항공우주기술". ≪중도일보≫.

김지이. 2019. 「중국의 우주전략과 주요 현안에 대한 입장」. 서울대학교 국제문제연구소 워킹 페이 퍼, 132호(2019.9.4).

나영주. 2007. 「미국과 중국의 군사우주전략과 우주공간의 군비경쟁 방지(PAROS)」. ≪국제정치논 총≫, 제47권 3호, 143~164쪽.

노동균. 2019.1.3. "우주 시대를 향해 ③: 우주산업 골드러시, '뉴스페이스' 시대 선점경쟁 가속". ≪IT조선≫.

류장수. 2017. 「4차 산업혁명과 우주산업」. ≪기술과 경영≫, 8월호. 한국산업기술진흥협회. 92~93쪽.

박병광. 2012. 「동북아시아의 우주 군사화와 한반도 안보: 한국공군에 대한 시사점」. ≪국방연구≫, 제55권 2호, 1~24쪽.

쉬만스카, 알리나. 2019. 「러시아의 우주전략: 우주프로그램의 핵심 과제와 우주 분야 국제협력의 주요 현안에 대한 입장」. ≪국제정치논총≫, 제59권 4호, 83~131쪽.

신상우. 2019.8.9. "혁신 방향 묻는 유럽 우주기술의 새흐름, Space 4.0". ≪프레시안≫.

신성호. 2020. 「21세기 미국과 중국의 우주개발: 지구를 넘어 우주 패권 경쟁으로」. ≪국제·지역연구≫, 제29권 2호, 65~90쪽.

안형준·최종화·이윤준·정미애. 2018. 「우주항공 기술강국을 향한 전략과제」. ≪STEPI Insight≫, 제226호.

유준구. 2016. 「최근 우주안보 국제규범 형성 논의의 현안과 시사점」. ≪주요국제문제분석≫, 2015-46. 국립외교원 외교안보연구소(2016.1.20).

_____. 2018. 「트럼프 행정부 국가우주전략 수립의 의미와 시사점」. ≪주요국제문제분석≫ 2018-47. 국립외교원 외교안보연구소(2018.12.20).

_____. 2019. 「신기술안보」. 『글로벌 新안보 REVIEW: 환경안보, 인간안보, 기술안보』. 국가안보전략연구원. 199~228쪽.

이혁. 2019. 「달 탐사와 위성 인터넷망 구축을 중심으로 본 뉴스페이스 시대」. *Future Horizon*, 8월호, 80~86쪽.

임채홍. 2011. 「'우주안보'의 국제조약에 대한 역사적 고찰」. ≪군사≫, 제80호, 259~294쪽.

임철호. 2018.2.23. "[금요 포커스] 4차 산업혁명과 항공우주기술. ≪서울신문≫.

정영진. 2015. 「우주의 군사적 이용에 관한 국제법적 검토: 우주법의 점진적인 발전을 중심으로」. ≪항공우주정책·법학회지≫, 제30권 1호, 303~325쪽.

정종필·박주진. 2010. 「중국과 미국의 반(反)위성무기 실험 경쟁에 대한 안보딜레마적 분석」. ≪국제정치논총≫, 제50권 2호, 141~166쪽.

조홍제. 2017. 「아시아 우주개발과 우주법」. ≪저스티스≫, 2월 호, 476~503쪽.

최정훈. 2019. 「트럼프 행정부의 우주정책: 신우주경쟁? 우주정책 지침(SPD)과 변환의 방향성」. 서울대학교 국제문제연구소 워킹 페이퍼, 131호(2019.9.4).

한상현. 2019. 「국가적, 지역적 차원에서 본 유럽의 우주전략과 주요 현안에 대한 입장」. 서울대학교 국제문제연구소 워킹 페이퍼, 134호(2019.9.4).

Borowitz, Mariel. 2019. "Strategic Implications of the Proliferation of Space Situational Awareness Technology and Information: Lessons Learned from the Remote Sensing Sector." *Space Policy*, Vol.47, pp.18~27.

Doboš, Bohumil and Jakub Pražák. 2019. "To Clear or To Eliminate? Active Debris Removal Systems as Antisatellite Weapons." *Space Policy*, Vol.47, pp.217~223.

Drozhashchikh, Evgeniia. 2018. "China's National Space Program and the 'China Dream'." *Astropolitics*, Vol.16, No.3, pp.175~186.

Goswami, Namrata. 2018. "China in Space: Ambitions and Possible Conflict." *Strategic Studies Quarterly*, Vol.12, No.1, pp.74~97.

He, Qisong. 2019. "Space Strategy of the Trump Administration." *China International Studies*, Vol.76, pp.166~180.

Hitchens, Theresa. 2019. "Space Traffic Management: U.S. Military Considerations for the Future." *Journal of Space Safety Engineering*, Vol.6, pp.108~112.

Johnson-Freese, Joan and David Burbach. 2019. "The Outer Space Treaty and the Weaponization of Space." *Bulletin of the Atomic Scientists*, Vol.75, No.4, pp.137~141.

Klein, John J. 2012. "Space Strategy Considerations for Medium Space Powers." *Astropolitics*, Vol.10, No.2, pp.110~125.

Martinez, Peter. 2018. "Development of an International Compendium of Guidelines for the Long-term Sustainability of Outer Space Activities." *Space Policy*, Vol.43, pp.13~17.

Moltz, James Clay. 2019. "The Changing Dynamics of Twenty-First-Century Space Power." *Strategic Studies Quarterly*, Vol.13, No.1, pp.66~94.

Palanca, Gerie W. 2018. "Space Traffic Management at the National and International Levels." *Astropolitics*, Vol.16, No.2, pp.141~156.

Quintana, Elizabeth. 2017. "The New Space Age: Questions for Defence and Security." *The RUSI Journal*, Vol.162, No.3, pp.88~109.

Reily, Jeffrey M. 2016. "Multidomain Operations: A Subtle but Significant Transition in Military Thought." *Air & Space Power Journal*, Vol.30, No.1, pp.61~73.

Schmitt, Michael N. 2006. "International Law and Military Operations in Space." in A. von Bogdandy and R. Wolfrum(eds.). *Max Planck Yearbook of United Nations Law*, Vol.10, pp.89~125.

Shea, Dennis C. 2016.9.27. "Testimony before the House Space, Science, and Technology Committee, Subcommittee on Space Hearing on 'Are We Losing the Space Race to China?'" House Committee on Science, Space and Technology.

SpaceTec Partners. 2016. "New Business Models at the Interface of the Space Industry and Digital Economy: Opportunities for Germany in a Connected World." Executive Summary(English), SpaceTec Partners Report. https://www.spacetec.partners/services/innovation-advisory/newspace-new-business-models-at-the-interface-of-space-industry-and-digital-economy/ (검색일: 2021.3.27)

Weinzierl, Matthew. 2018. "Space, the Final Economic Frontier." *Journal of Economic Perspectives*, Vol.32, No.2, pp.173~192.

Zhao, Yun and Shengli Jiang. 2019. "Armed Conflict in Outer Space: Legal Concept, Practice and Future Regulatory Regime." *Space Policy*, Vol.48, pp.50~59.

주요국의 우주전략

2 트럼프 행정부 이후 미국 우주정책

'뉴스페이스'와 '신(新)우주경쟁'에 따른 변화의 추세

1. 서론

2017년 12월, '우주정책지침 1호Space Policy Directive-1: SPD-1'를 발표해 유인 우주탐사와 우주개발의 재개를 천명한 이래 트럼프 행정부는 국가 전략적 목표를 위해 다양한 분야에서 우주공간을 적극적으로 활용하겠다는 의지를 보여왔다. 백악관의 공식 입장에 따르면, 트럼프 행정부의 우주정책은 '미국 우선주의America First'의 기치하에, 우주공간에서 미국의 주도권을 적극적으로 보호하고 나아가 우주공간에서의 국가 역량이 지구권 내에서의 기술·산업·군사 우위로 이어질 수 있도록 하는 데 그 목적이 있다(White House, 2018a).

그러한 노선의 연속선상에서 트럼프 행정부는 우주의 상업적 이용에 대한 규제완화(SPD-2, 2018.5.24), 우주교통관리Space Traffic Management: STM[1]와 우주

---

1 국제우주항행학회(International Academy of Astronautics, IAA)의 정의에 따르면, 우주교통관리는 우주공간에서의 제반 활동에 있어 "물리적 또는 무선대역(radio-frequency) 간섭"으로부터의 안전을 추

상황인식Space Situational Awareness: SSA[2]에 대한 국가 주도적 발전 계획 발표 (SPD-3, 2018.6.18), 육군·해군·공군과 해병대, 해안경비대에 이은 제6의 독립 된 군으로서 우주군Space Force 창설(SPD-4, 2019.2.19) 등 각 분야에서 적극적인 정책을 개진하고 있다.

이러한 미국의 행보는 지구 대기권 내에서 점차 윤곽을 드러내고 있는 미중 경쟁의 양상이 지구 저궤도, 나아가 심우주까지 확장될 가능성을 시사하는 것으로 해석되어 왔다. 미국은 과거 냉전기 소련을 상대로 벌였던 우주경쟁Space Race 이 중국을 상대로 재현될 것을 상정하고 이에 대비하고 있다는 것이다(Seligman, 2019.5.14; He, 2019).

그러나 이러한 시각은 우주공간에서 중국과 러시아 등 미국의 주요 경쟁국 의 역량이 신장되고, 전 지구적으로 미중 간의 경쟁이 격화하는 국제정치학적 현실에 주목하여, 우주영역에 관한 또 다른 변화, 이른바 '뉴스페이스New Space' 의 등장에 대해서는 크게 다루지 않고 있다.

뉴스페이스란 국가 주도로 이뤄지던 과거 냉전기의 우주개발 방식인 '올드 스페이스Old space'와 대비하기 위해 만들어진 표현이다. 즉 뉴스페이스는 민 간의 상업적 이용 중심으로 개발과 운영이 이뤄지는 것으로, 2010년대 후반 들어 폭발적인 성장을 경험하면서 점차 현실화되고 있다.[3] 우주의 상업적 이 용은 이미 1960년대부터 고려되기 시작했지만, 국가 주도 우주개발을 보조하 는 정도에 불과했던 과거와 달리, 오늘날에는 민간기업들이 독자적으로 우주 발사체와 위성을 개발하고 운용할 수 있게 되면서, 오히려 국가 주도 우주개발

구하기 위해 취해지는 일련의 기술적·제도적 규제의 총칭이다(Contant-Jorgenson et al., 2006: 10).

2 우주상황인식이란 우주공간에서의 안전하고 효율적인 활동을 위해 우주 환경, 특히 물리적·전자기적 방해를 회피하고 여타 위협을 감지, 식별하여 우주자산을 방어하기 위한 정보 또는 그런 정보를 가진 상태를 의미한다(Weeden, 2015: 986).

3 일례로 세계 우주산업 시장의 규모는 2015년 3500억 달러 규모로 추산했으나, 2030년에는 6400억 달 러에서 1조 달러 수준으로 성장할 것으로 전망하고 있다(Quintana, 2017: 90; Pelton, 2019: 2).

보다 훨씬 비용 면에서 효율적인 대안을 제시하고 있다.

그렇다면 트럼프 행정부 발족 이후 미국의 우주정책이 보이고 있는 변화는 미중 경쟁과 우주산업의 발달이라는 이 두 가지 요인과 어떤 관계를 가지고 있는가? 이러한 요인으로 인해 기존의 미국 우주정책과 차별화된 면모를 보이고 있다고 할 수 있는가?

이러한 질문에 대한 답을 찾기 위해, 이 글에서는 트럼프 행정부의 출범을 전후한 미국의 우주정책을 분석하고 그 변화의 궤적을 살피고자 한다. 그리고 이를 통해 트럼프 행정부의 우주정책이 빠르게 현실화하고 있는 미중 경쟁의 안보 환경 속에서, 역시 빠르게 발전하는 민간 영역의 역량을 이용하는 한편 그 역량의 개발을 도움으로써 자국의 주도권을 재확보·유지하는 복합적 성격을 보이고 있음을 밝히고자 한다.

2. 미국 우주정책 간사(簡史)

1) 냉전기: 아이젠하워부터 조지 H. W. 부시까지

제2차 세계대전 후반, 제공권을 상실한 독일이 비대칭 타격의 수단으로 V-2 로켓[4]을 개발함으로써 우주는 본격적으로 안보의 공간에 편입되기 시작했다. V-2 로켓의 기술적 노하우는 냉전에 돌입한 미국과 소련에 의해 경쟁적으로 흡수되었고, 마침내 1957년 소련이 먼저 완성한 ICBM 기술을 바탕으로 최초

---

4 본래 명칭은 '4호 조립체(Aggregat 4)'였으나, 선전 목적으로 공식적으로는 '보복무기 2호(Vergeltungs-waffe 2)'로 명명되었다. 수직 발사 시 대기권을 돌파할 수 있었으나, 엄밀한 의미에서 지구 저궤도에 도달하지는 못했으므로 준궤도(sub-orbital) 우주비행체로 분류된다. 최초로 우주공간에 도달한 발사체가 다름 아닌 폭격용 미사일이었다는 사실은 우주공간의 안보적 중요성과 관련해 큰 함의를 지닌다.

의 인공위성 스푸트니크 1호Sputnik 1, Спутник-1를 지구 저궤도에 돌입시킴으로써 본격적인 우주경쟁의 막이 올랐다.

이에 대응해 1958년 미국의 아이젠하워 행정부는 독립적으로 우주 관련 연구를 수행하던 각종 기관들을 기존 국가항공자문위원회National Advisory Committee for Aeronautics: NACA를 중심으로 통합하여 국가항공우주국National Aeronautics and Space Administration: NASA을 창설했다. NASA의 창립 의도는 그 근거가 된 1958년도 법조문을 인용하자면, "미국의 전반적인 복지와 안보를 위해 항공 및 우주활동에 대한 적절한 안배가 필요"하다는 인식하에 미국 정부가 추진하는 항공우주 정책을 총괄하는 기관을 설립하는 데 있었다.[5] 그러나 동 법안은 "무기체계의 개발과 군사작전, 미국의 방위"와 관련된 사안은 NASA가 아닌 국방부의 소관임을 분명히 했으며, 관·군의 업무 조율을 위해 대통령과 국무장관, 국방부장관, NASA 국장 등을 위원으로 하는 국가항공우주위원회 National Aeronautics and Space Council(훗날의 국가우주위원회NSC[6])의 설치를 더불어 명시했다(MacGregor, 2009: 43).

한편, 이른바 '스푸트니크 쇼크'로 인해 탄생한 기관이 NASA뿐이었던 것은 아니다. 미국은 같은 해(1958) NASA에 조금 앞서 방위고등연구계획국DARPA의 전신인 고등연구계획국Advanced Research Projects Agency을 창설했으며, 새턴-1 발사체 등 군사적으로 전용轉用 가능한 우주 관련 기술의 개발을 독자적으로 또는 NASA와 협력하에 추진하기도 했다(Hunley, 2009: 94~100). 이후 1961년에는 정찰위성의 운용을 담당하는 기관으로 국가정찰국National Reconnaissance Office: NRO을 설립했다. 이는 발사체 기술이 실용화되고 저궤도상에 실용적인

---

5 당시 미국의 우주개발은 NACA 외에도 해군, 육군(V-2 개발의 중심에 있었던 독일의 베르너 폰 브라운 (Wehrner von Braun)이 전후 이곳에 소속되어 있었다), 육군의 후원을 받는 캘리포니아공대(칼텍) 연구소 등 다양한 연구 주체에 의해 개별적으로 (그리고 다소 난잡하게) 이뤄지고 있었다.

6 National Space Council. 두문자가 동일한 국가안전보장회의(National Security Council)와는 다른 조직이다. 이 글에서 후자는 언급되지 않는바, 국가우주위원회의 약칭으로 NSC를 사용하기로 한다.

위성을 배치할 수 있게 된 데 따른 조치였다.

아이젠하워의 뒤를 이은 케네디 행정부는 우주공간에서의 안보 경쟁에 대해 보다 적극적인 태도를 보였다. ICBM 발사체, 정찰위성 개발과 같이 군사안보와 직접적으로 관련되는 정도의 '소박한' 목표를 가지고 있던 아이젠하워 시기의 우주정책과는 달리(Krige, 2009: 116), 케네디 행정부는 우주개발을 그 자체로 패권경쟁에서 달성해야 하는 전략적 목표로 규정했다. 일례로 달 유인 착륙이라는 야심찬 목표를 세운 아폴로 계획Apollo Program을 발표하면서, 케네디 대통령은 "오직 미국이 압도적 우위에 서 있을 때만 (우주라는) 새로운 대양大洋이 평화의 바다가 될지, 아니면 새로운 공포의 전장이 될지 결정"할 수 있음을 주장했다. "우리는 그것이 어렵기 때문에 달에 가고자 한다"라는 문장으로 유명한 이 연설에서 케네디는 우주개발의 이익으로 과학적 발견과 지식의 탐구, 항법위성과 기상위성을 통한 위성항법과 기상예보, 그리고 우주산업의 개발에 따른 경제적 효과 등을 강조하고 있다(Kennedy, 1962.9.12).

그러나 1969년 아폴로 11호의 역사적인 달 착륙 후, 1972년 아폴로 17호의 달 착륙을 끝으로 아폴로 프로그램이 조기 종결되면서, 미국의 우주정책은 전환기를 맞이하게 된다. 소련과의 '우주경쟁'이 사실상 끝났다는 인식이 확산되면서, NSC를 철폐하고 예산을 대규모 삭감하는 등, 전반적으로 국가 전략에서 우주정책이 차지하는 우선순위가 하락하게 된 것이다(그림 2-1 참조). 이러한 대규모 예산 감축의 압박 속에서, NASA는 우주왕복선과 우주정거장(스카이랩 프로그램) 등, 지구 저궤도에서 보다 실용적인 임무를 수행할 수 있는 프로젝트에 집중했다. 저궤도의 보다 효율적인 군사적 이용을 가능케 하는 이들 계획은 국방부의 지지를 받았으며, 이는 다분히 의도된 결과였다(Lambright, 2009: 54). 또한 카터 행정부와 레이건 행정부를 거쳐 랜드샛LANDSAT 관측 위성의 운영이 일부 민영화되는 등[7](Folger, 2014: 3) 우주개발과 우주의 군사적 이용을 위한 기술이 점차 민간 영역으로 퍼져나가는 모습이 나타나기도 했다.

기존의 무기체계와 신무기 그리고 우주공간을 적극적으로 활용해 소련의

그림 2-1 NASA 예산 책정액 추이(2020년 달러 가치 기준)

(단위: 10억 달러)

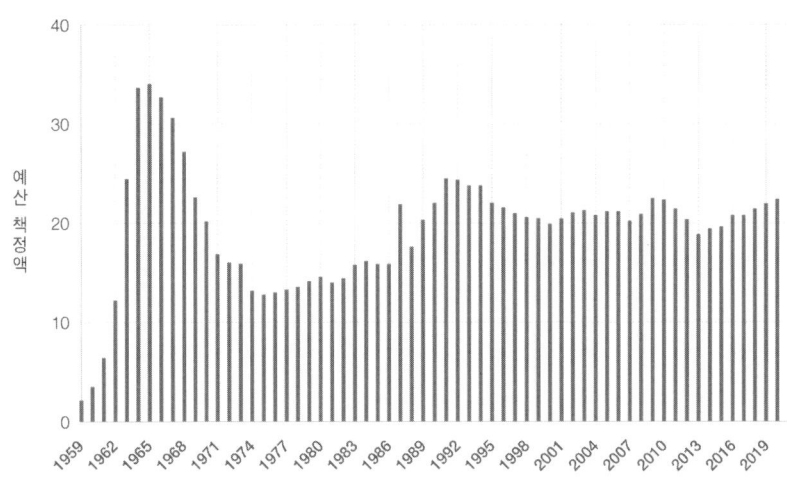

주: 2020년 예산은 대통령령에 따른 예산안 기준임.
자료: Roberts(2019).

탄도미사일 공격을 방어하겠다는 전략방위구상Strategic Defense Initiative: SDI을
야심차게 발표한 레이건 행정부는, NASA 외의 다른 경로를 통한 우주정책에
관심을 가지기 시작했다(Krug, 2004: 68). 미 공군 산하에 우주사령부Space Com-
mand를 창설했고, SDI에 따른 대규모 투자 덕에 레이건 행정부 말엽에는 우주
분야 국방예산이 NASA 예산을 초과하기에 이르렀다(Bosso and Kay, 2004: 54).
한편으로 1986년 우주왕복선 챌린저호Challenger 참사로 우주왕복선을 이용한
상업위성의 발사가 금지되면서, 대신 상업용 발사체 시장이 본격적으로 활성
화되기 시작한 것 역시 카터 행정부 이후 시작된 민간 영역의 대두를 더욱 가

---

7 이 과정에서 랜드샛 관측 위성의 관리 권한이 NASA에서 해양대기청(National Oceanic Atmospheric
   Administration: NOAA)으로 이관되었다. 이후에도 예산 문제로 인해 진통을 겪었으며, 현재 궤도상
   에 남아 있는 2기의 위성(랜드샛 7호, 8호)의 관리 권한은 지질조사국(US Geological Survey, USGS)
   에 이관된 상태다.

속화했다.

반면 레이건 행정부의 우주정거장 프리덤호Freedom 건설 계획이나 부시 George H. W. Bush 행정부의 '우주탐사구상Space Exploration Initiative: SEI' 등, 아폴로 프로그램에 비견할 만한 대규모 우주탐사 정책은 예산이라는 현실의 한계에 부딪혀 번번이 좌절했다. 달 유인 탐사 재개와 화성 유인 탐사 추진을 골자로 하는 SEI의 추진을 위해 재차 설립된(1989) NSC가 뒤이은 클린턴 행정부에서 바로 다시 폐지된 것(1993)은 당시 우주정책이 겪고 있던 부침의 한 예시라 할 수 있다.

2) 탈냉전기: 클린턴부터 오바마까지

"문제는 경제"라고 주장하며 집권한 클린턴 행정부는 걸프전을 통해 우주공간을 활용한 군사작전의 효용성이 입증되고, 민간 영역에서 우주 이용이 확대됨에 따라 우주공간에 대한 정책의 필요를 느끼게 되었다. 이에 따라 SEI 같은 대규모 프로젝트는 아니더라도, 이미 획득한 우주에서의 주도권을 최대한 활용해 민간 영역에 미치는 영향을 극대화할 수 있으리라는 생각에 이르게 되었다(Krug, 2004: 68~69). 1996년 9월 작성되어 추후 공개된 「국가우주전략National Space Policy」 문건은 이와 같은 탄생 배경을 가지고 있었다.

1996년판 「국가우주전략」은 미국의 우주개발 프로그램이 "지구와 태양계, 우주에 대한 지식"을 향상시키는 것뿐 아니라 미국의 국가안보에 대한 기여, 경제 및 기술 분야의 경쟁력 확보, 우주에 대한 투자 유치 등 다방면의 목표를 가지고 있음을 천명했다(White House, 1996: 1장 2조). 그와 동시에 우주의 평화적 이용을 강조하면서 이를 위해 기존의 국제법하에서 국제적 공조를 이뤄나갈 것을 밝혔다(2장 3조). 하지만 또 한편으로는 우주공간에서 적의 공격을 억지하고 필요시에는 '적대적 의도'하에 이뤄지는 우주활동을 차단할 것을 주문했다(3장 3조 b~d항).

이후, 특히 다음에 다룰 부시 행정부의 우주정책과 비교했을 때 1996년의 「국가우주전략」에서 두드러지는 면모는 국제사회와의 활발한 협력이라 할 수 있다. 전략목표 달성을 위한 세부 지침을 담은 5장에서 그러한 양상이 확연히 드러난다. ISS 프로젝트를 비롯해 미국이 주도하는 각종 우주개발 프로그램에 러시아와 다른 구 공산권 국가들 그리고 기타 신흥 우주개발 국가들이 참여할 수 있도록 노력할 것(5장 1절 b, f~i), 민간 우주탐사에 대한 국제표준의 도입을 검토하고 우주파편물space debris의 최소화를 위한 정보 공유와 기술이전을 추진할 것(5장 1절 f-ii, 7절 b), 우주개발과 관련된 수출통제에 있어 미사일기술통제체제Missile Technology Control Regime: MCTR와 중거리핵전력협정Intermediate-Range Nuclear Forces Treaty: INF 등을 준수하고, 추가적으로 우주의 상업적 이용에 있어서 '공정하고 자유로운' 무역을 하는 국가로 협력을 한정할 것(5장 4절) 등 다양한 실무적 지침들에서 드러나는 공통적인 면모라 할 수 있다.

조지 W. 부시George W. Bush 행정부는 2004년 우주왕복선 컬럼비아호Columbia 참사에도 불구하고 그 이듬해에 바로 새로운 발사체(아레스) 개발을 통한 달 유인 우주탐사 재개 및 화성 유인 탐사를 목표로 하는 컨스텔레이션Constellation 프로그램 추진을 발표할 정도로 우주 분야에 적극적인 모습을 보였다. 그런 맥락에서 2006년 8월 새롭게 수립된 국가우주전략은 보다 안보의 측면에 집중된 우주정책 노선을 보여준다. 이 문건은 우주공간에서 행동의 자유가 "공군력과 해군력만큼" 미국의 안보에 중요함을 명시하면서 우주의 "평화적 이용"은 미국의 국익 추구를 위한 국방 및 정보수집 활동과 배치되지 않으며, 이를 추구할 수 있는 미국의 권리는 그 어떤 국가에 의해서도 제한될 수 없음을 강조했다 (White House, 2006: 1장). 또한 이러한 우주공간의 이용 역량이 곧 안보와 직결되므로 이를 저해하려는 시도를 억지할 것을 분명히 하고 있는데, 유사한 내용을 우주 군사안보에 대한 세부 사항으로 언급했던 클린턴 시기와는 달리, 우주의 군사적 이용에 관한 내용이 우주전략의 원칙 중 하나로 등장함은 주목할 만하다(2장 5조).

이처럼 클린턴 행정부 시기와 비교해 부시 행정부는 보다 일방주의적이고 군사안보 분야에 집중하는 전략을 표방했다. 우주의 이용에 관한 기존 국제법 준수라는 클린턴 시기의 입장에서 벗어나 부시 행정부는 미국의 우주에 대한 접근을 제한하는 모든 법적 시도에 반대함을 원칙으로서 내세우고 있으며(2장 6조), 우주 잔해에 대한 협력을 제외하면 민간 분야에서의 협력 역시 언급하지 않고 있다. 불과 두 문단으로 축소된 '국제 우주협력' 장(8장)에서는 협력의 유일한 예시로 미국의 국가안보 및 외교정책의 필요에 따른 정찰위성의 감시 데이터 공유만이 제시되고 있다.

다른 한편으로, 민간 영역의 이중 사용dual-use 기술개발처럼 클린턴 행정부가 강조했던 요소들을 단어만 일부 변경하는 수준으로 계승하고 있다는 점도 눈여겨볼 필요가 있다. 민간 영역에서 개발한 기술을 "현실적인 수준에서 최대한" 사용하고, 이미 정부에 의해 개발된 기술과 기반시설을 안보에 저해되지 않는 수준에서 민간에 개방하겠다는 정책노선은(7장), 이미 클린턴 시기「국가우주전략」의 동일한 부분(4장)에서 언급되고 있는 것이다.

그 뒤를 이은 오바마 행정부의 우주정책은 다분히 어려운 상황 속에서 수립되었다. 금융위기에 따른 경제 침체와 냉전 이후 우주개발 프로그램의 정체로 인해, 새로운 발사체를 개발하지 못한 상태로 우주왕복선이 전량 퇴역(2011)하면서 ISS를 오가기 위해 러시아의 소유즈 우주선을 빌려야만 했다. 반면 중국은 2007년 위성 요격 실험에 성공하고 같은 해 달궤도에 창어嫦娥 1호를 진입시키는 등 우주공간에서의 활동 역량을 급격히 확대하고 있었다.

이러한 배경하에서 2010년 6월 발표된 오바마 행정부의「국가우주정책2010 National Space Policy」은 크게 5가지 원칙에 입각하고 있다. ① 국가이익에 필수적인 우주영역에 대한 지속가능하고 안정적이며 자유로운 접근권 보장, ② 우주의 상업적 이용을 위한 민간 영역의 성장 지원, ③ 국제법에 따른 우주의 평화적 이용8, ④ 우주를 자유롭게 방해 없이 이용할 권리, ⑤ 자국 및 동맹국의 우주자산을 보호하기 위한 자위권 및 (선제공격을 당한 경우) 교전권 등이 그것이다. 해당 정책 문서는 이러한 원칙을 나열할 뿐 아니라 다른 국가들도 이 원칙을 따를 것을 종용하고 있다. 이뿐만 아니라 2010년의 「국가우주정책」은 이러한 원칙을 지키기 위한 국제협력을 강조하고 있다. 즉 서로 이익이 되는 국제협력뿐 아니라 우주의 평화적 이용 그 자체를 위한 정보의 공유와 각종 제도의 도입 등을 목표로 제시하고 있다(White House, 2010: 3~4).

이어지는 세부적 내용에서도 이러한 지향이 두드러짐을 확인할 수 있다. 특히 우주 국제협력에 관한 부분에서는 국제협력을 통한 비용 및 위험부담의 분산과 협력을 통한 우주 역량의 결집을 세부 목표로 다루고 있으며, 이를 위해 기존의 협력 분야를 넘어서 우주에서의 과학 연구, 우주에서의 핵에너지 사용, 환경 및 재난 감시, 위성항법 관리 등 다양한 이슈 영역에서의 협력 가능성을 제시하고 있다. 또한 양자적·다자적 국제협력을 통해 '투명성 신뢰구축 조치 Transparency and Confidence-Building Measures: TCBMs'와 같은 우주 군비경쟁 방지 조치를 시행하고자 함을 밝히는 등, 이전 부시 행정부와 비교했을 때 두드러지게 국제협력을 강조하고 있음을 볼 수 있다. 이와 같은 일련의 움직임 이면에는 우주의 상업적 이용이 활발해지고 그에 따라 참여 주체가 증가하고 있는 추세와 관련하여, 예산 부족이라는 현실적 한계를 국제협력을 통해 보완코자 하려는 목적이 있다(최남미, 2015: 44).

지금까지 살펴본 것처럼, 1950년대 말부터 오늘날에 이르기까지 결코 짧지 않은 시간 동안 미국의 우주정책 노선은 많은 곡절을 겪어왔다. 그러나 각 행정부의 성향과 당시 미국이 처한 안보상황에 따라 그 초점이 다르게 나타나고 있음에도 불구하고, 지속적인 흐름 역시 존재했음을 볼 수 있다.

먼저, 앞의 **그림 2-1**에서 볼 수 있듯, 미국의 우주 관련 예산은 아폴로 프로그램 성공 이후의 급격한 감축을 제외하면 대체로 완만한 증가세를 보이고 있

---

8 이와 함께 해당 문건은 "평화적 이용"에 국가안보를 위한 우주의 군사적 이용이 포함됨을 언급하고 있다.

다. 특히 냉전 이후 오히려 대폭 증가한 예산의 추이에서 볼 수 있듯이 이러한 변화를 안보에 대한 고려만으로는 설명할 수 없다. 레이건 행정부의 SDI나 부시 행정부의 SEI와 같은 대형 프로그램은 행정부에 따라, 또는 행정부의 정책적 우선순위에 따라 많은 변화를 겪었지만, 그 이면에서는 분명 지속적인 투자가 이뤄지고 있었던 것이다.

그뿐만 아니라, 냉전과 탈냉전 그리고 행정부의 성향과는 별개로 우주의 군사적 가치와 상업적 가치 양쪽에 대한 고려가 꾸준히 나타나고 있음은 주목할 만하다. 거시적인 우주개발 프로그램의 지향점(예컨대, 클린턴 행정부의 무인 우주탐사 위주 정책 대 부시 행정부의 유인 우주탐사 위주 정책)이나 우주의 군사화 및 국제협력에 대한 입장 차이 같은, 보다 상위 정치high politics 차원에서 나타나는 차이를 제외하면, 우주 잔해나 통신 주파수대역 관리 등 실무적 차원에서는 급격한 변화보다는 보완과 발전이 우세하게 나타나고 있음을 볼 수 있다(Krige, 2009: 145). 레이건 행정부 이후의 우주정책은 단지 기존 전략을 보다 구체적으로 다듬은 것으로서, 즉 변혁보다는 진화에 가까운 궤적을 보이고 있는 것이다.

그렇다면 이러한 역사적 변천에 비춰보았을 때, 트럼프 행정부의 우주정책은 과연 어떻게 볼 수 있을까? 이를 위해서는 우선 트럼프 행정부의 우주정책이 어떤 영역에 방점을 두고 있는지를 확인할 필요가 있다.

3. 트럼프 행정부의 우주정책

1) 트럼프 행정부의 우주정책과 우주정책지침

서론에서 언급한 것처럼, 트럼프 행정부는 출범 이후 보다 적극적·경쟁적인 우주정책을 제시하고 있다. 트럼프 행정부는 2017년 「국가안보전략National

Security Strategy of the United States of America」을 통해, "힘을 통한 평화의 유지 preserv(ing) peace through strength"에 우주공간에서의 주도권 유지가 필수적임을 천명하고 있다. 이에 따르면, 미국이 누려왔던 우주에서의 절대적 우위는 우주 공간의 '민주화', 즉 미국 외 다른 행위자들의 우주 역량 증대에 의해 위협받고 있다. 이러한 상황에 대응하는 핵심 과제로 동 문건은 ① 우주를 국가정책의 중점 영역으로 삼고, ② (미국 기업에 의한) 우주의 상업적 이용을 촉진하며, ③ 우주탐사에서 선두를 유지할 것을 선언하고 있다(White House, 2017c: 31).

우주공간을 안보의 영역인 동시에 (미국이 주도하는) 상업적 이용의 공간으로 바라보는 이러한 시각은 2017년 6월, 클린턴 행정부가 폐지한 국가우주위원회 National Space Council: NSC[9]를 트럼프 대통령이 행정명령을 통해 재설립하면서 나타난 구성의 변화에서도 살펴볼 수 있다(White House, 2017a).

조지 H. W. 부시 행정부 당시 NSC는 부통령을 필두로 총 12명으로 구성되었으며, 이 중 안보와 관련된 구성원은 3명에 불과했다.[10] 반면 기본 13명으로 구성되고 의장인 부통령에 의해 백악관 내에서 인원을 추가할 권한이 주어진 트럼프 행정부의 NSC는 명시된 안보 관련 구성원이 6명에 달하며,[11] 반대로 1993년의 구성원이었던 재무부 장관과 과학기술 보좌관은 제외되었다. 그런데 2020년 2월, NSC 재설립 행정명령이 개정되면서 다시 경제정책 보좌관, 국내정책 보좌관, 에너지부 장관이 추가되고 국토안보 보좌관이 제외되었다[12]

9   대통령 직할의 위원회로, 부통령을 위시한 12명의 위원으로 구성되어 있다. 동일한 대통령 직할 조직으로 같은 두문자를 가진 국가안전보장위원회(National Security Council)와는 상이한 조직이다.

10 국방부 장관, 국가안보 보좌관, 중앙정보국(CIA) 국장.

11 국방부 장관, 국토안보부 장관, 국가정보국장(Director of National Intelligence), 국토안보 보좌관, 국가안보 보좌관, 합참의장.

12 이에 따라 정규 구성원은 기존의 13인에서 15인으로 증가했다. 필요시 인원을 확장할 수 있는 권한은 그대로 유지되었으며, 그 밖에 기존 행정명령이 명시했던 분기별 성과 보고 의무가 삭제되는 변화가 있었다.

(White House, 2020b). 이러한 변화의 기저에는 미중 경쟁의 대두라는 국제정치적 현실 속에서도 (또는 오히려 미중 경쟁으로 인해 더욱 가속화된 변화로 인해) 안보·경제의 복합공간으로서 우주를 바라보는 시각이 강하게 깔려 있다.

2018년 3월 공개된 「국가우주전략National Space Strategy」 요약본[13]은 3쪽에 불과한 짧은 글이지만, 우주의 군사화와 상업화라는 양면적 기조가 우주정책의 핵심이 될 것임을 명백히 드러내고 있다. 트럼프 행정부의 다른 정책과 마찬가지로 우주정책은 '미국 우선주의America First'의 논리하에 추진될 것이며, 이를 위해 우주공간의 국가안보적 활용과 상업적 민간 영역의 활용을 조화시키는 한편, 우주에서의 국제협력이 미국의 국익에 기여하도록 할 것임을 강조하고 있다. 또한 「국가안보전략」에 언급된 것처럼 "우리의 경쟁자와 적국이 우주를 전쟁의 영역warfighting domain으로" 격상시키고 있음을 주장하고 있다.

이와 같은 목표를 달성하기 위해, 「국가우주전략」은 이러한 상황에 대응하기 위한 핵심 과제로 ① 공격에 대비한 우주 인프라의 복원력 증진, ② 적국으로부터의 우주 기반 위협을 억지하고 필요시 방어하기 위한 전략적 선택지 강화, ③ '우주상황인식Space Situational Awareness: SSA'[14], 우주 기반 첩보, 우주자산 획득 과정의 효율성 증대를 통한 근본적 역량 향상, ④ 상기 정책 추진에 유리한 국내적·국제적 환경을 조성하기 위한 미국 우주산업 지원과 국제협력 추진 등을 제시하고 있다(White House, 2018a).

한편, 이러한 공식 전략 문건들과는 별도로 트럼프 행정부는 '우주정책지침Space Policy Directive: SPD'을 통해 구체적인 우주정책의 방향을 제시하고 있다. 우주정책지침은 대통령 각서Presidential memorandum로서 효력을 가진다. 우주

---

13 「국가우주전략」 문건을 공개한 오바마 행정부와는 달리, 2019년 9월 현재 트럼프 행정부는 「국가우주전략」 전문을 공개하지 않고 있다.

14 우주상황인식이란, 우주공간에서의 안전하고 효율적인 활동을 위해 우주 환경, 특히 물리적·전자기적 방해를 회피하고 여타 위험을 감지·식별하여 우주자산을 방어하기 위한 정보 또는 그런 정보를 가진 상태를 의미한다(Weeden, 2015: 986).

표 2-1 '우주정책지침'의 주요 내용

	발표 일자	주요 내용
SPD-1	2017.12.11	· 오바마 행정부의 「국가우주전략」(2010)에 대한 수정문 · 장기 탐사 및 개발을 위한 달 유인 탐사 재개
SPD-2	2018.5.24	· 미국 우주산업 및 우주 기반 상업 활동 지원을 위한 규제 간소화 · 관련 행정부처에 규제완화 방안을 검토하도록 지시
SPD-3	2018.6.18	· 우주 잔해 발생과 전자기교란 최소화를 위한 우주교통관리(STM) 및 우주상황인식(SSA) 증진 방안 · 우수 사례의 공유와 미국 STM·SSA 표준 확산, 정보 공유 등 국제협력 을 통안 현안의 관리를 강조
SPD-4	2019.2.19	· 우주 전력을 관리하기 위한 우주 사령부 재창설 · 우주군(Space Force)의 창설
SPD-5	2020.9.4	· 우주자산 및 관련 지상 자산에 대한 민관 사이버 방호 · 행동 절차 및 관행의 확립, 공급망 관리 등 전방위적인 사이버 방호 태 세 구축 및 관련 계획 수립 촉구

자료: 저자 직접 작성.

에 관한 모든 대통령 행정명령이나 각서가 '우주정책지침'으로 발표되지는 않음을 고려한다면,[15] 우주정책지침으로 명명되는 각서들은 트럼프 행정부의 전반적인 우주전략 추진에 있어 핵심적인 사항으로 강조되는 것으로 볼 수 있을 것이다.

2020년 9월 기준으로 SPD 제하의 우주 관련 행정명령은 총 5건으로, 그 구체적인 내용은 **표 2-1**과 같다. 그렇다면 이러한 우주전략과 정책 지침은 우주 공간에서의 활동에 관한 각종 현안에 있어 구체적으로 어떤 입장과 정책으로 나타나고 있는가? 다음 항에서는 발표 시점이 최근이라 평가가 어려운 SPD-5를 제외한 4개 지침을 중심으로 그 내용과 특징을 살펴보도록 한다.

---

15 행정명령과 각서는 공통적으로 미국 대통령이 작성하여 행정부에 집행을 지시하는 지침(Directive)의 일종이지만, 통상 각서는 행정부 및 행정부 산하의 연방기관에 대한 업무 지시·조정에 국한되는 것으로 간주한다.

2) SPD의 주요 내용

(1) 유인 우주탐사의 재개(SPD-1)

2017년 12월, 트럼프 대통령은 우주에 관한 첫 번째 공식 문건인 「미국의 유인 우주탐사 프로그램 재개에 관한 대통령 각서Presidential Memorandum on Reinvigorating America's Human Space Exploration Program」에 서명했다. 이어서 다른 우주정책지침이 발표됨에 따라 흔히 '우주정책지침 1호SPD-1'로 지칭되는 이 문서는, 오바마 행정부가 2010년 발표한 「국가우주정책」의 일부를 수정하는 형식으로 되어 있다. 해당 부분의 수정 전후를 대조해 보면 **표 2-2**와 같다.

주요 수정 사항으로 눈여겨볼 만한 점들은 다음과 같다. 먼저, 구체적인 탐사 목표가 설정되었다. 즉 우선 지구 저궤도[16] 바깥에서 임무를 수행하고, 달 착륙을 재현한 뒤 화성 등 태양계 내 천체에 대한 유인 탐사 임무를 추진한다는 것이다. 이를 위해서는 필연적으로 새로운 대규모 발사체의 개발이 요구되며, 컨스텔레이션 계획과 오바마 행정부 시기의 지속적인 개발을 거쳐 어느 정도 완성 단계에 접어들고 있는 오리온Orion 우주선과 우주발사시스템Space Launch System 발사체가 그러한 역할을 수행할 것으로 기대된다.

우주정책지침 1호의 발표 이후 NASA는 해당 지침의 기조를 반영한 우주탐사 프로그램을 발표하고 있다. 얼음층 아래에 생명의 존재 가능성이 있는 거대한 해수층海水層이 있을 것으로 예상되는 목성의 위성 유로파Europa에 대한 유로파 클리퍼Europa Clipper 탐사선 계획처럼 보다 장기적인 구상을 바탕에 둔 프로그램도 있지만, 2024년 달 유인 착륙을 중간목표로 삼아 구체적으로 진행되

---

16 지구 저궤도(Low Earth Orbit)는 지구 대기권 바깥에 연접한 궤도로, 명확한 정의는 없으나 대략 지표에서 2000km 이하 고도를 공전하는 궤도다. 중고도나 고고도 궤도에 비해 접근과 이탈이 쉽기 때문에 대부분의 위성(ISS 포함)이 이 궤도에 존재한다. 전 세계적으로 보았을 때 지구 저궤도를 벗어난 유인 탐사 임무는 아직까지는 아폴로 프로그램, 그중에서도 8호~17호뿐이다.

표 2-2 SPD-1의 내용

NASA 청장은 다음과 같은 임무를 수행한다.
· 원대한 탐사 목표를 설정한다. 2025년까지 달 너머로의 유인 탐사 임무를 개시하며, 이는 소행성 유인 탐사를 포함한다. 2030년대 중반까지 화성 궤도로 사람을 보내고 다시 지구로 안전하게 귀환 시킨다.
· (……)

2010년 「국가우주정책」

▼

NASA 청장은 다음과 같은 임무를 수행한다.
· 혁신적이고 지속가능한 탐사 프로그램을 상업적 영역 및 국제사회의 협력자들과 함께 수행함으로 써, 인류의 활동 범위를 태양계 전반에 걸쳐 확장시키고 지구에 새로운 지식과 기회를 가져올 수 있도록 한다. 지구 저궤도 바깥에서의 임무를 시작으로, 미합중국은 장기탐사 및 개발을 위해 달에 인간을 귀환시키고, 나아가 화성 및 기타 목적지를 향한 유인 임무를 진행한다.
· (……)

2017년 SPD-1

자료: White House(2010); White House(2017b). 저자 번역.

고 있는 아르테미스Artemis 유인 달 탐사 프로그램도 있기 때문에 관심을 요한다(NASA, 2019).

(2) 민간 영역의 우주개발 활성화(SPD-2)

2018년 5월 24일 발표된 "우주의 상업적 이용에 관한 규제의 간소화Streamlining Regulations on Commercial Use of Space"라는 제하의 '우주정책지침 2호'는 "경제성장을 촉진하고 기업·투자자·납세자들이 인식하는 불확실성을 최소화하며, 국가안보와 공공안전, 외교적 이익을 보호하며, 우주 상업 활동에서의 미국 리더십"을 장려한다는 목적을 서두에서 제시하고 있다. SPD-2는 우주 상업 활동의 주요 분야에서 이러한 목표를 달성하기 위해 필요한 개선안을 NSC의 관련 업무 담당자들이 검토하여 3~6개월(사안마다 기한은 상이) 내로 대통령에게 보고할 것을 지시하는 형식으로 구성되어 있다. 구체적인 주제는 다음과 같다.

- 우주선 발사와 대기권 재돌입에 대한 일괄적 면허 발급안 검토
- 정부 소유 발사시설의 민간 이용에 관한 규제 최소화 검토
- 민간 영역의 우주 기반 원격탐사(Remote sensing) 역량 증대를 위한 규제 최소화 및 정책적 보조 방안 검토
- 상무부 내 상업적 우주비행을 전담하는 부서 설치
- 우주 주파수대역 관리에 있어 미국 기업의 경쟁력을 높이기 위해 요구되는 국내 정책과 ITU 등 국제기구에서의 활동
- 민간 우주기업의 수출 절차 간소화

스페이스XSpaceX, 오비탈ATKOrbital ATK, 보잉Boeing 등 점차 독자적으로 발사체를 제작하고 운용할 수 있는 민간기업들이 늘어나면서, 이들이 미국의 우주산업에서 차지하는 비중도 높아지고 있다. SPD-2의 첫 번째와 두 번째, 네 번째 조항은 이와 같은 민간 발사체를 염두에 둔 것이라 할 수 있다.

우주 기반 원격탐사는 우주공간에서 다양한 대역의 센서를 이용하여 지구 지표에 대한 지리적 정보를 획득하는 것으로, 최근 소규모 상업위성을 대량으로 궤도에 올려 위성군群을 형성, 지형정보 수집에 이용하는 창업 기업들이 등장하면서 점차 상업 영역의 지분이 커지고 있다. 지리공간정보국National Geospatial-Intelligence Agency과 같은 국방부 산하기관까지 이 기업들의 상업적 영상정보 사용을 검토할 정도로 상업적 원격탐사는 급속히 성장했다(이준 외, 2018: 10). SPD-2의 세 번째 조항은 이를 다루는 것으로 볼 수 있다.

마지막으로 주파수대역에 관한 5번째 조항은, 5G 통신과 관련이 있다(Ross and Redl, 2018: 3). 빠른 시간 안에 대규모 데이터를 송수신하는 5G 통신의 특성상 지표에서 거리가 먼 기존의 정지궤도[17] 통신위성은 사용할 수 없다. 그러

---

17 정지궤도(Geostationary orbit)는 지표에서 약 3만 6000km 상공에 형성되며, 공전 각속도가 지표의 자전 각속도와 같아, 항상 같은 지점의 상공에 있게 되는 궤도를 말한다.

나 소규모 위성을 저궤도로 대량 발사해 위성군을 형성할 수 있다면 5G 위성통신이 가능해지며, 스페이스X와 같이 저비용으로 저궤도를 이용할 수 있게 해주는 상업적 발사체 기업의 존재가 그런 가능성을 현실로 만들 수 있다(Henry, 2018). 이처럼 SPD-2는 빠르게 성장하고 있거나 곧 대두할 것으로 예상하는 신흥 우주산업 분야를 전략적으로 지원하기 위한 의도를 담고 있다고 볼 수 있다.

(3) 우주교통의 관리(SPD-3)

2018년 6월 18일 자로 서명된 '우주정책지침 3호' 「국가 우주교통관리 정책 National Space Traffic Management Policy」은 우주 잔해의 발생과 의도치 않은 전자기파 교란 등을 막기 위한 우주교통관리STM 및 우주상황인식SSA 방안을 다루고 있다(White House, 2018c). 여기에는 우주공간, 특히 지구 저궤도의 상업적 이용이 활발해지면서, 궤도상 물체의 수가 늘어나고 이에 따라 우주 잔해에 의한 충돌 등으로 미국의 국가 주도 우주활동 및 상업적 우주활동에 장애가 발생할 수 있다는 문제의식이 내포되어 있다.

흥미롭게도, SPD-3이 이러한 문제에 대해 제시하는 정책 노선은 국제사회와의 협력이다. 보다 정확히는, "국가안보를 고려하고 미국의 상업적 우주개발을 장려"하는 등 여타 우주정책과 비슷한 지향점을 가지고 있지만, 그와 동시에 관련 우수사례best practice와 STM·SSA 표준의 확산을 통한 우주파편물 위험의 관리를 주장한다. 즉 우주파편물 문제는 "국제적 투명성과 STM 관련 데이터 공유"를 통해서 해결되어야 하는 지구적 과제라는 것이다.

위성을 발사하면서 발생하는 수많은 부산물, 그리고 폐기된 위성에서 분리된 부속품 등으로 이뤄지는 우주파편물space debris은, 생성될 때 발생한 충격으로 인해 그 궤도가 불안정하고 크기가 미세하기 때문에 추적하기 어렵다. 중국·러시아 등의 국가 주도적 우주활동[18]과 미국 내 상업적 우주활동이 모두 활발해지면서, 인위적 또는 우발적인 충돌로 인해 우주파편물이 폭발적으로 증가하는 현상이 실제로 가능해졌고, 더불어 한 국가의 힘으로 이를 예방하는 것은 불가능에 가까워졌다.

이러한 위험에 대처하기 위해 SPD-3은 SSA와 STM 데이터를 공유하는 한편, 파편의 발생을 최대한 예방·경감하기 위한 각종 규제와 실천 방안을 국내 법규로 적용하고, 이를 일종의 표준으로 삼아 국제기구를 통해 국제규범으로 만들어나갈 것을 주문한다. SSA와 STM 역량을 향상시키기 위한 기술개발 및 탐지 범위 확대 같은 정석적 조치 외에도, 개방형 SSA 데이터 저장고Open Architecture SSA Data Repository를 운영해 투명성을 향상하는 한편 민간 영역에서의 우주 안전 활동 역량을 제고해야 한다는 것이다(5장: a-ii). 또한 이미 존재하는 '궤도 파편물 경감 표준절차US Government Orbital Debris Mitigation Standard Practices: ODMSP'를 개선하고(5장: a-iii), 이와 같은 행동 규칙과 실천 방안이 국제규범으로 정착할 수 있도록 다른 우주개발 국가들과의 양자적·다자적 논의, UN COPUOS Committee on the Peaceful Uses of Outer Space 등 국제기구에서의 논의 등을 통한 적극적인 협력 추진이 필요함을 역설한다.

(4) 우주군 창설(SPD-4)

2019년 2월, '우주정책지침 4호'「미합중국 우주군의 창설Establishment of the United States Space Force」이 서명되었다. 해당 지침은 미국의 우주 기반 군사력에 대한 위협을 억지하고 필요시 공격을 저지할 수 있는 군사력으로서 우주군의 설립을 지시하고 있다(White House, 2019).

이에 따라 공군 우주사령부의 인원을 중심으로 약 1만 5000명 규모로 우주군을 편성하는 방안이 제기되었고, 해당 안이 2019년 6월 의회를 통해 승인[19]

---

18 특히 위성요격(ASAT) 무기는 그러한 위험성을 크게 높인다. 2007년 중국이 자국의 펑윈(Fengyun-1C) 위성을 대상으로 요격 실험을 수행, 성공한 후에 지구 저궤도상 우주파편물이 크게 증가했다는 사실은 이를 잘 보여준다.

그림 2-2 우주군 독립에 따른 미군 조직도

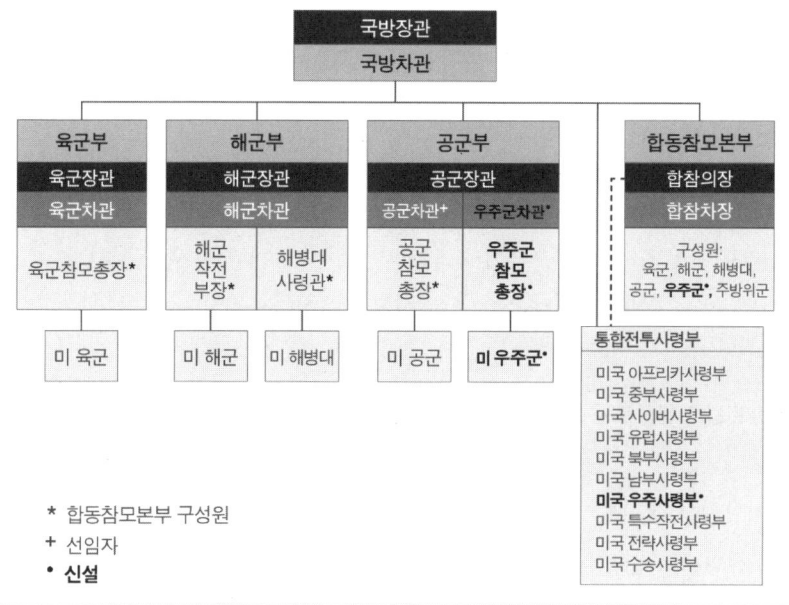

자료: US DoD(2019: 3).

되면서 2020년 우주군은 새로운 군으로 창설되었다(그림 2-2 참고). 이에 따라 독립된 우주군의 최선임자로서 4성급 장성이 우주군 참모총장으로 임명되어, 합동참모본부의 구성원으로 참여하게 된다(US DoD, 2019: 1).

SPD-4가 명시하고 있는 우주군의 주요 기능은 다음과 같다. ① 국제법을 비롯한 기존 법규에 따라 우주공간의 평화적 이용 보장 및 우주에서의 국익 수호, ② 미국의 안보와 경제 그리고 미국 국민, 동맹국, 기타 협력자들에 대한 자유로운 우주공간의 이용 보장, ③ 우주에서, 그리고 우주로부터 기인하는 적

---

19 2017년의 우주군 발의를 비롯해, 트럼프 행정부의 다른 우주정책과 달리 우주군에 대한 논의는 의회에서도 당파를 막론하고 상당한 호응을 얻었다.

대행위로부터 국민과 동맹국·국익 수호, ④ 모든 미군 전투 사령부에 대한 우주 기반 전투 역량의 안정적 지원, ⑤ 우주공간 내 또는 우주공간을 경유한 군사력의 투사, ⑥ 우주영역에서 국가안보 보장에 필요한 전문가 집단의 양성(3장 a~f). 이와 같은 6개조의 임무를 부여받은 우주군은 공군부 산하에 설치되며 우주군 차관Under Secretary for Space과 우주군 참모총장Chief of Staff of the Space Force의 통제를 받는다. SPD-4는 추후 우주군이 충분히 자리를 잡고 '국가안보상 필요가 있을 경우' 공군부에서 국방부 산하 별도 기관인 '우주군부Department of the Space Force'로 독립할 수 있음을 명시하고 있다.

3) 트럼프 행정부 우주정책의 방향성: '스핀업?'

이상에서 살펴본 것처럼, 4개조 SPD는 단순히 정책 노선을 밝히는 슬로건으로서의 성격을 넘어 구체적인 정책 방향을 명시하는 지침의 성격이 있다. 그렇다면 이러한 일련의 지침에서 나타나는 경향은 무엇인가?

앞서 살펴본 것처럼, 냉전을 거치며 우주영역에서 주도권을 획득하게 된 이래 미국의 우주정책은 군사적 요소와 상업적 요소를 모두 고려하는 방향으로 움직여 왔다. 물론 미국이 처한 국제정치적 상황 및 국내적 상황에 맞춰 다소의 부침이 있기는 했지만, 어느 한쪽으로의 지향이 완전히 사라진 적은 없었던 것이다.

그렇다면 SPD로 그 방향성이 강조된 트럼프 행정부의 우주정책은 어떻게 볼 수 있는가? 우선 우주군의 창설에서 확인할 수 있듯이, 「국가안보전략」에서 명시한 군사안보적 경쟁의 공간으로서의 우주 인식이 강하게 나타난다. SPD-4의 본문에서도 이러한 인식이 명시적으로 드러나는데, 중국·러시아 등 '잠재적 적국'들이 미국의 우주 기반 군사력을 무력화할 수 있는 역량을 갖춰나가고 있다는 위협 인식을 밝히고 있는 것이다(White House, 2019). 다시 말해, 군사안보에 국한해서 보았을 때 트럼프 행정부가 펼치는 적극적인 우주정책은 기존 미국 우주정책이 보여왔던 우주의 군사적 활용에 대한 높은 관심의 연장선상에 있는 것으로, 미중 경쟁이라는 새로운 환경에 적극적으로 대응한 결과물이라 해석할 수 있다.

야심찬 유인 우주탐사 계획을 밝힌 SPD-1에도 비슷하게 해석할 수 있는 측면이 있다. 경쟁자인 중국이 21세기 이후 빠르게 우주기술을 개발함에 따라, 달 탐사나 우주정거장 운영 등 탈냉전 이후 사실상 미국만이 유지하고 있던 우주 선도국으로서의 지위는 상당한 도전에 직면하고 있다. SPD-1을 안보, 보다 나아가 국가 대 국가의 경쟁으로 바라본다면, 트럼프 행정부가 밝히고 있는 적극적인 심우주탐사계획은 중국에 대응하여 자국의 위신을 지켜내려는 움직임이라 볼 수 있는 것이다.

그렇지만 이러한 시각은 트럼프 행정부의 우주전략과 SPD에 드러나는 정책적 특징들을 모두 잡아내지 못한다는 한계를 지닌다. SPD-2가 가장 극명히 드러내고 있듯, 미국의 우주정책에서 한 기둥을 차지하던 상업적 고려는 '뉴스페이스'의 시대를 맞이하여 새로운 인식으로 이어지고 있다.

앞서 2절에서 살펴본 것처럼, 역대 미 행정부의 우주전략에서 우주의 상업적 이용은 이미 투자된 우주 기반 자산을 활용하여 경제적 효과를 창출하고, 나아가 이러한 성과를 민간에 개방함으로써 추가적인 경제발전을 이루는 데 중점이 있었다. 그러나 SPD-2에서 볼 수 있듯, 트럼프 행정부의 우주정책에서 민간 영역은 국가 주도 우주정책의 보조가 아니라 오히려 우주정책을 통해 육성해야 하는 대상으로 부상하고 있으며, 나아가 국가 주도 우주정책의 핵심인 우주탐사 및 개발(SPD-1), 그리고 군과 정부의 실무기관들이 진행하던 STM·SSA(SPD-3) 분야에서는 주요한 협력의 대상자로 대두하고 있다.

먼저 SPD-1에서는 야심찬 우주개발의 협력자로 상업적 영역을 명시하고 있는데, 이는 단순한 수사에 그치지 않고 있다. 특히 아르테미스 계획에는 그간 상당히 성숙한 발사체 기술을 개발한 미국 내 우주기업들이 참여하여 월면 유인 기지에 대한 화물운송 및 재보급 등의 임무를 수행할 수 있을 것으로 전망하고 있으며, 그 외에도 ISS에 대한 화물 보급 임무를 민간에 위탁하고, 나아가 2024년 ISS 운영이 만료된 뒤 그 운영을 민간에게 맡기는 방안도 검토하고 있다(이준 외, 2018: 9).

마찬가지로 SPD-3에서도 국무부와 더불어 미 상무부가 정책집행의 핵심 주무부서로 지목된 것을 유심히 볼 필요가 있다. 상무부는 "개방형 SSA 데이터 저장고"의 운영 주체로 명시되어 국방부로부터 기존 SSA 데이터를 인수하게 되었으며, 장래 STM 관련 업무를 총괄할 대상으로도 지목되었다.

이러한 일련의 정책적 흐름은 크게 두 가지 성격을 동시에 드러내고 있다. 첫째로, 익숙한 미국 우선주의의 명분하에 국내 산업을 활성화하고 이로써 경제적 효과를 일으키려는 의도가 나타난다. 규제완화와 데이터 개방, 정부기관의 행동 절차 및 우수 사례 공유 등을 통해 민간 영역의 역량을 개발하려는 움직임으로 볼 수 있는 것이다. 그러나 이러한 움직임은 고려 대상이 보다 다층화했을 뿐 발사한 관측위성을 민간에 불하하거나 GPS 신호를 민간에 개방하는 등의 이전 행정부 우주정책과도 크게 다르지 않다.

반면 국가 우주전략과 SPD가 명시하고 있는 일련의 정책에 힘입어 발전하는 우주산업을 다시 자국의 우주영역에서의 주도권 추구 및 안보 확립에 활용하려는 면모는 분명 새로운 것이라 할 수 있다. 정부가 우주산업의 육성을 위해 규제 철폐, 우수 사례 및 정보 공유 등의 조치를 취하는 한편, 달 탐사와 같은 대형 프로젝트에서 민간 영역의 도움을 받는 것, 그리고 후술하겠지만 자국 우주산업에 유리한 국제규범을 형성하려 노력하는 한편, 반대로 그러한 노력의 협력자로 자국 우주기업을 동원하는 행태 역시 같은 측면에서 바라볼 수 있다.

2020년 9월, 트럼프 행정부는 약 1년 반의 공백을 깨고 "우주체계에 관한 사이버 안보 원칙Cybersecurity Principles for Space Systems" 제하의 SPD-5를 발표했다(White House, 2020e). SPD-5가 어떤 방식으로 집행되어 미국의 우주정책에 영향을 미칠지는 아직 평가하기 이르지만, 해당 지침 내에서도 마찬가지로 우주 기반 자산 보호 및 민간 우주 상업 자산 방호를 위한 가이드라인과 표준 행동 절차의 수립을 지시하는 한편 상무부를 주무부서로 지정함으로써 이전 4개 SPD와 유사한 경향성을 드러내고 있다.

이러한 움직임, 즉 미중 경쟁이라는 새로운 안보 환경에 맞춰 자국 우주산업을 활성화하고 다시 그렇게 활성화된 우주산업을 통해 자국의 정책에 유리한 조건을 조성하려는 움직임은, 자국의 우주개발 결과를 민간에 나눠주었던 과거 냉전 및 탈냉전기의 스핀오프spin-off만으로도, 또 '뉴스페이스'의 부상에 편승하려는 스핀온spin-on만으로도 완전히 파악할 수는 없다. 이러한 두 가지 추세 속에서, 민·관·군의 노력이 상호보완적인 구조를 이루는 이른바 '스핀업spin-up'의 형태가 나타나고 있는 것이다.

그렇다면 트럼프 행정부의 우주전략과 SPD가 명시하고 있는 이러한 모델은 실제 구체적인 정책에서 어떻게 나타나고 있는가? 이러한 정책은 마찬가지로 안보와 경제를 동시에 고려했던 이전 행정부들의 우주정책과 어떤 면에서 차별화되는가? 다음 절에서 보다 자세히 다루도록 하겠다.

4. 기존 정책과의 연속성과 변화

1) 우주의 군사화와 무기화

앞서 언급한 것처럼, 미국은 우주개발 초기부터 우주의 군사적 활용을 추진해 왔으며, 비교적 안보 위협이 적었던 탈냉전기에도 그러한 움직임을 중단하거나 유보하지 않았다. 전면적 핵전쟁이 가능했던 냉전기는 물론이요, 탈냉전기의 클린턴 행정부조차도 '적대적 의도'의 억지 및 억지가 실패할 경우의 공격 시도 차단 등을 우주정책의 한 목표로 제시하고 있다는 사실은, 최소한 우주공간에서의 군사행동에 대한 관념의 차원에서는 큰 변화가 없었음을 시사한다. SPD-4가 주문하고 이후 입법부의 재가를 거쳐 공식적으로 출범한 우주군은 그러한 흐름의 연속선상에 있는 것처럼 보인다.

그러나 미군이 예하에 새로운 군을 두게 된 것이 1947년 육군항공대가 육군에서 독립되어 공군이 창설된 이래 72년 만이라는 점을 감안하면, 우주군의 독립은 결코 가볍게 볼 일이 아니라고 할 수 있다. 독립된 우주군을 창설하지 않고 기존 우주 관련 군 자산을 강화하는 방식으로도 충분히 증가한 안보 위협에 대응할 수 있음을 고려하면 더욱 그렇다.

실제로 우주군에 대한 논의는 SPD-4 이전에도 있었다. 2017년에는 하원에서, 2018년에는 NSC에서 각각 우주군 창설이 주장된 바 있다. 군사력의 상당 부분을 우주에 의존하고 있는 반면 중국·러시아 등이 우주 기반 군사자산을 공격할 수 있는 능력을 갖춰나가고 있는 상황에 대응해, 전문적으로 우주 기반 자산의 방어와 운용, 필요시 공격까지 수행할 수 있는 전문적인 군 조직을 창설할 필요가 있다는 논리에 입각한 것이었다(Cochrane, 2017). 그러나 이러한 시도는 공통적으로, 이미 미 공군을 중심으로 우주 사령부가 존재해 충분히 해당 기능을 수행할 수 있는 상황에서 굳이 지휘체계에 혼선을 가져올 필요가 없다는 지적을 받았으며, 큰 성과를 내지 못했다.

하지만 트럼프 행정부는 이러한 군의 반발에도 불구하고 우주군의 창설을 강행했다. 2018년 12월 공군 산하 우주 사령부를 전략 사령부US Strategic Command: STRATCOM 예하의 합동군 사령부로 개편한 데 이어, 전문적으로 우주에서의 군사작전을 수행할 수 있는 별도의 군을 설립한 것이다.

이처럼 군과 의회의 반대에도 불구하고 우주군의 창립이 가능했던 배경에는, 우주공간에서의 안보적 대립이 심화하고 있다는 위협 인식이 있다. 일례로 2011년 오바마 행정부의 국방부가 발표한 「국가안보우주전략National Security Space Strategy」은 국방부 측의 입장을 반영하고 있음에도 불구하고, 상대적으로 온건한 내용을 포함하고 있다. 즉 "우주에서의 적대행위를 삼가는 것이 모든 우주개발 국가들의 이익"이라는 관념하에, 우주의 평화적 이용에 대한 규범을 적극적으로 전파하는 것을 우선순위에 놓고 있다(US DoD, 2011: 11).

반면 트럼프 행정부의 「국가안보전략」에서는 우주에서의 타격에 대해 보다 민감하고 비관적인 전망을 드러내고 있다. 우주공간의 "민주화", 다시 말해 우주 역량의 확산은 미국의 우주 기반 군사력의 우위가 언제든 위협받을 수 있음을 의미하게 되었다. 따라서 그러한 위협이 실체를 드러낼 때 바로 타격할 수 있는 준비를 갖출 필요가 있다는 것이다(White House, 2017c: 31). 미국이 가진 우주공간에서의 주도권이 이전만큼 확고하지 않다는 위협 인식이 우주군이라는 새로운 시도로 이어졌다.

요컨대, 우주공간은 이미 군사화되어 있으며, 이전과 다른 점은 과거에는 우주공간에서 군사적 역량을 가진 것이 미국뿐이었기에 이 사실을 굳이 인지할 필요가 없었으나 중국과 러시아의 도전에 직면하게 되면서 상황이 본질적으로 달라졌다는 것이다.

우주공간이 군사화를 넘어 군사적 대립의 잠재적 공간으로 부상하고 있다는 인식은 SPD-4와 우주군 창설 논의를 지지하는 행정부(Pence, 2019), 국방부(Donovan, 2019), 의회(Cramer, 2019)의 입장에서 공통적으로 드러나고 있다. 우주공간의 군사화는 막을 수 없는 대세이며, 위협받는 미국의 주도권을 다시 확보할 수 있는 전문적인 기관이 필요하다는 논리다.

이러한 논리를 바탕으로 마침내 2019년 현실화된 우주군은, 창설을 둘러싼 논란과 주목에 비하면 비교적 작은 규모를 당분간 유지할 것으로 보인다. 2019년 2월 미 국방부가 발표한 공식 계획에 따르면, 2020년부터 2024년까지 우주군은 임무 수행 태세를 갖추게 된다. 회계연도 기준 2022년까지는 공군으로부터 임무 인수를 마치고, 이후 2023년과 2024년 사이에는 추가적인 구조 개편 및 인력 확충, 무기체계 획득을 진행한다는 계획이다.

그러나 공군으로부터 인수하는 병력 및 장비에 상응하는 운영 예산 외 별도로 책정되는 예산이 5년간 20억 달러[20] 이하일 것으로 전망됨에 따라 그러한 추가적 확충의 범위는 제한될 것으로 전망된다(US DoD, 2019: 9~10).

비록 우주군이 다른 군에 비견될 규모를 갖추기는 어려울 것으로 보이지만,

그럼에도 불구하고 그 전략적 중요성은 낮춰볼 수 없다. 우주군의 창설 목적은 자국의 우주자산을 보호하고 우주 기반 군사력을 활용하는 데서 그치지 않고, 해군력·공군력에 비견되는 '우주력Spacepower' 자체를 육성하는 데 있기 때문이다.

2020년 6월 미 국방부가 공개한 「우주국방전략Defense Space Strategy」 요약문에서도 볼 수 있듯, 이러한 기조는 결코 단발성으로 그치지 않을 전망이다(US DoD, 2020). 이 문서는 "안전하고 안정적이며, 접근 가능한secure, stable, and accessible" 우주영역을 목표로 천명하면서, 이를 위해 동맹국과의 협력과 민간 영역과의 협조를 강조하고 있다.

이를 위해 「우주국방전략」은 4개 주요노선Lines of Effort을 강조하고 있다. 이는 ① 우주공간에서의 전방위적 우위 확립, ② 연합·합동 군사작전 내에 통합된 우주 군사력 활용, ③ 적절한 전략적 환경의 조성, ④ 동맹국과 산업계 그리고 다른 정부기관과의 협력이다. 4개조 노선 중 군사작전이 명시된 것은 1개뿐인 데서도 볼 수 있듯, 우주군의 창설은 우주 군사자산의 관리주체 이전 이상의 적극적·전방위적 성격을 띠고 있다. 또한 동시에 안보와 경제 분야가 긴밀하게 연결되는 트럼프 행정부의 우주전략과 밀접하게 연계되고 있다는 점도 주지해야 할 것이다.

일례로 미 국방부는 "위협을 억지하고 저지하기 위한" 우주 관련 획득 체계의 개선을 도모한다는 명목하에 2019년 3월 우주개발국Space Development Agency: SDA를 신설했다. 우주개발국은 우주군 창설이 완료된 후 그 산하로 편입될 예정이다(US DoD, 2019: 8). SDA는 '개발국'이라는 명칭이 주는 인상과는 달리, 민간 영역에서 발달하는 기술적 역량을 빠르게 군사적 용도로 흡수하는 것을 기관의 목적으로 삼고 있으며, 이는 "항상 빠르게Semper citius"라는 기관의 표

---

20 2020년 회계연도에 우주군 본부 창설을 위해 책정된 7200만 달러와는 별도의 예산이다.

어에도 나타나고 있다.

또 다른 예로, 2020년 봄 대통령 행정명령으로 발표된 'PNT 프로파일PNT Profile' 구축 지시는 위성을 이용한 PNTpositioning, navigation, timing 서비스의 기능을 보장하고 이에 의존하는 국가 기간망의 복원력 증진을 위한 부처 간 협력 및 민관협력을 명시하고 있다(White House, 2020a). 이는 유사시 적 공격을 모두 방어할 수 없을 경우에 대비해 사회 전 분야의 복원력을 높여야 한다는 인식에 입각한 것이다.

보다 구체적으로는, '책임성 있는 PNT 서비스의 이용'을 보장하기 위해 PNT 프로파일, 즉 PNT 서비스의 이용에 대한 표준 구축을 지시하고 있으며, 이를 통해 정부 및 민간 영역의 PNT 사용 관련 취약성을 줄이고 더불어 PNT 이용에 대한 체계적 현황 관리를 추진하겠다는 것이 이 행정명령의 목표다.

흥미로운 것은 이처럼 안보와 관련된 목적을 명시하고 있음에도 불구하고 주무부서가 상무부로 명시되어 있다는 점이다. 해당 행정명령은 상무부가 국방부·교통부·국토안보부 등 관련 부서, 그리고 필요시 민간기업의 협조하에 PNT 프로파일을 구축하고, 다른 관계 부처들은 상무부가 작성한 프로파일을 바탕으로 각각 해당 분야의 민간 영역에 개입하여 PNT 복원력 증진을 추구하기 위한 계획을 작성·추진할 것을 명시하고 있다.

이처럼 미국의 우주 군사화 및 무기화 정책은 우주군 창설에서 드러나듯 트럼프 행정부에 접어들면서 보다 적극적·공세적인 면모를 취하고 있다. 그러나 그러한 적극적인 면모가 단순히 중국의 부상에 따른 안보 위협에 대응하는 차원을 넘어서, 이전에 우주와 관련하여 존재하던 안보와 경제 영역 간의 담을 넘나드는 데서도 나타나고 있음을 눈여겨볼 필요가 있을 것이다.

2) 우주의 평화적·상업적 이용

우주의 군사적 이용뿐 아니라 평화적 이용에 있어서도 트럼프 행정부는 공세적인 태도를 견지하고 있다. 이는 우주의 탐사 및 개발 전반에서 나타나는 상업적 이용에 대한 높은 관심, 그리고 이를 위해 기존 규제를 철폐하고, 나아가 국제법과 충돌할 가능성까지 감수하려는 의욕 등으로 나타나고 있다. 이뿐만 아니라, 트럼프 행정부 들어 강화되고 있는 수출통제 체제를 우주 분야에도 적용함으로써 자국 산업을 보호하고 경쟁국에 대한 우위를 지키려는 움직임이 관측되고 있다.

앞서 살펴본 것처럼, 2017년의 「국가안보전략」은 우주에서 점차 우세를 상실하고 있는 미국의 주도권을 되찾을 것을 주문하고 있다. 우주영역에 우선순위를 부여하는 것 외에도 우주 기반시설의 복원력을 증대시킬 수 있는 민간 우주 역량에 대한 지원과, 미국의 주도권을 되찾기 위한 정력적인 유인 우주탐사 추진이 그 세부 목표로 제시되고 있다.

유인 탐사를 강조한다는 점에서 SPD-1로 대표되는 트럼프 행정부의 우주탐사 정책은 과거 부시 부자父子의 정책과 맞닿는 부분이 있다. 클린턴 및 오바마 행정부가 소행성 탐사 및 경로변경, 로봇을 이용한 화성 원격탐사 등 보다 실용적인 임무에 집중했던 것과는 달리, 부시 부자는 각각 SEI와 컨스텔레이션 계획 등 새로운 발사체를 요구하는 대규모 임무, 특히 유인 우주탐사에 집중하는 경향을 보였다. 다시 말해, 전임자의 소박한 우주탐사 계획을 보다 야심찬 것으로 대체하는 경향은 그 자체로는 새롭지 않다고 할 수 있다.

실제로 아르테미스 프로그램은 최소한 실질적인 진행에 있어서는 조지 W. 부시 행정부의 컨스텔레이션 프로그램에서 크게 벗어나지 않고 있다는 지적을 받고 있다(Tronchetti and Liu, 2018: 426). 그러나 설령 이런 지적처럼 SPD-1이 유의미한 정책 노선의 제시보다는 정치적 수사에 가깝다 할지라도, 그 함의는 그리 가볍지 않다.

아르테미스 계획으로 대표되는 트럼프 행정부의 야심찬 우주탐사 계획이 이전 부시 부자의 SEI 및 컨스텔레이션 계획과 상이한 점은 강력한 민영화 의지에 있다고 할 수 있다. 부시 부자의 두 계획이 좌초된 가장 큰 이유는 유인 심

우주탐사에 투입되는 막대한 예산을 확보하지 못한 데 있었다. 트럼프 행정부는 이러한 문제를 해결하기 위해 ISS의 민영화를 추진하고 있다. 오바마 행정부가 2024년까지 연장한 ISS 예산 투입이 종료되면, ISS에 투입되던 NASA 예산을 삭감해 발사체 개발에 투입하고, 부족한 예산은 민간기업에 미국 측 모듈의 운영권을 넘김으로써 충당하겠다는 것이다(Anapol, 2018; Davenport, 2018) [21]. 클린턴 행정부 당시 미국과 러시아 간의 핵심적인 협력과제로 추진되었던 ISS를 심우주탐사를 위해 희생할 수 있다는 트럼프 행정부의 셈법이 다른 국제협력에도 적용된다면, 분명 지금까지의 미국 주도 우주탐사와는 다른 형태의 정책으로 이어지는 계기가 될 것이다.

2020년 7월 NSC가 발표한 「우주탐사·개발의 신시대A New Era for Deep Space Exploration and Development」 전략 문건은 비록 20쪽 분량의 짧은 내용임에도 불구하고 이러한 면모를 함축적으로 드러내고 있다. 이 문서는 "새로운 시대를 위한 새로운 비전"을 명시하고 있지만, 그와 동시에 냉전기 달 착륙 경쟁과 같이 지정학적 경쟁이 우주탐사에 있어서도 동일하게 적용됨을 주장하고 있다(White House, 2020d).

이에 따르면 우주탐사와 개발은 과학과 안보뿐 아니라 국제협력 그리고 상업적으로도 미국의 국익 증진에 합치한다. 즉 우주개발에서의 국제협력은 미국이 우주 분야에서 주도권을 재확립하는 계기가 될 수 있으며, 다른 한편으로 미국의 우주산업을 활성화하는 기반이 될 수 있다. 이를 위해 구체적으로는 지구 저궤도의 완전한 상업화 및 달까지의 상업화 확대, 그리고 달 표면의 자원(특히 달 극지)을 활용한[22] '지속가능한' 심우주탐사를 명시하고 있다. 이처럼 구

---

21 그러나 2025년부터 실제로 ISS의 운영을 넘겨받아 수익성 있는 경영을 할 수 있을 기업이 존재할지는 불투명한 것으로 알려져 있다.

22 해당 문서는 크게 두 가지 자원, 즉 달 토양(Regolith)과 극지 얼음의 활용 가능성을 명시하고 있다. 달 토양은 적절한 처리를 통해 금속자원으로 활용할 수 있으며, 극지의 영구 음영 지대에 존재하는 것으로 확인된 얼음 역시 식수뿐 아니라 다양한 용도의 수자원으로 활용할 수 있다. 이러한 현지

체적인 목표가 등장했다는 것은 이전 행정부에서 제시했던 화성 유인 탐사나 달 기지 건설 계획과는 차별화되는 면모다.

한편, 트럼프 행정부의 민간 우주개발에 대한 정책은 민간 영역의 비중을 늘리려 노력한다는 점에서는 아폴로 프로그램 종료 이후 비용 절감과 경제적 이윤 창출이라는 이유를 내세워 민간 영역 지원을 강조했던 이전 행정부들과 비슷한 면이 있다.

그러나 민간 우주개발 육성에 대한 의지에 있어 트럼프 행정부 출범 이후의 미국은 과거와 다른 모습을 보이고 있다. 「국가안보전략」에서 트럼프 행정부는 필요시 군사력을 동원해서라도 민간 영역의 협력 기업들을 보호하겠다는 논리를 내세웠다(White House, 2017c: 32). 하지만 더 두드러지는 것은, 민간 주도 우주개발을 방해할 수 있는 국제규범을 변경하려는 미국의 움직임이다. 행정부를 중심으로 한 이러한 일련의 움직임은 의회를 통한 입법 노력에 의해 지지받고 있다.

일례로 2017년 6월 미 하원은 '우주상업자유기업법안American Space Commerce Free Enterprise Act'을 발의해 통과시켰다. 비록 상원에서 양당 간 합의가 이뤄지지 않아 폐기되었지만, 해당 법안의 내용은 향후 유사한 내용의 추가 입법의 근거가 될 것으로 판단된다(이재곤, 2019: 257). '우주상업자유기업법안'은, SPD-2의 기조와 유사하게 민간의 우주 상업 활동 전반의 촉진과 이를 위한 규제완화를 다루고 있다. 그중에서도 주목할 만한 것은, "우주는 지구적 공공재Global commons로 간주되지 않"는다는(H.R. 2809 § 80308) 조항이다. 같은 맥락에서 동 법안은 1967년의 '우주조약'[23]이 규정하고 있는 천체와 우주공간의 이

(In-situ) 자원 활용을 통해 추후 화성 및 여타 심우주 유인 탐사에 필요한 발사체 하중을 크게 줄이고, 나아가 유지비용 감소를 통한 '지속가능한' 우주개발을 가능케 할 수 있다는 것이 해당 문서의 주장이다.

23 공식 명칭은 '달과 다른 천체를 포함한 우주의 탐사와 이용에서 국가의 활동을 규제하는 원칙에 대한 조약(Treaty on Principles Governing the Activities of States in the Exploration and Use of Outer

용 및 소유 권한 제한이 비정부행위자에게 적용될 수 없다고 주장하고 있다 [§ 80103(c)]. 실제로 2020년 8월 현시점에서 통과되지는 못했지만 2019년 하원에서 동일한 제목의 법안이 재발의되었으며, 위 두 조항도 그대로 유지되었다 (H.R. 3610).

이와 같은 해석은 2020년 4월 대통령 행정명령 13914호에 의해 재확인되었다. '우주 자원의 회수 및 활용에 관한 국제적 지지 촉구Encouraging International Support for the Recovery and Use of Space Resources' 제하의 이 행정명령은, 미국이 우주를 지구적 공공재로 간주하지 않음을 적시하는 한편, 다른 국가들이 이러한 견해를 받아들여 국제규범으로 인정하도록 만들기 위해 양자·다자 합의를 추진할 것을 명시하고 있다(White House, 2020c).

특히 1979년 추진된 '달 조약Moon Treaty'[24]이 특정 국가의 일방적 우주 자원 개발 금지, 우주 자원의 공평한 이용 보장 등을 언급하고 있어 이러한 미국의 관점과 배치됨을 지적하면서, 적극적으로 이를 무력화할 것을 해당 행정명령이 지시하고 있음에도 주목할 필요가 있다. 이는 적극적으로 기존 우주 국제규범을 자신이 추진하는 우주 상업화 기조에 맞춰 개변하려는 의지를 표명하는 것으로 볼 수 있다.

또한 상술한 것처럼, 수출통제를 이용해 자국 산업을 보호하고 타국이 자신의 기술을 이용하여 이익을 취하는 것을 차단하려는 움직임도 강하게 나타나고 있다. 미국의 우주산업 관련 수출통제 체제는 국제 레짐과 국내법이 복잡하

Space Including the Moon and Other Celestial Bodies)'이며, 천체에 대한 국가주권의 적용 불가(2조), 우주공간에 대한 대량살상무기(WMD)의 배치 및 군사시설 설치, 무기 시험 등의 금지(4조) 등의 내용을 포함하고 있다. 그 외 20세기를 거치며 수립된 우주활동에 관한 국제법 및 기타 합의에 대해서는 United Nations(2002)를 참고.

24 공식 명칭은 '달과 다른 천체에서의 국가 활동 규제에 관한 합의(Agreement Governing the Activities of States on the Moon and Other Celestial Bodies)'로, 그 외에도 우주의 군사적 활용 전체에 대한 금지를 비롯해 구속력 높은 조항이 많았기 때문에 미국을 포함한 주요 강대국들의 외면을 받았다.

게 얽힌 형태를 띠고 있다(Bohlmann, 2015: 280; 황진영, 2018).

그런데 미국의 우주산업이 발달해 위성 부품과 발사체의 수출입 규모가 증가하면서 수출통제 체제의 개정 수요가 발생하게 되었다. 재래식 무기를 규제하는 국무부 주관 '무기수출통제규정International Traffic in Arms Regulation: ITAR'과 이중용도품목을 규제하는 상무부 주관 '수출행정규정Export Administration Regulation: EAR'의 규제 범위가 겹치거나 경계가 불명확해 혼선을 빚는 경우가 빈번히 발생했다. 또한 상업위성이 대부분인 수출용 위성 및 부품이 냉전기의 기준에 따라 군수품으로 분류되어 EAR보다 훨씬 까다로운 ITAR의 적용을 받는 등의 문제가 있었다(US DoC & FAA, 2017: 8).

이와 같은 중복·과다 규제 문제를 해결해 우주산업의 국제경쟁력을 강화하기 위해 오바마 행정부는 '수출통제개혁조치Export Control Reform: ECR' 계획을 추진해 ITAR와 EAR의 관할 품목을 대대적으로 개편했으며, SPD-2의 6장이 명시하고 있듯 트럼프 행정부 역시 지속적인 완화와 재검토를 공언하고 있다.

하지만 이러한 규제완화 경향과 더불어 강대국 경쟁에 따른 수출통제 강화 추세도 함께 나타나고 있다. 2018년 통과된 '수출통제개혁법Export Control Reform Act of 2018'은 이런 새로운 경향을 여실히 보여준다. 2019년도 '국방수권법National Defence Authorization Act for Fiscal Year 2019'에 포함된 '수출통제개혁법'은, 대통령에게 안보상 목적에 따라 수시로 EAR을 수정할 권한과 "주요 신흥기술emerging critical technologies"에 대한 식별과 적시적인 통제를 수행할 권한을 부여하는 것을 그 골자로 한다. 이에 따르면 주요 신흥기술이란 "미국의 국가안보에 심대한 위협을 제기하는 국가를 상대로 미국의 기술적 우위를 유지 또는 증가"시킬 수 있는 기술 혹은 "그러한 우위가 없는 분야에서 우위를 창출할 수 있는" 기술이다[H.R. 5040 § 109(a)]. 이를 위해 해당 법령은 주요 행정기관과 산업계·학계의 협력하에 그러한 기술을 조기 식별함으로써, 대통령의 권한으로 기존 수출통제의 범위에 편입시킬 것을 요구한다. 이뿐만 아니라, 추가된 신흥기술을 규제할 수 있도록 관련 국제 레짐에 해당 내용의 반영을 요청할 것

역시 명시하고 있다[§ 109(b)]. 우주산업에서 새롭게 등장하는 민간 영역의 기술도 개발과 동시 또는 개발 이전에 수출통제의 대상이 될 수 있는 것이다.

이처럼 우주의 평화적·상업적 이용에 있어 트럼프 행정부는 전면적인 규제 완화를 통해 자국의 우주산업 경쟁력을 제고하려는 면모를 보이고 있다. 이뿐만 아니라, 자국의 발전한 민간 우주역량을 우주개발에 활용하는 한편, 그러한 민간 역량의 개발에 지장을 줄 수 있는 국제규범을 변경하고 기반 기술이 경쟁국으로 유출될 수 없게 하기 위해 보호주의적 조치를 동원하려 하는 등 일상적인 경제정책의 범주를 넘어선 측면도 나타나고 있다. 이러한 움직임은 앞서 언급한 것처럼 단순히 민간 영역의 참여를 통해 국가경제 전체에 긍정적인 효과를 창출하거나 우주 관련 예산을 절감한다는 정도에 그치지 않으며, 보다 큰 틀에서 국가안보 정책 전체와 깊은 관련을 맺고 있다.

3) 우주의 국제규범

국제규범 역시 미국 우주정책의 주요 수단 중 하나였다. 그러나 행정부 차원에서 발표되는 우주전략 문건과는 달리, 실제로는 주로 군비통제 등의 이슈를 놓고 중러 등이 미국을 견제하려 시도하고, 미국은 그에 대해 소극적으로 반대하는 양상이 지속적으로 나타났다.

특히 우주 군비통제 이슈에 있어, 2000년대 중후반까지 미국은 규범 논의 자체에 반대하는 입장을 취했다. 1967년의 '우주조약'으로 필요한 군비통제는 모두 완비되었으며, 그 이상의 규범을 필요로 하는 수준의 군비경쟁은 일어난 적도, 일어나고 있지도 않다는 것이다. 반면 중국과 러시아는 유엔 군축이사회 등을 통해 활발히 군비경쟁 방지의 규범화를 위해 노력하고 있다. 중국과 러시아가 유엔을 통해 주도하고 있는 "우주공간에서의 군비경쟁 방지Prevention of an Arms Race in Outer Space: PAROS" 논의나, 마찬가지로 유엔을 통해 제안한 '우주에서의 무기 배치와 우주물체에 대한 위협과 무력사용 금지에 관한 조약안

Draft Treaty on the Prevention of the Placement of Weapons in Outer Space and of the Threat or Use of Force against Outer Space Objects: PPWT' 등에 대해 미국은 이러한 논의의 배경에 미국의 압도적인 우주 기반 군사력을 규범을 활용해 규제하려는 전략적 의도가 있음을 의심하고 있다(나영주, 2007: 149).

그러나 이러한 경향은 오바마 행정부에 접어들면서 반전되었다. 논의를 회피하는 것이 아니라, 적극적으로 이에 참여해 논의의 폭을 미국의 우주 기반 군사력에 유리한 방향으로 좁히고자 노력하기 시작한 것이다. 이러한 변화는 상기한 바와 같이 국제사회에 대한 적극적 개입과 주도, 협력을 강조했던 오바마 행정부 우주정책의 기조와 무관치 않겠지만, 다른 한편으로는 중국의 우주 군사 역량이 강화되고 미국의 우주공간 리더십이 도전받기 시작한 상황에 대응하려는 성격도 있었다(유준구, 2016.1.20: 9).

그 결과, 미국과 중국, 러시아 등 국가들은 2010년부터 진행된 '유엔정부전문가그룹UN Group of Governmental Experts: UNGGE' 논의를 통해 2013년 일련의 투명성 신뢰구축 조치에 합의하는 데 성공했다(UN General Assembly, 2013). UNGGE 보고서는 강제성은 가지고 있지 않지만, 참여국의 만장일치 없이는 보고서를 채택하지 못한다는 특성을 가지고 있어, 참여국들의 타협에 따른 협의의 결과로 볼 수 있다.

이후 미국은 TCBMs를 통한 당사국의 자발적인 우주공간 군비 관리를 주장하며, 별도의 조약이나 국제기구를 통해 우주의 군사화·무기화를 규제하려는 중국과 러시아의 시도에 반발하고 있다. 이러한 기조는 오바마 행정부와 트럼프 행정부에서 공통적으로 드러나고 있다. 2015년 미국은 유엔 총회에서 "실무적·단기적"이고 "구속력이 없는" 자발적 TCBMs을 통한 문제의 실질적 해결을 강조하면서, 법적 구속력을 갖춘 조약은 현실성이 없음을 강력히 주장했다(Meyer, 2016: 497). 트럼프 행정부에 접어든 이후에도 중국과 러시아가 주도하는 규범 논의에 대한 반대는 일관적으로 나타나고 있는데, UN 군축회의Conference on Disarmament를 통한 우주 군비통제 논의에 지속적으로 반발함으로써 러시아와 중국이 주도한 유엔 결의안에 대해 '강한 유감deep regret'을 표명한 사실은 이를 잘 보여준다(UN General Assembly, 2018). PAROS에 관해 계속 진행되고 있는 UNGGE 과정에서도 이러한 미국의 입장은 잘 드러나고 있다. 최근 진행되어 보고서 채택에 실패한 PAROS GGE에서 미국은 TCBMs에 대한 지지를 재천명하면서, 그 이상의 제도적 규범을 형성하려는 노력 (그리고 이를 위해 여론을 동원하려는 중국과 러시아의 시도)에 강한 불만을 표현한 바 있다(UN Disarmament Commission, 2019).

다른 한편으로 미국은 국제규범을 자신의 상업적 활동에 유리한 방향으로 변경하고, 자국의 표준을 국제규범화하려는 움직임을 보이고 있다. 이는 우주 거버넌스에 필요한 행동 절차 마련을 위해, 실무적 차원에서의 기관 간 협력을 중심으로 규범 형성이 이뤄지던 과거의 모습과는 크게 다른 것이다.

SPD-3이 다루고 있는 우주파편물 및 우주교통관리 문제는 이러한 특성을 잘 드러낸다. SPD-3이 밝히고 있는 목표는 이전의 정책에 추가적인 추진력을 가해, 미국이 해당 이슈에 관한 규범 및 표준절차에 대해 리더십을 유지할 수 있도록 하는 것이다.

미국이 우주파편물 문제에 관심을 가진 것은 레이건 행정부 때부터였으며, 그 이후 행정부의 우주정책은 일률적으로 해당 문제는 국가 간 협력을 통해 해결해야 함을 명시하고 있다. 행정부의 성향과 무관하게 우주 파편에 대한 내용은 점차 세부화·구체화되었으며, 1990년대부터는 보다 실질적인 가이드라인을 마련하기 위한 노력도 시작되었다(Weeden, 2017).

우주파편물 문제를 해결하기 위한 우주개발 실무 기관들의 협의체인 IADC Inter-Agency Space Debris Coordination Committee[25]는 1993년 미국 NASA의 주도로 설립된 이후 꾸준히 규모를 늘리며 활동을 지속해 왔다. 2007년에는 UN

---

25 2019년 현재 IADC는 한국을 포함한 13개국의 우주 관련 정부기관으로 구성되어 있다.

COPUOS와 UN 총회의 지지를 받아 '우주파편물 경감 가이드라인IADC Space Debris Mitigation Guidelines'을 발표했고(UN General Assembly, 2008), 2010년에는 우주파편물 경감 표준절차를 국제표준으로 등재하는 등(ISO 24113, Space Systems-Space Debris Mitigation) 다방면으로 노력하고 있다.

또한 정부기관 간의 초국적 협의체인 IADC와는 달리, 미국 내의 우주 관련 기관들 간의 업무 절차 통일을 위한 파편물 경감 절차 역시 존재한다. 2001년 NASA와 국방부의 협조하에 제정된 ODMSP(3절 3항 참고)는 그 후 꾸준한 수정을 거쳐왔다. 그러나 상업 영역에서 소형 위성 발사활동이 활발해지면서 기존 절차를 개정할 필요가 꾸준히 제기되고 있다(Sorge, 2017: 3).

IADC의 가이드라인과 ODMSP를 근거로 미국은 파편물 경감을 위한 국제적 표준절차 수립 과정에 적극적으로 참여해 왔다. SPD-3이 밝힌 두 가지의 실천적 목표, 즉 우주상황인식 정보 공유 플랫폼(개방형 SSA 데이터 저장고) 구축과 ODMSP의 국제규범화는 그와 같은 규범 수립의 시도에 한 가지 전환점으로 작용할 수 있다. SPD-3은 군사 영역에 속해 있던 STM과 SSA라는 이슈를 민간 영역에서의 우주파편물 문제와 결합시키기 때문이다.

SPD-3은 우주파편물 경감을 위한 정보공유의 주체로 국방부가 아닌 상무부를 내세우고 있다. 본디 STM과 SSA는 우주에서의 군사활동을 위한 성격이 강했으며, 이에 따라 가장 폭넓은 상황인식 능력과 교통관리 역량을 갖추고 있는 것도 군(보다 정확히는 미 합동우주 작전본부Joint Space Operations Center: JSpOC)이었다(Ailor, 2015: 245). 점차 민간 우주활동의 비중이 높아짐에 따라 오바마 행정부 당시부터 SSA와 STM의 관리주체를 민간 영역으로 옮기기 위한 사전 작업이 이뤄지고 있기는 했지만, 이는 어디까지나 민간 우주항공을 담당하던 연방항공청Federal Aviation Administration: FAA으로의 이관을 염두에 둔 것이었다(Weeden, 2019). 상무부에게 이러한 임무가 주어진 사실은, SPD-2를 비롯해 트럼프 행정부의 우주정책 전반에서 나타나는, 우주의 상업적 이용 확대에 대한 강한 의지를 보여준다.

또한 SPD-3은 상무부에게 국방부와 국무부, 교통부(FAA의 상위 부처)와의 협조하에 ODMSP와 관련된 우수사례의 국제규범화를 주문했다. 그런데 이전 까지 우주파편물 문제를 다루던 'UN 우주평화이용위원회UN Committee on the Peaceful Uses of Outer Space: UN COPUOS'를 통해 그러한 임무를 수행하는 대신, 상무부는 국무부와 공동으로 '우주기업총회Space Enterprise Summit'를 개최했다. 2019년 6월 26일부터 27일간 워싱턴 D.C.에서 진행된 제1회 우주기업총회는, "친기업적 가이드라인"을 공유하는 "동지국가like-mineded countries의 연합 확 대"를 목표로 삼고 있었으며, 우주 관련 국가기관 대표, 우주 관련 기업의 경영 자 등 500여 명이 참석한 가운데 진행되었다(Kelley, 2019; US DoS, 2019). "우주 에서의 상업과 우주 외교의 이중 테마"를 표방하는 우주기업총회의 개최는, 기 존의 국제규범 논의를 벗어나 우주 상업이라는 새로운 영역에서 주도권을 획 득하려는 미국의 의도를 담고 있다고 할 수 있다.

이러한 추세는 최근 논의의 폭이 넓어지고 있는 다른 국제규범에 있어서도 마 찬가지라 할 수 있다. 최근 제기된 '우주활동 장기지속성Long-Term Sustainability of Outer Space Activities: LTS', 우주2030 어젠다 등의 이슈에 대해서도 아래의 예 에서 볼 수 있듯 경쟁국의 규범 형성 시도를 막고 실무적 협력을 강조하는 한 편, 자국의 우주정책 수행에 필요한 파트너를 찾는 움직임이 나타나고 있는 것 이다.

2010년, UN COPUOS는 산하의 과학기술 소위원회Scientific and Technical Subcommittee of COPUOS를 통해 지속가능한 우주공간의 이용에 대해 논의할 수 있는 워킹그룹을 창설했다. 지속가능한 사용의 원칙, 우주공간의 안전한 이용, 우주 기상에 관한 협력, 우주공간 행위자에 대한 규제 레짐 등의 주제를 다룰 수 있도록 4개의 분과로 나눠 진행된 워킹그룹은 2011년부터 2016년까지 5년 간 논의를 거쳐[26] 12개 항목으로 이뤄진 가이드라인을 발표했다(Martinez, 2018: 15~16). 이후 2018년 COPUOS에서 9개 항목이 추가되어 LTS 가이드라 인은 총 21개에 달하게 되었다(UN COPUOS, 2018a). 그러나 이 과정에서 중국과 러시아가 제안한 7개의 가이드라인이 미국의 반대로 인해 최종 합의에서 배제되고, 이로 인한 갈등으로 워킹그룹이 최종 보고서를 채택하지 못하게 되는 등 협의 과정은 결코 순탄하지 않았다.

LTS를 놓고 벌어진 갈등의 핵심은, 군사안보적 내용의 포함 여부에 있었다. 중국과 러시아는 여러 개발도상국의 지지를 받아, 우주의 군사화 및 무기화를 방지할 수 있는 내용을 법적 구속력을 갖춘 형태로 명시하고자 했으나(UN COPUOS, 2018b), 이러한 시도는 앞서 PPWT의 사례에서도 그랬듯 우주의 군사적 이용에 대한 국제법적 제약을 원치 않는 미국의 반발을 샀던 것이다. 한편, 미국은 그와 같은 내용이 배제된 현재의 21개조 가이드라인을 바탕으로 보다 실질적인 적용 방안을 마련하기 위한 워킹그룹의 발족을 캐나다, 프랑스, 일본과 함께 발의했다(UN COPUOS, 2019b). 요컨대 중국과 러시아의 제안이 배제된 현 LTS 가이드라인은 미국에게 상당히 만족스러운 것이라 판단할 수 있다.

한편, 2018년은 제1회 'UN 우주총회UN Conference on the Exploration and Peaceful Uses of Outer Space: UNISPACE'[27] 개최 50주년이 되는 해이기도 했다. 이를 기념하여 'UNISPACE+50' 행사가 개최되었으며, 이 기회를 빌려 UN COPUOS는 UN의 「2030 지속가능발전 어젠다2030 Agenda for Sustainable Development」를 달성하기 위한 프레임워크의 하나로 「우주2030 어젠다Space2030 Agenda」의 채택을 결의했다. 2020년까지 세부 내용을 확정하기 위한 워킹그룹의 활동이 예정되어 있으며, 우주 경제·우주 사회·우주 접근성·우주 외교라는 4개의 분야에서 지속가능한 발전을 달성케 하기 위한 목표를 설정 중인 것으로 알려져 있다

---

26 당초 계획된 활동 기간은 2011~2014년이었으나, 워킹그룹의 토의 결과를 가이드라인으로 정립하는 과정에서 별도의 협의 기간이 필요함이 인정되어 2016년까지 활동이 연장되었다.

27 UNISPACE는 UN COPUOS와는 달리 상설 기구가 아니다. 제1회 UNISPACE는 1968년에, 제2회는 1982년에, 마지막 제3회 총회는 1999년에 각각 개최되었다. 세 차례 모두 우주의 평화적 이용과 개발도상국의 우주개발 지원에 초점을 두고 있었다. 세 총회의 세부적인 내용에 대해서는 UN COPUOS 문서 A/AC.105/1137(UN COPUOS, 2016) 참고.

(UN COPUOS, 2019a).

LTS와 우주2030 어젠다에 대해 미국은 대체로 찬성하는 입장을 취하고 있다. 미국 대표단은 최근 COPUOS에서의 공식 발언에서 지속적으로 LTS에 대한 지지를 표하는 한편, 「우주2030 어젠다」가 트럼프 행정부의 태양계 유인 탐사 계획 및 우주의 상업적 이용 확대에 기여할 수 있으리라는 기대를 표명하며 환영의 뜻을 밝힌 것은 그러한 맥락에서 볼 수 있을 것이다(US Mission to International Organizations in Vienna, 2019a; 2019b).

5. 결론

이 글에서는 아이젠하워 행정부 이후로 오바마 행정부에 이르기까지 미국 우주정책의 궤적을 살피고, 이를 바탕으로 트럼프 행정부의 우주정책이 얼마나 그리고 어떤 점에서 특이성을 보이는지를 검토했다. 이를 위해 트럼프 행정부 출범 이후 발표된 전략 문건과 SPD 4건의 특징을 살펴보았으며, 이어서 2020년 현재까지 공개된 미국의 우주 관련 정책 및 법규를 통해 그러한 특징이 어떻게 현실로 이어지고 있는지를 확인했다.

소련의 스푸트니크 발사로 시작된 미소 간의 우주경쟁이 아폴로 프로그램의 성공으로 일단락된 이후, 미국 우주정책은 예산 감축의 압박 속에서 군사안보 분야로의 활용 방안 개척이나 민간 영역에서의 우주 이용 확대 등 다양한 방식으로 활로를 찾으려 노력했다.

우주공간의 군사적 가치와 상업적 가치가 확대되면서 미국의 우주전략은 이 두 가치를 동시에 추구하는 방향으로 진화했다. 행정부의 지향과 판단에 따라 목표는 조금씩 수정되었고 그 우선순위에 조정이 있기는 했으나, 미국의 우주정책은 전반적으로 변혁보다는 진화에 가까운 모습을 보여왔다.

그러나 지금까지 살펴본 것처럼, 트럼프 행정부는 지구뿐 아니라 우주공간에서도 중국이 유력한 경쟁자로 부상하고, 미국 내 민간 우주산업이 폭발적으로 성장하면서 '뉴스페이스'가 대두하는 현실 속에서 이전 정책과 연속성을 보이면서도 다른 한편으로는 확연히 구별되는 정책을 추진하고 있다. 이처럼 변화한 조건하에서, 미국은 국가 주도적인 우주정책을 고집하는 대신 민간 영역에서 발전한 우주 역량을 적극적으로 육성하고, 나아가 이러한 민간 우주역량을 활용해 자국의 안보를 추구하고 주도권을 재확립하고자 하는 것이다. 이처럼 상향적 면모와 하향적 면모가 복합되어 상호보완적인 양상이 나타나는 모델은 '스핀업'의 성격을 보이고 있다.

이와 같은 우주정책이 어떤 성과를 거둘지는 아직 단언할 수 없다. 2017년부터 지금까지 추진해 온 트럼프 행정부의 우주정책은, 이제 기획의 수준을 넘어 막 실행되는 단계에 접어들고 있기 때문이다. 아직 우주탐사를 비롯해 대다수의 우주정책이 유의미한 결과를 내놓고 있지 않기에, 그 성패를 따지는 것은 시기상조라 할 수 있다.

그러나 이들 정책이 이전과는 '같으면서 다른' 상태, 즉 구체적으로 등장하는 수단에 있어서는 별다른 차이가 드러나지 않지만 미국의 주도권 회복과 중국과의 경쟁에 대한 대비라는 목표의식을 가지고 있다는 것은 주목할 필요가 있다. 미중 경쟁이라는 국제적 환경과 뉴스페이스의 부상이라는 산업 영역에서의 변화가 지속되는 한, 전자에 대비하기 위해 후자를 활용하려는 움직임은 지속적으로 나타날 것으로 전망할 수 있다. 트럼프 행정부에 이르러 처음으로 가시화된 이러한 흐름이 쉽게 번복되지는 않으리라고 볼 수 있는 것이다.

우주영역에서 미국과 군사적 협력은 물론, 2016년 '한미우주협력협정' 체결 등을 통해 민간 영역에서의 협력까지 확대해 나가고 있는 한국의 입장에서, 이와 같은 미국의 우주정책은 특히 여러 모로 함의를 가진다. 우주 군사안보와 우주 상업이라는 두 축을 중심으로 움직이는 정책이 한국의 기존 우주정책과 얼마나 호환될 수 있을지를 따져보고, 이에 따라 적절한 대응책을 마련해야 할 것이다.

나영주. 2007. 「미국과 중국의 군사우주전략과 우주공간의 군비경쟁 방지(PAROS)」. ≪국제정치논총≫, 제47권 3호, 143~164쪽.

유준구. 2016.1.20. 「최근 우주안보 국제규범 형성 논의의 현안과 시사점」. ≪주요국제문제분석≫. 국립외교원.

이재곤. 2019. 「미국 우주상업자유기업법안의 국제우주법적 쟁점」. ≪법학연구≫, 제59권, 253~284쪽.

이준·이은정·김홍갑·구본준·정영진. 2018. 「우주협력 전략 방향」. 한국항공우주연구원 우주협력전략자문단.

최남미. 2015. 「미국의 우주 분야 아시아 재균형 정책 현황: 우주안보를 중심으로」. ≪항공우주산업기술동향≫, 제13권 1호, 43~50쪽.

황진영. 2018. 「미국의 우주정책과 한-미 우주협력」. ≪항공우주산업기술동향≫, 제16권 1호, 3~13쪽.

Ailor, William. 2015. "Space Traffic Management." in Kai-Uwe Schrogl et al(eds.). *Handbook of Space Security*. New York: Springer. pp.231~256.

Anapol, Avery. 2018.2.13. "Trump Budget Ends US Funding for International Space Station by 2025." The Hill. https://thehill.com/homenews/administration/373597-trump-budget-ends-us-funding-for-international-space-station-by-2025 (검색일: 2019.8.29).

Bohlmann, Ulrike M. 2015. "Space Technology Export Controls." in Kai-Uwe Schrogl et al.(eds.). *Handbook of Space Security*. New York: Springer. pp.273~290.

Bosso, Christopher J. and W. D. Kay. 2004. "Advocacy Coalitions and Space Policy." in Eligar Sadeh(ed.). *Space Politics and Policy: An Evolutionary Perspective*. New York: Kluwer Academic Publishers. pp.43~59.

Cochrane, Emily. 2017.7.26. "Forces Align Against a New Military Branch to 'Win Wars' in Space." *The New York Times*. https://www.nytimes.com/2017/07/26/us/politics/congress-budget-space-corps-pentagon-opposition.html?action=click&module=RelatedCoverage&pgtype=Article&region=Footer (검색일: 2019.8.20).

Contant-Jorgenson, Corinne·Petre Lála·Kai-Uwe Schrogl. 2006. *Space Traffic Management*. Paris: International Academy of Astronautics.

Cramer, Kevin. 2019.5.7. "We Need a Space Force to Protect Our National Security – Approve Trump's Plan." *Fox News*. https://www.foxnews.com/opinion/sen-kevin-cramer-a-space-force-is-needed-congress-should-approve-trump-proposal (검색일: 2019.8.30).

Davenport, Christian. 2018.2.12. "The Trump Administation Wants to Turn the International Space Station into a Commercially Run Venture, NASA Document Shows." *The Washington Post*. https://beta.washingtonpost.com/news/the-switch/wp/2018/02/11/the-trump-administration-wants-to-turn-the-international-space-station-into-a-commercially-run-venture (검색일: 2019.8.28).

Donovan, Matthew. 2019.6.21. "America Needs a Space Force- Here's Why." *Fox News*.

https://www.foxnews.com/opinion/acting-air-force-secretary-matthew-donovan-space-force (검색일: 2019.8.27).

Folger, Peter. 2014.10.27. "Landsat: Overview and Issues for Congress." *Congressional Research Service Report.*

He, Qisong. 2019. "Space Strategy of the Trump Administration." *China International Studies*, Vol.76, pp.166~180.

Henry, Caleb. 2018.10.1. "What the Satellite Industry Needs to Know About Where 5G Stands." *SpaceNews.* spacenews.com/what-the-satellite-industry-needs-to-know-about-where-5g-stands. (검색일: 2019.8.20).

Hunley, J. D. 2009. "Space Access: NASA's Role in Developing Core Launch-Vehicle Technologies." in Steven J. Dick(ed.). *NASA's First 50 Years: Historical Perspectives.* National Aeronautics and Space Administration. pp.79~108.

Kelley, Karen Dunn. 2019.6.26. "Remarks by Deputy Secretary of Commerce Karen Dunn Kelley at the Space Enterprise Summit." U.S. Department of Commerce.

Kennedy, John F. 1962.9.12. "Rice Stadium Moon Speech." https://er.jsc.nasa.gov/seh/ricetalk.htm. (검색일: 2019.8.16).

Krige, John. 2009. "NASA's International Relations in Space: An Historical Overview." in Steven J. Dick(ed.). *NASA's First 50 Years: Historical Perspectives.* National Aeronautics and Space Administration. pp.109~150.

Krug, Linda T. 2004. "Presidents and Space Policy." in Eligar Sadeh(ed.). *Space Politics and Policy: An Evolutionary Perspective.* New York: Kluwer Academic Publishers. pp.61~78.

Lambright, W. Henry. 2009. "Leading in Space: 50 Years of NASA Administrators." in Steven J. Dick(ed.). *NASA's First 50 Years: Historical Perspectives.* National Aeronautics and Space Administration. pp.49~78.

MacGregor, Robert R. 2009. "Imagining an Aerospace Agency in the Atomic Age." in Steven J. Dick(ed.). *NASA's First 50 Years: Historical Perspectives.* National Aeronautics and Space Administration. pp.31~48.

Martinez, Peter. 2018. "Development of an International Compendium of Guidelines for the Long-Term Sustainability of Outer Space Activities." *Space Policy*, Vol.43, pp.13~17.

Meyer, Paul. 2016. "Dark Forces Awaken: the Prospects for Cooperative Space Security." *The Nonproliferation Review*, Vol.23, pp.495~503.

National Aeronautics and Space Administration(NASA). 2019.4.9. "Sending American Astronauts to Moon in 2024: NASA Accepts Challenge." www.nasa.gov/feature/sending-american-astronauts-to-moon-in-2024-nasa-accepts-challenge (검색일: 2019.8.18).

Pelton, Joseph N. 2019. *Space 2.0: Revolutionary Advances in the Space Industry.* Chichester, UK: Springer Praxis Books.

Pence, Mike. 2019.3.1. "It's Time for Congress to Establish the Space Force." *The Washington Post.*

www.washingtonpost.com/opinions/mike-pence-its-time-for-congress-to-establish-the-space-fo
rce/2019/03/01/50820a58-3c4e-11e9-a06c-3ec8ed509d15_story. (검색일: 2019.8.18).

Quintana, Elizabeth. 2017. "The New Space Age." *The RUSI Journal*, Vol.162, No.3, pp.88~109.

Roberts, Thomas G. 2019. "History of the NASA Budget." *Aerospace Security: A Project of the
Center for Strategic and International Studies*. aerospace.csis.org/data/history-nasa-budget.
(검색일: 2019.8.17).

Ross, Wilbur L. and David J. Redl. 2018. "Driving Space Commerce Through Effective Spectrum
Policy." *Office of Science and Technology Policy*.

Seligman, Lara. 2019.5.14. "The New Space Race." *Foreign Policy*. foreignpolicy.com/2019/05/
14/the-new-space-race-china-russia-nasa. (검색일: 2019.8.17).

Sorge, Marlon. 2017. "Commercial Space Activity and Its Impact on U.S. Space Debris Regulatory
Structure." *Center for Space Policy and Strategy*, Crowded Space Series Paper 3.

Tronchetti, Fabio and Hao Liu. 2018. "The Trump Administration and Outer Space: Promoting US
Leadership or Heading Towards Isolation?" *Australian Journal of International Affairs*, Vol.72,
No.5, pp.418~432.

United Nations. 2002. *United Nations Treaties and Principles on Outer Space*. New York: United
Nations.

UN Committee on the Peaceful Uses of Outer Space(UN COPUOS). 2016.9.20. "Fiftieth
Anniversary of the United Nations Conference on the Exploration and Peaceful Uses of Outer
Space: the Committee on the Peaceful Uses of Outer Space and Global Governance of Outer
Space Activities." A/AC.105/11371137.

_____. 2018a. "Guidelines for the Long-Term Sustainability of Outer Space Activities."
A/AC.105/2018/CRP.20(27 June 2018).

_____. 2018b. "Draft Guidelines for the Long-Term Sustainability of Outer Space Activities."
A/AC.105/108/CRP.21(27 June 2018).

_____. 2019a. "Draft Stucture of a 'Space2030' Agenda and Implementation Plan(revised)."
A/AC.105/C.2/L.307(5 March 2019).

_____. 2019b. "Proposal by Canada, France, Japan and the United States of America for the
Establishment of a Working Group on Implementation of Agreed Guidelines and Related
Aspects of the Long-Term Sustainability of Outer Space Activities." A/AC.105/2019/CRP.7(12
June 2019).

UN Disarmament Commission. 2019.4.30. "Concerns of the United States of America Regarding
the Publication of Non-consensus Reports of the Group of Governmental Experts on Further
Practical Measures for the Prevention of an Arms Race in Outer Space: Working Paper
Submitted by the United States of America." A/CN.10/2019/WP.2.

UN General Assembly. 2008.2.1. "Resolution Adopted by the General Assembly, International
Cooperation in the Peaceful Uses of Outer Space." A/RES/62/217.

_____. 2013.7.29. "Report of the Group of Governmental Experts on Transparency and Confidence-Building Measures in Outer Space Activities." A/68/189.

_____. 2018.1.12. "Resolution Adopted by the General Assembly on 24 December 2017," A/RES/72/250.

United Nations Office for Outer Space Affairs(UNOOSA). 2010. "Space Debris Mitigation Guidelines of the Committee on the Peaceful Uses of Outer Space."

US Department of Commerce(US DoC) and Federal Aviation Administration(FAA). 2017. *Introduction to U.S. Export Controls for the Commercial Space Industry, 2nd Edition.* Washington D.C.: Office of Space Commerce & Office of Commercial Space Transportation.

US Department of Defense(US DoD). 2011. "National Security Space Strategy: Unclassified Summary."(January 2011).

_____. 2019. "United States Space Force."(February 2019).

_____. 2020. "Defense Space Strategy Summary."(June 2020).

US Department of State(US DoS). 2019. "U.S. Departments of State and Commerce to Co-Host Space Enterprise Summit." Media Note(April 9, 2019).

US Mission to International Organizations in Vienna. 2019a. "National Statement at the Committee on the Peaceful Uses of Outer Space 56th STSC."(11 February, 2019). p.40.

_____. 2019b. "U.S. National Statement to the 62nd Session of COPUOS."(June 13, 2019).

Weeden, Brian. 2015. "SSA Concepts Worldwide." in Kai-Uwe Schrogl et al(eds.). *Handbook of Space Security.* New York: Springer. pp.985~998.

_____. 2017.10.30. "US Space Policy, Organizational Incentives, and Orbital Debris Removal." *The Space Review.* http://www.thespacereview.com/article/3361/1 (검색일: 2019.8.28).

_____. 2019. "Time for a Compromise on Space Traffic Management." *The Space Review*(March 11, 2019). http://www.thespacereview.com/article/3673/1 (검색일: 2019.8.29.).

White House. 1996. "Fact Sheet: National Space Policy."(September 19, 1996).

_____. 2006. "U.S. National Space Policy."(Auguest 31, 2006).

_____. 2010. "National Space Policy of the United States of America."(June 28, 2010).

_____. 2017a. "Presidential Executive Order on Reviving the National Space Council."(June 30, 2017).

_____. 2017b. "Presidential Memorandum on Reinvigorating America's Human Space Exploration Program."(December 11, 2017).

_____. 2017c. *National Security Strategy of the United States of America*(December 2017).

_____. 2018a. "President Donald J. Trump is Unveiling an America First National Space Strategy."(March 23, 2018).

_____. 2018b. "Space Policy Directive-2, Streamlining Regulations on Commercial Use of Space."(May 24, 2018).

_____. 2018c. "Space Policy Directive-3, National Space Traffic Management Policy."(June 18,

2018).

_____. 2019. "Text of Space Policy Directive-4: Establishment of the United States Space Force."(February 19, 2019).

_____. 2020a. "Strengthening National Resilience Through Responsible Use of Positioning, Navigation, and Timing Services."(February 12, 2020).

_____. 2020b. "Amending Executive Order 13803 – Reviving the National Space Council."(February 13, 2020).

_____. 2020c. "Encouraging International Support for the Recovery and Use of Space Resources."(April 6, 2020).

_____. 2020d. "A New Era for Deep Space Exploration and Development."(July 23, 2020).

_____. 2020e. "Memorandum on Space Policy Directive-5: Cybersecurity Principles for Space Systems."(September 4, 2020).

H.R.2809. 2017. "American Space Commerce Free Enterprise Act." 115th Congress(2017~2018)

H.R.5040. 2018. "Export Control Reform Act of 2018." 115th Congress(2017~2018).

H.R.3610. 2019. "American Space Commerce Free Enterprise Act of 2019." 116th Congress(2019~2020).

3 중국의 우주전략과 주요 현안에 대한 입장

김지이 | 서울대학교

1. 서론

　미지의 공간이었던 우주는 과학기술의 급속한 발전으로 오늘날 세계에서 가장 도전적인 하이테크high-tech 분야 중 하나로 자리매김했다. 우주개발의 시작은 미국과 소련의 냉전이었지만 양국 간의 군사적 용도로 인해 빠르게 발전한 우주기술은 우주에 대한 인류의 인식을 바꿔놓았다. 그뿐만 아니라 우주의 상업적 용도가 증가함에 따라 인류 사회 진보에 중요한 동력을 제공했다. 물론 냉전의 종식과 함께 우주개발이 잠시 침체기를 맞기도 했다. 하지만 21세기에 들어서면서, 우주공간이 지니는 무궁무진한 가치로 인해 기존의 우주강국이었던 미국, 러시아는 물론 중국, 인도, 일본, 독일, 프랑스 등 80여 개 국가들이 우주개발에 참여하면서 경쟁의 열기가 다시 달아오르고 있다. 이들 국가들은 모두 우주 분야를 자국 발전의 중요 전략으로 삼으면서 활발한 우주활동을 펼치고 있다. 이러한 열띤 경쟁으로 인해 최근에는 국제적으로 우주공간이 육·해·공에 이어 '제4의 전장'으로 등장하는 것은 아닌가 하는 우려감이 표출되기

표 3-1 각국 우주 위성 수량(2020년 3월 31일 기준)

(단위: 개)

국가	미국	러시아	중국	기타	총합
위성 개수	1327	169	363	807	2666

자료: UCS Satellite Database(2020) 재편집.

표 3-2 중국의 우주개발 성장 속도

	1~100개	101~200개	201~300개
걸린 시간	37년	7.5년	4년
발사 횟수	2.7차례	13.3차례	23.5차례
성과	2018년(37차례), 2019년(34차례) 세계 최다 로켓 발사 국가 2020년 50차례 발사 예정		

자료: 国资委研究中心(2019) 재편집.

도 한다. 이처럼 우주개발이 국제정치의 화두로 자주 떠오르고 있다는 것은 우주가 미래 국제정치에 있어 결코 무시할 수 없는 요소라는 점을 일깨워준다.

그렇다면 현재 기존의 우주강국이었던 미국과 러시아를 제외한 신흥 강국은 어디일까? 뻔한 답이지만 바로 중국이다. 우주탐사 후발주자인 중국이 최근 들어서 항공우주 분야에서 가장 괄목할 만한 성과를 거둔 것은 사실이다. 표 3-1에서 보다시피 UCS 위성 데이터베이스의 통계에 의하면 2020년 3월 기준으로 현재 우주상에 작동하는 위성 개수는 총 2666개이다. 그중 중국의 위성이 363개로 기존 우주영역의 강자였던 러시아를 꺾고 미국 다음 2위로 올라선 것을 볼 수 있다. 심지어 2018년에는 중국이 37차례에 걸쳐 로켓을 인공위성궤도로 쏘아 올리면서 미국(31차례)을 넘어 세계 최대 로켓 발사국으로 거듭나기도 했다(Johnson-Freese, 2018).

중국의 우주개발 기술력과 경험치는 여전히 미국과 차이가 존재한다. 그러나 한편으로 중국이 우주개발을 시작한 시간과 그 성장 속도에 주목할 필요가 있다. 표 3-2에서 보다시피, 중국은 지난 반세기 동안 300차례 이상 로켓을 발사했고 첫 100차례 로켓 발사에 걸린 시간이 37년이었던 반면, 세 번째 100회를 달성하는 데는 4년밖에 걸리지 않았다. '압축성장'의 아이콘이라고 볼 수 있는 중국의 우주개발 성장 속도는 우리에게 현재 우주에서의 중국의 위치와 우주 대국을 넘어 우주강국을 향한 중국의 의지를 잘 보여주는 대목이라 할 수 있다.

중국 정부와 언론들은 우주개발 사업을 국가 전반 발전 전략의 중요한 구성 부분으로 삼고 있다. 시진핑習近平 주석은 2016년 새로운 중국『우주전략 백서』가 발간된 후 "세계 우주강국과 기술강국 건설을 위해 힘써야 한다"라고 강조했다(人民网, 2016.12.20). 이뿐만 아니라 중국 정부는 시종일관 평화적인 목적을 위한 외적 공간의 탐색과 이용에 대한 입장을 일관되게 견지하고 있는 상황이다. 중국 우주 관련 사업은 1956년 창설된 이래 2020년까지 64년의 빛나는 여정을 거쳤다.

1970년부터 시작된 '양탄일성兩彈一星', 2003년 미국과 러시아에 이어 세 번째 유인 우주선 발사국 진입, 2007년 달 탐사 위성 발사, 2011년 무인 우주선이 상공의 우주공간에서 도킹 성공, 2012년 유인 우주선 도킹 성공, 2019년 인류 최초 달 뒷면 착륙 등으로 대표되는 많은 성과를 이루었다. 특히, 2011년에는 중국의 우주 도킹 성공으로 인해 '중국발 스푸트니크 쇼크'라는 말이 나오기도 했다(이주량, 2012). 이를 통해 중국은 자국의 우주기술력이 미국, 러시아와 비슷한 수준에 올랐다는 것을 입증했으며 중국 정부는 이를 자력갱생, 자주혁신自立更生 自主创新의 길을 걸은 결과물로 내세우고 있다. 이뿐만 아니라 중국 정부는 우주 정신을 계승하고 혁신적 열정을 불러일으키기 위해 2016년부터 매년 4월 24일을 '중국 우주의 날'로 정했다. 이 같은 사례들은 모두 중국 정부가 우주공간에 대해 가진 지대한 관심을 엿볼 수 있는 동시에 우주를 국방력 강화의 중요한 일부분으로 인지하고 있음을 확인시켜 준다.

최근 들어 중국의 부상이 단순히 경제 부문에서만이 아니라 우주개발이라는 첨단기술 분야에까지 그 영역이 급격히 확대되고 있다. 이에 따라 미국, 일본을 비롯한 주변 국가들이 우려의 목소리를 내고 있다. 대표적으로 중국이 2019년 1월 초 무인 달 탐사선 '창서嫦娥 4호'를 쏘아 올려 인류 최초로 달 뒷면 착륙에 성공한 사례는 항공우주 기술력이 가장 앞선 것으로 평가받는 미국이나 그 경쟁국인 러시아도 못한 일을 먼저 해낸 것이었는데, 이에 자극받은 미국은 지난 3월에 우주인을 다시 달에 착륙시키는 계획을 당초 2028년에서 2024년으로 4년 단축하겠다고 발표하기도 했다(강기준, 2019.7.18).

그렇다면 왜 많은 국가들이 막대한 예산을 투입하면서 우주개발에 적극적으로 뛰어드는가? 이는 우주개발로 인해 상업적 활동을 할 수 있는 동시에 상당한 군사적 활용도 가능하기 때문이다. 우리가 살고 있는 현시점에서 미래전의 양상을 떠올린다면 그 공간은 더 이상 기존의 육·해·공에만 머무르지 않는다. 과학기술의 눈부신 발전으로 인해 인류는 디지털 문명으로 진입했고, 따라서 기존의 공간을 벗어나 가상 세계인 사이버공간과 미지의 영역으로만 간주되었던 우주공간 역시 고려할 필요가 있게 되었다. 결국, 우주개발 기술은 국가의 생존 기술이자 전략기술로서 국민 삶의 질을 향상하는 고부가가치 산업인 동시에 국가안보 등 국가경쟁력의 핵심이 되고 있다(이주량, 2012). 이와 같은 배경하에, 본 연구는 중국은 궁극적으로 '우주개발을 통해 무엇을 얻고자 하는가?'라는 의문을 제기하고자 한다.

이 글은 이와 같은 문제의식을 바탕으로 중국의 우주공간에 대한 인식 및 우주개발의 역사적 배경과 전략을 간략하게 살펴보고자 한다. 이를 위해 제1절 서론에 이어 제2절에서는 우선 중국의 현재의 우주전략과 제도 현황에 대해 살펴본다. 즉, 중국 국무원에서 5년 주기로 내놓는 중국 『우주전략 백서』와 군사전략이 담겨있는 『국방백서』를 토대로 중국의 우주에 대한 구체적 추진 전략 및 제도를 알아보고 관련 변화 양상을 고찰한다. 또한 3장에서는 중국이 가진 우주공간 또는 우주 분야에 대한 인식을 '구성적 제도주의' 분석틀로 살펴본다. 나아가 각각의 분야에서 중국의 우주공간에 대한 인식 양상이 어떻게 나타나는지 살펴볼 것이다. 마지막 장에서는 이러한 중국의 우주전략 및 입장을 종합하고 앞으로 중국의 우주 분야에서의 성장이 한국에게 주는 시사점을 제시하고자 한다.

2. 중국의 우주전략 및 제도 현황

현재 중국이 어떤 의도로 우주개발을 진행하고 있으며 또한 무엇을 목적으로 이러한 프로그램을 실시하는지는 정확하게 알 수 없다. 이유는 중국 정부가 우주개발에 관해 공표하는 자료가 매우 한정되어 있으며, 설령 공개가 되었더라도 표면적인 정보에 그치기 때문이다. 따라서 중국 정부가 우주공간에 대해 진행하는 일련의 개발사업들과 그것을 결정한 의도와 목적이 무엇인지 제대로 살펴보는 데 어려움이 있다. 이와 같은 상황으로 인해 중국의 우주개발을 둘러싼 다양한 억측이 생기고, 왜곡된 추측이나 오해도 생긴다. 그리고 대부분의 경우 그러한 왜곡이나 오해는 중국의 정보에 기초한 것이 아니라, 미국을 비롯한 외부 연구자와 우주개발 관계자들의 논의에서 유래하며, 논쟁 중에 오해가 더욱 증폭되는 악순환마저 보이고 있다(조성렬, 2016).

그래서 이 글은 최대한 중국 정부가 공식적으로 내놓은 문건들, 대표적으로 5년에 한 번씩 중국 국무원에서 발간하는 중국 『우주전략 백서』와 지금까지 공표해 온 『국방백서』들을 중심으로 살펴보려고 한다. 그 밖에도 유엔과 같은 국제기구에서 발표한 회의록 및 각종 연구소에서 발간한 보고서 등도 참고했다.

1) 중국의 우주 기관

우선 중국에서 우주 분야를 담당하고 있는 기관인 국가항천국国家航天局: China National Space Administration: CNSA에 대해 살펴보겠다. 중국 국가항천국은 1993년 4월 22일, 중국 인민정부가 비준한 비非군사기구다. 국가항천국은 항

그림 3-1 중국 국가항천국(CNSA) 조직도

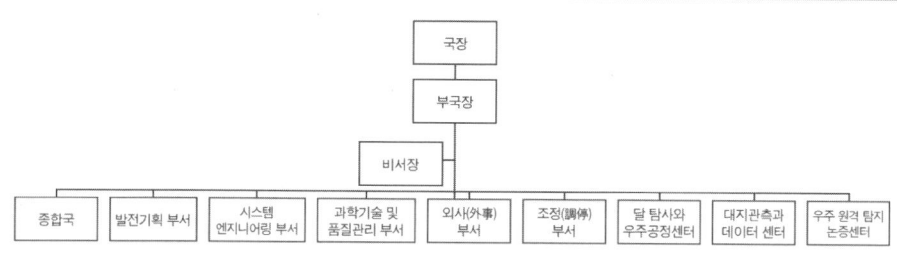

자료: 中华人民共和国国家航天局(2020) 재편집.

그림 3-2 중국 국가항천국 국제협력조정위원회 조직도

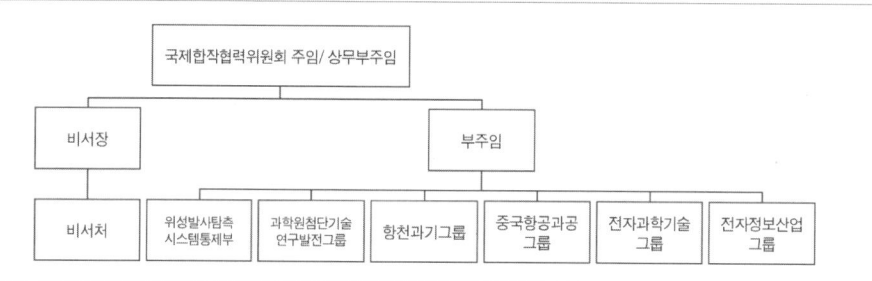

자료: 中华人民共和国国家航天局(2020) 재편집.

천공업부航天工业部 예하에 창설되었고, 현재 중국공업정보화부工业和信息化部에 소속되어 있다. 해당 기관은 중국 정부를 대표하여 우주 분야에서 대외 교류와 협력 활동 조직을 담당하고 있다. 국가항천국의 조직 구조는 **그림 3-1**과 같다.

그림에서 보다시피 중국 국가항천국 조직 구조는 국장, 부국장, 비서장을 제외한 6개 부서와 3개 센터로 이뤄져 있다. 이 외에도 우주개발와 관련한 연구센터들과 국유기업들이 귀속되어 있는 상황이다. 또한 국가항천국은 우주영역에서의 국제적 합작 및 교류를 심화하고, 국제의무를 이행하기 위해 부서에 얽매이지 않도록 국제협력조정위원회를 따로 신설했다.

따라서 해당 부서는 정부뿐만 아니라 기업도 우주 관련 활동에 참여할 수 있

게 도와주며 실제로 다양한 우주산업 관련 기업들이 국제협력조정위원회에 소속되어 있다. 그림 3-2를 살펴보면, 중국항천과기그룹, 중국항공과공그룹 등을 비롯해 다양한 국유기업이 국제협력조정위원회에 소속되어 있는 것을 알 수 있다. 더욱 흥미로운 것은 이 기업들을 올해 미국 국방부에서는 인민해방군이 소유하고 있는 기업으로 분류하여 의회에 제출했다(정인환, 2020.6.25).

2) 중국 우주백서

현재 중국은 자국의 우주전략을 주로 백서를 통해서 보여주고 있다. 중국의 우주백서는 5년에 한 번씩 국무원 판공실을 통해 발표하는데 주로 우주개발에 관한 취지·목적·원칙 그리고 지난 5년간의 각 분야 성과와 앞으로 5년간의 계획 및 국제교류 협력 현황을 다루고 있다. 가장 최근에 발표한 우주백서는 2016년 중국의 『우주백서2016年中国的航天 白皮书』이다. 따라서 이제부터 이 백서의 내용을 바탕으로 중국의 우주전략에 대해 간단히 살펴보겠다. 우선 우주개발 취지에 대해서는 "외기권 공간에 대한 탐사는 지구와 우주의 인식을 확장, 외기권 공간에 대한 평화적 이용은 인류문명의 사회진보를 촉진, 전 인류에 복을 가져다준다. 구체적으로는 경제건설, 과학기술 발전, 국가안전과 사회진보 등 방면에서의 요구를 만족시키고 전 인민의 과학문화소양을 제고, 국가권익 수호 및 종합 국력 증강에 도움을 준다"라고 명시되어 있다(中华人民共和国国务院新闻办公室, 2015a). 요컨대 중국은 전면적으로 우주강국 건설을 추진함으로써 자체적인 혁신 개발 능력, 과학탐구 능력, 경제사회 발전 복무 능력 등을 구비하여 '중국몽中国梦'을 실현하기 위한 강력한 지지기반을 제공하겠다는 동기를 가지고 있다.

또한 중국 우주 사업은 혁신발전·조화발전·평화발전·개방발전의 4개 발전 원칙에 기초하여 진행된다(中华人民共和国国务院新闻办公室, 2015a). 혁신발전은 자주 혁신을 우주 사업의 전반 핵심 이익으로 상정하고 과학 탐사와 기술혁신 강화, 체제 메커니즘 개혁을 심화, 혁신창조 정신을 불러일으켜 우주사업 발전을 전반적으로 추동하겠다는 것이다. 조화발전은 각종 자원을 합리적으로 배치하여 사회 역량이 체계적으로 우주산업 발전에 참여할 수 있게 인도함으로써 공간 과학, 기술 및 응용의 전면 발전을 촉진하겠다는 뜻을 내포하고 있다. 평화발전은 중국이 외기권 공간을 평화적으로 이용하겠다는 생각을 시종일관 견지함을 보여주고 동시에 우주공간에서의 군사화, 우주 군비경쟁 등은 반대함을 내비친다. 마지막으로 개방발전은 독립 자주와 개방 합작을 상호 결합하여 평등호리平等互利, 평화이용和平利用을 견지하며 발전의 기초 위에서 국제교류와 합작에 적극적으로 동참하겠다는 내용을 담고 있다.

이제 중국의 지난 5년간(2011~2015) 우주영역에서의 성과와 향후 5년(2016~2020)의 계획에 대해서 검토해 보겠다. 중국은 지난 2011년 우주백서 발표 후부터 2015년 말까지, 5년간 우주 운송 시스템, 인공위성, 유인 우주, 달 탐사, 우주 발사장, 베이더우北斗 위성 시스템, 고해상도 지구관측 시스템 등 중대한 공정 건설을 순조롭게 추진했다고 보고 있으며, 공간 과학·기술·응용 등 부문에 있어 많은 성과가 있었던 기간이라고 평가했다. 앞으로 5년(2016~2020)에 대해서는 우주 관련 10가지 부문에 대한 지속적인 발전 계획 및 목표를 제시하면서, 우주강국 건설에 더욱 박차를 가할 것임을 공표했다. 그중에서도 위성 내비게이션 시스템 분야에서 지속적으로 베이더우 2호 시스템의 서비스 성능을 제고하여 '일대일로' 프로젝트에 참여하는 국가들과 주변국에 기본 서비스를 제공하고, 2020년경에는 35개 위성 발사 조망을 완성하여 전 세계 이용자들에게 서비스를 제공하겠다는 포부를 밝히기도 했다. 이뿐만 아니라 달 뒷면 착륙을 세계 최초로 이루겠다는 목표와 2020년 세계 최초의 화성 표본 추출 귀환, 소행성 탐측, 목성계木星系 및 행성 횡단 탐사를 위한 방안 심화 논증을 진행할 것이라 발표했다(中华人民共和国国务院新闻办公室, 2015a).

그렇다면 현시점을 기준으로 중국 정부가 제시한 관련 목표들의 실현 현황을 살펴보면 어떠할까? 현재의 상황에서 바라본다면 중국의 우주개발은 나름

순항 중이라 평가할 수 있다. 실제로 중국은 2018년 말까지 베이더우 위성의 기본 배치를 마치고 자국은 물론 일대일로 프로젝트에 참여하는 국가들을 상대로 내비게이션 서비스를 제공하고 있다. 더불어 2019년 1월에는 인류 최초로 달 탐사선 '창서 4호'를 달 뒷면에 착륙시키면서 '우주강국으로 가는 거대한 이정표'를 세우기도 했다. 무엇보다도 2020년 7월 23일, 중국은 하이난海南 원창 위성 발사 센터에서 '톈원天問 1호'를 창정 5호 로켓에 실어 발사했다. 이는 중국의 첫 독자 화성 탐사선이다. 이날 발사된 톈원 1호는 세 가지 임무를 수행하는 난이도 높은 시도로서 2021년 4월 화성 착륙 시도가 성공할 시 세계 첫 '트리플 화성탐사선'이 될 예정이다. 이 외에도 중국은 2020년대 말에는 달 연구 기지 설립, 2022년 유인 우주정거장 운영, 2024년 유인 달 탐사 등의 장기적인 목표를 가지고 있다.

3) 중국 민간 우주기업 및 민관협력

다음으로 중국의 상업 우주와 관련한 전략들에 대해 살펴보겠다. 우선, 중국 정부는 국내 민간기업이 우주 연구개발에 참여하는 것을 적극 권장하고 있다. 2014년 10월, 국무원 상무회의 결정을 통해 민간 자본의 참여와 위성 내비게이션 지면 응용 시스템 등 민간기업의 우주공간에 대한 설비 건설, 연구개발, 발사와 상업위성 운영 등의 사항을 허락했다(≪南方日报≫, 2018.3.6). 더불어 2016년에 발표한 우주백서에서 민간 자본과 사회역량이 체계적으로 우주연구·개발 및 생산에 참여하는 것을 격려하며 이는 우주의 상업적 가치를 대대적으로 제고한다고 강조했다. 따라서 중국 정부가 현재 상업 우주의 진척 과정에서 민간기업들의 투자와 연구개발을 높이 평가하고 있음을 알 수 있다.

미래항공우주연구원未来宇航研究院의 데이터에 따르면, 2018년 말까지 중국 국내에는 이미 상업 우주비행 분야에 141개 기업이 등록되어 있고 그중에서 123개가 민영기업으로서, 전체 상업 우주 분야의 87.2%를 차지한다고 한다.

더불어 2018년 중국 상업 우주선은 총 13차례 발사돼 36개 위성을 우주로 쏘아 올리는 데 성공했고, 연간 투자금 총액이 35억 7100만 위안에 이르는 것으로 나타났다(≪每日经济新闻≫, 2018.6.11). 2019년 7월 25일에는 민간 상업 우주기업 아이스페이스i-Space가 개발한 운반 로켓 SQX-1 Y1이 주취안 위성발사센터에서 발사되었다(≪新浪财经≫, 2019.7.26). 이는 중국 민간 상업 운반 로켓이 최초로 위성 2기를 싣고 발사된 것으로서 중국 민간 우주기업들의 탄탄한 기술력을 과시한 것이다. 이와 함께 중국의 민간 우주기업들이 발사하는 우주 로켓들은 로켓의 발사 형태와 재활용 여부를 다양하게 선택할 수 있어 시장의 발사 용도에 맞추기가 용이하며 동시에 내수 시장이 탄탄하여 그 경쟁력을 높게 평가받고 있다(이영완, 2018.6.28).

또한 중국은 2020년 들어 우주 분야에서의 민관협력을 더욱 촉진하고 있다. 대표적으로 올해 4월 중국 정부는 '신기건新基建' 어젠다에 위성 인터넷을 포함시켰다(中国长城工业集团, 2020). 신기건 어젠다가 발표되자 중국 대표 민영 자동차 기업인 길리가 저궤도 위성통신 사업 진출을 선언했고 중국의 최대의 모바일 기업인 차이나모바일이 5세대 인터넷과 위성통신 결합을 연구하는 실험실을 출범시켰다. 이 밖에도 중국의 국유기업인 CASC, 갤럭시스페이스 등도 차례대로 위성 인터넷 구축 계획을 발표하면서 민관협력이 빠르게 추진되는 모습을 보이고 있다.

4) 중국 우주 제도 및 전략지원부대

우주개발에 있어 민간기업들까지 적극적으로 동원하는 열정을 보이고 있는 중국이지만, 그 이면에는 관련 정책 및 제도가 성숙하지 않은 문제를 안고 있다. 중국 정부도 아직 중국의 우주 관련 국내법 및 제도 발전이 상당히 부진하다는 것을 우주백서에서 언급하고 있다. 대표적으로 중국은 현재 우주강국의 반열에 올랐지만 우주법이 정식으로 발행되지 않은 상황이다. 하여 이러한 제도적 공백을 메우고자 2019년 4월 상업 우주 포럼에서 중국 국가항천국 우옌화吳艷华 부국장은 빠른 시일 내에 '상업 발사체의 규범적이고 질서 있는 발전에 관한 통지' 등 일련의 국가 최상층의 우주 발전 제도를 발표하여 상업 우주 발사체의 연구 생산, 시험, 발사 등을 규범화할 것이라고 언급했다. 나아가 중국 우주법이 현재 중앙 입법 계획에 통과, 전국인민대표대회 입법 계획에 포함되었기에 3년에서 5년 사이 실행을 목표에 두고 있다고 덧붙였다(≪光明日报≫, 2019.4.25). 이와 같이 우주에 대한 중국의 관심이 제도로 이어지는 것을 알 수 있는데, 최근엔 중국에서 국가 우주법을 2020년 내로 통과시키는 계획을 가지고 있음을 내비치기도 했다.

끝으로, 외기권 공간에 대한 평화적 이용을 지속적으로 강조해 온 중국 정부였기에 우주공간에서의 군사화·무기화 이슈에 대해서 상당히 조심스럽게 접근하고 있다. 대표적으로 2019년 2월 11일, 미美 국방정보국은 중국의 우주에 대한 막대한 투자는 중국과 러시아가 우주를 현대 전쟁의 중요 부분으로 간주하고 미국과 동맹국의 군사적 효력을 약화시키는 수단으로 사용하고 있다고 보고했다(≪国际在线≫, 2019.2.12). 이에 대해 다음 날인 12일, 화춘잉华春莹 중국 외교부 대변인은 외교부 정례 브리핑에서 "미국은 우주를 '작전 영역'으로 규정하고 '우주군'을 창설, 우주공간에서의 군사훈련 등을 진행하면서 타 국가를 '외기권 안전 위협'으로 묘사하고 아무런 근거 없이 다른 나라의 우주 정책을 평론한다"라고 말했다. 동시에 "미국의 이와 같은 행동은 자신의 우주 공간에서의 군사화와 무기화를 정당화하려는 트집이다"라고 답변했다(≪国际在线≫, 2019.2.12).

그렇다면 중국은 정말 우주전太空战을 전담하는 조직이 없을까? 현재까지 중국은 우주공간이 군사전략적으로 중요하다는 점은 강조하면서도 정작 우주군太空军이나 우주전에 대한 별도의 언급은 없다. 따라서 명확한 우주 군사전략 역시 내놓은 적이 없다. 하지만 주목할 만한 부분은 2019년 7월에 발표한 『새 시대 중국국방백서2019年 新时代的中国国防白皮书』와 2015년 5월 중국 국방부가 발표한 『2015년 중국군사전략2015年 中国的军事战略』 백서이다. 우선 2015년 백서에서는 중국군의 기본 군사전략을 '적극 방어 전략'이라고 규정하면서, 전쟁 형태의 변화와 국가안보 정세를 고려할 때 '정보화 국부전쟁 승리打赢信息化局部战争'가 되어야 한다고 정리하고 있다(中华人民共和国国务院新闻办公室, 2015b). 중국군은 걸프전을 비롯한 다른 나라의 전쟁들로부터 얻은 교훈으로 현대전에서 승리하는 열쇠는 '정보 지배권'의 확립에 있다고 생각하고 있으며, 이를 뒷받침하기 위해 '우주 지배권制天权'이 불가결한 구성요소라고 생각하고 있다(Cheng, 2015). 더불어 2015년 12월 31일에는, 중국 인민해방군 육군영도기관中国人民解放军陆军领导机构에서, 중국 인민해방군 화전군火箭军과 중국 인민해방군 '전략지원부대战略支援部队' 창설대회가 열렸다(≪中国军网≫, 2018.12.18). 이 대회에서 화전군은 기존의 제2포병의 명칭을 변경한 부대였지만 전략지원부대는 새롭게 창설되었기에 담당하게 될 임무가 많은 주목을 끌었다.

그리고 중국 국무원에서 2019년 발표한 『새 시대 중국국방 백서2019年"新时代的中国国防"白皮书』에서는 전략지원부대가 국가안보를 지키는 새로운 작전 역량으로서 새로운 작전 능력의 중요한 성장점이라고 소개되었다. 전략지원부대는 주로 전장 환경 보장, 정보통신 보장, 정보 보안 보호, 신기술 시험 등의 보장 역량을 포함하며 체계 융합, 군과 민간 융합의 전략적 요구에 따라 강력한 전략지원부대를 건설하기에 심혈을 기울이고 있다고 명시되어 있다(中华人民共和国国务院新闻办公室, 2019). 또한 갓 창설된 전략지원부대의 책임자로 군사과학원 출신이 임명된 것을 볼 때 사이버전의 연구개발과 우주전의 전략 수립 임무를 담당하게 될 것으로 보이며 이는 향후 독립적인 군종으로 격상하기 위한 준비 임무를 띠고 있을 가능성도 배제할 수 없다(조성렬, 2016). 따라서 전략지원부대는 앞으로 새로운 안보 형태에 맞춰 사이버전 또는 우주전 전략 수립의 임무를 담당하게 될 가능성이 높다고 볼 수 있다.

3. 중국의 우주공간에 대한 인식

앞서 언급했듯이 우주개발은 고도의 기술력을 필요로 하는 분야이다. 따라서 기술이 핵심 변수로 자리매김할 수밖에 없다. 그렇다면 이처럼 중요한 변수인 기술을 기존 국제정치이론의 전통적인 시각에서 바라볼 수 있을까? 다시 말해, 현실주의가 주장하는 이익, 자유주의가 중시하는 제도, 구성주의가 강조하는 관념 중 하나에 기술 변수를 대입해 바라볼 수 있을까?

결론적으로, 본 연구는 과학기술의 급속한 발전으로 인해 세상을 이루는 노드들의 관계가 짧아지고 촘촘하게 변함으로써 단순히 어느 하나의 부분만을 고려하는 것은 타당치 않다고 본다. 즉, 기술의 발전으로 인해 날로 중요해지는 우주공간에 대해 이익·제도·관념의 세 차원을 모두 복합적으로 엮어서 볼 필요가 있다고 생각한다. 기존 국제정치 이론가 로버트 콕스Robert Cox는 권력의 세 가지 범주인 물질적 능력material capabilities, 관념ideas, 제도institutions 등이 상호 작동하는 속에서 형성되는 역사적 구조를 파악하고 있다(Cox, 1981). 다시 말해, 콕스는 물질적 능력과 관념 및 제도의 상호작용 속에서 세계정치의 객관적·주관적·제도적 측면이 집합되면서 세계정치의 패턴 구조와 이에 대한 대항 구조가 상호작용하는 동학을 탐구하고 있다.

따라서 이 글 역시 중국의 우주공간에 대한 인식을 구성적 제도주의라고 칭할 수 있는 '이익·제도·관념'의 분석틀로 바라보겠다. 우주공간에서의 기술이라는 핵심 변수를 단순히 하나의 시각으로 보기보다는 이익·제도·관념의 세 부분에 적절히 배분하여 보는 것이 변화무쌍한 국제정세의 흐름을 따라가는 데 보다 유리할 것으로 생각한다. 앞에서 반복적으로 언급했듯이 중국 역시 우주기술 개발을 단순히 상업적으로 이용하여 얻게 될 경제적 효과 또는 안보 수호라는 시각으로만 접근하지 않는다. 경제적 이익과 군사능력 증강은 국가의 전반적인 종합 국력을 증강시키는 하나의 좋은 방법이다. 하지만 관련 기술력과 그에 해당하는 이익만으로 우주공간에서의 주도적 지위를 얻진 못한다. 오늘날 국제정치는 독립적으로 진행할 수 있는 부분이 아니기 때문이다. 이미 세계는 수많은 노드가 서로 엮여 있는 복잡한 네트워크를 구축하고 있고 관련 분야에서의 규범 수립과 질서 수호도 중요한 부분으로 자리매김했다. 따라서 현재 우주영역의 선도자가 되려면 비단 독보적인 기술력뿐만 아니라 국제규범을 창설할 수 있는 권위도 필요하다. 나아가 국가의 관련 산업이 성공하려면 자국민의 해당 이슈에 대한 지지도 무시할 수 없는 부분이다. 정부가 수많은 자금상의 지원과 정책을 펼쳐도 국민들의 관련 이슈에 대한 관심 없이는 빠른 발전이 어렵다. 따라서 이 모든 것은 결국 이익·제도·관념을 동시다발적으로 고려해야 함을 방증하는 부분이라고 본다.

우주공간에 대한 연구개발이 지속될수록 그리고 우주의 지위가 중요해질수록 우주 관련 이슈에 대한 국가별 이해관계가 조금씩 갈리며 때론 갈등이 불가피해지기도 한다. 이 절에서는 우주 분야 국제협력의 주요 현안을 기술 경제 분야, 환경 규범 분야, 군사안보 분야의 3개 부문으로 나눠 살펴보고, 각 현안에 대한 중국의 입장을 다뤄보면서 중국의 우주공간에 대한 인식을 보다 구체적으로 살펴보겠다.

1) 이익적 측면: 기술 경제 분야

우선, 이익의 측면에서 살펴보면 우주개발 기술의 제고는 중국의 국민경제를 추동하는 하나의 중요 부분이다. 2018년 베이징에서 개최된 제6회 항공우주국제화발전 컨퍼런스에서는 현재 전 세계 우주 매출 2500억 달러에서 통신, 내비게이션, 지구관측의 비중이 각각 60%, 38%, 2%를 차지한다고 추산했다 (≪中国新闻网≫, 2018.12.5). 관련 이익들은 모두 위성을 통해 창출되며 결국 국가가 쏘아 올린 위성의 개수, 그리고 해당 위성의 관측 정밀치의 정확도 기술에 따라 이익이 배분된다고 볼 수 있다. 다시 말해, 관련 국가의 상업위성 분야 기술력이 결국 우주산업에서의 승패를 가른다는 것을 의미한다. 실제로 중국 정부도 이를 염두에 두고 2018년에 로켓 발사를 미국의 31차례를 넘어 37차례 시행했고, 2019년 역시 30여 차례 발사하겠다는 계획을 내놓았다. 물론 이는 그전에 발표했던 『2016년 우주백서』에서 반복적으로 언급한 부분이었고, 또한 상업위성에 대한 혁신과 품질 제고를 통해 이익을 창출하겠다는 중국 정부의 의욕이 드러난 대목이기도 하다.

대외적으로 중국은 주로 베이더우 위성시스템의 상업적 이용에 집중하면서 관련 이익을 수호하고 있다. 중국은 베이더우 시스템을 더욱 체계적으로 구성하여 시진핑 정부가 밀고 있는 '일대일로' 프로젝트를 추동하고, 나아가 위성항법 영역에서의 독보적인 지위를 확보하고자 한다. 실제로 중국은 러시아와 '평화 연구 및 우주 분야 이용에 관한 기술 보호와 협력 협정'에 서명했으며 이를 통한 양국의 우주 분야 상호 협력이 세계 위성시장에서 경쟁력을 강화할 것으로 내다봤다. 더불어 러시아 연방우주국 전략기획관리부 장관은 동방경제포럼에 참석해 양국의 베이더우와 글로나스 두 시스템의 협력이 원만하게 이뤄질 경우, 미국의 위성항법 영역에서의 '패자' 지위를 깰 수 있으리라는 기대를 내비치기도 했다(≪人民日報≫, 2018.4.17). 2016년 1월 19~23일 사이에는 시진핑 국가주석이 사우디아라비아, 이집트, 이란 등 세 나라를 공식 방문하면서, 중국 우주 외교를 통한 '일대일로' 전략 실행과 관련한 강력한 지원을 제공했다.

구체적으로 살펴본다면 1월 19일, 사우디아라비아와 '중국·사우디아라비아 위성항법 분야 협력 양해각서'를 체결했으며 해당 양해각서의 체결은 베이더우 시스템이 사우디아라비아 국가에서의 활용을 추진하는데 견고한 기반을 했다. 또한 1월 20일, 이집트 카이로 아랍국가연맹 총부에서 중국 위성항법시스템 관리사무실은 아랍 정보통신기술기구AICTO와 '중국·아랍 위성항법 분야 협력 양해각서'를 체결했다. 해당 양해각서는 베이더우가 아랍국가연맹 비서처를 연결고리로 삼아, 아랍국가연맹과 위성항법 분야에 관한 정식 협력 메커니즘을 구축하였으며 이는 베이더우 시스템이 아랍국가에서의 활용을 추진하는데 든든한 기반을 제공함을 의미했다. 나아가 나이지리아 통신위성 완성, 베네수엘라 원격감지위성 1호, 볼리비아 통신위성, 라오스 1호 통신위성 등 위성 수출도 성공적으로 진행하고 있다. 또한 터키 2호 지구관측위성에 상업 발사 서비스를 제공했고, 아르헨티나, 폴란드, 룩셈부르크 등의 국가에게 소형 위성 탑재와 같은 공간정보에 관한 상업 서비스를 제공하고 있다(中华人民共和国国务院新闻办公室, 2015a).

또한 중국은 우주 굴기를 넘어 우주강국 목표를 실현하기 위해 우주의 상업적 이용 외에도 첨단 우주기술이 집약되는 달 탐사, 화성 탐사 등 심우주深宇宙 탐사 계획 추진에도 적극적이다. 중국의 우주개발 사업은 강력한 정책적 지원과 거대 자본투자를 아끼지 않는 중국 정부를 중심으로 한 산·학·연의 긴밀한 협업을 통해 성장해 왔다. 덕분에 현재까지 발사된 중국의 우주 발사체와 인공위성 중 90% 이상은 중국의 항공우주 개발 기구인 중국국가항천국CNSA의 주도하에 중국의 기업과 대학이 자체 기술로 만들었다. 양자협력에 있어서 중국은 2017년 11월, 중러 총리 제22차 정기회동 기간에 "중국 국가항천국과 러시아연방 우주그룹 2018~2022년 우주협력 대강大纲"에 서명했다(≪人民日报≫, 2018.4.17). 양국은 발사체, 엔진 및 달 탐사 영역을 포함하여 3개 부문에서 협력을 공고히 해야 함을 강조했다. 또한 2018년 4월, 양국은 국제공간탐사포럼 제2차 회의기간에 '달과 심공深空 탐사에 관한 중국 국가항천국과 러시아 국가우주그룹의 협력 의향서'를 공동으로 채택하면서 협력을 통해 달 탐사에 대한 양국의 프로젝트 추진과 우주영역에서의 진일보한 합작을 약속했다(≪人民日报≫, 2018.4.17). 유럽과의 협력으로는, '2015~2020년 중유럽 우주협력 대강'을 통해 심우주 탐사, 공간 과학, 지구관측, 탐사 서비스, 우주파편물 등 영역에서 합작을 진행할 것을 명확히 하며, '태양풍 및 자기층 상호작용 전경식 위성'을 가동, '드래곤 프로젝트 3기' 기술협력을 원활하게 완수할 것임을 밝혔다(中华人民共和国国务院新闻办公室, 2015a).

개발도상국과의 협력은 브라질과 가장 활발하게 진행하고 있는 것으로 보인다. 1988년 7월, 중국과 브라질은 '지구자원위성 개발 승인에 관한 의정서'

에 서명함으로써 중국과 브라질 우주협력의 서막을 열었다. 근 30년 동안 양국은 6개의 중국-브라질 지구자원위성을 공동 연구하여 양국의 우주 과학기술 발전을 촉진하고 우주 관리 수준을 향상시켰다. 2018년 11월 양국은 우주협력 30주년을 맞아 베이징에서 우주협력 30년 간담회를 개최했으며 '지구자원위성 협력프로젝트'는 양국 지도자들이 뽑은 첨단 기술 분야의 '남남 협력'의 모범이라고 칭했다(≪国家航天局≫, 2018.11.22). 중국과 브라질은 지구자원위성 데이터의 연속성을 유지하면서 '공간 날씨 실험실' 건설을 적극 추진하고 있다. 이 외에도 중국은 프랑스, 이탈리아, 영국, 독일 등 유럽 국가들과 지속적인 우주협력 방안을 모색하고 있으며 또한 개발도상국인 인도, 인도네시아, 아르헨티나, 카자흐스탄 등 국가들과 우주협력 협정을 체결하고 양자 간 우주협력 체제를 구축해 공간 기술, 공간 활용, 공간 과학, 교육훈련 등의 분야에서 교류협력을 강화하고 있는 것으로 보인다.

이 외에도 중국은 유엔을 비롯한 국제기구와 기술개발 분야에서 지속적으로 협력하는 동시에 자국의 일대일로 전략에 따라 주변국들과 교류 및 다자 합작을 강화하기도 했다. 2018년에는 유엔의 재해 관리와 비상 대응 정보 플랫폼을 베이징사무소에서 지원하기로 했으며, '공간 과학과 기술교육 아태지역센터'를 베이징에 설치해 국제 공간 분야 인재 양성을 추진하는 프로젝트도 진행했다. 2020년에는 '우주의 날'을 맞아 유엔과 함께 과학기술의 진보 추진, 위성 자원을 공유하는 서비스, 상업 우주 발전을 지원, 위성 보급, 우주 기술 이전을 촉진해 '우주+' 산업을 만들겠다는 우주 경제발전 등 10대 행동계획도 제시했다. 또한 이 기간 동안 '중국국가우주국과 유엔 간 지구관측 데이터와 기술지지 양해각서中国国家航天局与联合国对地观测数据和技术支持谅解备忘录'를 체결했다(≪人民日报海外版≫, 2018.6.2). 이뿐만 아니라 아시아-태평양지역의 공간 조직 협력 부분에 있어서, 중국은 '아시아·태평양 공간협력기구'와 함께 여러 차례 소형 위성 프로젝트를 진행했고 "일대일로가 아·태 지역 공간 능력 구축에 일조한다"는 주제로 아시아·태평양 공간협력기구 발전 전략 포럼에서 '베이징 선언문'을 발표하기도 했다.

이제까지 살펴본 기술 경제 측면에서의 양자 또는 다자 협력 외에도 중국 정부는 앞으로 국제적으로 협력이 필요한 영역을 언급하고 있다. 대표적으로 일대일로 공간 정보 회랑 건설, 지구관측, 통신 방송, 내비게이션을 포함한 위성 연구개발, 지면과 응용시스템 건설, 응용 제품 개발 등이다. 또한 브릭스BRICS 국가들과의 협력 증진에 상당한 비중을 두면서 원격 위성 건설에 대한 필요성을 제기하고, '아시아·태평양 공간협력기구'와 함께하는 더욱 많은 소형 위성 건설을 목표로 언급하기도 했다. 더불어 중국 정부가 목표로 두고 있는 달 탐사, 화성 탐사 등 심우주 탐측 공정과 기술합작에 도움을 줄 수 있는 협력 파트너 모색과 유인 우주공간 실험실, 우주정거장 건설 및 응용에 대한 구체적인 협력 목표도 공표했다. 이와 같이 중국이 대내외적으로 우주공간에서의 기술 경제 분야에 대해 다양한 협력과 연구를 진행하는 것은 우주공간이 중국의 지속 성장에 가져올 이익이 적지 않기 때문이다.

2) 제도적 측면: 환경규범 분야

다음으로 살펴볼 것은 제도 측면에서 가장 큰 화두가 되고 있는 환경규범 분야이다. 우주공간의 중요성에 있어서 우주공간이 상업적 목적으로 이용되는 외에 군사적 용도의 공간으로 인식되면서 많은 국가들이 우주개발 경쟁에 뛰어들고 있다. 이러한 경쟁이 과열되면서 우주파편물 수거를 비롯한 우주 환경 문제, 우주공간을 둘러싼 평화적 이용에 관한 국제규범 적용 문제가 지속적으로 제기되고 있다. 특히 우주공간에서의 군비경쟁을 막기 위한 국제규범 창설 문제가 가장 도드라지고 있는 가운데 미국과 중국·러시아의 의견이 첨예하게 대립하고 있다.

우선 중국은 러시아와 공동으로 2002년, 2008년 그리고 2014년에 잇달아 '외기권 내 무기 배치 및 외기권 목표물에 대한 위협 및 무력 사용 금지 조약

PPWT'의 초안을 유엔 군축회의에 제출했다(DeFrieze, 2014). 관련 초안에는 위성 공격 무기의 사용을 제한하는 중요한 조항을 담고 있었으나, 미국은 이 조약이 중국과 러시아에게 유리하게 작성되었다고 보고 초안에 반대 표결하였다(Su, 2010). 2015년 12월 7일 유엔총회는 중국과 러시아의 PPWT 개정안 내용을 담은 선先무기 배치 금지의 제2초안을 총회 결의안으로 채택했다. 제2초안은 외기권에 먼저 무기를 배치하지 않음으로써 우주 군비경쟁을 막고, "외기권에 무기가 배치되지 않았다는 것을 보증할 수 있도록 다른 수단들이 기여할 수 있다"는 점을 강조했다. 129개국이 투표에 참가하여 조지아, 이스라엘, 우크라이나, 미국 4개국이 반대했고, EU 회원국들을 포함해 46개국이 결의안에 기권했다(조성렬, 2016). 이로부터 알 수 있듯 현재 중국 정부는 외기권의 평화적 이용에 보다 초점을 맞춤으로써 러시아와 함께 우주공간에서의 세를 모으고 있지만 시종일관 반대 입장을 취하는 미국과 아직 노선을 명확히 하지 않은 EU 회원국들로 인해 쉽지 않은 행보를 보이고 있다. 그럼에도 불구하고 지속적으로 관련 규범 형성에 대한 속도를 늦추지 않고 입장을 견지하는 것은 국제규범이 향후 우주활동에 있어 가져올 영향력을 결코 무시할 수 없기 때문이다.

계속하여 중국은 우주 환경의 평화적 이용을 중심으로 하는 우주규범에도 관심을 보이고 있다. 우주 환경에 대한 이슈로는 '장기지속성가이드라인LTS', '우주교통관리STM', '우주상황인식SSA', '우주2030 어젠다', '우주파편물space debris' 제거 등이 있다. 가장 먼저, 장기지속성가이드라인LTS에 관한 이슈에 대한 중국의 입장은 다음과 같다. 2018년 2월 유엔 '외기권의 평화적 이용에 관한 위원회committee on the peaceful uses of outer space: COPUOS'에 소속되어 있는 과학기술 소위원회에서 중국은 다음과 같이 4개 부분으로 LTS에 대한 생각을 전달했다(中华人民共和国外交部, 2018). 첫째, 외기권 관련 현안에 대해서는 명확한 목표와 방법이 필요하며 동시에 외기권에서의 활동에 대한 엄격한 국제 법률제도의 필요성을 강조했다. 즉, 외기권 공간 활동에 대한 국제 법률 규칙이 통일 및 이행되어야 한다고 언급했다. 둘째, 우주영역에서 출현하는 각종 새로운 문제와 중대한 도전에 맞서 실질적인 해결방안 모색이 필요하다고 주장했다. 우주공간에서 형성되는 파편, 쓰레기 등의 문제에 있어 매뉴얼 형성보다 현실적이고 실행 가능한 실무 조치의 중요성을 피력했다. 셋째, 우주에서의 발전에 순응하여 모든 국가에 이익이 될 수 있는 조치에 초점을 맞춰야 하며 특히 개발도상국의 수요와 이익을 고려해야 함을 언급했다. 마지막으로 LTS 논의가 마지막 단계에 진입한 만큼 다양한 대화 채널을 만들어 공감대를 넓히고 공고히 해야 함을 호소했다. 이는 중국이 우주공간에서의 평화적 이용의 이미지를 확고히 하고자 하는 의지를 보여주고 동시에 우주와 관련한 규범의 적극적인 수호자 역할을 자처하려는 의도로 파악된다.

우주교통관리STM와 우주상황인식SSA에 대해서 중국은 국가안보적 차원으로 접근하고 있다. 아직까지 중국 정부에서 STM 및 SSA 현안에 대한 공식적인 정의와 언급을 하고 있지는 않지만, 대내외적으로 진행 및 참여하고 있는 현황에 근거한다면 한마디로 중국은 미국과 분리된 독립적인 관리 형태를 추구하고 있다. 현재 중국은 정확한 표적을 식별하고 성공적으로 교전할 수 있도록 하기 위해 우주 방어와 궤도를 선회하는 시스템에는 개선된 SSA가 필요하다는 의견을 가지고 있다. 따라서 SSA의 기능 개선을 추구하여 우주 방어 및 항법 시스템을 지원하기 위한 노력을 하고 있다(Cheng, 2015). 더욱이 2018년 4월 중국의 톈궁天宮 1호가 통제 불능에 빠진 뒤 전 세계가 우려하는 가운데 남태평양으로 추락한 사례가 있었는데, 이로 인해 중국은 국가 SSA와 전략적인 조기경보 능력 향상에 더욱 많은 관심을 보이고 있는 상황이다. STM과 SSA의 핵심은 레이더 센서의 기술력이다. 따라서 중국 정부는 이 부분에 집중하여 자국 내 관련 기술 발전을 추동하는 동시에 국제적인 협력을 진행하고 있는 상황이다.

우선 중국은 EISCATEuropean Incoherent Scatter Scientific Association의 회원국으로서 관련 위성 감지 데이터를 기타 회원국들과 공유하고 있으며, 브라질 등 브릭스 국가들과 센서 감지 위성에 관한 다자 협력을 진행하고 있다(Kelly,

2017; Raziya, 2017). 또한 중국은 아시아태평양우주협력기구APSCO를 통해 아시아·태평양권의 지상 기반 광우주물체관측시스템APOSOS을 선도하고 있는데 APOSOS의 목표는 SSA 사용을 위해 전 세계에 광학 관측 시설 네트워크를 구축하는 것이며 대부분의 협력은 센서 데이터 공유와 관련이 있다.

우주 2030 지속가능한 개발 어젠다에 대해 중국은 긍정적인 태도를 보이고 있다. 중국은 2019년 4월 24일 '우주의 날'을 맞아 10년 안에 달 극지방에 과학 연구소를 건설하고 유인 달 탐사 임무를 실현한다는 목표를 내놓았다. 이뿐만 아니라 중국국가항천국은 2019년 우주의 날 주제인 '상생 협력을 위한 우주 꿈 추구'에 맞춰 유엔 2030 지속가능한 개발 어젠다를 지속적으로 이행하겠다는 성명서도 낸 상황이다(≪新华网≫, 2019.4.25).

다음으로 최근 크게 대두한 우주파편물과 쓰레기 처리 문제에 대해 보겠다. 우주파편물 문제는 기능이 정지된 위성이나 궤도에 올라탄 로켓 첨단부들, 그 밖에 1980년대 중반 소련이 실시한 실험과 2007년 1월 중국의 위성 파괴 실험에서 나온 파편, 2009년 2월 미국 Iridium-33과 러시아 Kosmos-2251이 고도 800km 궤도상 충돌로 발생한 대량의 파편 등이 있다(조성렬, 2016). 따라서 우주파편물 제거 및 경감 문제에 관해 많은 국가들이 주목하고 있으며 중국도 예외는 아니다. 중국은 2015년 6월, 국가우주국 우주파편물 모니터링 및 응용 센터를 국가과학기술연구원 아래 설립했다(≪腾讯网≫, 2015.6.9). 이는 우주파편물 모니터링, 조기 경보, 돌발 사태 대응, 관련 국제협력 실행을 위한 것이다. 중국은 당시 이 센터의 설립이, 중국의 우주 왕복 과정이 안전하게 운행될 수 있도록 보장하고 중국의 우주 발전 권익을 수호하는 데 중요한 의의가 있다고 언급했다(≪腾讯网≫, 2015.6.9).

또한 최근 중국의 『우주전략 백서』에서는 우주공간에서의 파편물 등의 표준 범위 체계를 보완, 우주공간에 대한 탐측 시스템과 경보 예고 플랫폼을 구축하여 우주공간 환경에 대한 모니터링 능력을 향상시킬 것이라고 명시했다. 우주공간에서의 우주 쓰레기와의 충돌을 막기 위해 앞서 언급했듯이 우주 쓰레기 관측응용센터를 이용해, 마침내 2016년 6월 25일 차세대 운반로켓 창청長征 7호에 탑재된 아오롱遨龍 1호를 통해 우주 쓰레기를 제거하는 작업을 성공리에 수행하는 등 뛰어난 기술력을 과시했다(문예성, 2016.6.27). 이 외에도 우주 파편물 제거 및 경감에 관해서는 일국 차원에서 진행하는 외에 다른 국가들과의 양자 협력, 국제기구와의 다자 협력도 모색·추진하고 있다.

양자 협력은 러시아와 주로 이뤄지고 있는 상황인데, 2017년에는 '평화 연구 및 우주 분야 이용에 관한 기술 보호와 협력 협정'을 체결했으며 여기에 우주 파편물 영역이 주요 협력 항목으로 선정되었다. 또한 유럽과는 대표적으로 2015년에 체결한 '2015~2020년 중유럽 우주협력 대강'에서, 관련국들은 우주파편물을 비롯한 다양한 영역에서 합작을 진행할 것을 명확히 했다(≪央视财经≫, 2017. 3.5). 이 밖에도, 중국은 공간 파편물 조정위원회, 지구관측기구 등 정부 간 국제기구들의 각종 활동에도 참여하고 있는 것으로 보이며, 제31회 '공간및중대재해헌장이사회第31屆空间与重大灾害宪章理事会', 제32회 '기구간공간파편물조정위원회第32屆机构间空间碎片协调委员会' 등 국제회의를 개최하기도 했다.

우주에 관한 규범에 있어서는 중국이 러시아와 공동으로 추진하고 있는 「외기권 내 무기 배치 및 외기권 목표물에 대한 위협 및 무력사용 금지 조약 초안 PPWT」이 대표적이다. 중국이 적극적으로 추진하고 있는 규범 설정 현안 이외에 관심을 표하는 부분은 유엔을 비롯한 국제기구의 우주공간에 대한 원칙 설정이다. 관련 현안에 대해서 현재까지는 적극적으로 이행하겠다는 입장을 밝히고 있다. 중국 정부는 백서에서도 유엔의 '외기권 조약Outerspace Treaty'에서 제기된 기본 원칙을 철저히 이행하겠다는 입장을 강조하고 있다. 또한 다자 협력에 있어 중국은 '평등호리平等互利, 평화이용, 포용발전'을 바탕으로 국제 공간 교류와 협력을 강화해야 한다고 주장한다.

3) 관념적 측면: 군사안보 분야

마지막으로 관념적 측면을 살펴보면, 대내적으로는 2016년 정식으로 '중국 우주의 날'을 지정한 이후 매년 우주 관련 홍보물 공모전 및 학회, 컨퍼런스 등 다양한 활동을 개최하면서 전국적으로 국민들의 우주에 대한 관심을 증진시키고자 심혈을 기울이는 모습을 포착할 수 있다. 또한 민간기업들을 동원해 청소년 및 대학생들을 대상으로 하는 '2050창커별자리계획2050创客星座计划'을 실시하여 우주 연구개발 인재 발굴과 육성을 촉진함으로써 미래의 우주 계획을 도모하고 있다. 대외적으로는 중국국제항공우주박람회, 국제항공우주컨퍼런스 등 지속적으로 세계적인 규모의 우주활동 행사들을 개최했다. 더불어 기존에 다년간 협력을 이뤄온 러시아, 브라질 등 국가들과 양자 협력의 범위를 넓히는 한편, 브릭스를 필두로 한 개발도상국들과 우주영역에서의 양자 및 다자 협력 사례 역시 증가하고 있는 것으로 보인다.

그런데 우주공간에 대한 관념적 측면에서 우주공간 군사화에 대한 중국의 인식을 살펴볼 필요가 있다. 현재 우주의 무장화에 대해서는 우주의 평화적 이용에 반하는 것으로 해석하여 이를 규율해야 한다는 점에 각국이 공감하고 있다(조성렬, 2016). 중국 역시 우주의 무장화에 대해 상당히 민감하게 반응하며, 동시에 중요시하고 있음을 국방백서를 통해 여러 번 보여주었다. 2019년 『중국군사전략 백서』에서도 마찬가지로 "우주는 국제 전략 경쟁의 최고점이라고 볼 수 있으며 국가의 우주 역량과 수단의 발단으로 인해, 우주무기화의 초기 징후가 보이는 상황이다. 중국은 일관되게 우주의 평화적 이용, 우주무기화와 우주 군비경쟁에 반대하며 국제적인 우주협력에 적극 참여해야 한다. 우주 태세를 면밀히 추적하여, 우주 안전 위협과 도전에 대응, 우주자산의 안전을 보호, 국가경제 건설과 사회발전을 위해 복무하여야 한다"라고 표명했다(中华人民共和国国务院新闻办公室, 2019).

하지만 중국은 이미 2007년 ASAT 실험으로 인해 우주의 '무기화' 행동으로 국제적으로 규탄을 받은 적이 있다. 당시 중국 정부는 "우리는 우주의 평화적 이용을 일관되게 주장했고, 우주의 군사화와 군사 확장 경쟁에 반대해 왔다. 우리는 우주가 전 인류의 공동재산이며 평화적 목적으로 이용해야 한다고 주장한다. 그리고 이러한 측면에서 국제협력을 강화하고자 한다. 우주의 군사화와 군사 확장 경쟁에 반대한다는 우리의 입장에는 변화가 없다"라고 입장을 피력했다(조성렬, 2016).

중국이 우주공간에서의 군사화에 대한 협력이라고 한다면 러시아와 함께 제시한 「외기권 내 무기 배치 및 외기권 목표물에 대한 위협 및 무력 사용 금지조약 초안PPWT」이 대표적이다. 물론 2008년에 다시금 PPWT를 제시했을 때 2007년 ASAT 실험을 한 직후라는 점도 있어, 이 PPWT가 국제적인 주목을 받기도 했다. PPWT의 주된 내용으로는 중국이 이전 2000년부터 UN 군축회의에서 제시해 온 우주의 무기화를 금지한다는 부분이었다. 하지만 앞서 언급했듯이 미국이 초안에 반대 표결을 진행하면서 우주규범 제정을 둘러싼 양자 간이 신경전이 이어지고 있는 상황이다.

앞서 살펴보았듯이 중국 내에서는 우주의 군사화에 대해 상당히 신중한 입장을 보이고 있다. 하지만 이러한 중국의 태도와는 달리, 실상 우주의 군사화에 누구보다 빠르게 준비하고 있는 모습을 보이고 있다. 실제로 2020년 6월 23일, 중국은 마지막 베이더우 위성을 실은 로켓이 성공적으로 발사 및 안착되자 베이더우 위성항법시스템이 완성되었다고 선언했다. 이로써 중국은 자체적 위성을 통해 90%이상의 위치정보 데이터를 제공할 수 있게 되었다(中国长城工业集团, 2020). 베이더우 시스템 책임자인 양창펑楊長風은 "(중국이) 우주 대국에서 우주강국으로 가는 기념비적 성과"라고 했다(中国长城工业集团, 2020). 또한 군사전문가 쑹중핑宋忠平은 홍콩 언론과의 인터뷰에서 "베이더우는 인민해방군의 전자전 대처에 날개를 달아줄 것이다"라고 언급했다. 표 3-3에서 나타나듯, 홍콩 매체에서는 중국 베이더우 시스템의 군사용 오차가 미국보다 더 작고 정확하다고 평가했다(Zhen, 2020.3.8). 실제로 중국은 지난해 10월 1일 건국 70주

표 3-3 중국 vs 미국 위성항법시스템 비교

(단위: 개)

	중국 베이더우	미국 GPS
운용	중국 국가항천국	미국 공군
첫 위성 발사	2000년	1978년
가동 위성	35개	31개
위치 오차	일반용: 5~10m 군사용: 10cm	일반용: 5m 군사용: 30cm

자료: Zhen(2020).

년 열병식에 군용 차량 580대를 동원했는데 베이더우 시스템과 5세대 통신 장비를 동원해 행렬이 기준선에서 좌우로 1㎝ 이상 벗어나지 않도록 했다고 한다(≪北京日報≫, 2019.10.1).

그리고 중국은 베이더우 시스템을 대외정책에도 적극 활용하고 있다. 기존 베이더우 시스템의 협력 또는 공유 범위가 기술경제 분야였다면, 이제 완전하고 독립적인 위성항법시스템을 갖췄기에 군사안보 분야에서의 협력도 머지않을 거라 전망한다. 현재 중국은 베이더우를 일대일로에 협력하는 국가이면서 군사적 우방인 파키스탄에 정밀 위치 정보를 제공하고 있다(박수찬, 2020.6.24).

4. 결론

이 글은 우주 복합공간의 세계정치, 그중에서도 중국의 우주전략에 대해 살펴보았다. 우선 중국은 우주를 상업적 대상으로 생각하는 비중이 큰 것으로 보인다. 하지만 단순히 우주를 통해 얻는 이익에만 전념하고 있는 것은 아니다. PAROS 조약 제정과 같이 우주 국제규범을 둘러싸고 미국과 갈등을 보이는 부분, 그리고 러시아와 뜻을 함께해 내 편 모으기에 심혈을 기울이는 모습들은 모두 중국이 우주공간에서의 제도적 규범설정을 상당히 중시함을 알 수 있다.

그 외에도 대내적으로 '중국 우주의 날' 지정, 우주 관련 인재 양성 및 우주 연구에 대한 홍보, 대외적으로 여러 국가 및 기구와의 양자 및 다자 협력 등은 모두 우주에 대한 중국의 생각을 전파하고 영향력을 증대하려는 시도로 보인다.

중국의 우주전략을 살펴보면, 중국 정부는 시종일관 우주공간에 대한 평화적 이용을 주장하고 있다. 하지만 그 이면에서는 우주공간 무기화 문제에 대한 대책도 모색하고 있음을 관련 백서들을 통해 가늠할 수 있다. 미국과 러시아처럼 우주군에 대한 명시적인 언급은 없으나 새로운 안보 문제 형성을 거듭 언급하면서 '전략지원부대'와 같이 새로운 부대를 창설하는 등의 조치들은 우주공간의 군사화에 대한 대비책을 강구하는 모습이라 볼 수 있다. 이뿐만 아니라 우주공간에 대한 연구개발을 가속화하여 최대한 미국, 러시아와의 기술격차를 줄이고 앞으로 우주영역에서 강국의 지위를 공고히 하기 위해 인재 양성 및 기술개발에 힘쓰고 있다.

지금까지 화두가 되고 있는 우주 분야에서의 주요 현안에 대한 중국의 입장들을 살펴보면, 우주공간의 군사화·무기화와 관련한 이슈들에 대해서는 민감하게 반응하며 지속적으로 우주공간의 무기화에 반대하는 입장을 유지하고 있다. 또한 외기권의 평화적 이용과 같은 현안에 관련해서는 적극적으로 유엔이나 아·태 지역 기구를 통해지지 입장을 표명하고 있다. 동시에 미국의 대對중국 견제를 막고자 러시아 그리고 유럽연합 국가들과 양자 및 다자 협력을 지속하고 있는 외에 개발도상국들과의 친밀 관계 도모를 위해 많은 협력 프로젝트를 진행하고 있음을 알 수 있다. 그러나 주의해야 할 점은, 중국은 우주 공간에 대한 평화적 입장을 유지하고 있으나 실상 우주의 무기화 개발에 앞장서고 있다는 점이다. 대표적으로 베이더우 시스템 군사용 버전의 정밀도 향상과 오차 범위 축소 노력 등이 있겠다. 따라서 공식적으로는 군사안보 분야에 관한 언급을 꺼리고 있지만 한편으로는 누구보다 발 빠르게 앞장서고 있음을 염두에 두어야 한다.

현재까지 중국 정부가 수많은 국가, 국제기구들과 양자 내지 다자 협력을 해

왔지만 유독 한국과의 우주 관련 협력 사례는 찾아보기 어렵다. 협력이 어려운 이유는 크게 두 가지를 들 수 있다. 첫째, 중국과 일본의 우주에 대한 협력이 미미한 것과 같은 이유이다. 한마디로 우주공간이 하나의 새로운 안보 영역으로 간주되고 있고 동시에 중국과 미국이 전략적 경쟁자로 서로를 바라보는 현시점에서 미국에게 안보적으로 묶여 있는 한국과 손을 맞잡기 껄끄러운 부분이 있다. 둘째, 사드 문제 이후로 정체된 한중 양국 관계이다. 남북대화, 북미 대화가 잇따라 열리면서 얼어 있던 한중 관계가 조금은 개선된 듯이 보이지만 현재 양국이 각자 주목하고 있는 현안이 다름에 따라 관계 회복에 어려움을 겪고 있는 상황이다. 따라서 한중의 정체된 관계를 풀어낼 좋은 협력과제를 찾아내는 게 시급하다. 다시 말해, 한중 양국이 해결해야 할 최대 현안이나 이해관계가 크게 일치하는 영역에서 전략적 협력 과제를 도출하고, 이를 한중 과학기술협력 예산 확대와 여타 분야로의 확산 계기로 삼을 필요가 있다. 그리고 그 분야가 우주가 될 가능성이 크다는 점을 필자는 피력하고자 한다.

우주라는 공간이 최근 들어 군사적인 영역으로 많이 언급되고 있지만, 그 이면에는 상업적 용도로도 쓰이고 있음을 간과해서는 안 된다. 또한 우주기술 분야가 주목받고 있는 한편, 이는 과학기술이 대형화·복합화하면서 기술적·경제적 부담이 증대됨에 따라 어느 한 국가가 해결할 수 없는 문제들이 점점 증가하고 있다. 중국 역시도 현재 우주 분야에서 급성장을 하고 있지만 우주개발 또는 공간기술 분야에서의 자문과 협력이 필요한 상황이다. 따라서 한국은 자체적인 기술의 우월성을 활용하고, 또는 전문 인재의 투입 및 교류를 통해 중국과의 협력을 모색해 볼 필요가 있다. 이는 단지 양국의 관계 개선에도 일정한 도움을 줄 뿐만 아니라 한국에게 있어 협력 필요 분야에 대한 재원 확대, 자원집중화로 협력의 가시적 성과를 도출해 낼 수 있다고 본다.

강기준. 2019.7.18. "반세기만에 다시 '우주전쟁'…이젠 달에 머문다". ≪머니투데이≫
    https://news.mt.co.kr/mtview.php?no=2019071710174327457&outlink=1&ref=%3A%2F%2F
    (검색일: 2020.7.11).
문예성. 2016.6.27. "차세대 운반로켓으로 발사된 중국 비행체, 우주쓰레기 청소 임무 수행".
    ≪뉴시스≫.   http://www.newsis.com/view/?id=NISX20160627_0014179704   (검색일:
    2020.7.11).
박수찬. 2020.6.24. "중국 GPS '10㎝만 움직여도 잡아낸다'". ≪조선일보≫. http://news.chosun.com/
    site/data/html_dir/2020/06/24/2020062400200.html (검색일: 2020.7.27).
이영완. 2018.6.28. "[IF] 민간 우주로켓 시장에 뛰어든 중국 '미국 나와'". ≪조선일보≫
    https://biz.chosun.com/site/data/html_dir/2018/06/27/2018062704137.html (검색일: 2020.8.14).
이주량. 2012. "중국의 거침없는 우주개발 행보: 세계, 놀라움과 우려의 엇갈린 시선". ≪China
    Journal≫, 18~20쪽.
정인환. 2020.6.25. "미, 화웨이 등 중 거대기업 20곳 '군 소유' 지정". ≪한겨레≫. http://www.hani.
    co.kr/arti/international/china/950939.html#csidxdbf4d32463092be8d81d4b980e0998a (검색일:
    2021.3.15)
조성렬. 2016. 『전략공간의 국제정치: 핵, 우주, 사이버 군비경쟁과 국가안보』. 서강대학교출판부.

≪光明日报≫. 2019.4.25 "探索浩瀚宇宙, 共享发展成果".
    https://hn.rednet.cn/m/content/2019/04/25/5389521.html (검색일: 2019.8.8).
≪国家航天局≫. 2018.11.22. "中巴航天合作三十年座谈会在京举行".
    http://www.cnsa.gov.cn/n6758823/n6758844/n6759941/n6759942/c6804453/content.html (검
    색일: 2019.8.11).
国资委研究中心. 2019. "全面推动三大变革加快实现我国航天事业高质量发展".
≪国际在线≫. 2019.2.12. "外交部：美妄加评论别国航天政策毫无依据".
    https://baijiahao.baidu.com/s?id=1625254831823605044&wfr=spider&for=pc (검색일: 2019.8.9).
≪南方日报≫. 2018.3.6 "为航天经济释放". http://www.xinhuanet.com/comments/2018-03/06/
    c_1122492662.htm (검색일: 2019.8.11).
≪腾讯网≫. 2015.6.9. "国家航天局空间碎片监测与应用中心挂牌成立".
    https://new.qq.com/rain/a/20150609007087 (검색일: 2019.8.11).
≪每日经济新闻≫. 2018.6.11. "去年发射36颗卫星, 获得近36亿融资! 新政策助推下, 商业航
    天发展方兴未艾". https://baijiahao.baidu.com/s?id=1636057055922321153&wfr=spider&for=pc
    (검색일: 2019.8.8).
≪北京日报≫. 2019.10.1. "5G+北斗, 阅兵方队偏差不超1厘米的 '秘密武器'".
    http://ie.bjd.com.cn/5b165687a010550e5ddc0e6a/contentApp/5d9213e0e4b09370730ca123/A
    P5d936304e4b093707312ce91.html?isshare=1&contentType=0&isBjh=0 (검색일: 2020.7.28).

≪新浪财经≫. 2019.7.26. "中国民企首次成功发射运载火箭 中国SPACE X还有多远".
  https://finance.sina.com.cn/roll/2019-07-25/doc-ihytcerm6243714.shtml (검색일: 2019.8.27).
≪新华网≫. 2019.4.25. "推动航天技术广泛应用 我国提出十大行动计划".
  https://baijiahao.baidu.com/s?id=1631740937693310659&wfr=spider&for=pc (검색일: 2019.8.10).
≪央视财经≫. 2017.3.5. "欧盟大使看好! 中欧科技创新合作蕴藏大"钱景"".
  https://baijiahao.baidu.com/s?id=1561013195749716&wfr=spider&for=pc (검색일: 2019.8.11).
≪人民网≫. 2016.12.20. "习近平: 努力建设航天强国和世界科技强国".
  http://politics.people.com.cn/n1/2016/1220/c1001-28964268.html(검색일: 2019.8.23).
≪人民日报≫. 2018.4.17. "中俄航天领域合作空间广阔".
  https://baijiahao.baidu.com/s?id=1597995742616791934&wfr=spider&for=pc (검색일: 2019.8.11).
≪人民日报海外版≫. 2018.6.2. "扩大太空朋友圈 中国赢点赞".
  http://paper.people.com.cn/rmrbhwb/html/2018-06/02/content_1858763.htm (검색일: 2019.8.11).
≪中国军网≫. 2018.12.18. "军队领导和指挥体制改革时间轴".
  http://www.81.cn/jfjbmap/content/2018-12/18/content_223426.htm (검색일: 2019.8.11).
≪中国新闻网≫. 2018.12.5. https://www.chinanews.com/gn/2018/12-05/8693545.shtml (검색일: 2019.8.23)
中国长城工业集团. 2020. "国家发改委明确'新基建'范围, 卫星互联网首次纳入".
中华人民共和国国家航天局. 2020. "国家航天局组织构成".
中华人民共和国国务院新闻办公室. 2015a. ≪2016中国的航天≫, 白皮书全文.
中华人民共和国国务院新闻办公室. 2015b. ≪中国的军事战略≫, 白皮书.
中华人民共和国国务院新闻办公室. 2019. ≪新时代的中国国防≫, 白皮书.
中华人民共和国外交部. 2018. ≪中国代表团在外空委科技小组委员会第55届会议上的发言≫.

Cheng, Dean. 2015. "Testimony before U.S.-China Economic and Security Review Commission."
  https://www.heritage.org/testimony/the-plas-interest-space-dominance (검색일: 2021.3.15)
Cox, Robert W. 1981. "Social Forces, States and World Orders: Beyond International Relations
  Theory." *Millennium*, Vol.10, No.2, pp.169~199.
DeFrieze, D. 2014. "Defining and regulating the weaponization of space." *The International
  Relations and Security Network.*
Johnson-Freese, Joan. 2018. "China launched more rockets into orbit in 2018 than any other
  country." *MIT Technology Review.*
Kelly, Sean. 2017.12.28. "This Is How China Is Slowly Creeping into Latin America." Hudson
  Institute. https://www.hudson.org/research/14092-this-is-how-china-is-slowly-creeping-into-
  latin-america
Raziya, Tabisa. 2017. "SA Joins BRICS Space Programme." IOL. https://www.iol.co.za/news/
  politics/sa-joins-brics-space-programme-10127283]
Su, J. 2010. "The 'peaceful purposes' principle in outer space and the Russia-China PPWT

Proposal." *Space Policy*, Vol.26, No.2, pp.81~90.

UCS Satellite Database. 2020. "Satellite quick facts."

Zhen, Liu. 2020.3.8. "American spy plane pilots use China's satellite navigation system BeiDou as backup to GPS, US general says." *South China Morning Post* https://www.scmp.com/news/china/military/article/3074154/american-spy-plane-pilots-use-chinas-satellite-navigation

4 러시아의 우주전략*
우주프로그램의 핵심 과제와 우주 분야 국제협력의 주요 현안에 대한 입장

알리나 쉬만스카 | 서울대학교

1. 서론

우주의 경제·사회·기술·군사적 중요성이 증대함에 따라 우주공간에 대한 영향력 개념도 국제정치학적 주목을 받기 시작했다. 짐 오베르그Jim Oberg는 『우주력론Space Power Theory』(1999)을 출간하며 우주력宇宙力을 설명하는 이론을 제시했다. 『우주력론』이 주장하는 바에 따르면 국가가 보유하고 있는 우주 역량은 다른 국가에 영향을 미칠 수 있으며, 그러한 영향력을 투사할 수 있는 국가를 우주강국이라 칭할 수 있다(Oberg, 1999: 10). 우주력은 시설·과학기술·경제·인구·국토의 면적 등 복합적인 요소로 구성되며, 지정학적 강대국, 나아가 패권국이 될 수 있는 실마리를 제공한다. 한편, 오베르그는 우주력을 어떻게 키워야 하는지 확실한 해답을 제시하기보다는 각국 사례를 통해 특정한 국

---

* 이 글은 ≪국제정치논총≫ 제59집 4호에 게재된 것임을 밝힌다.

가가 어떤 정책 노선을 밟으며 우주력을 강화하는지를 분석하는 데 치중한다. 예컨대 일본은 외부 기술 도입을 위주로 우주력 육성을 추진하고 있으며, 중국은 강대국으로의 부상과 이를 위한 군사력 확보라는 뚜렷한 목표를 가지고 우주력의 강화에 집중하고 있다(Oberg, 1999: 10).

그런데 전통적인 우주강국 중 유독 러시아에 대해 오베르그는 매우 비관적인 전망을 제시한다. 러시아의 우주산업은 너무 낙후되어서 소련 시절의 우주력을 회복할 가능성이 요원하다는 것이다(Oberg, 1999: 60). 소련은 1957년 스푸트니크 1호를 발사해 세계 최초로 인공위성을 지구 저궤도에 진입시킴으로써 우주 시대의 개막을 알릴 정도로 엄청난 역량을 가지고 있었지만, 소련 붕괴 이후 러시아는 1990년대의 극심한 경제위기와 인재 유출 등 엄청난 내홍을 겪으면서 자국의 우주역량 쇠퇴를 지켜볼 수밖에 없었다.

이러한 배경하에서 푸틴 집권 이후 러시아는 강대국 이미지 회복을 정책적 목표로 삼고, 군사 및 과학기술에 심대한 영향을 미치는 우주 분야에서의 경쟁력 회복을 모색하고 있다. 「2006~2015 러시아연방 우주프로그램」, 「2016~2025 러시아연방 우주프로그램대강」 등 다양한 우주 인프라 개발 계획은 이러한 정책적 목표하에 마련되었다. 러시아는 이러한 일련의 계획을 현실로 옮김으로써 자국의 우주력을 강화하고 지정학적 강대국의 이미지를 회복하는 데 주력하고 있다.

우주강국의 지위는 기술적 역량만으로 획득할 수 있는 것은 아니며, 과학기술 발전과 이에 상응하는 외교적 활동이 수반될 때 비로소 달성할 수 있다. 여러 우주강국들이 우주 문제를 다루는 UN 외기권의 평화적 이용에 관한 위원회United Nations Committee on the Peaceful Uses of Outer Space: UN COPUOS와 UN 군축이사회Disarmament Commission 등의 제도적 틀 속에서 우주공간의 군사화 및 무기화, 우주파편물 제거, 투명성 신뢰구축 조치Transparency and Confidence-Building Measures: TCBMs, 장기지속성 가이드라인Long-term sustainability of outer space activities: LTS과 달 탐사 등의 문제에 대해 나름의 주장을 내세우고 있는 것은 우주력의 표출인 동시에 우주규범에 영향을 미치려는 시도로 볼 수 있다. 이러한 맥락에서 2000년 이후 러시아가 우주 분야에서 활발한 외교 활동을 펼치고 있는 것은 우주강국 전략의 일환으로 이해할 수 있다.

이 글은 소련 붕괴 이후 자국의 우주력 쇠퇴를 방관하던 러시아가 2000년 이후 우주프로그램에 다시 시동을 건 이유는 무엇이며, 이를 위해 어떤 전략을 채택해 왔고 목표 달성을 위해 러시아 우주프로그램이 직면하고 있는 과제는 무엇인지에 초점을 맞춘다. 즉, 이 글의 연구 질문은 왜 러시아가 우주력을 배양하고 있는지를 우주력론의 관점에서 다루는 데 있다. 이를 위해서는 다음과 같은 사항에 대한 검토가 요구된다. 첫째, 우주에 대한 러시아의 인식을 살필 필요가 있다. 둘째, 러시아의 우주력 회복을 위해 러시아 우주프로그램과 관련 인프라 개발 계획은 어떤 과제를 내세우고 있으며 그러한 정책이 러시아에게 국제무대에서 어떤 이점을 줄 것인지 살펴봐야 한다. 셋째, 우주 분야 주요 국제협력 현안에 대한 러시아의 입장이 무엇이고 우주영역에서 러시아가 어떤 외교를 진행하고 있는지 검토해 볼 필요가 있다.

이 글의 핵심 주장은 우주력은 국력과 비례관계에 있다는 것이다. 우주력은 국력을 강화하기 위한 수단인 동시에 국력의 핵심적 기반으로 작용하며, 따라서 우주력의 강약과 국력은 불가분의 관계에 있다. 러시아의 위성 운용 능력 감소, 카자흐스탄의 바이코누르 기지 사용이나 위성에 필요한 전자부품의 높은 수입 비율 등 우주영역 전반에 걸친 지나친 해외 의존, 그리고 미국과 유럽연합의 적극적인 우주 외교정책은 러시아의 국력이 흔들리고 있음을 방증한다. 이에 대응해 러시아 정부는 자국의 국력을 제고하고 러시아의 강대국 지위를 다시금 입증하기 위하여 우주역량 회복을 시도하고 적극적인 우주 외교를 진행하고 있다. 이 글은 러시아의 우주프로그램과 우주 외교를 동시에 분석함으로써 우주력이 어떻게 국제정치에 작용하는지를 밝히고, 이러한 연관성의 입증을 통해 우주정책과 국제정치의 관계에 관한 이해를 증진하고자 한다.

이 글은 보다 객관적인 시각에서 러시아 우주정책과 외교정책의 관계를 조망하기 위해 우주정책에 관한 러시아 정부의 공식 문서(말미의 **부록 1** 참고), 러시아의 우주 기관인 로스코스모스Roscosmos 및 그 산하단체의 공식 자료, 러시아의 우주 분야 역량을 분석한 미국 국방정보국의 보고서(Defence Intelligence Agency, 2019), 관련 언론보도와 전문가들의 입장(Матвеев·Назаров·Вербицкий, 2016; Jackson, 2018; Froehlich, 2019) 그리고 UN 외기권의 평화적 이용에 관한 위원회와 UN 군축이사회에서 러시아 대표단이 발표한 공식적인 문서를 주로 분석할 것이다.

본 연구는 다음과 같은 국제정치학적 함의를 가진다. 냉전기 우주경쟁에서 관찰된 것처럼 우주 분야에서 우월적 지위를 가진 국가는 오늘날에도 변함없이 강대국으로 인식되며, 이러한 우주강국은 국제 정치·경제·군사적 지위를 바탕으로 지역 강대국의 지위에 도전할 수도 있다. 러시아 우주프로그램의 핵심 과제와 러시아의 우주 외교에 대한 연구는 이런 점에서 강대국 정치의 한 측면을 보여준다. 우주 분야의 주요 국제 현안을 놓고 러시아 대 서방국가 간 외교적 갈등이 벌어지고 있으며, 서방의 대對러시아 제재에도 우주기술에 대한 금지가 포함되어 있다. 이는 국제무대에서의 강대국 간 정치에 있어서도 적잖은 영향을 주고 있다.

또한 이 연구는 한국에 대해서도 적지 않은 함의를 가진다. 한국은 미국과 동맹관계에 있지만 우주기술에 대한 미국의 수출통제 및 한미 간 미사일 지침으로 인해 발사체 국산화 과정에서 미국이 아닌 러시아와의 협력을 선택하게 되었다. 한국은 STSAT-2A와 STSAT-2B 인공위성 발사를 위해 러시아의 앙가라Angara 발사체를 이용한 바 있으며, 한국형 발사체 나로호 역시 앙가라 로켓과 기술적으로 관련이 깊다. 강대국의 우주정책은 한국의 우주전략 및 역량 제고에 중대한 영향을 미친다는 점에서 러시아의 우주정책에 대한 고찰은 한국 당국에 정책적으로 특별한 의미를 갖는다.

우주 분야에서 러시아의 전략과 입장에 대해 보다 다각적으로 접근하기 위해, 이어지는 2절에서는 국제정치에서 우주력의 중요성을 보여주는 우주력론에 대해서 설명하고 우주영역에 대한 러시아의 인식을 다룬다. 3절에서는 러시아 우주전략이 제시하는 핵심과제를 살펴보고, 4절에서는 우주 국제협력 분야에서 러시아의 주요 입장과 외교정책을 정리하고 어떤 국제협력과 갈등의 요소가 있는지 다루고자 한다. 마지막으로 5절에서는 결론과 더불어 한국에 대한 함의가 무엇인지를 간략히 살핀다.

2. 우주력론 및 우주에 대한 러시아의 인식

1) 우주력론

국가가 보유한 우주기술은 국력의 일부이며, 따라서 우주기술을 개발하는 것은 국력의 증진으로 직결된다(Mutschler, 2015). 우주력론에 따르면 우주개발에 대한 투자는 정치적·외교적 유인에 의해 추동되며, 성공적인 우주프로그램은 국력을 과시하는 수단이 되므로 국제정치와 깊은 관련성이 있다. 일례로 오베르그가 주장하는 바와 같이 미국의 아폴로Apollo 프로젝트는 미국의 국력을 과시하고 강대국으로서의 입지를 재확인하는 효과를 낳았다(Oberg, 1999: 6).

우주력론은 현실주의의 시각에서, 주로 강대국 및 강대국 대열 진입을 목표로 하는 국가의 정치를 설명하기 위한 이론이다. 우주공간은 육·해·공보다 접근이 어렵고, 그 문턱을 넘기 위해서는 우주기술 등 상당한 수준의 물질적인 권력이 필요하다. 그리고 그 정도 수준의 국력을 보유한 국가는 일반적으로 강대국이나 지역 강국이다. 우주력론에 따르면 우주강국은 기술·인구·경제·산업·군사 등 다양한 요소에서 복합적으로 역량을 갖추고 있으며, 이를 기반으로 우주력을 발휘해 우주공간에서 다른 행위자에 영향을 미치거나 자국의 국익을 도모할 수 있는 국가로 정의할 수 있다(Oberg, 1999: 10).

우주강국이 되기 위해 많은 국력의 투자가 요구되는 만큼, 한번 확보한 우주강국의 지위는 다음과 같이 국력의 증진에 다양한 방식으로 기여하게 된다 (Oberg, 1999: 47~48). 첫째, 우주강국은 외교와 민간 및 군사 차원에서 우주강국이 아닌 국가에 비해 우위에 설 수 있다. 둘째, 우주강국은 다른 국제 행위자에게 자국의 우주역량을 제공하고 그에 상응하는 보상을 얻을 수 있다. 셋째, 우주강국은 특정 행위자를 우주 무대에서 격리시키거나 특정 우주 서비스에 대한 접근을 차단하는 등의 방법으로 대상의 전략이나 행동에 영향을 미칠 수 있다. 넷째, 우주강국은 일반적으로 우주영역에서 독립적인 역량을 갖추고 있으므로, 우주영역에서 다른 국가의 영향력을 받지 않는다. 다섯째, 우주강국은 다른 행위자들을 자국에 의존하게 만들 수 있다. 마지막으로 우주강국은 우주력을 활용해 타국에 군사적 압박을 가할 수 있고 나아가 타국의 군사력을 억지할 수 있다.

에버렛 돌먼Everett Dolman도 우주력의 발전을 강조했다. 돌먼은 그의 저서 『우주정치: 우주 시대의 전통적 지정학Astropolitik: Classical Geopolitics in the Space Age』(2002)에서, 우주를 통제하는 강대국이 지구에 대한 패권을 지니게 됨을 주장했다(Dolman, 2002: 8). 미국이 다른 강대국에 앞서 최대한 우주력을 키워 우주 패권을 확보해야 한다는 것이 돌먼의 요지다(Dolman, 2002: 157). 돌먼은 우주 지정학의 공간을 제시하면서 우주를 강대국 정치의 공간으로 설명한다. '우주정치Astropolitik'의 논리를 발전시키는 과정에서 돌먼은 앨프리드 머핸Alfred Thayer Mahan의 해군력에 관한 연구서인 『해군력이 역사에 미친 영향: 1660~1783년The Influence of Sea Power Upon History: 1660-1783』(1890)으로부터 영감을 받았다. 머핸의 설명에 따르면 해군 강국은 전 지구적 영향력을 가지며, 도버·지브롤터·희망봉 등 주요 기점을 통제할 수 있으면 대륙을 경영할 수 있다(Dolman, 2002: 34). 돌먼은 유사한 논리에 입각해 지구에 대한 배타적 통제권을 획득하기 위해 우주강국은 우주 전체보다 정지궤도까지의 우주공간에 집중해야 한다고 본다(Dolman, 2002: 70). 이러한 맥락에서 우주정치 이론은 지정학적 관점에서 우주공간의 중요성과 우주공간에서 강대국의 전략을 설명한다는 점에서 국제정치학적으로 연구 가치가 크다고 할 수 있다.

우주력론을 제시한 오베르그도 우주공간의 국가적 행위자들이 우주력을 통해 지구에서의 우위를 추구할 수 있다고 주장했다(Oberg, 1999: 14). 이처럼 우주력론과 우주 정치 이론은 현실주의적인 시각으로 국제정치를 바라본다는 유사성을 가진다. 오베르그에 따르면, 우주력을 기르기 위하여 국가는 다음과 같은 핵심 역량을 가져야 한다(Oberg, 1999: 44~47).

- 시설: 우주력을 보유하기 위해 국가는 생산, 발사 및 제어 시설을 보유해야 한다.
- 과학기술: 국가 및 민간 연구기관의 협조를 통해 우주 분야에 필요한 과학기술을 개발해야 한다.
- 산업: 우주프로그램은 산학협력의 산물이므로 산업계의 역할도 매우 중요하다.
- 경제: 우주력의 배양에는 큰 경제적 비용이 요구되므로 건실한 경제적 기반이 필요하다.
- 인적 자원: 고학력 전문가와 학자의 존재는 우주 능력 건설에 필수적이다.
- 교육 제도: 좋은 인재를 키워낼 수 있는 제도가 필요하다.
- 우주 문화 및 전통: 국민들이 우주력의 개발을 지지해야 하고, 자국을 전통적 우주 강국으로 인식해야 한다.
- 지리: 발사체의 발사를 위해서는 넓은 안전구역이 필요하므로 국토가 넓은 국가는 그렇지 않은 국가보다 우주 능력을 기르는 데에 더 유리하다.
- 보유 지식에 대한 독점: 독점적 지식이나 역량은 우주 능력에서 우위를 점하는 데 도움이 된다.

이상의 요소가 결합되어 한 국가의 우주력을 결정하며, 개별 국력 요소들이 강화될수록 우주력도 확대된다. 또 역으로 우주력이 강화될수록 개별 요소 역시 강화되고, 약화되면 국력에도 제약이 발생하게 된다. 이러한 맥락에서 우주력과 국력 간에 밀접한 관련이 존재하며 우주력을 가진 국가가 지정학적 강대국이 될 수 있음을 알 수 있다. 따라서 강대국 정치에서 우주력은 매우 중요하다.

우주 능력의 기반이 되는 국력의 요소들은 모두 물질적이다. 하지만 우주력은 물질적 차원을 넘어 외교 등 비물질적인 요소에도 영향을 미친다. 오베르그에 따르면 외교적 분야에서의 활동은 우주력을 가진 국가의 우주활동을 막을 수도 있다. 특히 현존하는 우주 관련 국제법space law이 우주 과학기술 발전을 뒷받침하지 못하면 우주활동에 대한 제한이 생길 수 있다(Oberg, 1999: 68). 예를 들면, 오베르그는 '탄도탄요격유도탄 조약Anti-Ballistic Missile Treaty: ABM Treaty'이 미국의 우주활동을 제약하고 있으니 이를 종료해야 한다고 주장했으며 (Oberg, 1999: 68), 실제로 2002년 미국은 해당 조약을 탈퇴했다. 이처럼 우주력에 대한 또 하나의 필수적인 요소는 역시 외교적 활동, 그중에서도 특히 우주 관련 국제법을 제정하거나 변경하는 활동이라 할 수 있다. 냉전과 탈냉전 시대를 막론하고 미국과 구소련(러시아), 중국 등 강대국들은 우주기술 개발에 막대한 투자를 하는 한편, UN 외기권의 평화적 이용에 관한 위원회 등 우주 분야 국제 플랫폼에서 활발한 외교 활동을 전개하고 있다. 이처럼 우주에서 우위를 갖기 위해서는 물질적 층위만큼이나 비물질적 층위, 즉 외교의 차원도 배제할 수 없다.

2) 우주에 대한 러시아의 인식

소련 우주프로그램의 직접적인 동인은 단순한 안보 논리였다. 제2차 세계대전 당시만 해도 추축국과 맞서 싸우며 우호적인 관계를 유지했던 미소 양국은 종전 후 냉전에 돌입하게 되었다. 이념과 세계 패권을 둘러싼 경쟁이 벌어지면서 미국은 핵개발을 시작하고 종전 후에도 활발하게 핵실험을 진행했으며, 소련 역시 자체적인 핵무기와 탄도미사일을 개발했다. 그 결과 소련의 첫 번째 우주프로그램으로 전략로켓군Ракетные войска стратегического назначения 총괄하에서 대륙간탄도미사일ICBM 개발이 시작되었다. 당시 소련 우주프로그램의 추진을 총괄한 인물은 바로 우크라이나 출신의 로켓 공학자 세르게이 코롤료프Сергей Королёв였다. 소련의 수많은 구성국 및 위성국 중에서 우크라이나 공화국은 러시아 공화국 다음으로 많은 기여를 했으며, 따라서 소련이 우주에서 이룬 성과는 순수하게 러시아만의 것이라고 보기 어렵다.

로켓은 위성 발사나 유인 우주비행의 핵심 기술로 국가 위신과도 밀접한 관련이 있다. 그뿐만 아니라 핵전쟁이 벌어질 경우 핵무기를 투발하는 주요 수단으로 사용된다. 이는 1940년대 말부터 소련과 미국이 우주프로그램에 큰 관심을 가지게 된 동기로 작용했다(Mauduit, 2017). 이처럼 군사적 관심은 소련의 우주 인식을 형성하는 큰 축이 되었다. 미 중앙정보국CIA에 따르면 소련이 진행한 모든 로켓 발사 중 70% 정도는 군사적인 의도를 가진 것이었으며, 나머지 30% 중 15%는 민군겸용기술의 개발과 관련되어 있었고, 순수 과학기술 발전을 위한 로켓 발사는 15%에 불과했다(Central Intelligence Agency). 특히 소련에 대한 핵 공격이 우주영역에서의 군사적 활동에서 시작될 것이라는 인식은 소련 안보에 중요한 축으로 작용했다. 즉 소련의 우주 인식의 핵심에는 군사적 고려가 있었던 것이다.

그렇다면 소련 붕괴 후 러시아의 우주에 대한 인식은 어떻게 변화했으며, 현재의 인식은 어떤가? 이 항에서는 1996년에 통과된 「러시아연방 우주활동관련법」, 2014년 발표되어 현재까지 적용되고 있는 「러시아 군사 독트린」과 「2006~2015 러시아연방 우주프로그램」 등 핵심 문서를 바탕으로 현재 우주에 대한 러시아의 인식을 분석한다.

「러시아연방 우주활동관련법」은 소련 붕괴 이후 러시아에서 우주에 관해 발표한 최초의 공식 문서이다. 「우주활동관련법」은 당면한 현안을 다루기 위해 자주 개정되었으며, 지금까지도 러시아 우주활동의 방향을 설정하는 주요 문서 중 하나이다. 이 법의 조문은 러시아 우주활동의 핵심적인 목표를 다음과 같이 명시한다.

- 우주기술의 합리적이고 효과적인 사용을 통한 러시아연방 국민의 복지 향상 및 국가경제 발전 촉진.
- 우주산업과 그 기반 시설의 과학적, 기술적, 지적 잠재력의 강화 및 발전.
- 러시아연방의 국방과 안보의 강화.
- 지구에 관한 과학 지식의 개선 및 축적.
- 국제 안보와 경제발전을 위한 국제협력의 촉진(Федеральный Закон Российской Федерации «О космической деятельности», Раздел I, Статья 3).

이처럼 우주개발에 있어 러시아의 우선순위는 경제·사회 및 과학기술의 개발에 있다. 특히 국민복지를 위한 경제개발은 러시아 우주프로그램의 핵심 의제로 강조되어 왔다. 그런데 동 법 4조 1항에서는 러시아연방 우주활동의 주요 원칙을 제시하고 있는데, 그중 첫 번째는 "우주기술을 활용한 국제 평화와 국제 안보의 유지"이다. 이를 통해 러시아가 우주를 안보의 중요한 영역으로도 간주하고 있음을 알 수 있다(Федеральный Закон Российской Федерации «О космической деятельности», Раздел I, Статья 4). 이와 같이 우주 분야 개발에 대한 러시아의 인식은 경제·사회·과학기술 개발을 목표로 하면서도, 군사안보 분야의 중요 요소로도 우주를 바라보는 복합적인 성격이 있다.

우주에 대한 러시아의 인식을 잘 보여주는 다른 문서는 바로 「러시아 군사 독트린」이다. 2014년 공개된 이 문서의 12조에서는, 미국이 추구하는 "전 세계 신속 타격Prompt Global Strike" 역량, 즉 1시간 이내에 지구상 어디든지 극초음속 항공기를 통해 재래식 공격을 할 수 있게 하는 계획을 필두로 하는 여러 강대국의 우주무기화 시도를 러시아에 대한 주요 외부 위협으로 명시하고 있다(Военная доктрина Российской Федерации, 2014: §12). 또한 동 문서는 현대 군사 갈등에서 핵심 전략은 적국의 사이버·항공·우주·지상 및 해상 영역에서 동시에 공격을 진행해 적국을 무력화하는 것이라고 정리하고 있다(Военная доктрина Российской Федерации, 2014: §14). 탈근대적 안보 환경에서 군사 갈등을 예방하기 위한 러시아의 전략적 임무로는 타국의 우주 군사화 시도에 대한 저항, 우주활동의 안전을 보장하기 위한 UN 체제 내에서의 정책 조율 및 우주공간 감시 분야에서 국가 역량의 강화가 제시되고 있다. 또한 러시아연방군의 핵심적인 과제로는 국가 기반시설에 대한 우주 방위의 제공, 항공우주 공격에 대한 대응·대비, 군의 활동을 지원하는 우주기술 역량의 강화 및 유지가 명시되어 있다(Военная доктрина Российской Федерации, 2014: §14).

러시아에게 자국에 대한 우주 위협의 근원은 미국과 나토North Atlantic Treaty Organization: NATO의 활동이다. 앞에서 언급한 「러시아 군사 독트린」에서 러시아가 접하는 최대의 외부적 위협이 바로 나토의 군사력 강화이기 때문이다(Военная доктрина Российской Федерации, 2014: §12). 이뿐만 아니라 러시아 정부는 2002년에 미국이 탄도탄요격유도탄 조약에서 탈퇴한 사실을 미국이 우주의 평화적 이용에 관한 합의를 훼손한 것으로 해석하고 있다. 탄도미사일 확산을 우주기술과 연결해 바라보는 러시아는 미국이 탄도탄요격유도탄 조약에서 탈퇴함으로써 일방적으로 새로운 우주경쟁을 시작했다고 주장한다. 또한 러시아는 미국이 보유한 위성요격무기가 러시아의 위성을 잠재적 목표로 삼고 있다고 우려하고 있다(Jackson, 2018: 9). 이에 대응하기 위해 2018년 블라디미르 푸틴 러시아 대통령은 신형 미사일 300기 배치 계획을 발표하는 등 전략무기의 대대적인 개발과 배치를 천명했고, 같은 해 진행된 제2차 세계대전 승전기념일 군사 퍼레이드에서 이들 전략무기를 선보였다(Jackson, 2018: 9). 이처럼 러시아는 우주공간을 군사적 목적으로 활용할 수 있는 미국과 나토에 대한 우려를 표명하는 동시에 군사적으로 자신도 우주공간을 활용할 준비를 하고 있음을 알 수 있다. 「러시아 군사 독트린」에서 표현되고 있는 러시아의 우주 인식은 러시아 국방부의 시각과 일치한다. 한 예로, 러시아 국방장관 세르게이 쇼이구Сергей Шойгу는 러시아군의 현대화를 위해 지구 궤도상 군사위성에 대한 접근이 필수적임을 강조한 바 있다(Defence Intelligence Agency, 2019: 23).

우주에 대한 러시아의 인식은 단일하지 않다. '러시아연방 우주활동 관련법'

에 강조한 바와 같이 과학기술 및 경제적 가능성의 공간, 「러시아 군사 독트린」에 나온 것처럼 전쟁의 공간, 강대국 간 경쟁의 공간 등 다양한 시각으로 우주를 바라보고 있는 것이다. 물론 소련 시대의 시각과 마찬가지로 우주를 군사 갈등의 영역, 패권 경쟁의 공간, 핵전쟁의 단초가 될 수 있는 공간으로 인식하고 있지만, 한편으로는 우주의 경제적 및 과학기술적인 가능성도 파악하게 되면서 러시아의 인식은 소련 시절에 비해 다양화되었다.

마지막으로 러시아 우주정책의 핵심을 이루는 문서인 「2006~2015 러시아 연방 우주프로그램」을 살펴볼 필요가 있다. 그에 따르면 우주기술 개발에 관한 러시아의 주요 과제는 첫째, 경제적·사회적·과학적·문화적인 방향성을 가지며 국가 안보를 위하여 우주 공간 사용의 효율성을 확대하고, 둘째, 우주활동 분야에서 국제협력을 확대하고 그 분야에서 러시아 연방의 국제 의무를 이행하며, 셋째, 우주력의 일부인 러시아의 우주기술 역량을 제고하는 것이라 할 수 있다(Федеральная космическая программа России на 2006~2015 гг).

러시아에게 우주영역은 국가이익을 실현하는 데 필수적인 공간이다. 우주영역은 국가의 경제·과학기술 발전과 복지 증진의 차원에서 중요성을 가지며, 전쟁의 한 영역으로서 군사적으로도 핵심적인 공간이다. 더불어, 우주기술 역량은 강대국으로서의 이미지를 구성하는 요소가 된다(Jackson, 2018: 5). 이처럼 우주는 강대국 간 경쟁과 전쟁의 영역일 뿐 아니라 경제·과학기술의 가능성으로도 가득한 영역이며, 냉전 이후 러시아의 우주정책도 우주의 복잡한 성격만큼이나 다양한 시각으로 바라볼 필요가 있다.

우주에 대한 러시아의 복합적인 인식은 우주력론의 논리와 닮아 있다. 우주력을 군사적으로 활용할 수 있다는 오베르그의 주장과, 앞서 다룬 러시아의 공식 문서들이 언급하고 있는 우주와 국가안보의 관련성, 그리고 우주는 군사뿐만 아니라 경제와 과학기술 등 국력 요소와 복합적인 관계가 있다는 인식은 서로 통하는 면이 있다. 「2006~2015 러시아연방 우주프로그램」은 상술한 것처럼 러시아의 우주역량 복구를 경제적·과학기술적·복지적·안보적 요소를 강화할 목표로 내세우고 있다. 우주에 관한 러시아의 복합적인 인식과 우주력론의 이론적 관점을 감안하면, 이러한 목표는 바로 우주력을 통해 그와 관련된 국력의 물질적 요소, 즉 경제·과학기술 등을 발전시키고 자국의 국력을 증진하고자 하는 의도와 맞닿아 있음을 알 수 있다.

3. 러시아 우주프로그램의 핵심 과제

러시아가 소련 붕괴 후 우주영역에서 패권을 잃게 된 원인으로는 다음과 같은 요인을 들 수 있다. 첫째로, 소련의 우주력은 러시아만의 것이 아니었다. 소련의 우주개발은 러시아 공화국, 우크라이나 공화국, 바이코누르 우주기지를 보유하고 있는 카자흐스탄 공화국 등 소련의 구성국 간 팀워크를 통해 이뤄졌으며, 소련 붕괴에 따라 과거 구성국에 위치해 있던 우주 시설 및 그에 포함된 기술은 모두 독립한 개별 국가에게 귀속되었다. 특히 러시아의 입장에서 가장 큰 손실은 바이코누르 우주기지와 우크라이나에 소재를 둔 로켓엔진 생산 업체들이었다. 러시아는 해당 국가들과 양자 협력을 추진해, 구소련의 우주시설에 대해 75~90% 정도의 이용권을 얻어내는 데 겨우 성공했다(Oberg, 1999: 58).

하지만 문제는 여기서 끝나지 않았다. 1991~1999년 사이 러시아의 국내 총생산은 반절 이하로 감소했고, 이 추세는 2004년에 이르러서야 겨우 회복세로 전환되었다. 여기에 심각한 경제적 부패가 겹치면서, 그렇잖아도 어려운 경제 상황은 더욱 악화되었다. 러시아의 부패 문제는 금융지원을 해줘야 할 국제통화기금IMF과 러시아 정부 간의 관계에서 자주 걸림돌로 작용했다[The World Bank(Russian Federation)]. 이로 인해, 러시아는 과거와 달리 우주영역에 우선순위를 두지 못했다.

이러한 문제는 러시아가 우주영역에서 패권을 잃게 되는 또 하나의 요인, 인력 유출로 이어졌다. 소련 붕괴 후 1996년까지 러시아 우주과학 학계에서 가장 영향력 있던 학자 100명 중 50명이 다른 일자리를 찾아 러시아를 떠났고, 지난 20년 사이 러시아를 떠난 수학자와 물리학자의 비율도 각각 70~80%와 50%에 달한다. 이렇게 러시아를 떠난 학자들은 주로 우주공학·응용 및 이론 물리학·생화학·미생물학·유전학·수학·프로그래밍 및 컴퓨터 기술 등 우주영역에 필수적인 분야를 전공으로 하고 있었다(Рязанцев · Письменная, 2013). 특히 우주공학의 경우 전체 인력의 9할이 해외로 빠져나가면서 엄청난 피해를 입게 되었다(Oberg, 1999: 59).

이처럼 1990년대부터 대두된 문제들은 아직 해결되지 않은 부분이 많고, 따라서 이러한 난국의 해결책을 모색하는 것은 오늘날까지도 러시아 우주정책의 핵심으로 남아 있다. 이어지는 항에서는 이러한 문제에 대한 러시아의 전략적 해결책을 살펴보도록 한다.

1) 위성망의 퇴보한 역량 및 기술의 회복

「2006~2015 러시아연방 우주프로그램」에서 볼 수 있는 것처럼, 1990년대 경제위기로 인해 러시아가 운용하는 궤도상 위성시스템의 질은 타국보다 더욱 뒤처졌다. 특히 1990~2000년 사이 러시아가 운용하는 위성의 수가 3분의 2로 감소한 가운데 궤도상 타국의 위성은 약 2배로 늘어났고, 그 격차는 매년 확대 일로에 있다. 또한 기술적으로 러시아산 위성의 설계수명, 처리량, 데이터 발송 속도, 데이터 자율 분석 등의 기능은 타국보다 상당히 뒤처진 수준이다. 「2006~2015년 러시아연방 우주프로그램」이 지적하고 있듯, 이런 상황이 지속 된다면 러시아는 우주공학 분야는 물론 관련된 과학기술 영역에서도 덩달아 낙 후될 가능성이 크다(Федеральная космическая программа России на 2006~2015 гг).

러시아의 글로나스GLONASS 범지구 위치결정 시스템은 러시아 우주군이 운 영하는 체계로 소련 시절 개발되어 민군겸용으로 쓰이고 있다. 러시아 위성망 의 핵심을 차지하고 있는 글로나스의 사례는 소련 붕괴 후 러시아가 겪고 있는 위성망의 역량 및 기술적 수준의 하락을 단적으로 보여준다.

소련의 붕괴 직후 경제위기로 인해 러시아 우주프로그램의 예산은 과거보다 5분의 1 수준으로 대폭 감소하면서 그 결과 많은 글로나스 위성의 사용이 중지되어 가용 위성의 수는 큰 폭으로 감소했다. 예컨대, 글로나스가 완전한 운용 능력을 가지고 전 지구에 걸친 위치결정 서비스를 제공하기 위해서는 24개 이상의 위성이 필요하지만, 2001년에 작동하는 위성의 수량은 6개에 불과했다(Antonov, 2010.12.06). 이런 상황을 타개하기 위하여 2001년 러시아는 'GLONASS 연방 프로그램 2002~2011 Федеральная программа "Глобальная навигационная система 2002~2011'을 실시하게 되었다. 이 프로그램은 새로운 위성 개발 및 지상 발사·통제 시설 여건의 개선을 촉진했고 그 결과 2003~2007년 사이에 차세대 글로나스 위성인 GLONASS-M 위성이 여러 차례 발사되었다. 그럼에도 불구하고 여전히 글로나스의 운영은 완전한 수준을 회복하지 못하고 있으며, 위치결정의 정확도가 떨어지는 등의 문제점을 안고 있었다.

러시아가 위성시스템의 지속적인 개발 필요성을 자각하는 계기가 된 사건은 바로 2008년 8월에 벌어진 러시아·조지아 전쟁이었다. 글로나스 위성 수량의 부족과 작동 중인 위성의 낙후된 기능으로 인해, 러시아군은 조지아군의 정확한 위치를 제대로 파악하지 못했고, 결국 러시아군은 나침반과 지도를 활용해서 전쟁을 수행해야 했다(McDermott, 2009: 70). 낙후된 위성기술이 군사력에 부정적인 영향을 미쳤다는 점에서 이 사례는 우주력론과 우주 정치의 논리를 방증하고 있다.

2008년 전쟁의 경험은 우주력이 지정학에 얼마나 중요한 영향을 미치는지를 보여주었으며, 러시아가 우주력 복구의 필요성을 확실히 인식하는 계기가 되었다. 전쟁 이후 러시아는 글로나스를 비롯한 위성시스템의 복원을 우주프로그램의 최우선순위에 올렸다. 그 결과 '2012~2020년 GLONASS 시스템의 유지·개발 및 사용에 관한 연방 프로그램 Федеральная целевая программа "Поддержание, развитие и использование системы ГЛОНАСС на 2012~2020 годы'이 수립되었다. 그 핵심 과제로는 글로나스가 타국의 범지구 위치결정 시스템(특히 미국의 GPS와 중국의 베이더우)과 기술적으로 동등한 수준에 오를 수 있게끔 하기 위한 향후 개발, 그리고 해외 글로나스 사용자 네트워크의 확대를 통한 경쟁력의 확보 등이 있다(Информационно-аналитический центр КВНО ФГУП ЦНИИмаш). 러시아 위성시스템의 역량과 기술 수준 향상을 위해 2011년부터 새로 개발된 GLONASS-K(GLONASS의 제 3세대) 위성의 발사를 시작하기도 했다. 2012년 글로나스 시스템의 후속 개발을 위하여 러시아는 3200억 루블의 국가예산을 투자했다.

하지만 이러한 일련의 과정은 결코 순탄치 않았다. 2012년에는 예산 중 65억 루블을 부정하게 지출 또는 횡령했다는 혐의로 수사가 진행되었으며(KM.RU 2012.11.09), 2013년에는 8500만 루블이 횡령되어 새로운 조사가 시작되었다(Чеберко, 2013.5.30). 그뿐 아니라 2014년 러시아가 우크라이나의 크림반도를 합병하면서 서방국가들은 러시아산 위성의 생산을 위해 필요한 전자제품에 대해 금수조치를 시행했다(Panin, 2014.8.3). 이에 따라 글로나스 제4세대 위성인 GLONASS-K2 위성의 발사는 2019년 이후로 연기되었다.

이와 같은 우여곡절에도 불구하고 러시아는 2015년 글로나스의 완전한 운용에 필요한 수인 24기까지 궤도상 위성을 늘리는 데 성공했다. 하지만 글로나스 시스템의 위성들은 설계수명이 길지 않으며, 수명이 다하면 바로 기능을 상실하게 된다. 예를 들면, 글로나스의 제 2세대인 GLONASS-M의 설계수명은 7년이고 GLONASS-K와 K2의 경우에는 10년인 반면, 미국이 현재 활용하고 있는 GPS 체계의 경우 2세대인 Block II와 3세대인 Block III 위성의 설계수명은 공히 12~15년에 달한다. 이처럼 러시아는 자국의 위성망 역량을 유지하기 위해 미국보다 더 많은 개발과 발사를 할 수밖에 없는 상황이다.

2) 순수 러시아산 앙가라 발사체 개발 및 대량생산 시작의 필요성

소련 붕괴 이후, 소련에서 널리 활용했던 제니트-2 Zenit-2, 드네프르 Dnepr와 치클론 Tsyklon 등 발사체의 생산자들은 독립한 우크라이나의 기업으로 변모했다. 이 때문에 이들 발사체의 사용은 러시아·우크라이나 관계의 영향을 크게 받게 되었다. 그뿐 아니라 러시아산 대형 발사체인 프로톤-M Proton-M과 호환되는 발사대는 오직 바이코누르 기지에만 존재했는데, 소련 붕괴 후 바이코누르 기지는 카자흐스탄의 자산으로 귀속되었다. 바이코누르의 지속적인 사용에 대해 카자흐스탄과 진행한 협상은 난항을 겪었다. 이와 같은 이유로 러시아는 쇠퇴한 우주력을 강화하기 위해 러시아 내에 위치한 기지에서 발사가 가능한 국산 발사체가 필요했다.

그러한 발사체를 개발하기 위해 1990년대 초반 러시아 정부는 자국 내 기업을 대상으로 입찰을 진행했고, 소련 시절 프로톤 발사체를 개발한 바 있던 흐루니체프사 Государственный Космический Научно-Производственный Центр имени М. В. Хруничева가 제안한 앙가라 Angara 발사체를 채택했다. 하지만 경제위기와 심한 부패 등 내부적 원인으로 인해 앙가라의 최초 발사는 개발이 제안된 지 22년 만인 2014년에 플레세츠크 우주기지 Плесецк에서 이뤄질 수 있었다.

첫 발사는 성공적이었지만, 앙가라 로켓은 2020년까지도 아직 양산 단계에 접어들지 못했다. 앙가라의 첫 상용 발사는 2021년에 고네츠-M Gonets-M 계열 통신 위성을 지구궤도로 운반하는 것으로 계획되어 있다(Риа-Новости, 2019. 6.10). 로스코스모스 대표인 드미트리 로고진 Дмитрий Рогозин의 발표에 따르면 앙가라의 양산은 2023년에 시작될 예정이고, 그때부터 매년 최소 8개의 로켓을 생산해 보스토치니 우주기지에서 발사할 계획이다(ТАСС, 2019.2.22).

현재 앙가라 발사체에는 두 가지 모델이 있다. 첫째는 3.8톤의 유상하중 payload을 운송할 수 있는 앙가라-1.2 모델이고 둘째는 24.5톤의 유상하중을 운송할 수 있는 대형 발사체인 앙가라-A5다. 앙가라-A5는 현재 인공위성을 궤도로 운반하기 위해 사용하는 프로톤-M을 완전히 대체할 예정이며, 따라서 앙가라의 대량생산은 러시아 우주전략의 핵심 과제 중 하나이다. 프로톤-M과 앙가라-A5는 기능 면에서 거의 유사하지만, 프로톤-M의 발사가 가능한 시설은 러시아 내에 없기 때문에, 러시아가 바이코누르가 위치한 카자흐스탄에 완전히 의존하게 되는 상황을 초래한다. 러시아 전문가들은 앙가라에 대해, 러시아 국방부의 요구를 반영해 필요한 모든 고도 범위에 다양한 유형의 운반체를 운반할 수 있도록 설계된 순수 러시아산 발사체로서, 전략적인 차원에서 가치가 있을 뿐 아니라 부품에 대한 해외 수입 의존에서 벗어날 기회를 줄 수 있는 발사체라는 평을 내리고 있다(Матвеев·Назаров·Вербицкий, 2016.22).

그런데 첫 발사가 2014년에 성공적으로 이뤄졌음에도 불구하고 대량생산이 왜 아직도 요원한 것일까? 일단 앙가라 계열 로켓이 완전히 러시아산 제품으로 만든 로켓이 되리라는 당초 예상과 달리, 2014년까지 앙가라에 쓰이는 압력 티타늄 탱크 등 장비가 우크라이나 유즈노예 국립 설계국(우크라이나어: Державне конструкторське бюро «Південне» ім. М. К. Янгеля)으로부터 수입되고 있던 것으로 밝혀졌다(Russian Space Web, 2019a). 압력 티타늄 탱크는 로켓엔진에 고압 헬륨을 공급하는 필수 부품이다. 2014년 러시아가 우크라이나 크림반도를 합병하고 우크라이나 동남부에서 분리주의 활동을 지원함에 따라 양국 관계가 최악으로 치닫자, 이러한 협조는 불가능해졌다. 이에 러시아 정부는 앙가라 발사체에 필요한 압력 티타늄 탱크 국산화를 위해, 2016년까지 생산라인을 완비할 수 있도록 보로네시 기계창Воронежский механический завод에 많은 투자를 했다고 알려졌다(Russian Space Web, 2019a). 이로 인해 대량생산은 미뤄질 수밖에 없었다.

둘째, 앙가라의 대량생산을 맡은 폴료트 생산조합Производственное объединение «Полёт» 공장이 대규모 보수공사를 필요로 했다. 러시아 옴스크시에 위치한 이 소련 시대 시설은, 2009~2014년 사이 71억 루블의 예산이 책정된 보수공사를 거쳤으며 2015~2020년 사이 다시 7억 루블을 들여 생산라인의 디지털화를 포함하는 대규모 시설보수 공사가 진행 중이다(Russian Space Web, 2019b). 이와 같은 이유로 인해 앙가라의 대량생산은 계속 연기되었고 2023년 전에는 시작하기 어려울 것으로 전망된다. 따라서 그때까지 러시아는 앙가라-A5 대신 카자흐스탄 바이코누르 기지에서만 발사가 가능한 프로톤-M 발사체를 계속 사용할 예정이며, 그만큼 카자흐스탄에 대한 의존은 지속될 전망이다. 이런 상황은 러시아 우주력을 약화시킬 수밖에 없으며, 따라서 러시아의 입장에서 앙가라의 조속한 대량생산은 러시아의 국력 강화와 직결되는 과제라 할 수 있다.

앙가라 발사체의 부품은 한국의 나로호 프로젝트에서 활용된 바 있기 때문에, 이러한 일련의 사실은 한국에도 중요하다. 나로호는 한국항공우주연구원, 대한항공과 러시아 흐루니체프사가 공동으로 개발한 한국 최초의 발사체이며 앙가라-A5와는 약 80%가 유사하다고 한다(Риа-Новости, 2009.8.10). 2009년과 2010년 각각 STSAT-2A와 STSAT-2B 위성을 탑재한 나로호의 시험 발사는 모두 실패로 끝났고, 2013년 3차 발사에 이르러 성공한 바 있다.

3) 바이코누르 우주기지 의존에 대한 해결책의 모색

사상 최초의 유인 우주 비행을 이룩한 유리 가가린의 로켓은 바이코누르 우주기지에서 발사되었고, 그 이전의 스푸트니크 인공위성도 마찬가지였다. 소련 시대에 걸쳐 바이코누르 우주기지는 모든 군용 발사와 유인 우주비행, 기타 위성 발사가 진행되는 핵심적인 우주기지였다. 이로 인해 소련의 붕괴로 카자흐스탄이 독립하자마자 러시아는 바이코누르 임대 문제의 해결에 착수했다. 그 결과 1994년 러시아와 카자흐스탄은 '바이코누르 우주기지 사용의 기본 원칙과 조건에 대한 러시아와 카자흐스탄 간의 협의Соглашение между Российской Федерацией и Республикой Казахстан об основных принципах и условиях использования космодрома "БАЙКОНУР"' 각서를 체결해, 현재까지 이어지는 협력관계를 시작했다. 이에 따라 러시아는 매년 카자흐스탄에 1.15억 달러의 임대료를 납부하고 주변 지역의 발전을 위해 연간 3억 8500만 달러를 투자하고 있다(Kumkova, 2013.1.29). 바이코누르의 임대는 2050년까지 예정되어 있다.

바이코누르 우주기지는 러시아 입장에서 지금도 매우 중요한 역할을 하고 있다. 첫째, 1996년부터 지금까지 로스코스모스는 바이코누르 우주기지에서 프로톤-M 발사체를 활용해 40개의 상업용 인공위성을 발사했다. 이런 과정에서 로스코스모스가 얻은 총소득은 약 20억 달러로 추산된다(Матвеев·Назаров·Вербицкий, 2016: 24). 둘째, 장래의 우주개발을 염두에 두었을 때에도 바이코누르는 러시아의 매우 중요한 자산이다. 2012년 기준으로 러시아 내부에 있는 플레세츠크 Плесецк 우주기지는 전체 발사의 25%만을 담당했으며 나머지 75%는 주로 바이코누르에서 진행되었다(Самофалова, 2012.4.6). 셋째, 군사위성의 경우에도 바이코누르에서만 발사할 수가 있다. 자국의 군사 안보와 경제가 타국과의 정치적 관계에 의존하는 상황에 문제가 있다는 러시아 내부 전문가의 지적이 잇따르면서, 바이코누르 우주기지에 대한 지나친 의존으로부터의 탈피는 러시아 우주영역의 핵심 과제 중 하나가 되었다(Матвеев·Назаров·Вербицкий, 2016: 24). 그 해답은 바이코누르와 비슷한 위도에 있는 러시아 영토 내에 새로운 우주기지를 건설하는 것이었다. 그 기지가 바로 보스토치니 Восточный 우주기지이다.

보스토치니 우주기지 건설의 필요성에 대한 최초의 기록은 2006년에 통과된 연방 세부 프로그램 '러시아연방의 우주활동의 보장을 위한 2006~2015년간 우주기지의 개발 Федеральная целевая программа "Развитие российских космодромов на 2006~2015 годы'에 나타난다. 그 후 2007년 블라디미르 푸틴 러시아연방 대통령은 '보스토치니 우주기지에 관하여 О космодроме Восточный'라는 제목의 대통령령을 통해 최단시간 내 착공을 지시했다. 공사 계획에 따르면 보스토치니는 2015년 준공을 목표로 하고 있었으며, 이를 위한 인프라 개발에 830억 루블의 예산이 책정되었다(Правительство России, 2014). 보스토치니에서 최초의 발사는 2015년으로 예정되었으며, 이보다 다소 늦은 2016년 Soyuz-21a 중형 발사체를 통한 최초 발사가 성공적으로 이뤄졌다. 그러나 준공이 늦어짐에 따라, 보스토치니 우주기지의 본격적인 운영은 2020년 이후에야 가능할 것으로 전망된다(Матвеев·Назаров·Вербицкий, 2016: 29).

2017년에는 연방 세부 프로그램 '러시아연방 우주활동의 보장을 위한 2017~2025년 우주기지의 개발 Федеральная целевая программа "Развитие космодромов на период 2017~2025 годов в обеспечение космической деятельности Российской Федерации' 이 발표되었고, 해당 문건에서는 보스토치니에 대형 리프트 발사체를 위한 발사대 등의 인프라를 구축하는 것을 러시아의 국가적 우선순위로 명시했다(Правительство России, 2017). 즉, 오직 바이코누르에서만 발사할 수 있었던 프로톤-M 대형 리프트 발사체를 앙가라-A5로 대체하기로 함에 따라 보스토치니에 발사시설을 구축하려는 것이라 할 수 있다. 이는 카자흐스탄에 있는 바이코누르에 대한 의존도를 줄이려는 움직임의 일환이다.

4. 국제협력의 주요 현안에 대한 러시아의 입장

관습화된 우주 관련 국제규범은 우주력을 보유하고 있는 국가의 행동을 제한할 수 있다. 따라서 우주력을 가진 국가는 자신의 국익 추구가 그러한 제한을 받지 않도록 우주규범과 그에 대한 담론을 변화시키고자 한다. 특히 아직 관습화된 규범이 등장하지 않은 현안에서 러시아를 포함한 우주강국들의 관점 차이는 확연히 드러나고 있다. 이 절은 그러한 현안들, 즉 우주공간의 군사화와 무기화, 자위권, 우주파편물 제거, 투명성신뢰구축조치, 장기지속성 가이드라인과 달 탐사 등 주요 현안에서 러시아가 어떤 공식적 입장을 표명하고 있는지를 살피고자 한다. 또한 서방과의 정치적 갈등이 어떻게 러시아의 우주기술 수출입에 악영향을 미치고 있는지를 더불어 살펴본다. 이를 통해 러시아가 국제 우주규범에 대한 적극적 외교정책으로 자국의 우주력을 키우는 한편 우주 국제법과 규범에도 영향을 미치려 함을 주장하고자 한다.

1) 우주공간의 군사화·무기화 및 러시아 대 서방 입장 차이

러시아는 우주의 비군사적 사용에 대한 규범의 개척자라 할 수 있다. 2002년 미국이 탄도탄요격유도탄 조약에서 탈퇴하면서, 러시아는 이에 대응해 2004년 UN 군축이사회를 통해 우주 비군사화에 대한 제안을 발표했다. 이 발표의 내용은 2008년에 제안된 '우주에서의 무기 배치와 우주물체에 대한 위협과 무력 사용 금지에 관한 조약안Treaty on the Prevention of the Placement of Weapons in Outer Space: PPWT'으로 발전했다. 미국과 다른 국가의 비판을 반영해 검증 메커니즘은 언급되지 않았으며, 우주공간에 대한 무기 배치만 반대하는 가운데 개발 그 자체는 허용했다. 또한 우주에서 궤도상 위성을 요격할 수 있는 무기를 금지하면서 그에 상응하는 지상무기체계, 즉 '지상 발사 반反위성 무기ASAT'는 금지하지 않았다(Jackson, 2018: 16). 이후 2014년에 러시아와 중국은 검증 메커니즘에 대한 조항을 포함하고 있는 PPWT의 초안을 발표했지만 또다시 대다수의 거부를 받았다(Jackson, 2018: 17). 하지만 이러한 비판과 거부는 우주의 비군사적 사용을 주장하는 러시아의 기세를 전혀 꺾지 못했다. 2016년 러시아는 베네수엘라와 함께 우주에 무기를 배치하지 않겠다는 공동성명을 발표했다. 이처럼 러시아는 우주공간 비군사화의 가장 열렬한 지지자 중 하나라고 볼 수 있다.

2014년에 러시아와 중국이 제안한 PPWT 개정안이 거부당한 뒤, 러시아와 중국, 브라질은 유엔총회에서 '우주공간 무기 선제 배치 금지No First Placement of Weapons in Outer Space, NFP, A/RES/69/32' 결의를 발의했다. 해당 결의안은 126개국의 찬성을 받아 채택되었고, 미국·조지아·우크라이나·이스라엘 4개국의 반대를 받았으며, 유럽연합은 기권했다. 유럽연합을 대표하여 에스토니아가 설명한 기권의 사유는, "본 결의는 국가 간의 신뢰를 강화하려는 목표에 적절하게 대응하지 않고 오히려 우주공간에 군사 갈등의 가능성을 야기한다"라는 것이었다(Froehlich, 2019: 90). 또한 유럽연합의 입장에서 "우주에서의 무기"라는 개념에 대한 정의가 명확하지 않다는 사실도 고려되었다(Froehlich, 2019: 91). 이런 핵심적인 개념이 명확하지 않으면 한 국가가 무기가 아니라고 생각하는 물체를 우주에 배치했음에도 불구하고 다른 국가가 이를 무기로 간주하여 군사 갈등을 야기할 수 있기 때문이다. 이처럼 우주의 평화적 이용에 대해 러시아와 다른 입장을 가진 유럽연합은, 러시아가 제안한 유엔총회 결의 A/RES/69/32가 채택된 후 별도로 ICoCInternational Code of Conduct for Outerspace Activities라는, 우주공간의 비군사화와 평화적 사용, 우주파편물 및 우주공간의 국가의 자위권 등에 대한 독자적인 규범을 내세웠다(Froehlich, 2019: 90).

우주의 군사화 및 무기화에 관한 의제에 있어서 러시아는 유럽연합뿐 아니라 미국과도 의견의 차이를 보이고 있다. 미국은 반反위성 무기의 사용을 포함한 각종 수단을 동원해 우주공간에서 자위권을 행사하겠다는 의견을 피력하고 있다. 특히 미국이 2006년 발표한 『우주정책백서National Space Policy: NPS』는 "우주에서 데이터를 획득하고 우주에서 독립적으로 활동할 수 있는 미국의 기본 권리에 대한 제한을 거부"한다는 주장이 나타나고 있다. 미국은 이를 통해 우주력의 확대와 잠재적 적국에 대한 억지deterrence를 이루고자 하고 있으며, PPTW와 NFP 등의 규범 논의가 자국의 우주 군사력을 제한하려는 시도라고 의심하고 있다(Froehlich, 2019: 33).

2) 우주파편물 및 우주공간에서 국가의 자위권

우주파편물은 지난 수십 년간 우주활동과 관련하여 두드러진 환경문제다. 이미 1990년대 후반에 미국 STASpace Transportation Association와 NASA의 공동 연구는 우주파편물 충돌 가능성에 대한 우려를 표명했다(Froehlich, 2019: 31). 우주파편물 문제의 심각성과 그에 대한 해결책을 모색할 필요성은 국제무대의 모든 행위자들이 인정하고 있지만, 그에 대한 접근은 국가별로 상이하다. 러시아는 우주파편물 문제와 우주공간의 자위권 문제를 결부하여 접근하고 있다.

앞에서 언급한 바와 같이, 러시아 대 서방, 특히 러시아 대 유럽연합 간에는 우주 비군사화 규범에 있어 큰 입장 차가 나타나고 있다. 2014년 러시아의 '우주공간 무기 선제 배치 금지 결의안'에 대한 대응책으로 유럽연합이 추진한 ICoC의 4.2항에 따르면, "가입국은 우주활동을 수행함에 있어 우주물체에 직간접적으로 손상 또는 파괴시키는 행위를 자제하기로 결의한다. 그것에 대한 예외는 ① 인간의 생명이나 건강이 위험에 처한 경우, ② 우주파편물을 줄이려고 하는 경우, ③ UN헌장에 따른 개인 또는 집단자위권 행사의 경우 등이다 (Draft International Code of Conduct for Outer Space Activities, 2014)". 또한 4.1항을 보면 "가입국은 우주사고, 우주물체 간의 충돌 또는 다른 국가의 평화로운 탐사 및 우주 사용에 대한 모든 형태의 유해 간섭을 최소화하기 위한 정책 및 절차를 수립하고 이행하기로 결의한다"라는 내용을 확인할 수 있다. 이와 같은 ICoC의 내용은, 우주파편물이 타국 위성 등의 물체와 충돌하여 평화적인 우주 사용에 지장을 줄 수 있기 때문에 국가자위권의 문제와 관련이 있고, 따라서 우주파편물을 제거하는 것은 자위권의 보장에 해당한다는 해석을 반영하고 있다.

러시아는 이러한 해석에 대해 반대 입장을 취하고 있다. 제60회 UN 외기권의 평화적 이용에 관한 위원회에서 러시아 대표단은 유럽연합의 우주파편물 제거 정책에 대해 다음과 같이 주장했다.

우리에게 잘 알려진 ICoC의 핵심적인 부분인 4.2항은, 우주파편물 감축이나 안전 고려 사항 등의 터무니없는 이유로 타국의 우주물체를 파괴의 대상으로 삼는 초법적인 수단에 대해 기이하게도 타당성과 합리성을 부여하려 한다. 우리는 그런 정책의 의도를 알아내려 노력해 보았지만, 그에 대한 설명과 정책 자체가 타당성이 없었기에 이를 이해하려는 노력도 헛될 수밖에 없었다. 이 정책을 입안한 국가의 우주위성 같은 물체가 우주파편물을 줄인다는 명목으로 파괴된다면, 그 국가는 이를 당연한 일로 받아들일 수 있을까? 아무래도 이 정책은 우주공간에서 강제력을 독점하고 있는 특정국의 관점을 반영하고 있는 듯하다(Froehlich, 2019: 87).

이러한 주장을 보면 러시아는 우주파편물 제거의 문제를 자국의 우주물체를 파괴하기 위한 서방의 구실로 인식하고 있는 것으로 보인다. 우주파편물 제거와 국가자위권 문제에 대한 러시아와 유럽연합의 시각 차이는 우주공간에서의 국가자위권에 관해 국제무대에 보편적인 동의가 부재한 현실에 기인한다. 그러한 관점에서 UN 외기권의 평화적 이용에 관한 위원회에서 러시아는 우주공간에서 국가 자위권의 통일한 해석을 지속적으로 옹호해 왔다. 그러한 노력의 일환으로 러시아 대표단은 제58회 UN 외기권의 평화적 이용에 관한 위원회에서 「Achievement of a uniform interpretation of the right of self-defence in conformity with the Charter of the United Nations as applied to outer space as a factor in maintaining outer space as a safe and conflict-free environment and promoting the long-term sustainability of outer space activities(A/AC.105/L.294)」라는 제목의 워킹 페이퍼를 발표했다. 이 워킹 페이퍼는 우주활동의 안전 및 보안에 대한 다양한 측면과, 그와 관련해 진행 중인 이니셔티브 및 프로젝트 사이의 밀접한 관련성을 강조하고 있다. 이 문서에 나타난 러시아의 관점을 보면, 러시아는 우주공간에서 자위권을 법적으로 인정하는 것이 우주공간을 전쟁의 공간으로 인정하는 것은 아니라고 보고 있음을 알 수 있다. 러시아에게 있어 우주공간의 국가자위권에 대한 논의는 오히려 우주안보에 관한 다자적 접근의 전제조건이라 할 수 있다. 하지만 러시아의 워킹 페이퍼는 향후 논의나 워킹 그룹의 진행 등에 있어 국제적인 반응을 이끌어내지 못했다.

한편 이에 대해 미국은 조심스러운 입장을 취하고 있다. 2010년 미국『우주

정책백서』가 등장하기 전에 우주파편물에 대한 미국의 전략은 "우주파편물의 최소화seek to minimize, strive to minimize"에 가까웠다(Tian, 2019: 157~159). 이러한 입장은 외교무대에서의 발언에도 반영되고 있다. 그러나 2010년 미국『우주정책백서』에서 볼 수 있는 바와 같이 미국은 우주파편물의 적극적 제거를 지지하는 입장을 취하게 되었고, 우주파편물의 적극적 제거에 비판적인 러시아의 입장과는 큰 이견을 보이고 있다.

3) 투명성 신뢰구축 조치(TCBMs)

2018년 4월 UN 군축이사회UNDC에서 러시아 대표단은 우주공간의 투명성 신뢰구축 조치에 대한 자국의 입장을 담은 워킹 페이퍼A/CN.10/2018/WG.2/CRP.2를 발표했다. 이 워킹 페이퍼는 TCBMs에 대한 러시아의 입장을 일목요연하게 정리하고 있다. 러시아는 지금까지 제안된 TCBMs 중 가장 효율적인 안이 바로 러시아가 추진한 '우주공간 무기 선제 배치 금지' 이니셔티브라고 주장하고 있다. 해당 이니셔티브는 발의 당시 3분의 2에 육박하는 유엔 회원국의 지지를 받았으며, (러시아의 주장에 따르면) '유엔정부전문가그룹UN Group of Governmental Experts: UNGGE'의 TCBMs 기준을 충족하고 있다. 러시아는 우주기술을 보유한 모든 국가들이 NFP 이니셔티브에 동참함으로써 우주의 비군사화를 한결 진전시킬 수 있다고 주장한다(UN Disarmament Commission, 2018 A/CN.10/2018/WG.2/CRP.2,: 1~2). 그러나 앞서 언급한 바와 같이 러시아의 이니셔티브는 미국·이스라엘·조지아·우크라이나의 반대와 유럽연합의 기권에 직면하고 있어 보편적인 TCBMs으로 인정받기는 쉽지 않을 것으로 보이며, 러시아 역시 이 점을 인지하고 있는 것으로 보인다.

워킹 페이퍼에서 러시아는 유엔정부전문가그룹의 TCBM에 관한 최초 보고서인 'A/68/189'가 보편적인 TCBMs을 개발하는 출발점임을 명시하고 있다. 또한 러시아는 보편적인 TCBMs을 개발하는 과정에서 유엔정부전문가그룹 최초 보고서뿐 아니라 러시아가 유엔에서 발표한 다양한 워킹 페이퍼, 2018년에 UN 외기권의 평화적 이용에 관한 위원회에서 통과된 장기지속 가이드라인 (A/A.105/L.315), 우주에 관한 유엔 사무총장의 보고서(A/65/123), 'Allocation of Loss in the Case of Transboundary Harm Arising out of Hazardous Activities(A/RES/61/36)'과 'Consideration of Prevention of Transboundary Harm from Hazardous Activities and Allocation of Loss in the Case of Such Harm(A/RES/71/143)' 등의 결의안을 참고하여 복합적으로 논의를 전개할 것을 주장하고 있다.

전반적으로 TCBMs에 대한 러시아의 관심은 이슈에 대한 자발적인 접근을 만들어내는 것이다. 유엔정부전문가그룹 제20조는 "군사 갈등을 야기할 수 있는 오인과 오해를 감소시키기 위하여 국가 간에 정보를 공유하는 조치이다"라고 투명성 신뢰구축 조치를 정의한다. 여기에서 러시아가 강조하는 부분은 국가 간의 정보 공유가 자발적으로 실시되어야 한다는 점이다. 물론 군사 갈등을 예방할 수 있는 정보는 국가의 군사 기밀과 관련한 정보를 포함할 수 있기 때문에 이런 정보 공유에 대해서 강요가 있으면 안 된다. 하지만 이 자발성 원칙으로 인해 러시아의 TCBM은 법적 구속력이 있는 계약보다 약할 수밖에 없다 (UN Disarmament Commission, 2018 A/CN.10/2018/WG.2/CRP.2: 3~4). 따라서 TCBM에 대한 러시아의 입장은 TCBM이 법적 구속력이 있는 양자적 또는 다자적 계약과 결합되어야 한다는 것이다.

4) 장기지속성 가이드라인(LTS)

2018년 4월에 UN 군축이사회에서 러시아가 발표한 워킹 페이퍼A/CN.10/ 2018/WG.2/CRP.2에 따르면, UN 외기권의 평화적 이용에 관한 위원회에서 제시된 장기지속성 가이드라인은 유엔정부전문가그룹 보고서가 제시한 TCBM에 규제 기능을 부여하는 것으로 해석될 수 있어 큰 의의를 가진다. 러시아는 그러한 맥락에서 UN 외기권의 평화적 이용에 관한 위원회에 가이드라인 초안을 제출한 바 있다(UN Disarmament Commission, 2018 A/CN.10/2018/WG.2/CRP.2, 6).

수년 전부터 UN 외기권의 평화적 이용에 관한 위원회는 우주활동의 장기 지속가능성의 다양한 측면을 논의해 왔다. 2010년 UN 외기권의 평화적 이용에 관한 위원회 산하 과학기술소위원회Scientific and Technical Subcommittee는 우주 분야 국제협력 주요 현안의 안건을 다루기 위해 우주활동의 장기 지속가능성에 관한 실무그룹Working Group on the Long-term Sustainability of Outer Space Activities을 성립했다. 실무그룹은 지구의 지속 개발을 포함하는 우주의 지속 개발, 우주파편물, 우주상황인식 및 우주공간의 행위자를 위한 규범 등의 주제를 다루고 있다. 러시아도 실무그룹과 과학기술소위원회에 참여하면서 장기지속성 가이드라인의 개발에 적극적인 태도를 보이고 있다. 2016년 6월 과학기술소위원회는 12개 항목의 장기지속성 가이드라인 채택에 합의했다(United Nations Office for Outer Space Affairs, 2018).

이후 2018년 4월, 87개국은 새로운 9개의 가이드라인을 통과시켜 현재 가이드라인은 총 21개에 달한다. 그러나 러시아는 이 9개 가이드라인에 대해 매우 비판적인 태도를 취하며 채택을 거부했다. 이는 러시아의 초안이 이 가이드라인에 포함되지 않았기 때문이었다(Weeden and Samson, 2018.4.4). 러시아는 단순히 장기지속성 가이드라인에 동의하지 않은 것이 아니라 유엔에서 자국의 거부권을 활용하여 가이드라인 전체에 대해 1년 동안 거부를 지속했다. 하지만 국제여론으로부터 고립을 두려워한 러시아는 결국 2019년 6월의 세션에서 총 21개의 가이드라인을 승인했다(Hitchens, 2019.6.25). 반면 미국은 21개조 가이드라인 전체에 대해 적극적인 지지를 보였다.

러시아는 여전히 자신의 뜻을 굽히지 않고 있다. 2019년 6월 20일 러시아·벨라루스·중국·니카라과·파키스탄은 UN 외기권의 평화적 이용에 관한 위원회에 「Proposal on the Modalities of the Working Group on the Long-Term Sustainability of Outer Space Activities of the Committee on the Peaceful

Uses of Outer Space(A/AC.105/2019/CRP.10/Rev.2)」라는 제목의 페이퍼를 제출했다. 이에 따르면 마감이 없는 채로 유지되는 standing open-ended 실무그룹을 구성해서, 러시아가 제출한 7가지 가이드라인 초안A/AC.105/C.1/L.367을 지속적으로 논의해야 한다. 즉 러시아는 자국이 제안한 가이드라인을 포기하지 않은 것이다.

5) 달 탐사

냉전 시기 소련은 미국과 달리 결국 달 표면에 우주인을 보내지 못했다. 따라서 달 유인 탐사는 지금까지 러시아 우주 과학자들의 가장 간절한 소원 중 하나로 남아 있다. 그런데 이 글의 서론과 제3절에서 언급한 바와 같이 러시아 우주영역 인프라는 많은 개선을 필요로 하는 상태이기 때문에, 실제로 러시아 우주비행사가 달의 표면을 언제 밟을 수 있을지는 예상하기 어렵다. 일단 「2030년 러시아 우주활동 발전 전략」에는 2030년까지 달 표면에 러시아 우주비행사를 착륙시키고, 달 기지로 모듈 및 화물을 운송할 수 있는 착륙선 등 인프라의 개발이 목표로 명시되어 있다. 그런 가운데 미국 트럼프 행정부는 2024년까지 미국 비행사들을 달 표면으로 보내기로 했다(Koren, 2019.3.28). 러시아는 미국이 자신에 앞서 달 표면에 필요한 인프라를 구축해 달의 자원을 선점해 자국의 자산으로 선포할 수 있다는 우려를 품고 있다. 그런 우려는 제73회 유엔총회 제4위원회의 평화적인 우주 이용에 대한 세션에서 러시아 대표가 한 발언에서 매우 강하게 나타난다. 이 발언을 통해 러시아는 장기지속성 가이드라인 등의 중요한 우주 분야의 현안을 다루는 한편 타국의 달 탐사에 대해 비판적인 입장을 취하고 있다.

러시아 대표는 이 발언에서 1979년에 체결된 '달과 다른 천체에서의 국가 활동 규제에 관한 합의Agreement Governing the Activities of States on the Moon and Other Celestial Bodies'를 언급한다. '달 조약Moon Treaty'으로도 알려져 있는 이 협

약의 조인국은 호주, 오스트리아, 벨기에, 카자흐스탄, 레바논, 모로코, 멕시코, 네덜란드, 파키스탄, 페루, 우루과이, 필리핀, 칠레, 과테말라, 인도, 루마니아와 프랑스 등의 17개국뿐이며, 따라서 국제무대에서 큰 효력은 없지만, 우주의 모든 자원은 공동의 자산이고 그것을 그 어떤 국가도 보유할 수 없다는 법적인 선례를 만든 협약이기도 하다. 즉 해양법에 관한 유엔 협약과 유사한 의미를 가진다. 러시아 대표에 따르면, 당시 소련이 달 조약에 가입하지 않은 것은 그 당시에 달을 탐사할 수 있는 기술을 보유하지 않았기 때문이었다(Постоянное представительство Российской Федерации при Организации Объединенных Наций, 2018).

달 조약을 언급하면서 러시아 대표는, 현재 많은 국가들이 협약의 원칙과 상반되는 방식으로, 달 탐사를 달의 천연자원에 대한 소유권의 근거로 삼으려 한다고 강력하게 비판했다. 그런 국가들이 유엔을 배제하고 다른 국제 플랫폼을 활용하여 달을 탐사함으로써 달의 천연 자원에 대한 소유권을 합법화하려고 한다는 것이다(Постоянное представительство Российской Федерации при Организации Объединенных Наций, 2018). 비록 특정 국가가 구체적으로 언급되지는 않았지만, 이 발언이 미국을 대상으로 하고 있음은 명백하다.

6) 서방의 대러시아 제재

러시아의 외교적 관계는 러시아의 우주 제품에 관한 수출통제 문제를 야기했다. 2014년에 러시아가 유럽연합 회원국들과 국경을 접하고 있는 우크라이나의 크림반도를 합병하고 우크라이나 동남부의 친러시아 분리주의자를 지원하게 되면서, 미국과 유럽연합은 모든 민군겸용기술과 그 부품에 대한 대러시아 금수조치를 시행했다(전략물자관리원, 2017). 이 정책은 러시아의 우주영역에 매우 큰 피해를 야기했다. 외부로부터의 부품 수입이 끊기면서, 정찰위성과 같이 수입 부품에 의존하는 장비를 생산하기 어려워진 것이다. 러시아의 정촬위성 생산에 필요한 부품 공급 업체 중 에어버스 그룹Airbus Group과 탈레스 알레니아 스페이스Thales Alenia Space 등 유럽 업체는 상당한 비중을 차지했다 (Panin, 2014.8.3). 이처럼 러시아의 군사적·외교적 활동으로 인해 야기된 서방의 제재는 러시아 우주산업, 특히 전자제품의 75%를 수입에 의존하는 위성 생산에 많은 지장을 주었다(Moltz, 2019: 83).

2018년 3월, 러시아의 정보원들이 영국에 거주하던 이중 첩자 세르게이 스크리팔Сергей Скрипаль과 그의 딸 율리아 스크리팔을 화학무기를 사용해 살해하는 사건이 발생했다. 이는 기존의 제재가 더 강화되는 계기가 되었다(Mikhailova, 2018.8.9). 이 제재에 대응하고자, 러시아는 자국 발사체를 활용해 미국 우주비행사를 국제 우주정거장으로 수송하던 것을 2019년 이후 중단하겠다고 밝혔다(The Moscow Times, 2018.8.31). 이뿐만 아니라 보잉Boeing과 록히드 마틴 Lockheed Martin이 생산하는 애틀러스 5Atlas 5 발사체의 필수 부품인 RD-180 엔진의 공급을 끊을 수도 있음을 밝히며 미국을 압박했다. RD-180은 미국 우주산업에서 대체품이 없는 제품이었기 때문에 우크라이나 위기 이후 서방국가들이 시행한 금수조치에서도 예외 항목에 속했고, 실제로 조치 이후에도 수입이 계속되었다(Luhn, 2018.8.9).

미국은 러시아의 경고를 간과하지 않았다. 2019년 미국 국방부는 러시아산 위성과 발사체를 구매 금지 블랙리스트에 올렸다. 즉 2019년 5월 31일 국방부가 공포한 '국방획득규정 부분수정문Federal Acquisition Regulation Supplement Case 2018-D020'에 따르면 러시아산 위성과 발사체 등 제품은 사이버보안 문제로 인해 2022년 12월 31일을 기해 획득이 금지된다는 것이다(Federal Register, 2019). 해당 블랙리스트에 포함된 다른 국가로는 중국, 북한, 이란, 수단과 시리아 등이 있다. 이에 대해 로스코스모스는 웹사이트에 게재된 성명을 통해 "미국 국방부는 힘들게 만들어진 미러 우주협력을 파괴하려" 하고 있으며, "러시아는 미국의 이런 결정을 강하게 비난하며, 미국은 우주 시장에 불공정 경쟁을 초래하고 있다"라는 반응을 보였다(Роскосмос, 2019.5.30).

뒤이어 같은 해 8월에 미국이 중거리핵전력조약INF을 탈퇴하면서 갈등은 더욱 치열해졌다. 미국의 이러한 움직임은 미러 간 우주협력은 물론 양자관계 전반을 크게 악화시켰다. 미국은 2014년 우크라이나 위기 이후 수시로 러시아가 INF를 위반하고 있음을 주장해 왔으며, 결국 이를 근거로 2019년 조약을 탈퇴하겠다고 밝혔다. 러시아도 뒤이어 조약을 탈퇴했다. 러시아 우주발사체 및 위성의 구매 금지와 동시에 INF의 폐기가 이뤄진 것은 양국 간에 새로운 냉전이 도래하고 있다는 신호로 인지되고 있다.

5. 결론

소련 붕괴 이후 경제위기, 러시아 권력층 내부의 부패, 우주 전문가 두뇌유출 등의 문제로 과거 세계 최고를 다퉜던 소련의 우주 능력은 크게 쇠퇴했다. 이러한 우주력의 약화는 러시아가 강대국의 지위를 상실하는 한 가지 원인이 되었다. 당시 러시아가 겪은 대표적인 문제는 우주개발 예산이 과거의 5분의 1 수준으로 대폭 감소하면서 발생한 러시아 위성망 능력의 쇠퇴, 카자흐스탄의 독립으로 인해 발생한 바이코누르 우주기지 사용권 문제, 우크라이나에 위치한 우주기술 공장에 대한 부품 의존 문제, 인재 유출과 부패 등이 있다. 이러한 일련의 문제는 러시아의 국력 약화로 이어졌다. 글로나스 위성의 수량 및 기능 부족으로 러시아군이 조지아군의 정확한 위치를 파악하지 못한 것이 그 예다. 또한 순수 러시아산 중·대형 발사체의 부재는 프로톤-M 발사체의 지속적인 사용으로 이어지고 있어, 전체 로켓 발사의 75%가 카자흐스탄에 소재한 바이코누르 우주기지에서 진행되는 결과를 낳고 있다. 특히 군사위성은 오직 바이코누르에서만 발사가 가능한 상황이다. 이처럼 우주역량의 감소는 군사력의 감퇴로 이어지고 타국에 대한 의존을 초래하는 등 국력의 손실을 야기하고 있으며 강대국으로서 러시아의 입지를 위협하고 있다.

이런 상황을 벗어나기 위해 푸틴 대통령의 집권 이후 러시아는 우주역량의 복구를 위해 일련의 전략을 수립했다. 「2006~2015년 러시아연방 우주프로그램」, 「2016~2025 러시아연방 우주프로그램대강」 및 다양한 우주 인프라 개발 계획이 그것이다. 그중 우주에 대한 인식이 잘 드러나는 '러시아연방 우주활동관련법(1996)', 현재까지 적용되고 있는 「러시아 군사 독트린」(2014)과 「2006~2015 러시아연방 우주프로그램」 등에는 군사력 향상뿐 아니라 경제·과학기술 발전, 사회복지 증진 등의 목표가 우주역량 발전에 달려 있다는 인식이 드러나고 있다. 이처럼 우주역량에 대해 러시아의 인식은 복합적이며, 국력 전체의 강약과 직결되는 것으로 우주역량을 간주하고 있다. 러시아의 우주역량 복구에는 우주력을 통해 국력을 강화시키고 강대국으로 다시 부상하고자 하는 의도가 있는 것이다.

　러시아의 우주전략은 우주력 복구를 위해 많은 정책적 과제를 제시하고 있는데, 그중 국력의 차원에서 핵심적인 것으로는 다음을 들 수 있다. 러시아 우주프로그램의 첫 번째 주요 과제는 글로나스 범지구 위치결정 시스템을 포함한 위성망의 복구이다. 이에 대한 러시아의 의지는 '글로나스 연방 프로그램 2002~2011 Федеральная программа "Глобальная навигационная система 2002~2011' 과 '2012~2020 글로나스 시스템의 유지·개발 및 사용에 관한 연방 프로그램 Федеральная целевая программа "Поддержание, развитие и использование системы ГЛОНАСС на 2012~2020 годы'에서 확인할 수 있다. 두 번째 과제는 순수 러시아산 발사체인 앙가라의 개발 및 양산이다. 앙가라는 러시아가 수입 부품 의존에서 벗어나도록 도와줄 수 있는 프로젝트일 뿐 아니라 카자흐스탄에 위치한 바이코누르 우주기지에서만 발사가 가능한 프로톤-M 발사체의 대체재이기도 하기 때문에 카자흐스탄에 대한 러시아의 의존을 줄일 수 있다. 현재 앙가라의 개발이 거의 완성된 단계이며, 상용화는 2023년 이후로 예상되어 있다. 마지막으로 전술한 바이코누르 우주기지 의존을 벗어나기 위해 러시아는 보스토치니 우주기지 건설을 추진하고 있다.

우주력 복구를 위해 러시아는 기술적 과제에만 집중하는 대신 외교 활동과 통합한 접근방식을 취하고 있다. 이를 통해 아직 공백 상태로 남아 있는 우주 관련 규범을 선제적으로 제시하고 우주 국제법의 형성에 영향을 줌으로써 다시금 강대국의 입지를 다지고자 하는 것이다. 우주공간의 군사화와 무기화, 우주파편물 제거와 자위권, 투명성 신뢰구축 조치, 장기지속성 가이드라인과 달 탐사 등의 우주 분야 주요 현안에 있어 러시아와 서방국가 사이에는 뚜렷한 입장 차이가 존재한다. 우주 군사화와 무기화 등의 이슈에서 러시아와 서방은 우주를 평화적 활동의 공간으로 본다는 점에서는 인식을 같이하나, 그 인식의 메커니즘에서 현저한 차이를 보이고 있다. 이에 따라 러시아가 추진한 'PPWT'과 '우주공간 무기 선제 배치 금지No First Placement of Weapons in Outer Space: NFP, A/RES/69/32' 이니셔티브를 미국과 유럽연합 등의 서방국가들은 지지하지 않았다.

또한 우주파편물 제거와 우주공간에서의 국가 자위권에 대해 러시아와 유럽연합은 의견의 대립을 보이고 있다. 유럽연합의 우주활동을 위한 국제행동강령ICoC Draft International Code of Conduct for Outer Space Activities 제4.1조와 제4.2조는 우주파편물은 국가안보와 인간 안보의 문제를 야기하기 때문에 이를 제거하는 것은 우주공간에서의 국가자위권 행사 원칙에 부합하는 것이라고 주장한다. 그러나 러시아는 유럽연합의 이러한 접근은 적국 위성 등의 우주물체를 공격하기 위한 구실일 뿐이라는 입장에서 자위권 원칙의 적용에 반대한다. 장기지속성 가이드라인의 경우에도 서방국가들은 러시아가 제안한 가이드라인을 배제하고자 하기 때문에 갈등이 발생한다. 이처럼 우주 분야 주요 현안에 있어 러시아 대 서방의 규범 경쟁이 노정되고 있는 것이다.

지정학적인 차원에서 러시아의 외교와 군사 활동은 믿음직한 우주협력의 동반자로서의 러시아의 이미지에 큰 타격을 주고 있다. 2014년 러시아가 우크라이나 크림반도를 강제 병합하고 우크라이나 남동부 친러시아 분리주의 운동을 지원하자 서방국가들은 제재의 일환으로 러시아가 필요로 하는 위성 부품의 수출을 금지했다. 2018년 러시아 정보원이 영국에 거주하던 이중 첩자 세르게이 스크리팔과 그의 딸을 화학무기를 동원해 살해하면서 제재는 더욱 강화되었다. 서방의 제재에 대한 보복으로 러시아는 미국 우주산업에 꼭 필요한 러시아산 RD-180 발사체 엔진을 더 이상 수출하지 않겠다고 압박했다. 우주 기술이전에 있어 러시아 대 서방 간의 갈등이 이어지는 와중에 2019년 미국 국방부는 러시아산 발사체와 위성은 사이버보안의 문제가 있어 미국의 안보에 심각한 위협이 될 수 있다고 주장했다. 이에 따라 2023년부터 러시아산 발사체와 위성의 수입이 전면 금지되었다.

또한 미국은 2014년부터 러시아가 중거리핵전력조약을 위반한다고 주장하고 있으며, 이는 미러 관계의 냉전화로 이어지고 있다. 미국은 러시아가 1987년 가입한 INF를 위반하고 사거리 500~5000km의 탄도미사일과 순항미사일을 배치하고 있다고 주장하고 있으며, 이러한 주장을 근거로 삼아 2019년 결국 INF에서 탈퇴했다. 미국의 INF 탈퇴가 러시아산 발사체 및 위성에 대한 금수 조치와 함께 나타난 사실은 양국 간의 지정학적 경쟁이 우주 차원에서도 일어날 수 있음을 시사한다.

이러한 상황은 한국 같은 중견국에 중요한 함의를 제공한다. 한국은 한미동맹을 통해 국가안보를 유지하고 있고, 서방과 친밀한 관계를 유지해야 하는 입장에 있다. 하지만 이 글의 3절에서 언급한 바와 같이 미국의 수출통제와 한미 미사일 지침으로 인해 미국과 발사체에 대한 협력을 하지 못해, 한국은 위성을 발사하기 위해 러시아산 앙가라를 활용했다. 또한 러시아산 앙가라 발사체의 부품이 나로호 프로젝트에 활용되는 등 러시아의 우주기술 역시 한국의 입장에서 무시할 수 없는 가치를 가진다. 따라서 현재 러시아 대 미국, 러시아 대 유럽연합의 구도로 벌어지고 있는 기술이전 금지 제재와 우주 분야에서의 규범 경쟁은 한국의 입장에서 매우 불안정한 상황이다. 이런 상황이 이어진다면 한국이 러시아와의 기술적인 협력과 서방과의 안보·외교 협력 사이에서 선택을 강요당하는 일이 벌어질 수도 있다.

그런데 다른 각도로 현황을 바라보면, 치열해지는 미러 경쟁은 한국이 미국과의 우주협력 협상에서 러시아와의 우주협력 가능성을 일종의 레버리지로 삼을 수 있는 가능성을 제시한다. 우주 분야에서 미러 양국이 보이고 있는 행태는 양국이 서로를 경쟁국으로 인식하고 있음을 보여준다. 따라서 미국은 한국이 경제적 이익으로 직결되는 우주기술에 있어 러시아와 협력하는 것을 막기 위해 한국에 양보하는 태도를 보일 여지가 있다. 이런 상황 속에서 한국은 러시아와의 우주협력을 완전히 중단하는 대신, 양국 사이에서 허브가 될 수 있도록 현명한 중견국 외교를 펼칠 수 있는 기회가 있다. 물론 두 강대국 사이에 낀 중견국의 입지는 외교적 이점만큼이나 위험성이 있다. 하지만 한국이 적절히 균형을 잡고 외교를 진행한다면 그만큼 양국과 친밀한 관계를 유지하면서도 양측으로부터 오는 이익을 모두 얻을 가능성도 있는 것이다. 이러한 가능성을 실현하기 위해서는 뛰어난 판단력뿐 아니라 협력의 대상인 러시아와 미국의 우주전략에 대한 폭넓은 지식을 갖출 필요가 있다.

우주에 관한 법	러시아연방 우주활동 관련법(Федеральный Закон Российской Федерации 'О космической деятельности)	
우주개발 계획	2006-2015년 러시아연방 우주프로그램(Федеральная космическая программа России на 2006~2015 гг)	2016-2025년 러시아연방 우주프로그램대강(Основные положения Федеральной космической программы 2016~2025 гг)
우주전략	2030 러시아 우주활동 발전전략(Стратегия развития космической деятельности России до 2030 года и на дальнейшую перспективу)	
우주 인프라 관련 계획	글로나스 연방 프로그램 2002-2011 (Федеральная программа 'Глобальная навигационная система 2002~2011)	2012-2020년간 글로나스 시스템의 유지, 개발 및 사용에 관한 연방 프로그램(Федеральная целевая программа 'Поддержание, развитие и спользование системы ГЛОНАСС на 2012~2020 годы)
	연방 세부프로그램 '러시아연방의 우주활동의 보장을 위한 2006~2015년간 우주기지 개발(Федеральная целевая программа 'Развитие российских космодромов на 2006~2015 годы)	연방 세부프로그램 '러시아연방의 우주활동의 보장을 위한 2017~2025년간 우주기지 개발(Федеральная целевая программа 'Развитие космодромов на период 2017~2025 годов в обеспечение космической деятельности Российской Федерации)

전략물자관리원. 2017. 「연례보고서」. https://www.kosti.or.kr/user/nd366.do?View&boardNo=00001594 (검색일: 2019.9.29).

Antonov, Alexandre. 2010. "Glonass still wants to be 'the other guy in the sky'." *Russia Today*. https://web.archive.org/web/20110213050452/http://rt.com/news/sci-tech/glonass-wantsCentral Intelligence Agency. "The Soviet Space Program." https://www.cia.gov/library/video-center/video-transcripts/the-soviet-space-program.html (검색일: 2019.9.22).

Defence Intelligence Agency. 2019. "Challenges to Security in Space." https://www.dia.mil/Portals/27/Documents/News/Military%20Power%20Publications/Space_Threat_V14_020119_sm.pdf (검색일 2019.9.25).

Dolman, Everett C. 2002. *Astropolitik: Classical Geopolitics in the Space Age.* Frank Cass Publisher.

Draft International Code of Conduct for Outer Space Activities. 2014. https://eeas.europa.eu/sites/eeas/files/space_code_conduct_draft_vers_31-march-2014_en.pdf (검색일: 2019.9.27).

Federal Register. 2019. Defense Federal Acquisition Regulation Supplement: Foreign Commercial Satellite Services and Certain Items on the Commerce Control List(DFARS Case 2018-D020). https://www.federalregister.gov/documents/2019/05/31/2019-11306/defense-federal-acquisition-regulation-supplement-foreign-commercial-satellite-services-and-certain (검색일: 2019.9.28).

Froehlich, Annette. 2019. "The Right to(Anticipatory) Self-Defence in Outer Space to Reduce Space Debris." in Annette Froehlich(ed.). *Space Security and Legal Aspects of Active Debris Removal.* Springer.

Jackson, Nicole J. 2018. "Outer Space in Russia's Security Strategy." *Simons Papers in Security and Development,* No.64. http://summit.sfu.ca/item/18164 (검색일: 2019.9.25).

Hitchens, Theresa. 2019.6.25. "Fearing Isolation, Russia Caves on UN Space Guidelines." *Breaking Defense.* https://breakingdefense.com/2019/06/fearing-isolation-russia-caves-on-un-satellite-guidelines/ (검색일: 2019.9.28).

Koren, Marina. 2019.3.28. "Why Trump Wants to Go to the Moon So Badly." *The Atlantic.* https://www.theatlantic.com/science/archive/2019/03/trump-nasa-moon-2024/585880/ (검색일: 2019.9.29).

Kumkova, Katya. 2013.1.29. "Russia and Kazakhstan: What's Behind the Baikonur Spat?" *Eurasianet.* https://eurasianet.org/russia-and-kazakhstan-whats-behind-the-baikonur-spat (검색일: 2019.9.28).

Luhn, Alec. 2018. "Russia threatens to ban sale of key rocket engines to US as row over 'obnoxious' sanctions intensifies." *The Telegraph.* https://www.telegraph.co.uk/news/2018/08/09/russia-threatens-ban-sale-space-rocket-engine-us-sanctions/ (검색일: 2019.9.29).

Mauduit, Jean-Christophe. 2017. "Collaboration around the International Space Station: science for diplomacy and its implication for U.S.-Russia and China relations." *SAIS Asia Conference.* https://swfound.org/media/205798/sais-conference-jcmauduit-paper.pdf (검색일: 2019.9.29).

McDermott, Roger. 2009. "Russia's Conventional Armed Forces and the Georgian War." *Parameters*, Vol.39, No.1(Spring).

Mikhailova, Anna. 2018.8.9. "Britain urged to step up sanctions against 'corrupt' Russia in wake of US intervention." *The Telegraph.* https://www.telegraph.co.uk/politics/2018/08/09/uk-must-step-action-against-corrupt-money-flowing-london-russia/ (검색일: 2019.9.28).

Moltz, James Clay. 2019. "The Changing Dynamics of Twenty-First-Century Space Power." *Strategic Studies Quarterly*(Spring).

Mutschler Max M. 2015. "Security Cooperation in space and International Relations Theory." in Kai-Uwe Schrogl, Peter L. Hays, Jana Robinson, Denis Moura and Christina Gianopapa(eds.). *Handbook of space Security: Policies, Applications and Programs*. Springer Reference.

Oberg, Jim. 1999. *Space Power Theory*. US Air Force Academy.

Panin, Alexander. 2014.8.3. "Sanctions on Technology Imports Leave Russia Playing Catch Up." *The Moscow Times*. https://www.themoscowtimes.com/2014/08/03/sanctions-on-technology-imports-leave-russia-playing-catch-up-a37946 (검색일: 2019.9.25).

Russian Space Web. 2019a. "Angara-5 to replace Proton." http://www.russianspaceweb.com/angara5.html (검색일: 2019.9.28).

_____. 2019b. "New Angara production line to open." http://www.russianspaceweb.com/angara-production.html (검색일: 2019.9.28).

The Moscow Times. 2018.8.31. "Russia to Stop Transporting U.S. Astronauts to Space After 2019, Official Says." https://www.themoscowtimes.com/2018/08/31/russia-to-stop-transporting-u-s-astronauts-to-space-after-2019-a62739 (검색일: 2019.9.29).

The World Bank(Russian Federation). https://data.worldbank.org/country/russian-federation (검색일: 2019.9.20).

Tian, Zhuang. 2019. "United States Law and Policy on Space Debris." in Annette Froehlich(ed.). *Space Security and Legal Aspects of Active Debris Removal*. Springer.

Weeden, Brian and Victoria Samson. 2018.4.4. "New UN Guidelines For Space Sustainability Are A Big Deal." *Breaking Defense*. https://breakingdefense.com/2018/04/new-un-guidelines-for-space-sustainability-are-a-big-deal/ (검색일: 2019.9.29).

UN Disarmament Commission. 2018. A/CN.10/2018/WG.2/CRP.2. "Working paper by the Russian Federation on the UN Disarmament Commission 2018 session agenda item "In accordance with the recommendations contained in the report of the Group of Governmental Experts on Transparency and Confidence-Building Measures in Outer Space Activities (A/68/189), preparation of recommendations to promote the practical implementation of transparency and confidence-building measures in outer space activities with the goal of preventing an arms race in outer space." https://s3.amazonaws.com/unoda-web/wp-content/uploads/2018/04/A-CN.10-2018-WG.2-CRP.2-E2.pdf (검색일: 2019.9.28).

United Nations Office for Outer Space Affairs. 2018. Long-term Sustainability of Outer Space Activities. http://www.unoosa.org/oosa/en/ourwork/topics/long-term-sustainability-of-outer-space-activities.html (검색일: 2019.9.29).

Военная доктрина Российской Федерации. 2014. https://rg.ru/2014/12/30/doktrina-dok.html (검색일: 2019.9.21).

Информационно-аналитический центр КВНО ФГУП ЦНИИмаш. "История развития Глонасс." https://www.glonass-iac.ru/guide/index.php (검색일: 2019.9.29).

Матвеев, Олег, Андрей Назаров, Андрей Вербицкий. 2016. Некоторый опыт российской космической деятельности(1991~2015 гг.). История и политика: Москва, Издатель Витюк Игорь Евгеньевич.

KM.RU. 2012.11.9. "При разработке системы ГЛОНАСС разворовали 6,5 миллиарда рублей. https://www.km.ru/v-rossii/2012/11/09/ekonomicheskie-prestupleniya-v-rossii/696956-pri-razr abotke-sistemy-glonass-razv (검색일: 2019.9.25).

Основные положения Федеральной космической программы 2016-2025. https://www. roscosmos.ru/22347/ (검색일: 2019.9.25).

Постоянное представительство Российской Федерации при Организации Объединенных Наций. 2018. Выступление представителя Российской Федерации в Четвертом Комитете 73-й сессии Генеральной Ассамблеи ООН по пункту повестки дня «Международное сотр удничество в использовании космического пространства в мирных целях». http:// papersmart.unmeetings.org/media2/20304519/russian-russian.pdf (검색일: 2019.8.29).

Правительство России. 2014. О космодроме Восточный. http://government.ru/info/11728/ (검색일: 2019.9.28).

_____. 2017. Об утверждении федеральной целевой программы «Развитие космодромов на период 2017~2025 годов в обеспечение космической деятельности Российской Федерации». http://government.ru/docs/29338/ (검색일: 2019.9.28).

Рязанцев, Сергей, Елена Письменная. 2013. "Эмиграция ученых из России: Циркуляция или утечка мозгов." Социологические исследования, No.4.

Риа-Новости. 2009. "КНДР пытается привлечь внимание в мире к запуску ракеты в Южн ой Корее." https://ria.ru/20090810/180333001.html (검색일: 2019.9.28).

_____. 2019. "'Роскосмос' впервые заказал ракету-носитель 'Ангара'." https://ria.ru/20190610/ 1555449047.html (검색일: 2019.9.29).

Роскосмос. 2019. Новости. Информационное сообщение. https://www.roscosmos.ru/26398/ (검색일: 2019.9.29).

Самофалова, Ольга. 2012. "Лучше свое и новое: Через двадцать лет Россия может почти полностью отказаться от полетов с Байконура." Взгляд. https://vz.ru/economy/2012/4/6/ 573255.html (검색일: 2019.9.28).

ТАСС. 2019.2.22. Роскосмос планирует с 2023 года выпускать не менее восьми ракет "Анг ара-А5" в год." https://tass.ru/kosmos/6149400 (검색일: 2019.9.25).

Чеберко, Иван. 2013.5.30. "ГЛОНАСС обрастает уголовными делами." Известия. https://iz.ru/news/551160 (검색일: 2019.9.25).

Федеральный Закон Российской Федерации «О космической деятельности». http://pravo. gov.ru/proxy/ips/?docbody=&link_id=8&nd=102025742 (검색일: 2019.9.21).

Федеральная космическая программа России на 2006-2015 гг. http://unigeo.ru/upload/files/ abd8babcdcf3302fa6fc538bcdc1b0d2.pdf (검색일: 2019.9.21).

5 자강불식(自强不息)의 유럽연합*
우주공간의 전략·산업·규범을 중심으로

한상현 | 서울대학교

1. 서론

조정 경기는 타수Cox의 유무에 따라 무타 경기와 유타 경기로 나뉜다. 타수가 있는 유타 경기에서 노를 젓는 선수들은 모두 배가 나아가는 방향과 반대로 앉아 있고, 타수만 진행 방향으로 앉아서 키를 잡는다. 이는 타수가 배의 진행 방향을 보면서 조수들로 하여금 올바른 방향으로 나아가게 관리하는 역할을 수행하기 때문이다. 따라서 조정 경기에서 타수는 노를 젓지 않음에도 불구하고, 그에 못지않은 중요한 역할을 수행하고 있는 것이다. 조정 경기의 구성을 빌려 이 글을 살펴보자면, 유럽연합은 타수의 역할을 적극적으로 수행한다고 볼 수 있다. 유럽연합 차원에서 전략의 방향성을 제시하면서 개별 국가 차원의 전략과 조화를 이루기 때문이다. 물론 이 과정에서 회원국들 사이, 회원국들과

---

* 이 글은 한상현(2019a)과 한상현(2019b) 중 일부 내용을 발췌 및 인용했음을 밝힌다.

유럽연합 사이에 갈등은 존재하기 마련이다. 하지만 전체적인 측면에서 유럽연합 26개 회원국들과 협의를 통해, 또는 독자적인 방향성을 제시하고 이에 걸맞은 정책을 추진해 가면서 유럽연합만의 개성을 표현하고 있는 듯하다. 이런 유럽연합의 특성은 우주영역에서도 마찬가지로 확인할 수 있다. 린든 존슨 Lyndon Johnson 당시 미 상원의원은 소련의 스푸트니크호 발사를 보고 "우주를 지배하는 자가 세계를 지배할 것이다"라고 했다(BBC, 2007.10.3). 냉전기 미국과 소련의 우주경쟁을 거쳐, 현재는 미국과 중국뿐만 아니라 다양한 국가들이 우주경쟁의 '경기장' 위로 뛰어들고 있다. 경기장 위에 올라와 있는 선수들 중 단연 유럽연합이라는 행위자는 개별 회원국 차원과 지역통합체라는 복합적인 성격을 가지고 있다. 물론 유럽연합 회원국들이 개별적으로 우주 관련 정책이나 전략을 추진하고 있는 것처럼 보이지만, 이는 좀 더 넓은 시야로 살펴볼 필요가 있다. 유럽연합은 단순히 유럽 국가들이 모인 통합체의 의미를 뛰어넘는, 다양하고 초국가적인 형태의 내외부 조직 혹은 기관들과 상호작용하면서 관계를 형성하고 있는 네트워크의 양상을 보여주고 있다. 특히 우주영역에서 유럽연합만의 독특성이 더욱 강하게 드러나고 있으며, 이는 전략·산업·규범의 각 영역에 모두 반영되고 있다. 이렇듯 유럽연합은 우주강국space-faring nation으로서 우주공간에 남다른 관심을 보여왔다. 특히 발사체의 모태가 된 V2 로켓이 독일에서 만들어졌다는 점이 이러한 관심을 잘 보여준다. 유럽연합의 우주전략에 빈번하게 등장하는 "Space Matters"라는 표현은 연합 관점에서 우주공간이 갖는 의미를 잘 보여준다. 최근 유럽연합은 필수적인 기술과 부품에 대해 "전략적 자율성strategic autonomy"을 확보해야 한다고 밝혔다(European Council, 2020). 하지만 항공우주 분야에서 유럽연합은 이미 전략적 자율성을 갖추기 위한 만반의 준비를 갖추었다고 볼 수 있다. 그러므로 이러한 노력은 평생 쉬지 않고 스스로 노력하여 연마하는 자강불식自强不息의 태도를 보여준다.

따라서 이 글에서는 유럽 국가라는 개별적 단위보다 유럽연합이라는 복합적인 행위자에 초점을 맞춰 우주영역을 살펴보고자 한다. 이 책의 1장에서 제시한 바, 복합지정학에 기반을 둔 전략·산업·규범 측면의 3차원 경쟁을 살펴보기 위해서는 개별 단위체 보다는 좀 더 상위 행위자인 유럽연합에 초점을 맞출 필요가 있기 때문이다. 그리고 우주영역의 특성상 독단적인 정책보다는 많은 국가들이 협력하여 추진함으로써 부담을 경감하는 동시에 더욱 고도화된 기술을 개발할 가능성을 높일 수 있기 때문이다. 이에 따라 유럽연합만의 독자성을 가진 우주전략, 산업정책 그리고 규범이 추진되었다. 이러한 입장에 기반하여 2절에서는 유럽연합의 우주전략 수립 체계를 유럽연합과 유럽우주국 European Space Agency: ESA의 관계를 기반으로 위성항법, 지구관측, 안보 분야에서 추진하고 있는 프로그램들을 소개한다. 3절에서는 우주영역에 필수적인 부품들을 육성하는 유럽연합만의 독자적인 기술·산업정책을 살펴보고, ESCC·ECI·전략적 부품 비의존성 행동계획이라는 3가지 정책을 그 사례로서 소개한다. 이후 4절에서는 우주 강대국들 사이를 중개할 목적으로 유럽연합만의 독자적인 우주규범으로 추진되고 있는, 외기권 활동에 대한 국제 행동 규범인 ICoC International Code of Conduct for Outer Space Activities를 사례로 살펴본다. 마지막 5절에서는 앞선 논의들을 종합하고 한국에 대한 간략한 함의를 도출하고자 한다.

2. 우주전략의 주요 정책

본격적인 유럽연합의 우주정책을 살펴보기에 앞서, 유럽의 전반적인 우주정책 체계를 살펴보고자 한다. 이를 위해, 1975년 설립된 ESA를 간략히 소개한다. ESA는 유럽연합과는 별개의 독립적인 정부간기구로 현재까지 독립적인 지위를 유지하고 있다. 2004년에는 유럽연합 집행위원회와 기본 협정 framework agreement을 체결하여 내각 수준의 우주 이사회 Space Council를 구성했고 이를 준비하기 위해 각국의 대표들로 구성된 고위급 우주정책그룹 High-level Space Policy Group: HSPG을 출범시켰다(ESA, 2011). 특히, 4차 우주 이사회에서는 유럽연합과 ESA가 공동으로 「유럽 우주정책Europe Space Policy」을 발간하기도 했다(Schmidt-Tedd, 2011: 27). 이러한 협력의 틀을 기반으로 두 기구는 다양한 우주 분야의 공동사업들을 수행하고 있다. 예를 들면, 1977년 ESA가 기상정보 위성을 성공적으로 발사하면서 이를 관리할 필요에 따라 설립된 유럽기상위성 센터European Organisation for the Exploitation of Meteorological Satellites: EUMETSAT나 글로벌 위성항법장치를 보조하기 위한 수단으로 개발된 EGNOS European Geostationary Navigation Overlay Service 시스템과 유럽 자체 개발 위성항법체계인 갈릴레오Galileo가 이러한 협력의 사례들이다. 이뿐만 아니라 2011년부터 2013년 까지 환경과 안보 문제를 관리하기 위한 모니터링 체계인 GMES Global Monitoring for Environment and Security를 개발했다(Reillon, 2017).[1] 정리하면, ESA는 유럽연합과의 공고한 협력체계뿐만 아니라 다양한 우주 관련 기관들과의 협업 체계를 구축하고 있다.

그런데 초기 우주개발 및 정책의 경우에는 대부분 ESA 소관이라고 볼 수 있 었지만 점차 이러한 구도가 변화하고 있다. 과거 ESA가 관련 기술을 개발하는 것부터 정책을 집행하는 것까지 모두 담당했다면 이제는 ESA는 기술의 개발 을, 유럽연합은 정책의 수립과 운용을 담당하는 이분화된 체계로 자리매김해 가고 있다. 유럽연합은 EGNOS나 갈릴레오 같은 독자적인 우주 이니셔티브를 기획하고 ESA는 이를 위한 제반 기술을 개발하고, 운용을 위한 초국가적 제도 를 새롭게 설립하는 과정을 통해 유럽의 우주정책을 수행하고 있다. 특히 정책 집행과 프로그램 운용에 있어서도 최근 들어 유럽연합이 주도하고 있는 모습 을 볼 수 있다. 유럽 위성항법시스템 감독기구Global Satellite System Agency: GSA 는 유럽연합이 추진 중인 대표적인 우주프로그램들을 관리하는 연합 내 조직 이다. 뒤에서 자세히 소개할 갈릴레오 프로그램의 경우에는 유럽연합이 재정

---

1 현재 GMES는 사업의 규모를 더욱 확대하고, 2012년 12월에 폴란드의 천문학자인 니콜라스 코페르니 쿠스를 기리기 위한 목적으로 '코페르니쿠스(Copernicus)'로 명칭을 변경했다.

적으로만 지원하고 개발은 ESA에서 전담하여 수행했기 때문에, 2017년 이전까지는 ESA에서 운용을 전담하다가 이후 유럽연합 산하의 GSA로 운용 권리가 이양되었다. 또한 2018년 유럽연합은 EGNOS, 갈릴레오 프로그램, 코페르니쿠스, 우주상황인식Space and Situational Awareness, 정부 간 위성통신, 그리고 우주발사 및 우주산업 증진에 따른 정책들을 수행하기 위한 '유럽우주청EU Agency for the Space Programme'을 신설할 것이라고 발표했다(European Commission, 2018a). 따라서 GSA의 기능이 신설되는 조직으로 흡수되어 유럽연합 차원의 확장된 형태의 우주기관을 창설할 예정이며, 이는 유럽연합 내 우주조직의 확장을 의미한다.

이처럼 유럽연합은 우주정책의 영역을 확대하는 동시에 독자적인 우주프로그램들을 수행하고 있다. 이에 따라 이 절에서는 유럽연합 차원의 우주전략에 기반하여 2016년에 발간된 「유럽연합 우주전략(European Commission, 2016a)」과 후속으로 기획 중에 있는 「우주정책 2021~2027」의 내용을, 유럽연합의 대표적인 3대 우주정책 분야flagship program인 위성항법, 지구관측, 안보의 측면으로 나눠 살펴보고자 한다.

1) 위성항법

2019년 6월, 중국의 위성항법시스템인 베이더우北斗의 마지막 3단계 위성이 성공적으로 발사됨에 따라 중국은 자체적인 범지구 위성항법시스템Global Navigation Satellite System: GNSS를 갖춘 국가로 발돋움했다. 4차 산업혁명의 도래에 따라 자율주행 자동차, AI 등의 하드웨어에 활용할 수 있는 정확한 정보가 중요해진 만큼 자체적인 위성항법시스템을 갖추는 것은 대단히 중요해졌다. 실제로 **그림 5-1**에서 확인할 수 있는 것처럼, 범지구 위성항법시스템 시장과 관련 부가 산업들은 기하급수적인 증가가 예상된다. 유럽연합은 이러한 중요성이 대두하기 이전부터 자체적인 위성항법시스템을 갖추고자 노력했다. 이는

그림 5-1 범지구 위성항법시스템의 수입 구조

(단위: 10억 유로)

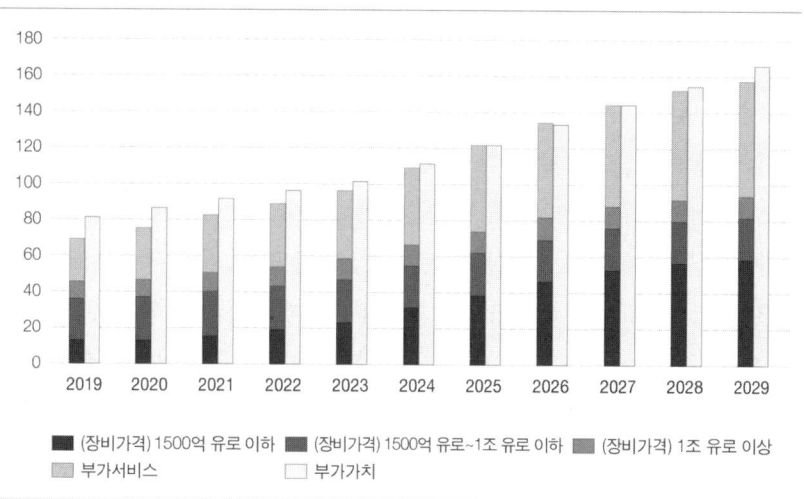

자료: GSA(2019).

더욱 정확한 정보를 활용하고자 하는 측면, 미국 주도의 GPS에 대한 자체적인 수단의 획득뿐만 아니라, 비용편익의 관점에서도 유럽연합에 이익이 되는 사업이었다(한재현·박찬엽, 2007). 즉, 경제적 이익뿐만 아니라 정치적으로 자율성과 독립성을 확보하기 위한 수단으로써 범지구 위성항법 사업을 추진했다고 볼 수 있다(Beidleman, 2005). 따라서 이탈리아 천문학자인 갈릴레오 갈릴레이의 이름을 본뜬 갈릴레오 프로그램을 1999년 약 22억 유로 규모의 예산으로 시작하여, 2008년 완전 작동을 하는 계획이 수립되었다. 하지만 예산의 문제로 일정이 지연됨에 따라 2019년 기준 26개의 위성이 작동하고 있으며, 2020년 12월에 4개의 위성을 더 쏘아 올려 30개 위성을 가지고 완전 작동을 시작하는 것을 목표로 하고 있다. 갈릴레오 프로그램은 미국의 GPS나 러시아의 글로나스같이 2만 3222km의 지구 중궤도에 14시간씩 지구를 공전하는 위성들을 배치함으로써 범지구적인 항법 정보를 획득하고 이를 활용하는 체계를 의미한다. 2005년과 2008년에 각각 GIOVE라고 명명한 사전 위성을 발사해서 성공적으로 실험을 마쳤으며 이후 2011년에 공식적인 첫 번째 갈릴레오 프로그램 위성을 쏘아 올림으로써 본격화했다.

갈릴레오 프로그램과 함께 추진 중인 위성항법 분야의 대표적인 프로그램 인 EGNOS European Geostationary Navigation Overlay Service는 글로벌 위성항법체계들의 성능을 향상해 주는 위성 기반 보강 시스템 Satellite Based Augmentation System: SBAS이라고 할 수 있다. 이는 명칭에 들어가 있는 'overlay'라는 단어를 통해 그 활용을 유추할 수 있다. 기존의 GPS나 갈릴레오와 같은 GNSS를 통해 얻은 정보의 오류들을 컴퓨팅 센터에서 수집하여 이를 다시 정밀 위성을 통해 기존 정보 위에 첨가 혹은 덧씌우는 역할을 수행한다. 위성항법 정보가 많이 활용되고 있는 만큼, GNSS를 통한 정보가 정확도를 자랑하는 것도 사실이다. 하지만 위성항법체계의 구조상 오차를 내재할 수밖에 없다. 이를 보완하기 위한 수단으로 활용되는 것이 EGNOS와 같은 위성 기반 보강 시스템이다. EGNOS를 통해 GPS나 갈릴레오에서 발신하는 위성항법 정보의 정확도를 더욱 높여서 활용성을 증가시키는 역할을 수행하는 것이다. 일례로, 갈릴레오 시스템만을 가지고는 비행기 및 항공 운항에 필요한 ICAO 국제기준을 충족시킬 수가 없다. 하지만 EGNOS를 통해 보완된 정보 덕분에 갈릴레오도 2011년 ICAO 국제기준을 만족시켰다.

유럽연합은 2014년부터 2020년까지 갈릴레오와 EGNOS 프로그램에 약 70억 유로(약 9조 8000억 원)을 투자했다. 향후 6년 동안에는 약 21억 유로가 증가한 97억 유로(약 13조 6000억 원)를 투자할 계획이라고 밝혔다. 우주 관련 전체 예산인 160억 유로 중에서 상당 부분을 차지하고 있다는 사실을 통해, 유럽연합의 입장에서 위성항법 분야가 얼마나 중요한지를 보여주고 있다. 하지만 최근 7월 브뤼셀에서 개최된 EU 예산 관련 회의에서는 우주 예산을 132억 규모(18조 5000억 원)로 감축함에 따라 자연스럽게 위성항법 분야에 대한 예산도 80억 규모(11조 2000억 원)로 줄어들었다. 이러한 감축에도 불구하고 여전히 갈릴레오와 EGNOS는 유럽연합 차원에서의 첫 우주 이니셔티브와 성공적인 정책이라는 상징성을 가지고 있다. 실제로 2017년 실시된 사업 중간평가 보고서에는 효과성·효율성·일관성 측면에서 전반적으로 긍정적인 평가를 받았다. 또한 국가 단위에서는 매우 비효율적이며 위험도 컸을 사업을 연합 차원의 정책으로 시행함으로써 위험을 분산하고 이익을 극대화하는 효과가 있었다고 평가하고 있다(European Commission, 2017a). 이는 유럽연합의 위성항법시스템이 구조적으로도 매우 성공적으로 작동하고 있다는 증거이기도 하다.

2) 지구관측(Earth Observation)

우주산업 분야의 가치사슬을 살펴보면 크게 생산upstream, 가공midstream, 유통downstream으로 나눌 수 있다. 우선 생산단계는 관측정보를 수집하기 위해 필요한 인공위성과 발사체, 부품들을 직접 생산하는 것을 의미하기 때문에 정보 그 자체보다는 이를 수집하기 위한 기반시설과 관련된 행위라고 볼 수 있다. 이후 가공단계에서 본격적으로 정보에 대한 공급이 시작되는데, 데이터의 획득·분석·분배 등을 통해 정보를 개략적으로 가공하여 판매하는 것을 의미한다. 마지막인 유통단계는 이용자가 요구하는 방식으로 자료를 세부적으로 가공하는 것을 말한다. 다른 자료들과의 혼합을 통해 이른바 이용자 친화적인 자료로 새롭게 구성하는 작업을 의미하는 것이다(European Commission, 2017b: 2). 명확히 구분할 수는 없지만, 앞선 위성항법 프로그램들은 생산, 가공 그리고 유통의 단계를 모두 포함하는 사업이라고 볼 수 있다. 위성항법 정보를 획득하기 위해 위성을 발사하는 것부터 시작하여 수집된 정보들을 활용하는 단계까지를 모두 포함하고 있기 때문이다. 하지만 지구관측 정보의 활용과 유통단계 측면에 중점을 두면 유럽연합의 코페르니쿠스 프로그램을 그 사례로 들 수 있다.

코페르니쿠스 프로그램은 센티넬Sentinel(관측) 위성을 통해 획득한 우주기반 정보와 지상체계에서 획득한 정보를 특정 상황에 알맞게 제공하는 서비스로서, 정보들은 정책 결정에 활용되거나 상업적으로 제공되기도 한다. ESA에서 위성을 개발하고 유럽연합이 총괄하고 있지만 EEA European Environment Agency, EMSA European Maritime Safety Agency, 또는 SatCen European Satellite Centre 등과 같은 다양한 기관들이 주제별 운영 주체로 소속되어 있다(European Commission, 2013: 7). 이 사업은 1998년부터 논의를 시작했으나 사실상 그 시발점은 유럽연합 차원이 아닌, 상업용 이미지와 영상을 판매하는 프랑스 국립우주센터 주도의 SPOT 위성 사업이나 미국의 유사한 Landsat 프로그램, 유럽연합이 농업을 관리하기 위한 목적으로 발사한 SPOT 4, 5호 위성 등에서 찾을 수 있다.

하지만 사업이 본격적으로 논의되던 중에 GMES의 명칭 중 'ES'가 '환경안보 Environmental Security'에서 '환경과 안보 Environment and Security'로 변화했다는 것은 큰 의미가 있다. 당시 체결된 마스트리흐트 조약을 통해 유럽연합 차원에서의 공동외교안보정책 Common Foreign and Security Policy을 수립할 수 있게 되면서 변화가 생긴 것이다. 즉 GMES에 대한 안보적 활용을 제한할 필요 없이 유럽연합 차원의 안보를 보조하는 수단으로서 프로그램을 활용하고자 했기 때문이다(Brachet, 2012). 2000년에 발간된 『유럽연합 정책서』에 따르면 GMES를 지구적 변화, 환경으로 인한 위험 그리고 재해에 활용할 수 있다고 밝힘과 동시에 "유럽 시민들의 전반적 복지의 관점에서 안보"와 같은 정책에도 활용할 수 있다고 언급하고 있다(Commission of the European Communities, 2000: 14~16). 따라서 현재 코페르니쿠스 사업 홈페이지에 따르면 대기·해양·토지·기후변화·안보·긴급상황 등의 범주에 맞는 서비스를 관련 기관이 담당하여 제공한다고 밝히고 있다.

특히 코페르니쿠스 프로그램에 주목해야 할 부분은 센티널 위성을 통해 수집된 지구관측 데이터를 모두 개방하고 있다는 것이다. 지구관측 데이터의 필요성이 점차 증대함에 따라 관련 데이터 시장도 2017년 기준 30억 달러 규모에서 2027년에는 2배 이상이 늘어난 69억 달러 규모로 예상하고 있다(Werner, 2018). 기업 측면에서는 스페이스X와 같은 미국의 거대 우주기업들을 비롯해 지구관측 기업들 중 45%가 미국에 기반을 두고 있으며, 2013년부터 2017년까지의 전체 투자금 중 84%를 투자받았다. 미국 다음인 유럽에서는 전체 중 32% 의 기업이 창립되었으며 9% 정도를 투자받았다(Northern Sky Research, 2018). 이는 압도적으로 우주 분야를 선도하고 있는 미국을 제외하고, 유럽에서도 지구관측 정보 및 관련 시장에서 고무적인 신호가 오고 있음을 확인할 수 있다. 이러한 맥락에서 코페르니쿠스 프로그램을 통해 수집된 정보는 사회·경제적으로 긍정적인 효과를 가져올 것으로 예상한다. 2015년에는 정보 서비스 가입자가 7870명에 불과했지만, 2018년에는 기하급수적으로 증가하여 15만 명이 서비스에 가입했다(European Commission, 2018b). 특히 2018년 6월부터 온라인 서비스 제공을 시작한 DIAS Data and Information Access Services를 통해 더욱 쉽게 많은 이용자들이 접할 수 있게 됨에 따라 활용성이 더욱 높아질 것으로 예상된다.

코페르니쿠스에서 제공하는 지구관측 정보를 비롯하여 다양한 사회·경제적 효과를 계산한 결과, 프로그램에 투자한 1유로당 1.39유로의 경제적 부가가치가 창출된다고 밝혀졌다. 이뿐만 아니라, 농업·임업·도시 모니터링·보험·해양 감시·재생에너지·공기 질 모니터링의 분야에서 코페르니쿠스로 인해 작게는 10만 유로에서 최대 3000만 유로까지 부가적인 이익을 얻은 것으로 나타났다(European Commission, 2016b: 29~41). 이처럼 코페르니쿠스 프로그램에서 수집된 지구관측 정보와 연관된 시장들은 유럽연합의 관점에서는 매우 매력적인 부분이라고 할 수 있다. 「우주정책 2021~2027년」 초안에 따르면, 코페르니쿠스 정보의 개방을 명시하는 동시에 유럽연합의 디지털 시장과 5G 구축 사업 등 연합이 추진하는 다양한 디지털, 기술 정책들과의 연계를 밝히고 있다. 그리고 정보 사용자의 수요와 활용의 측면을 강조하면서 이것이 이용자 주도 프로그램user-driven programme이라고 정의하고 있다(Council of the European Union, 2018: 23~24). 이를 통해 지구관측 데이터의 상업적 이용을 강조·장려하고 있다는 점을 확인할 수 있다.

또 한편, 상업적 이용과 함께 사회 중심의 프로그램으로서 지구관측 자료를 활용하는 데에도 주안점을 두고 있다. 획득한 정보를 통해 시장성 및 상업성을 확보하여 유럽연합의 경제에 이익이 될 수 있고, 유럽 시민들의 삶의 질을 높이는 데 기여할 수 있기 때문이다. 이와 관련해서, 유럽 시민을 대상으로 실시한 설문조사에서 시민들은 우주기술이 에너지·환경·커뮤니케이션 분야에 있어 향후 20년 내에 중요한 역할을 수행할 것이라고 답했다(European Commission, 2013: 13). 예를 들어, 스마트폰이나 항공산업에 갈릴레오 위성들을 통해 획득한 위성정보를 활용하거나 코페르니쿠스 프로젝트를 통한 관찰 정보를 통해 신생기업들이 혁신적인 플랫폼 산업을 구축할 수도 있을 것이다(European Commission, 2016a: 3~4). 이는 더 이상 공공의 영역이 아니라 민간 주도의 우주개발이 활성화된 "새로운 우주NewSpace" 패러다임에 따라 중소기업, 스타트업과 같은 가치사슬의 새로운 행위자들이 필요하다고 언급한 2019년 결의안에 더욱 부각되어 나타나고 있다.

3) 안보

이상에서 살펴본 것처럼 유럽연합은 위성항법, 지구관측 프로그램들을 안보의 맥락보다는 사회·경제적 맥락에서 바라보고 있음을 알 수 있다. 특히 2015년 유럽대외관계청European External Action Service: EEAS 산하에 우주특임반Task Force Space과 우주특임대사직을 신설했다. 이를 통해 우주 관련 사무에 대해 사무총장에게 정책 조언을 하고 유럽연합 우주정책의 대외적인 부문과 협력하는 업무를 수행하도록 했다. 이러한 직제와 업무를 통해 살펴보면, 군사안보의 측면에서가 아니라 외교와 경제의 영역에서 우주를 바라보고 있다고 볼 수도 있다. 위성을 발사하는 생산단계에서도 민간 분야가 65%, 공공 분야가 32%로 민간 분야가 생산단계의 대부분을 차지하고 있다. 하지만 이러한 정보를 활용하는 실제 목적은 방위 및 첩보 분야가 51%로 여전히 가장 많이 활용되고 있음을 알 수 있다(European Commission, 2019: 20~21). 특히 2016년 전략에는 유럽의 안보와 방위를 위한 자산으로서 우주공간을, 2021~2027년 정책에는 "우주공간은 안보와 역사적으로 연결될 수밖에 없다"라는 점을 강조하면서 상대적으로 안보적인 맥락을 더욱 강화했다(Council of the European Union, 2019: 4). 그리고 2016년에 유럽의회에서 채택된 유럽의 안보와 방위를 위한 우주 능력 보고서에 따르면 평시나 전시 상황에 있어서 유럽의 안보를 위한 우주공간의 활용 능력이 중요하다고 적시하고 있다. 하지만 목표를 달성하기 위한 수단으로서 우주군의 창설이나 우주공간의 무기화의 측면보다는 우주 기반의 위성통신, 우주상황인식 능력, 정확한 항법정보 그리고 지구관측 능력 등의 확보를 나열하고 있다는 점을 알 수 있다(European Parliament, 2016: 4~6). 즉, 공세적인 우주 능력보다는 방어적인 우주 능력을 기르는 것을 통해 유럽 차원의 우주자산과 능력을 보호하면서 동시에 성장시키고자 함을 유추할 수 있다.

세계 각지에서 우주를 안보 공간으로 활용하기 위해 다양한 형태로 우주군 혹은 우주사령부를 창설함에 따라 유럽연합에서도 우주군을 창설해야 한다는 주장이 2019년부터 제기되었다. 내수시장 담당 대사인 엘즈비에아타 비엔코프스카Elzbieata Bienkowska는 프랑스의 유럽군European army 창설 제안 직후, 중장기적으로 유럽 우주군이 필요하다고 주장했다. 그러나 해당 발언은 유럽연합 차원에서 조율된 공식적인 발언이 아닌 개인 차원의 발언으로 밝혀졌다(Peck, 2019). 유럽국가들 중에서도 프랑스는 2019년에 새로운 우주 방어 전략을 발표하면서 우주사령부의 창설과 함께 공군의 우주공군으로의 개편을 추진하겠다고 밝혔다(Lough, 2019). 프랑스의 우주안보 전략은 국가정책 결정 과정에서의 판단을 위한 우주상황인식 개선과 우주자산에 대한 보호 개선으로 나눌 수 있다. 특히 후자의 경우에는 적극적인 안보active defence의 개념을 도입하여 안보적 관점에서의 우주개발에 대한 인식 강화를 보여주고 있는 동시에 복합화된 전장의 특징을 보여주고 있다. 다시 말하면, 전파방해jamming나 해킹과 같은 사이버공간과 우주공간의 연결성을 언급하면서 두 공간에 대한 복합적 안보의 필요성을 역설했다(Laudrain, 2019). 또한 반위성 레이저무기의 개발을 추진하겠다고 밝힘과 동시에 2019년부터 2025년까지의 기존 군용 우주예산 36억 유로에 추가로 7억 유로를 더 투입하겠다고 말했다(Plowright and Benoit, 2019). 유럽연합 차원에서는 2019년 12월 런던에서 개최된 NATO 정상회담에서 우주를 하나의 주요 영역으로 선언하고 국제법에 기반하여 안전을 보장해야함을 주장했으며, 특히 2019년 6월 NATO 국방장관 회담에서는 NATO 우주정책을 승인했으나 구체적인 사항은 공개되지 않은 상황이다. 하지만 앞선 정상회담과 군사적 중요성에 비춰볼 때, 안보의 맥락에서 우주를 활용하는 정책들이 포함될 것으로 예상하고 있다(Rose, 2020).

군사안보의 필요성에 기반한 가장 대표적인 유럽연합의 정책은 '정부 위성통신망Governmental Satellite Communication: GOVSATCOM'이다. 이를 통해 우주상황인식을 비롯한 우주 능력을 향상시킬 수 있는 새로운 안보 기반의 우주정책들을 추진하겠다고 발표했다(European Commission, 2018a). 2013년 12월 유럽연합에서는 유럽방위청의 주도로 안보능력을 향상시켜야 할 4개의 중점 분야를 선정했는데, 그중 하나가 바로 위성통신 분야이다(European Council, 2013: 5~6). 상업용, 공공용 그리고 군사용 위성통신으로 단계를 분류한다면 군사용 위성통신은 가장 높은 단계의 보호 대상이 된다. 재난이나 전쟁과 같은 위기상황에서도 유럽 국가들 사이의 위성통신을 유지하는 것이 매우 중요하기 때문이다. 하지만 현재 갖추고 있는 국가 기반의 위성통신망은 이러한 통신을 유지하기에 매우 부족하기 때문에 이를 보완하는 정부 간 위성통신망을 구축하기 시작했다. 2016년까지 사업에 필요한 기술 필요조건과 사업 목적을 수립하고 개발한 뒤, 2017년에 모형을 통한 시험 통신을 성공적으로 수행했다. 이후 2019년부터 본격적으로 작동 단계에 들어서면서, 2024년 완전 구축을 목표로 하고 있다(European External Action Service, 2017: 7~9). 위성통신망이 구축되는 2024년 전까지 보완적으로 회원국들이 사용하는 자체 방식으로 통신망을 구축하되, 기술적으로 회원국들 사이에 통신이 가능하도록 호환성을 보완하는 작업을 거쳐야 한다. 정부 간 위성통신 사업은 총 6가지의 세부 과제를 가지고

8개 국가(룩셈부르크·벨기에·영국·포르투갈·프랑스·스페인·노르웨이·이탈리아)가 중심이 되어 추진하고 있다. 세부 과제들은 위성 운용, 첩보위성 관리 체계 설립, 발사체 및 위성 발사 등 생산기술을 제외한 가공 및 유통단계 전반에 걸쳐 있다(Borek, Hopej and Chodosiewicz, 2020). 2024년 이후 완전히 구축된 정부 위성통신망에 대한 평가를 기반으로, 2025년부터의 차세대 시스템 운영 방향을 결정하기로 했다. 하지만 앞서 언급한 코로나 19사태로 인한 삭감에 따라, 예산이 초기 5000만 유로에서 3920만 유로로 축소되면서 가장 많은 어려움이 예상되는 사업이기도 하다(Henry, 2020). 그리고 브렉시트 이후 영국과의 관계를 재설정하는 과정에서 불확실성이 발생하게 되었지만 폴란드와 같은 새로운 국가들에서 해당 사업에 매우 높은 관심을 보이고 있는 점은 긍정적이라 할 수 있다.

3. 우주산업과 기술 자율성

2절에서 우주산업구조에서 정보의 유통단계와 안보적 측면을 중점적으로 살펴봤다면, 3절에서는 산업계를 중심으로 하는 우주산업의 생산단계를 중심으로 살펴보고자 한다. 우주산업 혹은 앞서 자주 언급했던 정보의 유통단계를 위한 필수 전제조건은 발사체 및 위성의 생산 역량이 일정 수준에 도달해야 한다는 점일 것이다. 그런데 **그림 5-2**에서 확인할 수 있듯이 우주산업은 굉장히 복잡한 산업구조를 가지고 있다. 또한 우주산업을 분류할 때 주로 위성체Satellite Manufacturing, 지상 장비Ground Equipment, 발사체Launch Industry, 위성 활용 서비스Satellite Service 등으로 분류하여 이를 생산하는 산업들이 개별적으로 형성되어 있음을 알 수 있다(김수연 외, 2011: 4). 하지만 유럽연합은 우주산업 분야에서 소비자인 동시에 다양한 우주기술을 개발하도록 유도하는 생산자로서의 두 가지 역할을 소화하고 있다(Hayward, 2011: 5). 특히 생산자로서의 유럽

그림 5-2 우주 관련 산업 서비스와 산업 모델

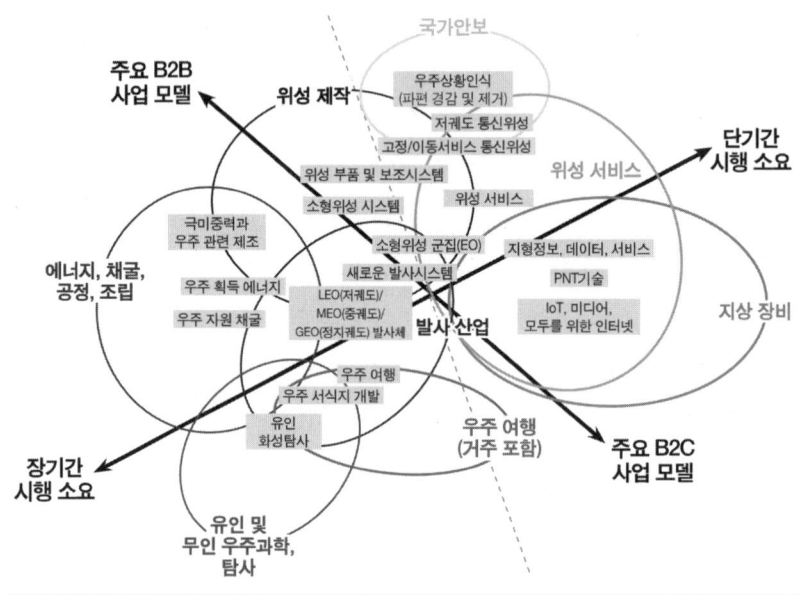

자료: European Investment Bank(2019).

연합은 개발 정책을 통해 우주 분야의 독자적인 핵심기술들을 확보하고자 노력하고 있다. 미국 혹은 타국의 부품과 기술에 의존하는 것은 우주산업에 있어서 아주 큰 제약요인이 되기 때문에 기술, 경제 그리고 정치적인 판단을 통해 기술의 비의존성을 높이기 위한 정책들을 펼치고 있는 것이다(Tortora, 2014). 정리하면, 복잡한 우주산업 구조 속에서 유럽연합은 소비자인 동시에 공급자라는 다소 독특한 역할을 수행하고 있다. 따라서 이러한 역할을 가장 잘 보여주는 유럽산 부품 이니셔티브European Component Initiative: ECI, 전략기술에 대한 비의존성 행동계획이라는 사례를 통해 살펴보도록 한다.

1) 배경

1971년 유럽우주국의 전신이었던 '유럽우주연구기구European Space Research Organization: ESRO'와 국가 우주기구들 사이의 협력을 위해 창설된 '우주 부품조 정그룹Space Components Coordination Group: SCCG'을 시작으로 생산 분야의 협력 이 본격화된다. 특히 1990년대 말 국방 분야 주도로 공공 재원을 통해 기술을 개발한 후 민간에 적용하는 스핀오프 전략에서 민간 주도의 방식으로 변화함 에 따라, 다음의 **그림 5-3**에서 볼 수 있듯이 1990년대부터 항공우주산업의 고 신뢰도High-Reliability 부품 공급이 점차 감소하기 시작했다. 특히 이러한 변화 추세로 인해 우주산업에서 요구되는 고신뢰도 부품들의 자체적인 공급이 매우 중요해졌다(Soons, 1997). 따라서 유럽연합은 이 문제를 극복하기 위해 부품 제

그림 5-3 항공우주산업에서 고신뢰도 부품 공급

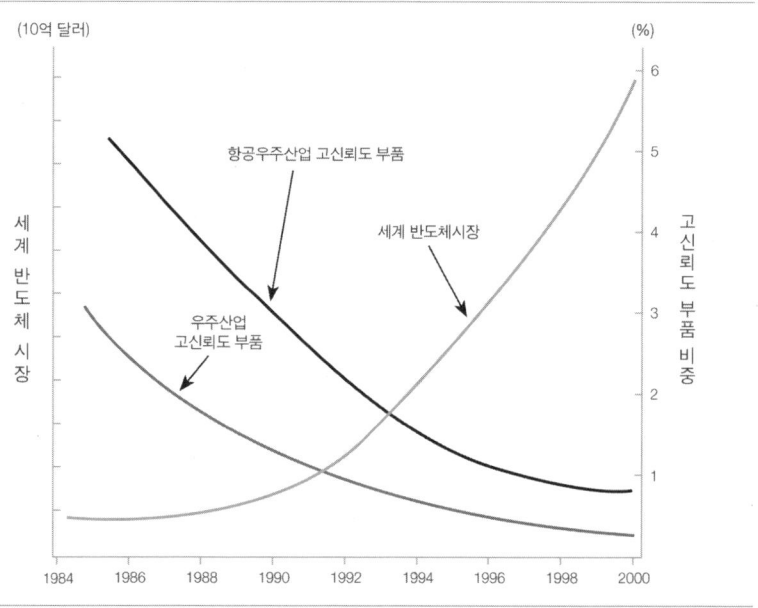

자료: Soons(1997).

조업체, 산업체, 국가 우주 기관, ESA 등으로 구성된 '우주 부품 특별위원회 Space Components Ad Hoc Committee: SCAHC'를 창설했다. 이를 시작으로 1998년 163차 ESA 산업정책위원회에서는 국가들 사이의 우주 부품 생산을 위한 협력 R&D 프로그램을 시행하는 등의 노력을 펼쳤다(ESCC, 2002). 이러한 역사적 맥락에서 창설된 기구가 2002년의 ESCC European Space Components Coordination이다. 이 기구의 목적은 ① 우주영역에서 활용될 전기·전자·전자기 Electrical, Electronic and Electro-mechanical: EEE 부품의 연구개발에 대한 프로그램 기획·관리, ② EEE 우주 부품의 평가·검증·조달을 위한 정책·기술 표준의 수립, ③ EEE 우주 부품들의 생산 세부사항과 일관된 검증 및 인증 활동을 위한 단일한 체계 구축으로 밝히고 있다(ESCC, 2018: 5). ESCC는 행정 업무를 담당하는 사무국과 산하에 우주 부품 운영위원회 Space Components Steering Board: SCSB, 그리고 지원조직인 정책표준워킹그룹 Policy and Standards Working Group: PSWG과 부품기술위원회 Components Technology Board로 구성되어 있다.

ESCC는 후술할 EPPL 목록을 비롯하여 검증받은 부품과 제조업체에 대한 목록을 제공하고 있다. 월별로 업데이트가 되는 「인증 부품 목록 Qualified Parts List」이나 변경 사항이 생길 때 개정되는 「인증 제조업체 목록 Qualified Manufacturers List」을 발간하고 있다. **그림 5-4**처럼 전지·집적회로·퓨즈·트랜지스터 등의 17개 부품에 대해서 인증받은 제조업체의 부품 목록을 발간하고 있다. **그림 5-4**에는 프랑스 기업의 레지스터 칩에 대한 재원이 매우 상세하게 기록되어 있다. 이외 목록에서는 44개의 세부 품목들에 대해 제조업체와 부품의 재원이 모두 기록되어 있다. 인증 업체 목록은 필터·집적회로·레지스터·트랜스포머 부품에 대해 총 5개의 기업이 현재까지 선정되어 있다. 목록에 포함된 부품이나 기업들은 모두 ESA의 지원을 받거나 기술협력을 하는 등 직간접적으로 연관되어 있다. 이러한 ESCC의 정책 및 부품 목록을 통해 유럽 기업들이 생산한 부품에 대한 후광효과를 기대할 수 있을 뿐만 아니라 우주산업에 있어서 영향력을 높이는 계기로 작용할 수 있다. 시장점유율과 수출의 증대로 연결될 수 있기

그림 5-4 인증 부품 목록(QPL)

레지스터 FILM, FIXED, CHIP AND ARRAY, THIN FILM, BASED ON TYPES PHR; PFRR; PRAHR/CNWHR				287F
세부조달사항	제조업체	승인 상태	감독권한	초기 승인 일시
Generic ESCC 4001 Detail ESCC 4001/023 4001/025	VISHAY S.A. Division Sfernice France	Qualification	CNES	Feb 2009
		Remarks Components under ESCC QML qualification. Refer to Technology Flow description in REP006.		

Qualified range

Type PHR, Variants 01 to 08, 13 and are qualified
Type PFRR, Variants 09 to 12 and 15 are qualified
Type PRAHR/CNWHR, Variants 01 to 42 are qualified

4001/023	PHR	High stability and Precision Chip
4001/023	PFRR	High stability and Precision Chip with Established Reliability Level R
4001/025	PRA/CNWHR	High stability and Precision Surface Mount Array

자료: ESCIES(2017).

때문이다. 따라서 비유럽 기업들은 이를 불공정한 경쟁이라고 비판하고 있지만(Zervos, 2018: 103), 유럽연합은 오히려 새로운 정책들을 적극적으로 추진하면서 독자적인 기술 확보 노력을 점차 강화하는 추세를 보이고 있다.

2) ECI

1999년 미국의 발사체 기술이 중국의 미사일 기술에 활용되었다는 의혹이 제기됨에 따라 위성과 관련된 부품을 다루는 업무 부서가 상무부 담당에서 국무부 담당으로 이전되는 사건이 있었다. 상무부 관할의 의미는 상업적 용도에 중점을 두어 다른 국가로의 수출을 강력하게 제한하지 않는다는 것이지만, 국무부가 관할한다는 것은 품목 자체를 군수품으로 취급하여 수출을 제한하겠다는 것을 의미한다. 실제로, 국무부로 권한이 이관된 이후 중국으로의 위성 및 발사체 수출은 전혀 없었다. 하지만 이러한 조치는 곧 미국 항공우주산업의 하강으로 이어졌다. 미국의 발사체 산업 수입은 2005년 12억 달러 하락했으며, 위성 제조업은 약 30억 달러 하락했다(Blount, 2008: 712~713). 또한 국무부에서 관리하는 수출통제 정책으로 인해 많은 미국 기업들의 계약이 취소되거나 조달 경쟁에서 배제되는 사례가 속출했다(Bureau of Industry and Security, 2014). 시장을 선도하고 있던 미국의 침체는 곧 후발주자였던 유럽에는 기회로 작용했다. 유럽은 미국의 수출통제 정책에 저촉되지 않는 ITAR-Free 발사체와 위성을 제작하면서 소비자들에게 새로운 대안을 제시했다. ITAR-Free 발사체 산업을 주도하던 유럽의 항공우주기업 알카텔Alcatel의 시장 점유율은 2004년 기준 20%로 2000년 대비 2배 상승했으며, 유럽연합은 2004년부터 유럽산 부품 이니셔티브European Component Initiative: ECI라는 정책을 통해 본격적으로 자체적인 우주 부품을 개발·공급하기 위한 기반을 마련하기 시작했다(Bini, 2007: 70~71).

정리하면, 우주산업의 수요 측면에서 미국의 강력한 수출통제정책의 영향으로 고품질의 항공 부품 조달이 어려워짐에 따라 이를 자체적으로 개발할 필요성이 제기되기 시작했다. 따라서 ESA의 주도로 초기에는 프랑스와 독일 우주기관들의 지원을 통해 ECI가 시작되었다. ECI의 목적은 크게 3가지이다. 첫째, 유럽 우주계획의 핵심기술에 대한 유럽산업 기반을 유지·강화하며, 둘째, EEE 부품의 비유럽산 부품 공급에 대한 의존도를 줄이고, 마지막으로 생산능력을 발전시키고 유럽 내 핵심기술에 대한 인증을 통해 유럽산 EEE 부품의 가용성을 증대하는 것이다. 이를 통해 중기적으로는 50%의 EEE 부품을 유럽산으로 교체하고, 부차적으로는 인증받은 유럽산 부품 공급자들의 세계 시장점유율을 상승시킨다는 목표를 가지고 있다.

이처럼 ECI는 유럽산 부품이라는 명칭에서 확인할 수 있듯이 우주산업에 필수적인 부품들을 유럽 국가들의 협력을 통해 자체 개발하는 정책이라고 할 수 있다. ESA가 주도적인 역할을 수행하기 때문에 지리적 분배의 원칙이 적용된다. 즉, 필요한 부품들에 대한 기술을 의무적으로 유럽 내 개별 기업들, 혹은 국가 우주기관과 협업의 형태를 통해 개발하는 것이다.[2] 특히 지리적 분배 원칙을 통해 특정 국가가 사업을 독점하는 것을 방지하고자 기업의 주소 등록지, 의사결정 기구의 위치, 기업 부설 연구기관의 위치, 그리고 주요 업무지의 위치에 대한 평가를 통해 기업의 국적을 산출한다(ESA, 2019). 이를 통해 명확하게 유럽에 기반을 두고 있는 기업들을 대상으로 하고 있음을 확인할 수 있다. 원칙적으로 프로그램에 납부하는 기여금과 사업 이익에 대한 비율을 1 대 1로 하고, 기여금 대비 이익을 비율로 나타낸 이익 계수return coefficient는 최소 0.8 이상이어야 한다. 그리고 이익은 기술에 대한 관심사와 함께 측정되기 때문에 개발하기 어려운 기술일수록 배정되는 이익이 커진다. 이는 수요와 공급에 따른 시장원리에 바탕을 둔 단순한 이익 배분 원칙으로 보일 수 있지만, 그 이면에는 기술 향상을 통해 유럽 국가들과 기업들의 산업경쟁력을 올리려는 정교한 산업정책이라고 볼 수 있다(Petrou, 2008: 148~149). 이 밖에도, 중소기업SMEs 우선 원칙에 따라 사업 경쟁에 중소기업이 참여할 경우 특정 조건을 충족하면 우선적으로 해당 기업과 계약을 체결하는 원칙이 있다. 이와 같이 ECI 원칙들을 살펴본 결과, 유럽 국가들의 우주산업과 유럽 지역에 기반을 둔 기업들의 산업 경쟁력을 높일 목적으로 추진하고 있는 정책이라는 것을 확인할 수 있다

유럽 기업들이 주체가 되어 기술개발을 완료한 부품들은 모두 ESCC의 유럽

---

2 ESA는 '계약의 지리적 분배의 원칙'과 함께 '선택적 참가'라는 원칙을 가지고 있다. 이 원칙에 기반하여 ESA 회원국들은 기술 개발 프로그램들을 필요에 따라 선택하여 참여하고 있다. 특히 학술적인 목적의 우주 연구개발 프로그램들에 대한 예산 확보를 위해 의무적인 과학기술개발 프로그램을 총괄하는 위원회를 설치하여, 참여 국가들의 이해당락에 따라 예산이 분배되는 것을 방지하고자 했으며 의무적으로 국가들은 평균 국가 소득에 따라 기여금을 지출하도록 했다(ESA, 2010).

그림 5-5 ECI 부품 개발 과정

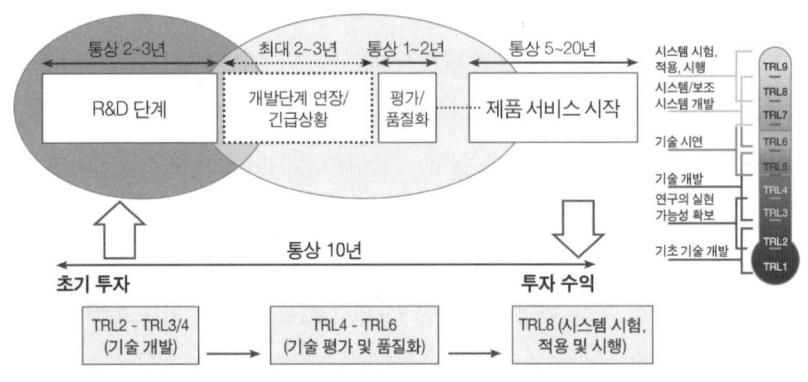

자료: Kircher(2013.10.25).

산 선호 부품목록European Preferred Parts List: EPPL에 수록된다. 이 목록은 부분 1과 2로 나눠져 있는데, 부분 1의 경우에는 부품이 기준을 모두 충족하여 항공위성 용도로 활용함에 있어서 인증된 부품들을 수록하고 있다. 반면 부분 2는 잠재적으로 이러한 기준을 충족시킬 가능성이 있는 부품들로 구성되어 있다. 목록을 통해 항공우주산업에 있는 기업들이 필요한 품목을 안심하고 활용하도록 하기 위한 목적을 가지고 있다고 볼 수 있다. 특히, 이 목록에 수록된 부품은 잠정적으로 유럽의 수출통제 정책에 포함되지 않는다고 명시한 것으로 보아 수출을 증진시키고자 하는 의도가 명확한 것을 알 수 있다(ESCC, 2014).

그림 5-5에서 보이는 것처럼, 인증 부품을 만드는 데 많은 재원과 노력이 소요되기 때문에 장기적인 관점에서 정책을 추진해야 한다. 이에 따라 ECI는 2004년부터 2016년까지 총 4단계에 걸쳐서 추진되었다. 2004년부터 2010년까지 수행된 1단계에서는 타국의 수출통제 대상이 되는 부품들을 선정하여 자체 개발을 통해 공급 의존도를 감소시키고자 했다. 특히 미국의 국무부 통제정책에 포함된 목록들을 중심으로 맞춤형으로 생산Pin to Pin하여 대체했다. 주파수를 변환해 매칭 대역폭을 제공하는 DBMDouble Balanced Mixer, LEON2 반도

그림 5-6 ECI 추진 계획표

ECI 4단계	공급자	국적	2013	2014	2015	2016	2017	2018
Eval and Qual of Capacitor and Resistors with ext operating temperatures	Alter	스페인				완료		
ESCC Evaluation/Qualification of HV cable assembly	Reynolds	영국						
ESCC Evaluation & Qualification of 150V Power-MOSFET SMD Package	Infineon	독일					완료	
European LVDS driver	Arquimea	스페인						
Ultra low noise processes for very high frequency applications	OMMIC	프랑스						
GREAT2 phase 3: (2013)ESCC Process Evaluation : GH 50-20	UMS	독일						
Space validation, ESCC of DFB Laser Module at 1.55 μm	G&H	영국						
Space validation of Rad-Hard Erbium Optical Fibre Amplifier at 1.55 μm	MPB	캐나다						
Space validation of Rad-Hard Erbium Optical Fibre Amplifier at 1.55 μm	G&H	영국						
CAPS (Contactless Angular Position Sensor) evaluation	RUAG	스위스						
MEMS Reliability assessment	HTA	핀란드						
High density PCB for novel Flip Chip and High Pin Count Technologies	RUAG	스웨덴						
Radiation characterization of COTS for space applications	Sieberdorf	오스트리아				완료		
Reliability assessment/ evaluation/ characterization of COTS/ JAXA parts	Tyndal	아일랜드						
Procurement, distribution and technical support to industry of VASP	TESAT	독일						
Advanced Cooling Technologies for Novel Flip Chip and High Pin count	Thermocore	영국						
8 channel phototransistor for optical encoder with Hermetic glass lid	Optoelectro	이탈리아		완료				
Rad-Hard co-doped Optical Fibre Amplifier at 1.55 μm for HP (.1W)	G&H	영국						
Rad-Hard High-Side MOSFET driver	STM	이탈리아						
IP cores: Full implementation of the CFDP protocol in the IP-Core	IDA	독일		완료				
Efficiency of the ECSS Process	ALTER	스페인		완료				
Study for a Non-hermetic solution for Flip-Chop Products	E2V	프랑스			완료			
Lot validation of 18x SpaceWire Router - GR718	Aeroflex	스웨덴						
Rad-hard DDR physical interface and digital controller for Space-ST65nm	Aeroflex	스웨덴						
Gan For PROBA V extension	Syrlinks	프랑스			완료			
Evaluation of Atomic layer Deposition (ALD) conformal coating	Picosun	핀란드					완료	
Fibre-Optics High Temperature Monitoring System (HiTOS)	EMXYS	스페인						

2017년 1월 25일 기준

자료: ESCIES(2017).

체 장비 등 총 14개 부품에 대한 기술을 선정하여 개발했다. 2009년부터 2011년 까지 수행된 2단계에서는 비유럽산 품목을 대체하는 인증된 우주 부품에 대한 생산기술product technologies과 이를 생산하고 가공하는 것을 가능하게 하는 제 반 기술enabling capabilities을 확보하는 것에 중점을 두었다. 이를 통해 1단계처럼 원천기술을 개발하기보다는, 경쟁력 있는 부품들을 생산하기 위한 대안적인 기술을 확보하고자 노력했으며 총 16개의 부품을 선정했다. 이후 3단계는 2011년부터 2014년까지 수행되어, 전략 부품과 핵심기술에 대한 상용화 목표를 가지고 총 30개의 부품을 개발했다. 이전 단계에서는 주로 프랑스, 독일 기업들이 중심이었다면 3단계부터는 영국, 벨기에, 덴마크 등 새로운 기업들이 대거 추가되었다. 마지막 4단계는 2013년부터 2016년까지 추진되었으며 앞선 단계에서 생산한 유럽산 부품들의 공급망을 강화하는 목표를 가지고 수행되었다. 이처럼 ECI는 아주 세밀한 계획을 통해 추진되었는데, 그 예시로 ECI의 4단계 계획표를 **그림 5-6**을 통해 볼 수 있다. 이를 통해 어떤 부품을 어느 국적의 기업이 개발하고 있으며, 어떤 세부적인 연도별 목표를 통해 추진하고 있는지 알 수 있다.

3) 전략기술 비의존성 행동계획

2019년 EU-ESA 이사회에서 채택한 결의안에서는 독립적으로 우주공간에 접근하는 것에 대한 전략적 중요성을 강조했다. 이러한 기조는 코로나19 사태 이후 처음 채택된 우주 관련 결의안에서 다시 한번 강조되고 있다(Council of European Union, 2020). 앞선 ESCC나 ECI 같은 독립적인 우주 부품 생산처럼 우주공간에 진입하는 과정에서 오롯이 유럽연합만의 기술을 통한 우주전략을 추진하고 싶은 것이다. 이러한 맥락에서 2002년부터 ESA는 독립적인 유럽만의 우주기술을 확보하는 노력을 수행했다. 하지만 ESA만의 독자적인 활동에는 한계가 있었기 때문에 2008년 유럽연합 집행위원회·ESA·유럽방위청으로 구성된 합동 특임반Joint Task Force을 설치하게 된다. 합동 특임반의 첫 임무 중 하나는 우주활동에 있어서 필수적인 핵심기술에 대한 목록을 작성하는 것이며 2010년부터 해당 목록을 발간하고 있다(EC-ESA-EDA, 2011).

여기에서는 우주기술의 의존성을 2가지 정의로 분류하고 있는데, 하나는 독립성independence이고 나머지는 비의존성non-dependence이라는 용어를 활용하고 있다. 전자는 필요한 모든 기술을 유럽에서만 개발하는 경우이지만, 후자는 유럽이 자유롭고 무제한적으로 필요한 우주기술에 접근할 수 있는 가능성이라고 정의하고 있다. 그리고 유럽의 핵심기술에 대한 전략은 비의존성을 목표로 하고 있다고 밝히고 있다. 이는 국제협력을 통해 기술을 확보할 수 있으면 유럽연합이 반드시 모든 기술을 독자적으로 개발할 필요는 없다는 것이다. 특히 유럽연합은 총 3단계의 의존도 임계점을 설정하고 있다. 1단계는 중단기적으로 기술을 활용하는 데 아무런 지장이 없지만 장기적으로는 기술의 활용에 위험성이 있는 경우이며, 장기적으로 기술의 활용성이 보장되지 않은 상황이 2단계이다. 기술 접근성에 심각한 제한이 있는 마지막 3단계는 다시 3가지 상황으로 나뉜다. 3-1단계에서는 유럽산 기술로 가능하지만 가격이나 성능 면에서 충분하지 않은 경우, 3-2단계는 유럽 내 기술이 존재하지 않고 해외 기술에 대한 접근이 제한적일 때, 그리고 마지막 3-3단계는 공급이 매우 제한되는 고급 기술이 필요한 상황을 설정하고 있다(Caito, 2015: 12~13). 이에 따라 처음 발간된 「2010~2011 행동계획」에서는 3-3단계에서 요구될 기술 및 부품들을 우선적으로 포함했다.

2013년 처음으로 발간된 『우주산업정책Space Industrial Policy』을 통해 유럽연합은 5가지의 우선 목표를 설정했다. 이 중 하나는, 기술적으로 우주에 대한 비의존적이고 독립적인 접근을 보장해야 한다고 명시하고 있다. 특히 유럽 위성을 제작하는 데 필요한 전자제품들 중 60%를 미국에서 수입하며, 대부분이 국무부의 수출통제 정책 품목이기 때문에 미국의 정책에 매우 쉽게 영향을 받는 상황이라고 분석했다. 따라서 타국에 대한 기술 비의존성을 키워야 한다는 당위성을 설명하고 있다(European Commission, 2013: 7~9). 특히 2014년부터 2020년까지 유럽연합 차원에서 시행하는 800억 유로 규모의 연구 혁신 사업인 'Horizon 2020'과 전략기술에 대한 비의존성 행동계획을 연계하기 시작했다. 이에 따라 2015년 39개, 2018년 18개, 2021년 31개의 기술에 대해 1억 9900만 유로가 투자되었다. 내용적인 측면에서 행동계획은 문자 그대로, 어떤 재원의 기술을 어떤 과정을 통해 획득해야 되는지를 매우 상세히 밝히고 있다.

그림 5-7은 「2018~2020 행동계획」 중 고성능 반도체에 대한 부분을 발췌한 것이다. 이를 살펴보면, 행동의 근거와 배경, 필요한 기술 재원과 구체적인 행동, 그리고 활용 분야와 산업계의 반응이 내용으로 포함되어 있다. 그리고 기

그림 5-7 전략기술 비의존성 행동계획

4.1.3 JTF-2018/20-5 - 초고성능 마이크로프로세서[U20]

설명 및 제반 행동	차세대 방사선 내성강화 고성능 마이크로프로세서. - 65nm 이내 미세서브마이크론에 장착. - 기존 마이크로프로세서를 넘는 5-10 요소와 기존 유럽 기술에 적용된 SOC의 성능 개선. - 우주 임무에 비행 모델의 해당 성능 및 적용을 위한 개발, 실증, 제품화. - 최적의 방안으로 활용(프로세싱, 속도, 전력 소모, 전힘내성)하기 위한 도구들을 포함한 새로운 마이크로프로세서를 위한 SW 생태계 강화.
초기 TRL 단계	4
목표 TRL	6 이상
적용 가능한 임무	지구관측, 과학 임무, 유인 우주비행, 우주운송, 통신, 항법, 우주안보, 로봇탐사, 방어 임무.
산업계 비의존성 고려 사항	JTF 컨버전스 회의(16년 10월 26일)에서 산업계가 합의로 우려를 표현. 산업계는 16년 11월 18일 새로운 설명/특성을 제안했으나 너무 기술 세부적이라 ESA에서 채택되지 않았다.
대표부/기관 비의존성 고려 사항	2016년 11월 28일 최종회의에서 합의에 기반해 행동 승인.
참조	"Microelectronics: ASIC and FPGA", European Space Technology Harmonisation Technical Dossier, 2016
주목/이유	최근 유럽은 LEON4 코어와 ARM Cortex R 코어에 기반을 둔 NG LARGE & ULTRA 기반 GR740 같은 마이크로프로세서를 포함한 차세대 고성능 SoC 개발에 앞장서고 있다. 그러나 해당 기술을 실제 임무에 탑재하는 최종 단계는 비행에서의 명성을 얻기 위해 긴급히 요구되는 바이다. H2020-COMPET-2016의 일부인 TCLS ARM FOR SPACE는 완료되었다. H2020-COMPET-2016의 일부인 DAHLIA 프로젝트가 채택되었으며 현재 진행 중이다. 새로운 활동이 진행 중 및 완료된 프로젝트에 전 유럽 차원에서 보완되어야 한다.
진입 일시/ 마지막 수정 일시	2016년 12월 1일

자료: European Commission(2019).

술성숙도Technology Readiness Level: TRL와 목표 수치가 작성되어 있는데, **그림 5-7**에서 고성능 반도체의 경우, 현재 연구실 환경에서 워킹 모델을 개발한 4단계 성숙도에서 실제와 유사한 환경에서 프로토타입을 개발하는 6단계 이상을 2020년까지 달성하겠다는 목표를 설정하고 있다.

그림 5-8 유럽 우주산업 경제활동

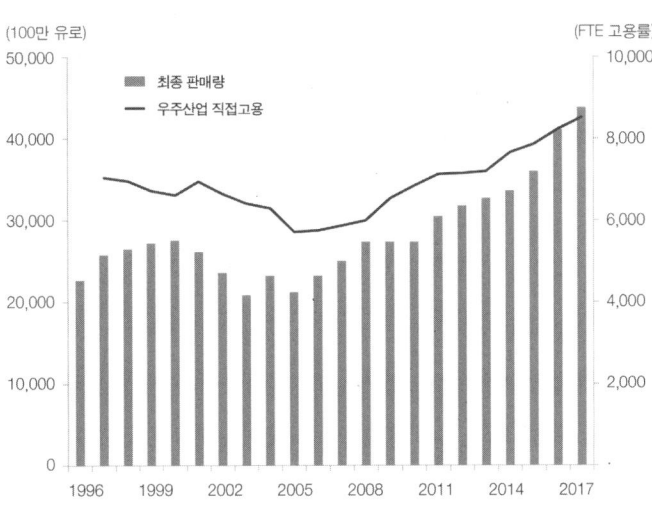

유럽 우주산업 판매량과 고용률

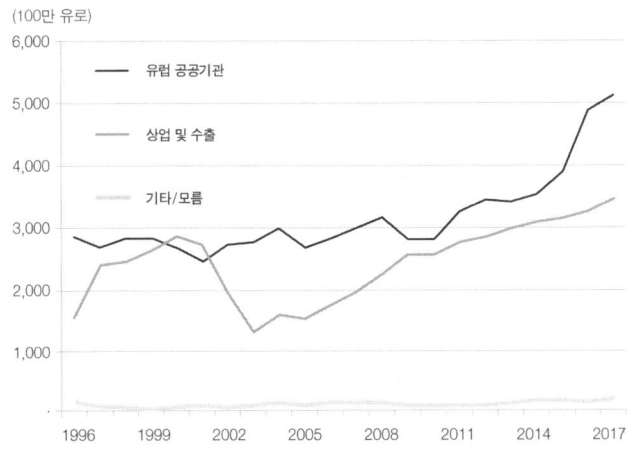

주요 소비자별 유럽 우주산업 판매량

자료: ASD-Eurospace(2018).

유럽은 우주를 탐구하는 과정에서 필요한 기술을 자체적으로 개발하는 비의존적 행태를 보이고 있다. 이러한 자체적인 노력의 결과는 현재까지 매우 긍정적이다. 미국 내에서도 강력한 수출통제로 인해 유럽 제조업체들이 미국산 부품을 활용하지 않는 것은 미국의 시장점유율을 낮추는 결과를 초래할 것이라고 경고하고 있으며(US House Committee on Foreign Affairs, 2012: 4~5), 유럽 국가들이 생산하는 인공위성을 미국의 강력한 경쟁 대상으로 언급하고 있을 정도이다(US House Committee on Foreign Affairs, 2011: 51). 그만큼 유럽 우주산업이 성장했다는 것을 증명한다. **그림 5-8**에서 확인할 수 있듯이, 실제로 우주산업과 관련한 고용률과 판매량이 2005년 이후 꾸준히 증가하고 있음을 확인할 수 있다. 특히 미국의 위성 관련 부품들이 2014년 수출통제 개혁으로 인해 다시 상무부 관할이 되었음에도 불구하고 판매량이 증가하고 있다는 것은 매우 고무적이라 할 수 있다. 그리고 유럽은 독특하게 유럽연합과 ESA 같은 공공기관이 정책의 집행자이자 소비자의 역할을 동시에 수행하고 있는데, 우측의 그림을 살펴보면 공공분야뿐만 아니라 상업적 용도로 민간 분야에 판매하는 규모도 증가하고 있음을 확인할 수 있다. 이는 비유럽권 시장에서도 유럽산 우주 부품 및 기술들이 판매되고 있다는 의미이기도 하다. 따라서 유럽연합의 우주 부품과 기술에 대한 비의존성을 높이고자 시행하는 기술개발 및 과학혁신 정책들이 매우 긍정적인 영향을 끼치고 있다는 점도 확인할 수 있다.

4. 유럽연합의 우주규범, ICoC

유럽연합이 본격적으로 우주규범 형성에 뛰어들기 시작한 것은 2007년 1월에 중국이 반위성 요격무기anti-satellite weapon 실험을 시행한 후이다. 독일이 유럽연합 이사회 상반기 의장국을 맡은 후 '우주에서의 안보와 군비축소 그리고 EU의 역할workshop on security and arms control in space and the role of the EU' 워크샵을 수행하면서 본격적으로 우주규범 제정에 대한 논의가 시작되었다. 이에 따라 2007년 하반기 의장국을 맡은 포르투갈이 EU를 대표하여 군비 문제를 담당하는 제1위원회에 '유럽연합의 투명성과 신뢰 제고 방안에 대한 구속력 없는 행동 규범the EU non-legally binding code of conduct on TCBM'을 제출하면서 구속력 없는 형태의 우주규범을 선호하는 경향을 보였다. 하지만 다자 협의체인 제네바군축회의가 우주공간에서의 군비경쟁 방지Prevention of an Arms Race in Outer Space: PAROS개념을 비롯한 의제 협의 순서를 설정하는 데 있어서 진척이 더딤에 따라 EU는 다자 협의체를 통한 협의가 아닌 독자적인 행동 규범 제창에 나서게 되었다. 이에 따라서 EU 이사회는 '외기권 활동의 행동 규범 초안the draft Code of Conduct for outer space activities'을 승인해 양자 간 협의를 추진하게 된다. 양자 간 협의에 어떤 국가들이 참여했는지 명확히 밝힌 적은 없지만 알려진 바에 따르면, 2009년 상반기에는 브라질, 캐나다, 인도, 인도네시아, 이스라엘, 일본, 한국, 남아공, 우크라이나와 첫 번째로 양자 협의를 거쳤으며, 2009년 하반기에는 중국, 러시아, 미국 등과 협의를 거친 것으로 알려졌다.

유럽연합은 많은 우주 당사국들과 양자 협의를 거치고 2012년 6월 자문 회의를 개최한 후에 공식적으로 '외기권 활동에 대한 국제 행동 규범 초안Draft International Code of Conduct for Outer Space Activities: ICoC'으로 명칭을 변경하면서 국제규범이라는 점을 더욱 명백히 했다. 이에 따라 양자 협의로 추진하던 과정을 다자 협의로 변경하면서 유럽연합은 외기권 활동 국제 행동 규범안 조정회의Open-Ended Consultation on the Proposal for an International Code of Conduct for Outer Space Acitivies를 총 3회에 걸쳐서 개최하게 된다. 1차 조정회의는 2013년 5월 우크라이나의 수도 키예프에서, 2013년 11월에는 방콕에서, 2014년 5월에는 룩셈부르크에서 각각 조정회의를 개최했다. 이 과정에서 주요 당사국인 미국, 중국, 러시아뿐만 아니라 인도, 캐나다, 남아공, 한국 등과 같은 국가들과 비정부기구도 참여하여 약 300명이 넘는 참석자들이 조정회의에 참석한 것으로 알려져 있다. 이는 앞서 언급했듯이, 교착상태에 빠져있는 국제기구를 통하지 않고 더욱 효율적으로 규범 형성과정을 추진하여 유럽연합이 적극적으로 규범 형성 과정을 주도하고자 하는 의지를 확인할 수 있다.

1) 투명성 신뢰구축 조치(TCBMs)

보통 전문은 상징적인 의미를 갖거나 법령의 해석적인 의미를 가지기 때문에 이를 명확히 할 수 있는 조문들을 포함한다(Orgad, 2010: 722~726). 이에 따라 ICoC 전문을 살펴보면 "우주 이용의 증가에 따라 우주의 투명성 및 신뢰 구축 조치의 점증하는 중요성을 상기하고······ 우주 폐기물이 우주의 지속가능한 이용에 영향을 미치고 우주활동에 대한 위협을 구성하고, 향후, 관련 우주 능력의 효과적인 전개와 이용을 제한한다는 것을 고려······"한다는 표현이 들어가 있다. 또한 ICoC 초안이라고 할 수 있는 외기권 활동에 대한 행동 규범은 2008년 12월 EU 이사회의 승인을 받았는데, 당시 이사회는 이 행동 규범에 대한 평가로서 투명성 신뢰구축 조치들Transparency and Confidence Building Measures: TCBMs 이 포함되어 있다는 점을 강조하고 있다. UN 제1위원회에서 보고된 TCBMs 가이드라인에 따르면 TCBMs의 주요 목적은 군사 활동과 국가들의 의도에 대한 불신, 공포감, 오판, 오해의 원인을 제거하고 이에 대한 가능성을 줄이기 위함이라고 명시하고 있다. 이에 따라 궁극적으로는 모든 전쟁을 방지하면서 국제 평화와 안보를 강화하는 데 그 목적이 있다(UN, 1984: 75~76). 때에 따라서는 TCBMs이라는 개념보다는 신뢰도 구축 조치Confidence Building Measures: CBMs라고 언급되기도 했으나 정보와 의도에 대한 투명성이 구축된다면 결과적으로 신뢰도 또한 향상될 수 있다는 의견에 따라 TCBMs의 개념을 사용하고 있다.

우주공간에 있어서 TCBMs 시행의 필요성은 최근 고도화 되는 기술의 발전과 민군 이중용도 때문에 더욱 커지고 있다. 이는 우선 우주의 무기화weaponization 와 관련이 있다. 이는 우주의 군사화militarization와는 유사하지만 다른 개념이다. 예를 들어, 영(Young, 1989)에 따르면, 우주의 군사화는 통신·항법·기상 등과 같이 우주공간에서 정보를 수집하고 이를 활용하는 소극적인 개념이다. 하지만 우주의 무기화는 우주공간에 직접적으로 무기를 배치하거나 이를 활용하여 방어하는 적극적인 개념으로 소개하고 있다(Young, 1989: 202). 따라서 우주의 군사화 개념보다 우주의 무기화 개념이 국제규범상 우주의 평화적 이용이라는 원칙을 침해할 가능성이 농후하다. 이에 따라 문제가 되는 기술 중 하나가 상대의 위성을 특정한 목적을 위해 요격할 수 있는 반위성 요격 무기이다(Evers, 2013: 9). 이러한 기술은 분명한 우주의 무기화에 해당하지만 미국과 러시아뿐만 아니라 2007년에는 중국, 올해 3월에는 인도가 실험에 성공하면서 새로운 우주무기 경쟁의 장을 열고 있는 상황이다.

그리고 TCBMs가 필요한 또 다른 이유는 군사작전을 수행하는 데 있어 우주에서의 가용자원들이 점차 증가하고 있다는 점이다. 이 부분은 특히 위성의 이중용도와 연관성이 깊다. 점차 우주공간이 상업화되면서 많은 민간 영역들이 우주에 진출하는 현실이 도래하고 있다. 이는 민간 분야에서 쏘아올린 위성들의 개수가 증가하고 있다는 의미이다. 하지만 우주에 발사되어 있는 위성들이 오직 군사적 목적만을 가지고 있는지 아니면 민간 용도로만 사용되는지를 논의하는 것은 무의미하다. 북한의 미사일 발사기지나 발사체에 대해 미국이 민간 상업위성을 활용하여 정보를 획득, 이를 분석하는 작업을 거친다는 점은 이러한 부분을 확인해 준다. 또한 위성에 활용하는 기술 또한 민간과 군사적 이용의 이중성을 가지고 있으며 민간의 우주개발에 정부가 투자를 하는 경우도 존재한다. 따라서 위성에서 획득할 수 있는 가용자원들이 늘어남에 따라 이러한 정보들이 군사작전에 적극적으로 활용되고 있다(임채홍, 2011: 272~273). 이밖에 공격용 미사일 기술과 발사체 기술이 유사하기 때문에 미사일 기술의 확산 등 다양한 원인이 국가들의 의도를 불분명하게 하면서 TCBMs의 필요성을 상기시키고 있다.

세부적인 TCBMs를 크게 범주화하면 유관국에게 발사체를 신고하는 행위와 같은 통상적인 우주활동의 투명성 구축, 궤도상의 우주 파편에 대한 정보를

표 5-1 ICoC의 TCBMs 분류

위성 정보의 공개	우주활동의 투명성 구축	우주활동의 행동규범
(5-1) '▲다른 국가의 우주물체 비행 안전에 위험을 야기할 수 있는 계획된 운용; ▲자연적 궤도 이동으로 인한 우주물체 간 또는 우주물체와 우주 폐기물 간의 명백한 궤도상 충돌 위험을 제기하는 예측된 결합; ▲우주물체 발사의 사전 통지; ▲우주물체의 모든 파괴'를 잠재적으로 영향을 받는 모든 서명국에게 통지.		(5-2) 5-1에 언급된 모든 우주활동의 경우에 대해 잠재적으로 영향을 받는 모든 서명국들에게 통지.
(6-2) 우주상황인식 능력을 통해 수집된 정보(특히, 우주비행체에 위해를 야기할 수 있는 자연현상 등)의 공유	(6-1) '▲우주전략과 정책; ▲주요 우주 연구 및 활용 프로그램; ▲사고 및 충돌, 해로운 간섭 등을 방지하기 위한 우주정책과 절차; ▲우주활동 관련 노력' 공유.	(6-3) 개발도상국의 이익을 고려한 우주활동에서 국제협력 촉진과 조장.
	(6-4) 자국의 프로그램, 정책 및 절차를 다른 서명국이 숙지할 수 있는 활동을 조직하기 위한 노력.	(7-1) 서명국의 우주활동이 자국에 잠재적인 위험이 되는 경우에는 협의를 요청할 수 있음.
	(7-2) 미래 교훈을 끌어낼 목적으로, 자발적으로, 사건별로, 우주물체에 영향을 미치는 특정 사건을 조사하는 조사단(mission)의 설립을 제안 가능하고 이 조사단은 자발적으로 제공된 정보를 이용하여야 하며 조사 결과는 권고적 성격을 가짐.	

자료: 한상현(2019a).

공유하는 위성정보 공개 범주의 증대, 우주활동의 행동 규범 합의, 그리고 규범에 부합하는 우주와 로켓 기술의 국가 간 전수 등 크게 4가지로 분류할 수 있다(UN, 1993: 79). 하지만 네 번째의 우주와 로켓 기술의 국가 간 전수는 과거에는 TCBMs의 범주 안에 속했으나 1987년 미사일 기술 통제 체제Missile Technology Control Regime가 출범하면서 미사일에 대한 수출과 기술이전을 성공적으로 방지하고 있다(Mistry, 2003: 119~122). 물론 ICoC가 상호 언급한 국제 법들이나 결의안들에서 TCBMs에 대한 언급을 하고 있으나 ICoC 자체적으로 언급하고 있는 TCBMs는 기존에 성공적으로 관리되고 있는 마지막 범주를 제외하고 이상의 논의에 따라 총 3가지로 분류할 수 있다. .

특히 TCBMs에 대한 정부 간 전문가 그룹 보고서에 따르면 투명성과 신뢰 제고를 위해서 총 4가지의 범주(우주정책의 정보 교환, 외기권 활동의 통보와 정보 교환, 위험 감소 통보, 우주물체 발사 장소 및 시설 접촉 및 방문) 아래에 구체적으로는 12가지의 조치들을 명시하고 있다. 물론 동 보고서에 기술한 조치들만이 투명성과 신뢰를 높여준다고는 할 수는 없으나 권장된다는 점에서 이들은 TCBMs의 필수적인 요소라고 할 수 있다. ICoC는 이 조치들을 모두 포함하고 있다는 점에서 굉장히 구체적이고 기준에 부합한다는 점을 확인할 수 있다. 중국과 러시아가 주도적으로 체결하고자 하는 PPWTTreaty on the Prevention of the Placement of Weapons in Outer Space, the Threat of Use of Force against Outer Space Objects는 ICoC처럼 구체적으로 TCBMs에 대해 명시하기보다는 추가적인 의정서를 제정하기로 되어 있으며, 국제법의 성격으로 추진되는 PPWT 본안과는 달리 TCBMs에 대해서는 자발적인 이행을 명시하고 있다. 이뿐만 아니라 EU에서 추진하는 ICoC를 투명성과 신뢰 제고를 위한 목적으로 협의하고 있다는 사실을 언급함으로써 ICoC의 TCBMs에 대해 긍정적인 평가를 했다(UN, 2010: 11~18).

2) 역할과 전망

이러한 TCBMs가 ICoC의 핵심 요소가 된 이유는 2가지가 있다. 첫째, 미국과 중국, 러시아 모두 군비경쟁이나 조약의 추진 체계, 성격에 있어서 완전히 다른 의견을 가지고 있지만 TCBMs에 대해서는 긍정적이기 때문이다. 하지만 미국은 이에 대한 사전 조건으로, 일련의 조치들이 자발적으로 시행되어야 하며 기존의 군축 논의와는 연관성이 없어야 한다는 점을 표명했다. 따라서 미국과 러시아, 중국은 TCBMs라는 큰 원칙에는 동의하지만 이를 시행할 구체적인 방안에 있어서는 큰 이견을 보이고 있다. 둘째, 중국과 러시아 또한 PPWT를 제외하고 TCBMs 논의에 대한 직접적인 언급과 이를 제안하는 다양한 문서를 발간한 사례가 존재하기 때문이다(정영진, 2014: 224). 이처럼 우주규범의 내용, 성격과 이를 위한 추진 체계를 놓고 미국과 러시아(구소련)가 첨예하게 대립함에 따라 유럽연합의 ICoC는 이 둘을 자연스럽게 절충하여 유럽만의 규범을 모색하는 방법을 추진해 왔던 것이다.

우선, 우주규범의 성격에 있어서는 구속력을 갖지 않는 행동 규범의 틀을 선택했다. 조약이 아닌 규범을 선택한 이유 중 하나는 더욱 많은 국가들이 규범에 서명할 수 있게 하기 위함으로, 유럽연합의 ICoC가 이를 위한 기초 자료로서의 역할을 수행할 것이라는 점 때문이다(Council of the European Union, 2008: 2). 이에 따라 2010년 수정 초안의 제1조 4항에서는 "이 규범과 방안의 시행은 자발적이며 모든 국가들에게 개방된다"라며 국가들의 자발적 시행을 강조했다. 하지만 2014년에 수정된 초안에서는 "이 규범에 대한 서명은 자발적이며 모든 국가에게 개방된다. 이 규범은 법적으로 구속력이 없으며 적용되고 있는 국제법 및 국내법을 침해하지 않는다"라고 규정하여 국가들의 자발적 시행뿐만 아니라 조약처럼 구속력이 없다는 점을 더욱 분명히 제시했다. 이는 미국이 선호하는 구속력이 없는 규범의 성격을 우주규범 형성의 기본적인 틀로 선택한 것이다.

둘째로, 2014년 수정 초안의 제 3조 '우주활동에 관련된 조약, 협약 그리고 다른 약속의 준수'에 '외기권의 평화적 이용에 관한 위원회United Nations Committee on the Peaceful Uses of Outer Space: COPUOS'에 대한 언급과 함께 PAROS에 대한 논의가 시작되었으며 중국과 러시아가 선호하는 논의 체계인 제네바군축회의에 대한 언급을 추가했다. 유럽연합은 실제로는 구속력 있는 국제조약의 창설을 염두에 두고는 있지만, 동시에 현재 논의 중인 다자 협력체들이 교착상태에 빠져있기 때문에 이를 우회하면서 규범을 창설하는 방법으로써 이 행동 규범을 창설하게 되었다(Dickow, 2009: 152~155). 즉, ICoC가 국제조약으로 발전하기 위해서는 국제기구를 거쳐야 하는 만큼 UN을 비롯한 다양한 국제기구와 함께 현재 논의되고 있는 규범들을 언급함으로써 상호 보완적인 역할을 수행할 수 있다는 점을 강조하고 있다. 이는 러시아와 중국이 선호하는 체계가 언급되어 있다는 점을 통해 알 수 있다.

끝으로, 2009년 EU 상반기 의장국을 맡았던 체코의 UN 대사가 COPUOS

회의에서 ICoC는 위원회나 군축회의에 제출할 대상이 아니라는 점과 협의 과정을 위원회에 통보하겠다는 점을 명확하게 밝혔다(COPUOS, 2009: 4). 이는 COPUOS에 제출하여 공식적인 협의 절차를 거치다가 교착상태에 빠지기보다는 EU 주도하의 비공식적인 협의 과정으로 추진하겠다는 의지를 밝힌 것이다. 즉, 유럽연합도 러시아와 중국이 PPWT에 대해 주장하는 것처럼 우선적으로 규범을 형성한 다음에 추후 단계를 당사국들과 논의하겠다는 전략을 가지고 있는 것이다.

ICoC의 내용은 미국과 러시아, 중국이 선호하는 부분과 상대국이 수용할 수 있는 부분을 적절히 혼합하여 적재적소에 이를 배치한 것이다. 우주규범을 형성하는 데 있어 기존의 논의들이 지나치게 첨예한 갈등을 겪다가 교착상태에 빠졌다는 점을 통해, 유럽연합은 이를 적절히 매개하여 우주규범을 형성한다는 믿음을 가지고 ICoC를 추진했다. 이에 따라 유럽연합이 없었다면 끝없는 평행선을 달렸을 우주규범 형성 과정에서 전략적 유연성을 가지고 다양한 행위자 사이를 매개하는 중개자의 역할을 수행함으로써 적극적인 행위자로서 역할을 수행했다. 하지만 사실 유럽연합은 ICoC 이전부터 우주 당사국들 간의 국제협력을 지속적으로 추구하고자 했음을 알 수 있다. 2003년 유럽연합 차원에서는 처음으로 발간된 백서에서는 미국과 러시아를 비롯한 신흥 우주국가들과 함께 파트너십을 꾸려나가는 것을 목표로 하고 있음을 밝히고 있다. 이에 따라 국제적인 협력 분야를 모색하고 우주영역에서의 강대국과 약소국 사이를 매개하는 정책을 추진하는 등의 노력을 보여주었다(Council of the European Union, 2003). 그리고 2008년 결의안에서도 유럽연합은 우주에서의 안보를 모색하기 위한 거버넌스를 구축하는 데 있어 적극적인 역할을 수행하는 것을 목표로 밝히고 있다(Council of the European Union, 2008). 이에 따라 ICoC를 추진하기 전부터 유럽연합은 국가들 간의 협력을 모색하고 이를 위한 모종의 역할을 수행하고자 했음을 알 수 있다. 따라서 이러한 유럽연합의 협력 중심 정책이 ICoC에도 반영되었다고 할 수 있다.

하지만 불행하게도 2015년 이후로 COPOUS에서 ICoC에 대한 언급은 찾아볼 수 없으며, 이에 대한 논의 또한 교착상태에 빠진 상황이다. 이에 따라 ICoC가 외교적으로 림보diplomatic limbo 상태를 맞이했으며, 2015년 회의에서 최종안이 도출되지 못한 것이 찬물을 끼얹은 행위였다고 평가하고 있다(Meyer, 2016: 499~500). 하지만 유럽연합은 ICoC가 우주규범을 형성하는 첫 단계이자 적합한 방식임을 인정함과 동시에 여전히 러시아와 중국 주도의 PPWT가 우주규범에 있어서 적합한 방식이 아니라는 점을 지적하고 있다(Bylica, 2015). 이에 따라 ICoC 제정에 대한 지속적인 열망을 밝힘과 동시에 유럽연합은 UN 내에서 우주영역에 대한 가이드라인을 만들고자 하는 노력을 경주하고 있다고 밝히고 있다(Teffer, 2018). 하지만 현재까지 이전 내용에 비해 발전된 초안이나 발표된 내용이 없다. 따라서 ICoC는 여전히 교착상태, 더욱 심하게는 고사하고 있다고도 볼 수 있을 정도로 미래 전망이 밝지 않은 상황이다.

5. 결론

이상의 논의를 종합하면, 유럽은 단순히 수동적으로 길을 따라가는 것이 아니라 적극적으로 길을 개척하고 있다고 볼 수 있다. 2016년 우주전략과 최근 발표된 우주정책을 통해 살펴보면 유럽연합이 추진하는 3가지 중점 분야는 모두 독창성이 있다. 첫 번째인 위성항법 분야에서는 갈릴레오 프로그램과 EGNOS 프로그램을 통해 미국 주도의 GPS로 대표되는 범지구 위성항법체계 분야에서 독립적인 체계를 갖추고자 했다. 그리고 해당 사업들은 매우 효율적으로 작동하여 두 번째 분야라고 할 수 있는 지구관측 분야에도 긍정적인 영향을 끼치고 있다. 지구관측은 생산·가공·유통 단계로 나눌 수 있는 관측정보 단계들 중에서 유통단계를 의미한다고 볼 수 있다. 유럽연합의 코페르니쿠스 프로그램은 재난, 기후변화 등의 실용적 측면을 가지고 있으며 관측 정보를 민간 분야에서 이용하는 상업적 활용도도 매우 높다. 마지막 안보 분야에서는 유럽연합의 외교기관 및 NATO와 협력하며 군사적 측면에서 보는 유럽연합 차원의 우주군과, 전장으로서 우주공간을 바라보며 재난 상황에서도 위성통신을 유지하는 역량을 갖춘 정부 위성통신망 사업을 추진하고 있다.

산업 영역에서는 관리자로서 유럽연합이 아닌, 의존성을 낮추기 위한 공급자이자 소비자로서의 유럽연합이라는 정책을 추진하고 있다. 우주 부품 조정 그룹부터 현재의 ESCC까지, 유럽연합은 독자적인 우주 부품과 기술을 확보하고자 국가 단위의 협력을 촉진하는 생산자로서의 역할을 수행하고 있다. 이 과정에서 기술개발이 필요한 부품들은 모두 유럽 기업들과의 R&D를 통해 개발하고 있으며 다양한 부품 목록을 운용하면서 우주산업에서 자국산 부품을 활용할 것을 적극 권장하고 있다. 특히 2004년부터 시행된 ECI는 ESA의 지리적 분배 원칙에 의해 유럽 기업들 혹은 유럽의 국가 우주기관들이 참여하여 기술을 확보함으로써 기업·국가·유럽연합 차원에서 기술의 확보와 상업적 이용이라는 긍정적인 효과를 낳고 있다. 이러한 맥락에서 전략적 부품에 대한 비의존성 행동계획도 미국 주도의 우주 부품 시장에서 탈피하여 자율적인 유럽만의 우주정책을 추진하기 위한 기반을 마련한다는 목적을 가지고 있다. 이러한 정책들을 통해 성장한 유럽산 우주 부품시장은 실제로 미국의 위성 수출통제정책이나 부품 시장에 영향을 미침으로써 성공적이라고 평가될 수 있다.

규범적 측면에서 유럽연합이 추진하는 ICoC는 미국과 중국, 러시아가 주도하고 있는 갈등적인 우주규범 영역에서 유럽만의 주도권을 확보하여 이를 중재하는 역할을 수행하고자 함을 알 수 있다. 우선 투명성 신뢰구축 조치를 ICoC만의 주도적인 정책 분야로 설정하여 군사안보 기반의 기존 논의를 탈피하고자 하는 시도를 하고 있다. 특히 이 의제는 우주 분야에서 첨예하게 대립하고 있는 미국·중국·러시아 모두 큰 이견이 없다는 점에서 동의할 가능성이 매우 높기도 하다. 그리고 ICoC는 법적 구속력이 있는 조약의 형태가 아닌 규범의 형태를 기반으로 하여, 국제기구에서의 기존 논의들을 보완하는 성격을 가지고 있다. 하지만 ICoC가 국가들 사이의 합의를 달성하기 전까지는 국제기구에서 논의하지 않고 양자 혹은 다자적 협의의 차원에서 논의하기로 한 점은, 현재 UN에서 장기간 교착상태에 빠진 우주규범 논의를 반영한 것이라 볼 수 있다. 내용적으로는 우주공간에서 자위권을 인정하고 있고, 특히 방어적 목적의 우주 군사화를 허용하는 입장에서 해당 표현을 삭제했다. 하지만 개념적으로 모호한 부분으로 남겨둠으로써 해석의 여지를 남겨두었다는 점은 한계로 작용한다. 따라서 ICoC는 기존 논의의 보완적인 성격이 강한 동시에 유럽연합만의 독자적인 정책과 특성을 반영한 우주규범이라는 점을 확인할 수 있다.

유럽연합이 보여준 독자적인 우주정책들은 한국에도 많은 함의를 제공하고 있다. 우선, 우주 부품 분야만 해도 국가 차원을 넘어서는 유럽연합 차원에서 1970년대부터 기술을 확보하기 위한 시도가 있었다는 점은 우주기술개발은 장기적인 측면에서 고려되어야 한다는 사실을 말해준다. 이런 관점에서 '제3차 우주개발진흥기본계획'에서 밝히고 있는 한국형 발사체와 위성 개발, 한국형 위성항법체계의 개발 등은 단기적인 성과 중심이 아닌 장기적인 투자 중심의 시선으로 봐야 할 것이다. 두 번째로, 산업적 측면에서 독자적인 기술개발을 위해 국가와 민간이 함께 노력하고 있다는 점을 고려해야 한다. 이에 따라 올해 발표된 '제3차 항공정책기본계획'에서 밝히고 있는 정책 방향이 항공산업의 기반 생태계와 혁신을 중심으로 하고 있다는 점에서 매우 긍정적이라고 볼 수 있다. 그리고 개정된 한미 미사일지침에 따른 고체연료의 활용은 우주 분야에서 민간 영역의 역할을 더욱 확대시킬 수 있다. 마지막으로 유럽연합만의 독자적인 의제를 기반으로 중재하는 역할은, 한국 또한 중개자 역할을 할 수 있음을 의미한다. 미국과 중국 사이의 경쟁이 격화되는 시점에서 이 두 국가와 밀접한 관계가 있는 나라가 바로 한국이기 때문이다. 특히 미중 경쟁이 군사안보, 탐사, 위성 등 다양한 우주 분야로까지 격화하는 현실 속에서, 이것이 한국의 중차대한 역할임을 명심해야 할 것이다.

김수연 외. 2011. 「세계시장 분석에 기초한 우주(위성)분야 산업화 전략 마련」. 교육과학기술부 과제용역 보고서.

임채홍. 2011. 「'우주안보'의 국제조약에 대한 역사적 고찰」. ≪군사≫, 제80호.

정영진. 2014. 「유럽연합의 우주활동 국제행동규범의 내용 및 ≪국제법학회논총≫, 제59권 3호, 217~240쪽.

한상현. 2019a. 「우주영역 규범형성 과정에서의 갈등과 조정: 유럽연합의 ICoC를 중심으로」. 한국국제정치학회 2019년 하계학술대회 발표원고(2019.7.4).

한상현. 2019b. 「국가적, 지역적 차원에서 본 유럽의 우주전략과 주요 현안에 대한 입장」. 서울대학교 국제문제연구소 워킹 페이퍼, 134호.

한재현·박찬엽. 2007. 「EU의 EGNOS 구축 사례와 시사점」. ≪과학기술정책≫, 제17권 1호, 104~116쪽.

ASD-Eurospace. 2018. "The State of the European Space Industry in 2017." June 14. https://eurospace.org/wp-content/uploads/2018/06/eurospace-facts-and-figures-2018-press-release-final.pdf (검색일: 2020.8.10).

BBC. 2007.10.3. "Q&A: Sputnik." http://news.bbc.co.uk/2/hi/6937964.stm (검색일: 2019.6.15).

Beidleman, Scott W. 2005. "GPS vs Galileo: Balancing for Position in Space." *Astropolitics*, Vol.3, No.2, pp.117~161

Bini, Antonella. 2007. "Export Control of space items: Preserving Europe's advantage." *Space Policy*, Vol.23, No.2, pp.70~72.

Blount, P. J. 2008. "The ITAR Treaty and Its Implications for U.S. Space Exploration Policy." *Journal of Air Law and Commerce*, Vol.73, No.4, pp.705~722.

Borek, Rafal, Kaja Hopej and Pawel Chodosiewicz. 2020. "GOVSATCOM makes the EU stronger on security and defence." *Security and Defence Quarterly*, Vol.28, No.1, pp.44~53.

Brachet, Gérard. 2012. "The origins of the 'Long-term Sustainability of Outer Space Activities' initiative at UN COPUOS." *Space Policy*, Vol.28, No.1, pp.161~165.

Bureau of Industry and Security. 2014. "U.S. Space Industry 'Deep Dive' Assessment." Office of Technology Evaluation. https://www.bis.doc.gov/index.php/documents/technology-evaluation/898-space-export-control-report/file (검색일: 2020.8.12).

Bylica, Jacek. 2015.10.23. "Statement." UN General Assembly 70th Session First Committee Thematic Discussion on Outer Space. https://s3.amazonaws.com/unoda-web/wp-content/uploads/2015/10/23-October-EU-OuterSpace.pdf (검색일: 2019.6.15).

Caito, Letizia. 2015. "European Technological Non-Dependence in Space." *ESPI Report*, No.51.

Commission of the European Communities. 2000. "Europe and Space: Turning to a new chapter." COM(2000) 597(September 7, 2000).

COPUOS. 2009. "599th Meeting Unedited Manuscript." COPUOS/T.599(June 4, 2009).

Council of the European Union. 2003. "Space: a new European frontier for an expanding Union – An action plan for implementing the European Space policy." 14886/03(November 17, 2003).

_____. 2008. "Council conclusions and draft Code of Conduct for outer space activities." 17175/08(December 17, 2008).

_____. 2011. "ESA and the EU." ESA(June 1, 2011). https://www.esa.int/About_Us/Welcome_to_ESA/ESA_and_the_EU (검색일: 2019.8.13).

_____. 2014. "The European Preferred Parts List(EPPL) and Its Management." ESCC 12300.

_____. 2018. "Charter of the European Space Components Coordination." ESCC, 0000.

_____. 2018. "Proposal for a REGULATION OF THE EUROPEAN PARLIAMENT AND OF THE COUNCIL establishing the space programme of the Union and the European Union Agency for the Space Programme and repealing Regulations(EU) No 912/2010,(EU) No 1285/2013,(EU) No 377/2014 and Decision 541/2014/EU." 15767/18 December 20, 2018).

_____. 2019. Regulations of the European Space Agency. ESA/REG/001, rev. 5(July 10, 2019).

_____. 2020. "Council Conclusions on "Space for a sustainable Europe"." 8512/20(June 4, 2020).

Dickow, Marcel. 2009. "The European Union proposal for a Code of Conduct for Outer Space Activities." in Kai-Uwe Schrogl, Charlotte Mathieu and Nicolas Peter(eds.). Yearbook on Space Policy 2007/2008, pp.152~163. Wien: Springer Wien New York.

EC-ESA-EDA. 2011. "Critical Space Technologies for European Strategic Non-Dependence List of Urgent Actions 2010/2011." FP7-SPACE-2011-1.

ESA. 2010. ESA Convention and Council Rules of Procedure. Noordwijk: ESA Communications.

ESCC. 2002. "Founding Act of the European Space Components Coordination."

ESCIES. 2017. "European Component Initiative." ESA(February, 2017). https://escies.org/webdocument/showArticle?id=996&groupid=7 (검색일: 2020.8.10).

European Commission. 2013. EU Space Industrial Policy: Releasing the Potential for Economic Growth in the Space Sector. COM(2013) 108.

_____. 2016a. "Space Strategy for Europe." COM(2016) 705, 2016/10/26.

_____. 2016b. Study to examine the socio-economic impact of Copernicus in the EU. Brussels: European Commission.

_____. 2017a. Mid-term review od the Galileo and EGNOS programmes and the Europeam GNSS Agency. Brussels: European Commission.

_____. 2017b. "Big Data in Earth Observation."(July, 2017). https://ec.europa.eu/growth/tools-databases/dem/monitor/sites/default/files/DTM_Big%20Data%20in%20Earth%20Observation%20v1.pdf (검색일: 2020.7.28).

_____. 2018a. "Annex to the Proposal for a Regulation of the European Parliament and of the Council establishing the space programme of the Union and the European Union Agency for the Space programme and repealing Regulations(EU) No 912/2010,(EU) No 1285/2013,(EU)

No 377/2014 and Decision 541/2014/EU." COM(2018) 447 Final(June 6).

_____. 2018b. "Questions and Answers on the new EU Space Programme." Press corner(June 6, 2018).

https://ec.europa.eu/commission/presscorner/detail/en/MEMO_18_4023(검색일: 2020.7.28).

_____. 2019. "H2020 Programme 2018-2020." https://ec.europa.eu/research/participants/data/ref/h2020/other/guides_for_applicants/h2020-supp-info-space-10-18-20_en.pdf (검색일: 2020.8.10).

European Council. 2013. "European Council 19/20." EUCO 217/13(December 13).

_____. 2020. "Conclusions of the President of the European Council following the video conference of the members of the European Council." Press releases(April 23)

European External Action Service. 2017. "Working document of the European External Action Service." 7550/17(March 22, 2017).

European Investment Bank. 2019. *The future of the European space sector.* Kirchberg: European Investment Bank.

European Parliament. 2016. "Report on space capabilities for European security and defense." Committee on Foreign Affairs, 48-0151/2016(April 26, 2016).

Evers, Tobias. 2013. "The EU, Space Security and a European Global Strategy." *Occasional UI papers*, No.18.

GSA. 2019. "GSA GNSS Market Report." Issue 6. https://www.gsa.europa.eu/system/files/reports/market_report_issue_6_v2.pdf (검색일: 2020.8.9).

Hayward, Keith. 2011. "The Structure and Dynamics of the European Space Industry Base." *ESPI Perspective*, No.55.

Henry, Caleb. 2020.7.21. "European Commission agrees to reduced space budget." *Spacenews.* https://spacenews.com/european-commission-agrees-to-reduced-space-budget/ (검색일: 2020.8.9).

Kircher, E. 2013.10.25. "Space Component Developments at the European Space Agency." https://eeepitnl.tksc.jaxa.jp/MEWS/JP/26th/data/2_8.pdf (검색일: 2020.8.11).

Laudrain, Arthur. 2019.8.14. "France's 'strategic autonomy' takes to space." IISS Military Balance Blog. https://www.iiss.org/blogs/military-balance/2019/08/france-space-strategy(검색일: 2019.8.20).

Lough, Richard. 2019.7.25. "France to launch 'fearsome' surveillance satellites to bolster space defenses." *Reuters.* https://www.reuters.com/article/us-france-space-defence/france-to-launch-fearsome-suveillance-satellites-to-bolster-space-defenses-idUSKCN1UK1TY (검색일: 2019.8.20).

Meyer, Paul. 2016. "Dark forces awaken: the prospects for cooperative space security." *Nonproliferation Review*, Vol.23, No.3~4, pp.495~503.

Mistry, Dinshaw. 2003. "Beyond the MTCR: Building a Comprehensive Regime to Contain Ballistic Missile Proliferation." *International Security*, Vol.27, No.4, pp.119~149.

Northern Sky Research. 2018.7.30. "EO Investment Picture: Worth more than A Thousand Words." *the Bottom Line*. https://www.nsr.com/eo-investment-picture-worth-more-than-a-thousand-words/ (검색일: 2020.7.28).

Orgad, Liav. 2010. "The preamble in constitutional interpretation." *International Journal of Constitutional Law*, Vol.8, No.4, pp.714~738.

Peck, Michael. 2019.2.9. "Official: Europe Needs Its Very Own Space Force." *The National Interest*. https://nationalinterest.org/blog/buzz/official-europe-needs-its-very-own-space-force-43982 (검색일: 2020.8.9).

Petrou, Ioannis. 2008. "The European Agency's Procurement System: a Critical Assessment." *Public Contract Law Journal*, Vol.37, No.2, pp.141~177.

Plowright, Adam and Daphne Benoit. 2019.7.25. "France to develop anti-satellite laser weapons: minister." Phys.org. https://phys.org/news/2019-07-france-unveil-space-defence-strategy.html (검색일: 2020.8.4).

Reillon, Vincent. 2017. *European space policy: Historical perspective, specific aspects and key challenges*. Brussels: European Parliamentary Research Service.

Rose, Frank A. 2020.4.22. "NATO and outer space: Now What?." Order From Chaos. https://www.brookings.edu/blog/order-from-chaos/2020/04/22/nato-and-outer-space-now-what/ (검색일: 2020.8.9).

Schmidt-Tedd, Bernhard. 2011. "The Relationship between the EU and ESA within the Framework of European Space Policy and its Consequences for Space Industry Contracts." in Lesley Jane Smith and Ingo Baumann(eds.). *Contracting for Space*, pp.53~61. Farnham: Ashgate.

Soons, A. F. L. 1997. "The European Initiative for Space Components." Proceedings Third ESA Electronic Components Conference(April 22~25, 1997). https://articles.harvard.edu/full/1997ESASP.395...97S/0000097.000.html (검색일: 2020.8.10).

Teffer, Peter. 2018.8.31. "Europe's space trash chief: situation getting worse." *EUobserver*. https://euobserver.com/science/142685 (검색일: 2019.6.14).

Tortora, Jean-Jacques. 2014. "European Autonomy in Space: The Technological Dependence." in Cenan Al-Ekabi(ed.). *European Autonomy in Space*, pp.165~172. Cham: Springer.

UN. 1984. "Report of Disarmament Commission." A/39/42(July 11, 1984).

_____. 1993. "Study on the application of confidence-building measures in outer space." A/38/105(October 15, 1993).

_____. 2010. "International cooperation in the peaceful uses of outerspace." A/RES/64/86 (January 13, 2010).

US House Committee on Foreign Affairs. 2011. Export Controls, Arms Sales, and Reform: Balancing U.S. Interests, Part I. 112th Congress, 1st Session. Washington D.C.: U.S. Government Printing Office.

_____. 2012. Export Controls, Arms Sales, and Reform: Balancing U.S. Interests, Part II. 112th Congress, 2nd Session. Washington D.C.: U.S. Government Printing Office.

Werner, Debra. 2018. 12.10. "Forecasts call for rapid growth in Earth observation market." *Spacenews*, https://spacenews.com/forecasts-call-for-rapid-growth-in-earth-observation-market (검색일: 2021.4.12).

Young, A. J. 1989. *Law and Policy in the Space Station's Era*. Dordrecht: Martinus Nuhoff Publishers

Zervos, Vasilis. 2018. "European Politics and the Space Industry Value Chain." *Journal of Economics and Public Finance*, Vol.4, No.1, pp.101~117.

우주경쟁의 세계정치

6 글로벌 우주 군사력 경쟁과 우주군 창설*

이강규 ㅣ 한국국방연구원

1. 서론

냉전 초기 미국과 구소련의 우주경쟁을 넘어서는 글로벌 우주경쟁의 시대가 도래했다. 기존의 우주강국인 미국과 구소련을 이은 러시아 외에도 글로벌 강국으로 자리매김한 중국뿐 아니라 일본, 유럽연합EU, 인도, 캐나다를 비롯한 세계 각국이 우주개발에 노력을 경주하고 있다. 예컨대, 미국은 2019년 7월 26일 '아르테미스Artemis 계획'을 발표하며 반세기만에 달 탐사에 다시 나서기로 했고(NASA, 2019), 한 해 뒤인 2020년 6월 23일 중국은 자체 위성항법시스템인 베이더우北斗의 완성을 알렸다(Deng, 2020.6.23). 우리나라도 예외는 아니다. 2020년 7월 21일 첫 군사전용 통신위성인 '아나시스 2호ANASIS-II'를 발사하는 등 글로벌 우주 군사력 경쟁에 적극적으로 나서고 있다.

---

* 한국국방연구원 안보전략연구센터 연구위원(kangkyulee@kida.re.kr). 이 발표 내용은 연구자 개인의 의견이며 연구원의 공식 입장은 아님을 밝힌다.

위성과 로켓으로 대표되는 우주개발을 위한 과학기술이 민군겸용의 대표적인 기술이라는 점에서 일국의 우주프로그램 개발 및 발전은 곧 해당 국가의 국방 관련 우주능력의 향상을 의미한다. 이런 점에서 글로벌 우주경쟁은 글로벌 우주 군사 경쟁과 다름이 없다. 우리나라도 이를 잘 인식하고 있으며, 치열한 글로벌 우주경쟁에 대응하기 위해 군사안보 차원의 노력도 소홀히 하지 않고 있다. 예를 들어, 국가 차원에서 "우주공간이 주요 전장 영역으로 부상함에 따라 우주공간에서의 위협에 대응하는 능력을 구비하는 등 국방 우주역량을 강화할 계획"이라고 밝히고 있으며(청와대 국가안보실, 2018: 68), 국방부도 '2020 주요 업무 추진계획' 중 "국방 우주 사이버안보 역량 획기적 강화"를 천명했다 (국방부, 2020: 15). 특히, 2019년에는 '국방 우주력 발전 기본 계획서'를 통해 정책 기반 구축, 운영체계 발전, 우주 전력 확충, 대내외 협력 확대 등 4가지 국방 우주력의 발전방향을 제시하기도 했다(윤상윤 외, 2019: 23~25).[1]

그러나 우주 관련 능력 구비 및 향상을 위한 국방 차원의 대응 노력에도 불구하고 이의 기반이 되어야 할 우주의 중요성에 대한 재부각과 이에 따른 글로벌 우주경쟁의 격화에 대한 이해도를 제고할 수 있는 학술연구 및 정책연구가 국내에서 매우 부족한 실정이다.[2] 우주개발의 후발주자인 한국으로서는 글로

---

1 정책 기반 구축은 법적·제도적 여건 및 정책 전략개념 발전 등을, 운영체계 발전은 상부주도 하향식 국방 우주력 운영관리 체계 정립, 합동 우주 작전 기구 설치, 국방 우주 전문인력 양성 및 관리 등을, 우주 전력 확충은 군 정찰·통신·항법 위성 체계 구축, 초기 단계 조기경보 능력 구비 등을 구체적인 계획으로 담고 있다.

2 국방 관련 국책연구기관인 한국국방연구원에서 진행된 그간의 연구들도 글로벌 우주강국들에 대한 기초적인 이해에 기반하거나 전략적 차원의 고민 없이 구체적인 운용에만 초점이 맞춰져 있었다. 더군다나 관련 연구를 지속하지 못한 측면도 있다. 『21세기 항공우주군으로의 도약』(김상범, 2003)은 공군에 초점을 두고 '항공'의 관점에서 우주를 부가적으로 연구했으며, 『국방 우주정책 발전방향』(송화섭, 2009)은 각국의 우주정책을 일별하고 우리의 국방 우주정책을 제시했다는 측면에서 본 연구의 방향과 가장 유사하나, 시기적으로 많은 변화가 있어서 지금의 현실과는 차이를 보인다. 이 밖에 『비상시 국가우주자산 통합 운용체계 구축 방향』(강한태 외, 2013)과 『우주 작전 지휘통제체계로서 한국군 C4I 발전방향 연구』(임재혁 외, 2019)도 각국의 우주전략과 정책 내용을 수록하고 있으나, 각 연구

벌 우주경쟁의 현재 양상을 이해하고 각 우주강국의 추진 전략 및 정책을 파악하는 것이 우리의 국방 관련 우주전략 및 정책 수립을 위한 기초작업이 되어야 할 것이다. 이러한 토대 위에서 한국에게 적합한 우주전략과 정책을 수립하는 것이 타당하며, 이에 맞춰 다시 국방차원의 전략과 정책방향 도출이 가능하다고 본다. 이에 따라, 이 장에서는 2절에서 현재 진행되고 있는 글로벌 차원의 우주경쟁을 파악하는 접근방법을 제시해 보고자 한다. 우주개발이 가지는 민군겸용의 성격을 감안할 때 이는 곧바로 국방 차원에도 원용이 가능할 것이다. 3절에서는 그러한 접근방법에 기초하여 최근 우주의 군사 경쟁에서 큰 축으로 떠오른 각국의 우주군 창설 동향을 살펴보고자 한다. 결론에서는 이러한 내용들을 기반으로 향후 국방 차원의 우주전략 및 정책방향을 간략하게 제시하고자 한다.

2. 글로벌 우주 군사력 경쟁의 이해

1) 경쟁적 안행모형의 설정

(1) 재조명되는 우주의 중요성

국가를 위시한 우주 관련 행위자들이 우주를 지향하는 동기(혹은 목적)를 설명하는 견해는 주로 '탐사개척주의', '실용상업주의', '군사안보주의'로 나눠볼 수 있다(최남미, 2012: 71). 이러한 구분은 우주라는 미지와 동경의 대상에 대한 인류의 순수한 지적 호기심(탐사개척주의), 지구 자원의 한정성에 기반한 인류(혹은 각국 국민)의 편익 증진(실용상업주의), 우주를 이용한 다양한 상업 활동을

의 중점 분야가 아니어서 분석보다는 소개 및 정리에 그치고 있다.

통한 경제적 가치 창출(실용·상업주의), 우주를 활용한 국가안보의 추구(군사안보주의) 등에 각각 바탕을 두고 있다고 할 수 있다. 한편, 현실적 동기의 실용상업주의나 군사안보주의와 구별되면서 탐사개척주의의 순수한 의도와도 사뭇 다르게 우주개발의 동기를 파악하는 견해도 있다. 즉, 과거 서구 열강을 중심으로 전개된 지리상 발견의 경험에서 체득한 신세계 개척의 연장선상에서 인류의 우주에 대한 지향성을 설명하는 문화주의적 견해 또는 식민주의적 견해(McDonald, 2017; Moltz, 2008: 15~16; Pyne, 2006: 7~36)가 그것이다.

본 연구에서는 이들 견해를 참고하여 우주의 중요성을 우주가 가지고 있는 효용성 측면에서 크게 세 가지로 나눠 ① 정치적 상징성, ② 상업적 잠재성, ③ 군사적 활용성을 중심으로 살펴보고자 한다. 정치적 상징성은 우주에 대한 탐사 및 개발의 성취와 관련하여 우주 관련 과학기술의 가시적 성과를 통한 효용성을 말하며, 상업적 잠재성은 이러한 성취를 달성하기 위한 간접적인 효과와 성취를 이용하는 데 따른 직접적인 효과를 의미한다. 최근 들어 미국·중국·러시아 등을 중심으로 국가주의 및 민족주의 경향을 띤 자국 우선주의가 득세하면서 여전히 정치적 상징성이 위력을 발휘하고 있으며, 4차 산업혁명의 등장으로 뉴스페이스로 대표되는 우주의 실제적인 경제성도 주목받고 있다.[3] 끝으로, 군사안보적 가치인 군사적 활용성은 '우주에서in, 우주로부터from, 우주로의to' 측면에서 군사적 중요성을 의미하는데, 우주가 새로운 전장 영역domain으로 인식되면서 그 중요성이 더욱 증대하고 있다.[4]

---

3 트럼프 대통령의 스페이스X 발사 직접 참관이나, 러시아가 코로나19 백신에 '스푸트니크 V'라는 이름을 붙인 것 등이 정치적 상징성의 단적인 예다. 한편, 뉴스페이스에 관한 논의에 대해서는 안형준 외 (2019) 참조.
4 우주의 군사적 중요성에 대해서는 럽튼(Lupton)으로 대표되는 우주력 이론(spacepower theory)부터 현대전에 이르기까지 이론과 실제에서 논의되고 증명되어 왔다.

(2) 경쟁적 안행모형의 특징

앞에서 살펴본 우주의 중요성을 글로벌 우주경쟁의 동인動因으로 본다면, 현
재의 경쟁 양상은 경쟁적 안행雁行모형Flying Geese Racing Model으로 이해할 수 있
다. 이 모형은 국제무역에서 동아시아의 경제발전을 이해하기 위해 주로 사용
해 왔던 안행모형雁行模型, Flying Geese Model에서 착안하여 글로벌 우주 군사력
경쟁을 파악하기 위해 새롭게 만든 모형이다.[5] 국제무역론에서 거론되는 안행모
형은 레이먼드 버넌Raymond Vernon의 '제품수명주기론product-life cycle theory'에
기반을 두고 있다. 제품수명주기론은 제품의 수명주기에 따라 생산의 분업과
이전이 발생한다는 이론으로 상품 또는 산업도 각기 수명이 있어 일반적으로
도입introduction, 성장growth, 성숙maturity, 쇠퇴decline의 과정을 겪게 된다고 주장
한다(Vernon, 1979). 버넌의 제품수명주기론을 수용하여 아카마쓰 가나메赤松要
와 고지마 기요시小島清는 국가 간 분업관계를 설명하는 안행모형을 구상하고
발전시켰다(Kasahara, 2013). 간단히 말해서 초기 수입(기초 기술 습득) → 국내
생산(국내 상업화) → 수출의 흐름을 통해 경제발전을 도모하는 것이다. 후에
많은 서구학자들이 동아시아의 경제성장을 안행모형을 통해 설명하고자 노력
했다. 즉, 일본이 우두머리 기러기head geese가 되고, 한국을 비롯한 홍콩·싱가
포르·대만이 그 뒤를, 말레이시아·태국·필리핀·인도네시아가 다시 그 뒤를,
끝으로 중국·인도·베트남이 그 뒤를 이어서 나는 기러기 떼의 모습으로 발전
했다고 본다(Kumagai, 2008; 김기홍, 1997: 127~130).

기존의 안행모형과 경쟁적 안행모형의 공통점은 크게 세 가지다. 첫째, 설
명하고자 하는 현상이 안행의 형태를 보인다는 점이다. 기존의 안행모형이 동

---

5 안행모형의 명칭에 대해서는 영어로는 'Flying Geese Model'이라는 용어가 정립되어 있으나, 국내 번
  역의 경우 '기러기 편대모형', '기러기 형태론', '안행모형'. '안행형태론', '나는 기러기 떼 모형' 등 다양
  한 용어들이 혼용되고 있다. 본 연구에서는 용어의 경제성을 감안하여 '안행모형'이라는 용어를 사용
  하고자 한다.

아시아 각국의 경제발전 양상이 안행의 모습을 보인다고 주장했다면, 경쟁적 안행모형은 세계 각국의 우주경쟁이 안행의 모습을 띠고 있다고 주장한다. 둘째, 협업을 인정한다. 기존의 안행모형이 국제분업을 통한 각국 간의 협력적 관계를 설정하고 있다면, 경쟁적 안행모형도 우주경쟁에서 일부 협업의 발생을 인정한다. 끝으로, 두 모형 모두 안행의 변화를 인정하는 동태적 모형이다.

이러한 공통점에도 불구하고 설명하고자 하는 대상의 차이로 인해 두 모형은 기본적으로 차이점이 두드러진다. 가장 큰 차이점은 기존의 안행모형이 협력에 초점을 두고 있는 반면에, 경쟁적 안행모형은 각국 간의 '경쟁'에 보다 초점을 두고 있다는 것이다. 앞서 언급한 두 번째 공통점과 관련하여 일부 협업의 발생을 인정하지만, 이러한 협업도 시너지 효과를 염두에 둔 것이라기보다는 경쟁 속의 협업이라고 보는 것이 타당하다. 즉, 안행모형이 제품수명주기를 기반으로 생산과 기술이전이 발생함에 따라 기러기 떼가 나는 모습이 되는 것을 반영하고 있다면, 경쟁적 안행모형은 기러기 떼가 나는 모습을 차용했을 뿐 분업에 따른 기술 전파식의 유기적 연결고리보다는 선두 기러기의 자리를 비롯해 각각의 자리를 차지하거나 지키기 위한 경쟁에 초점을 두고 있다.

두 번째 차이점은 기존의 안행모형이 국제무역이라는 단일한 개념적 공간에서 안행모형의 운용을 상정했다면, 경쟁적 안행모형은 안행 자체의 이동도 고려한다는 점이다. 즉, 우주경쟁이라는 개념적 공간 내에서도 우주의 평화적 이용, 우주의 군사화, 우주의 무기화라는 하부 공간을 안행 자체가 이동하고 있다고 본다. 이러한 측면에서 세 번째 공통점도 차이를 보인다. 기존의 안행모형은 개별 국가 내에서의 산업발전에 중점을 둔 동태적 모형이라고 볼 수 있지만, 경쟁적 안행모형은 글로벌 안행 자체의 움직임에도 관심을 둔 동태적 모형이라고 볼 수 있기 때문이다. 네 번째 차이점은 경쟁적 안행모형의 안행은 앞서 살펴본 세 가지 동인에 기반하고 있다는 점이다. 마지막 차이점은 기존의 안행모형이 비교적 순차적인 혜택의 전파를 상정하고 있다면, 경쟁적 안행모형에서는 선두권을 중심으로 치열한 경쟁적 교차 작용이 발생하면서 안행을

표 6-1 안행모형과 경쟁적 안행모형의 비교

	안행모형	경쟁적 안행모형
공통점	• 설명하고자 하는 현상이 안행의 양상을 보임. • 수준은 다르나 협업 발생은 인정. • 동태적 모형: 안행의 구성(기러기의 위치 변화)와 안행의 이동 가능.	
차이점	협력적 분업에 초점.	경쟁에 초점.
	국제무역이라는 단일 공간을 안행으로 이동.	우주라는 공간 내 평화적 이용, 군사적 이용, 무기화라는 하부 공간의 안행 이동을 상정.
	동인/목표: 경제발전.	동인/목표: 정치적 상징성, 경제적 잠재성, 군사적 활용성 추구.
	추동력: 낙수효과를 통한 안행.	추동력: 경쟁을 통한 자극.

자료: 저자 작성.

추동하게 된다는 점이다. 즉, 경쟁적 안행모형에서는 일종의 낙수효과를 기대하기가 어렵다.

(3) 경쟁적 안행모형의 메커니즘

상기와 같은 공통점과 차이점을 고려할 때, 경쟁적 안행모형의 작동 방식은 보다 구체적으로 다음과 같이 설정할 수 있다. 첫째, 글로벌 우주경쟁은 선도국가(선두 기러기)를 따라 발전하는 안행모형의 형태를 보인다. 둘째, 안행은 경쟁적으로 이뤄진다. 즉, 안행의 추동력은 경쟁에서의 우위를 차지하고 유지하기 위한 날갯짓이다. 우두머리 기러기에서 경쟁 기러기로의 자극, 경쟁 기러기에서 우두머리 기러기로의 자극, 한 경쟁 기러기에서 다른 경쟁 기러기로의 자극 등이 교차되어 발생한다. 셋째, 안행의 동인은 정치적 상징성·경제적 잠재성·군사적 활용성을 추구하기 위한 것이지만, 안행에 포함되어 있는지, 포함되어 있다면 어느 위치를 차지하고 있는지는 정치적 상징성과 관련되며, 포함 여부와 위치는 일국의 우주력과 관련이 있으므로 상업성과 군사적 효용성에 대한 해당 국가의 접근법을 대변해 준다고 할 수 있다. 또한, 경쟁적 안행의 성립 자체가 이들 중요성을 둘러싼 각국의 경쟁을 동력으로 삼고 있다. 넷째,

각국 간의 경쟁이 기본이지만 제한적으로 협력이 이뤄지기도 한다. 먼저, 협력이 존재한다는 것은 개별적인 사례들을 통해서 확인할 수 있다. 우주경쟁의 초기에 미국이 일본에, 소련이 중국에 일부 기술을 전수한 것은 익히 알려져 있다. 또한, 국제우주정거장의 공동이용, 미국의 러시아 소유즈 우주선 이용, 미국 나사NASA와 중국 국가항천국 간의 협력, 중국과 러시아의 우주개발 프로젝트 협력 등의 사례들이 존재한다(정주호, 2017.8.6; 이성규, 2019.2.1; 장영근, 2010; 곽노필, 2020.5.26). 특히, 우리나라도 UAE에 우주기술을 전수하는 것을 비롯해(최준호, 2020.7.2), 러시아(2007년 발효), 우크라이나(2007년 발효), 미국(2016년 발효)과 우주협력협정을 각각 체결하는 등 협력의 대표적 국가이다(외교부, 2020). 그러나 이러한 협력은 제한적이며, 경쟁이라는 본질을 뒤집을 정도는 아니다. 먼저 이러한 협력 자체의 목적이 우주개발의 공동 목적을 위한 것이라기보다는 경쟁을 위한 수단에 불과하기 때문이다. 미중의 협력은 정보의 독점을 방지하기 위한 측면이 있고, 중러의 협력만 하더라도 미국에 대항하기 위한 성격이 강하다. 협력이 제한적이라는 것은 각 우주강국들의 초기 우주개발에 두드러진 선구자들이 존재한다는 사실에 의해서도 뒷받침된다. 협력이 활발하다면 굳이 선구적 존재들의 기여가 절실할 이유가 없기 때문이다. 예컨대, 미국은 베르너 폰 브라운Wernher von Braun, 소련은 세르게이 파블로비치 코롤료프Сергей Павлович Королёв, 중국은 천쉐썬錢學森, 일본은 이토가와 히데오系川英夫, 인도는 비크람 사라바이Vikram Sarabhai 등이 우주개발의 개척자로 추앙받고 있다. 물론 천쉐썬과 이토가와 모두 미국에서 유입된 인재라는 점에서 기술의 이전 및 전파가 완전히 배제된 것은 아니지만, 이것을 협력적 의미가 크다고 보기는 어려울 것이다. 한국의 사례만 하더라도 아직 본격적으로 경쟁에 참여하지 못한 안행의 후미권이라는 점에서 일반화가 어렵다.

다섯째, 경쟁적 안행모형에서는 안행이 우주의 평화적 이용·군사화·무기화라는 공간과 이들이 중첩되는 공간을 이동하며 역진적이지는 않다. 우주의 평화적 이용은 안행의 가장 기본적인 공간이다. 우주의 평화적 이용을 부정하는 국가는 없으며, 우주와 관련하여 국제법적으로 인정되는 거의 유일한 원칙이기 때문이다. 다만, '평화적'의 의미에 대해서는 해석상 이론異論이 존재한다. '달과 다른 천체를 포함하여 우주의 탐사와 이용에서 국가의 활동을 규제하는 원칙에 관한 조약'(1967, 우주조약)의 제4조 제1항은 지구 주변 궤도에 "핵무기를 탑재한" 물체와 같이 '대량파괴무기'의 배치만을 금지하는 반면, 동조 제2항은 달과 여타 천체에서 '군사 기지·시설·요새의 설치, 모든 형태의 무기 실험과 군사 훈련 실시'를 금지하고 있다. '달과 기타 천체에서 국가 활동을 규제하는 협정'(1979, 달 협정)은 제3조 2항에서 "달에서 어떤 위협, 무력의 사용, 여타의 모든 적대적 행위 또는 적대적 행위의 위협"을 금지하고 있다. 이러한 협정들의 문언에 기초하여 우주의 평화적 이용에 대한 해석을 둘러싸고 ① '평화적'을 완전한 비군사화로 이해해야 한다는 견해, ② UN헌장 제51조에 따라 자위권 행사에 따른 군사적 이용은 허용하되 침략적 이용은 금지된다는 견해, ③ 비무기화non-weaponed만을 의미하는 것으로 우주의 군사적 이용은 평화의 촉진에 상반되어서는 안 된다는 견해 등이 존재한다(정영진, 2015: 310).

안행의 또 다른 공간인 우주의 군사화militarization는 우주의 군사적 이용을 말하며, 정찰·통신·항행·측지 등의 분야에서 우주에 있는 위성을 활용하여 정보를 획득하고 군사전략 및 전술 지원을 수행하는 것을 가리킨다(장영근, 2016). 마지막 공간인 우주의 무기화weaponization는 우주무기space weapon를 사용하여 우주에서 분쟁을 벌이는 것으로 '우주에 대한 안보security for space'라고 할 수 있다(Venet, 2015: 357). 우주의 군사화와 무기화 모두 우주의 평화적 이용과는 대립하는 개념이고 우주의 무기화는 결국 군사화에 포섭되기 때문에 (Tripathi, 2013: 194), 양자를 구별하지 않는 경우도 있으나, 본 연구에서는 안행의 이동을 보다 명확하게 보여줄 수 있다는 점에서 양자를 구별하기로 한다.

(4) 경쟁적 안행모형의 구성

앞서 도출한 경쟁적 안행모형에서의 각국들은 우주의 평화적 이용, 우주의

표 6-2 경쟁적 안행모형의 각국 순위(100점 척도)

순위	국가	총점 (평균)	정성적 지표			정량적 지표	
			1) 독자성	2) 능력	3) 무기기술	운용 위성 수	예산
1	미국	99.64	98.20	100	100	100	100
2	중국	63.51	100	79.39	90	33.73	14.42
3	러시아	57.94	94.25	73.31	94	17.71	10.45
4	프랑스	47.37	55.76	76.35	87	9.76	7.96
5	일본	46.92	74.10	58.78	85	9.03	7.71
6	인도	44.56	82.02	50.68	80	6.50	3.58

자료: Aliberti et al.(2019) 및 UCS Satellite Database를 가공하여 저자 직접 작성.

군사화, 우주의 무기화를 비행하고 있으며, 점차 우주의 평화적 이용에서 무기화로 점차 군사적 비중이 커지고 있다. 경쟁적 안행모형에서 각각의 기러기들의 국가별 대응은 각각의 위치에 따라 우두머리, 선두권, 중간, 후미, 후발 동참 등으로 구분이 가능하다고 생각한다. 본 연구에서는 기존의 자료들을 사용하여 거칠게나마 안행을 구성해 보고자 한다. 각국의 우주력을 결정하는데 사용할 수 있는 기존 자료들은 주로 독자성과 능력 수준, 우주기술 수준, 운용 중인 위성 수, 우주 관련 정부지출 등이다. 이 글에서는 독자성과 능력 수준은 본격적으로 우주력 측정을 다룬 Aliberti, Matteo Cappella and Tomas Hrozensky(2019)에서, 우주 군사기술 수준은 국방기술품질원(2019: 491)에서, 운용 중인 위성 수는 UCS Satellite Database에서, 정부지출은 Chinapower의 데이터를 각각 활용했다. 데이터는 모두 2018년을 기준으로 했다. 정성적 점수로 ① 독자성, ② 능력, ③ 무기기술 수준을, 정량적 점수로 ④ 운용 중 위성수, ⑤ 우주 관련 정부지출을 지표로 사용했으며, 각각은 1위 국가를 100점 만점으로 환산하여 계산했다. 이에 따른 국가별 순위는 **표 6-2**에서 보는 바와 같으며, 이에 따라 안행모형의 구성도를 **그림 6-1**과 같이 완성했다.

그림 6-1 경쟁적 안행모형(우주) 구성

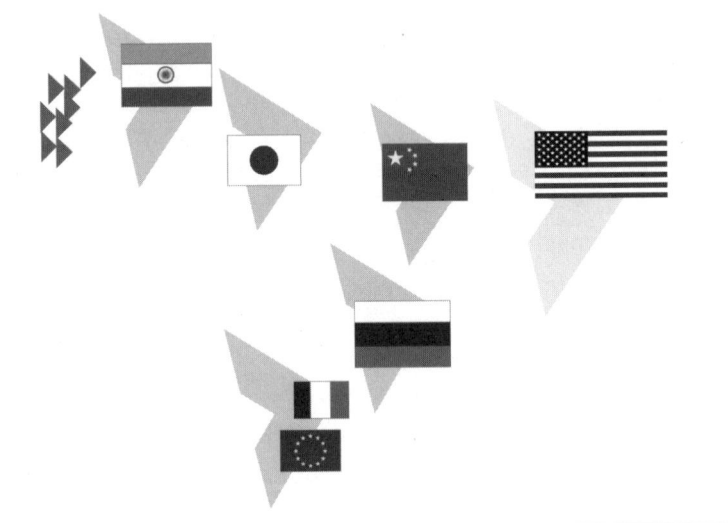

자료: 저자 작성.

2) 미국의 안행 방식 분석

명실상부한 우주 최강국인 미국의 우주 군사력을 포함한 우주능력은 레이
건 행정부 시기 스타워즈 계획을 제외하면 미국의 내생적인 동기보다는 외생
적 자극에 의해 영향받는 경향이 강했다. 미국의 우주 역사를 보더라도 이러한
과정은 소극적 관심 → 자극 1(구소련) → 상징성의 추구 → 군사목적의 추구
→ 자극 2(냉전종식) → 관심 저하 → 자극 3(중국의 우주 굴기崛起) → 상징성, 상
업성, 군사안보 목적의 전방위적 추구라는 역사적 전개를 보인다.

2017년 출범한 트럼프 행정부는 이듬해인 2018년 국가우주전략National Space
Strategy: NSS을 발표했는데, 이는 2010년 오바마 행정부 이후 처음 업데이트된
미국의 국가 우주전략이다. 오바마 행정부까지는 앞서 살펴본 바와 같이 주로
국가우주정책National Space Policy이라는 명칭하에 우주전략 및 정책을 발표해

왔다. 2010년 우주전략에 비해 2018년 우주전략은 트럼프의 미국 우선주의 America First가 강하게 반영되어 있으며, 전방위적인 전략 추진을 강조하고 있다. 2010년 우주정책은 개방성과 투명성에 기초한 모든 국가의 책임 있는 행동, 주권 주장 금지, 상업적 이용 촉진, 자위권 허용 등의 원칙하에 국내산업 육성, 국제협력 확장, 우주에서의 안정성 강화, 인간과 로봇 이니셔티브의 추구, 우주에 기반한 지구 및 태양 관측 향상, 본질적 기능의 확보와 복원력 향상 등을 추구했다. 반면에, 2018년 우주전략은 국가안보정책에 따른 우주전략을 강조하면서 미국의 이익을 우선할 것을 천명했다. 또한 우주를 개척하고 여행하던 미국의 정신을 투영해야 한다고 보면서 「국가안보전략National Security Strat-egy」과 마찬가지로 우주영역에서 힘을 통한 평화를 추구해야 한다고 적시했다. 특히, 통합된 전정부적 접근을 강조하면서 여기에는 4가지가 주축이 된다고 설명했다. 4가지 축은 ① 우주의 복원력, 국방, 손상된 역량의 재구축 능력을 향상시키기 위한 우주 아키텍처의 변혁, ② 억지와 전투 옵션의 강화, ③ 향상된 우주상황인식, 정보, 획득 프로세스를 통해 효과적인 우주 작전 보장, ④ 미국의 우주산업을 지원하기 위한 규제·제도·정책·절차 등의 간소화와 양자 및 다자간 협력을 통한 유인 탐사, 부담 공유 증대, 협력적 위협 대응 결집 등의 추구를 말한다(White house, 2018.3.23).

　이러한 우주전략과 별도로 트럼프 대통령은 대통령 지침을 활발히 사용하여 우주정책을 제시했다. 2020년 기준으로 총 4건의 '우주정책지침Space Policy Directive: SPD'을 발표했으며, **표 6-3**에서 보는 바와 같이 각각의 지침이 상당히 중요한 프로그램을 담고 있다. 첫 번째 지침은 미국의 탐사 프로그램의 부활을 알리는 것이며, 두 번째와 세 번째는 우주의 상업적 이용에 대한 트럼프의 관심을 보여준다. 특히, 우주 자원 문제와 관련해서 트럼프 대통령은 행정명령까지 발동하여 우주 자원의 사용에 대한 강한 의지를 보여주었으며, SPD-1의 우주탐사의 목적도 여기에 있다는 점을 상기시켜 주었다. 네 번째 지침은 우주군 창설과 관련된 것으로 트럼프 행정부의 우주전략이 앞서 살펴본 우주의 중요

표 6-3 우주정책지침의 주요 내용

지침	주요 내용
SPD-1(2017)	미국의 유인우주탐사 프로그램 재활성화(Reinvigorating America's Human Space Exploration Program). 2010년 오바마 행정부의 정책지침을 수정하여 지구저궤도(LEO)를 넘어 달과 화성 및 기타 천체까지 우주 임무 요구.
SPD-2(2018)	우주의 상업적 이용에 관한 규제 정비(Streamlining Regulations on Commercial Use of Space).
SPD-3(2018)	국가 우주교통관리 정책(National Space Traffic Management Policy).
SPD-4(2019)	미 우주군 창설(Establishment of the United States Space Force).

자료: Text of Space Policy Directive 1, 2, 3, 4.

성 세 가지 모두를 목표로 하고 있다는 것을 보여준다.

한편, 트럼프 행정부의 국방 우주전략은 2020년 6월 17일(현지 시간) 발표한 「국방 우주전략Defense Space Strategy: DSS」 보고서(요약본)를 통해 살펴볼 수 있다.[6] 핵심 요약 부분에서도 밝히고 있듯이 국방 우주전략은 앞서 살펴본 '국가 우주전략National Strategy for Space'과 '국방전략서National Defense Strategy'에 기반하여 국방 차원에서 미국의 우주전략을 구현하기 위한 지침의 성격을 갖는다. DSS는 향후 10년을 목표 기간으로 밝혀두고 있는바, 이는 이전의 국방 차원 우주전략이 2011년에 발표된 점을 염두에 둔 것으로 보인다. 동 전략서 요약본은 '바람직한 상태Desired Conditions,' '전략적 맥락Strategic Context', '전략적 접근Strategic Approach' 등 미 국방부의 우주에 대한 인식과 함께 향후 10년간 달성하고자 하는 목표와 추진 중점 분야 등을 내용으로 담고 있다.

미 국방부가 생각하는 우주의 '바람직한 상태'는 "우주 전장은 안전하고 안정적이며 접근 가능한 상태여야 한다. 미국과 미국의 동맹국 그리고 동반자 국가들이 우주를 이용하는 것은 지속적이고 포괄적인 미국 군사력의 지원을 받는다. 미국은 갈등의 스펙트럼을 통해 모든 영역domain에 걸쳐 힘power을 생

---

6 트럼트 행정부의 국방 우주전략에 대한 기술은 주로 이강규·송화섭(2020a)의 정리다.

성하고 투사하고 이용하기 위해 우주를 활용"할 수 있는 상태다.[7] 이와 같은 명시는 국방부가 우주의 평화적 이용을 수호하는 것을 넘어서 우주의 군사적 이용을 본격화하겠다는 의지로 보인다. 한편, 이러한 상태를 달성하기 위해 우주에서의 우월성space superiority을 유지하고, 국가작전, 합동작전 및 연합작전에 대해 우주 차원의 지원을 제공하며, 우주 안정성을 확보하는 것을 목표로 한다고 전략서는 밝히고 있다. 이러한 목표는 2011년 우주안보전략National Security Space Strategy: NSSS과 크게 다르지 않다. NSSS도 우주에서 안전·안정 및 안보 강화, 우주에서 미국이 가진 전략적 국가안보 우위를 유지 및 향상, 미국의 국가안보를 지원하는 우주산업기반의 활성화 등을 전략적 목표로 제시했었다(NSSS, 2011: 4).

NSS에서는 전략적 환경을 혼잡하고congested, 충돌적이며contested, 경쟁적인competitive 경향들로 점철되어 가고 있다고 평가했었다. 이러한 평가는 비군사적인 측면까지도 포괄한 것이었다. 이에 반해 DSS는 우주로부터의, 우주를 둘러싼 위협과 도전 그리고 기회를 전략적 시각에서 기술하고 있다. 우선 위협에 대해서는 우주에서 잠재적 적들의 의도와 그들의 우주능력 관련 발전이 미국을 위협하고 있다고 평가하고 미 우주 관련 국방 체계가 현재의 전략 환경에 기반하고 있지 못하다는 점을 문제로 지적한다. 잠재적 적은 중국과 러시아를 말하며, 이들과 강대국 간 경쟁great power competition을 벌여야 하는 주무대가 우주가 되고 있다고 진단한다. DSS는 중국과 러시아 외에 북한과 이란도 점증하는 위협이라고 밝히고 있으나, 중러가 가장 시급하고 심각한 위협이라고 규정한다. 즉, 중러는 미국의 국익을 위협할 능력은 물론 이를 위한 의도도 가지고 있다고 보고 있다. 이러한 위협 인식과 더불어 전략서는 바람직한 상태를 달성하는 데 필요한 국방부의 능력에 제한을 가하는 도전 요소에 대해서도 기

---

7 힘(power)과 관련하여 전략서는 우주력(spacepower)의 개념을 "국가 목표 달성을 위해 전시나 평시에 외교·정보·군사 및 경제활동에 우주를 활용하는 국가 능력의 총합"이라고 정의하고 있다.

술하고 있다. 예컨대, 미군의 전 세계적인 개입, 우주에서의 작전 경험 부족, 우주 관련 국제법의 불비, 상업용 기술이 발전함에 따라 상대적으로 국방 부문이 뒤처진다는 점, 우주의 성격과 위협에 대한 대중의 피상적인 이해 등을 그러한 도전 요소들로 열거하고 있다.

그러나 이러한 위협과 도전에도 불구하고 우주가 국방 분야에 대해 기회를 제공하기도 한다고 미 국방부는 보고 있다. 즉, 국가 지도자들이 국가안보 측면에서 우주의 중요성을 인식하고 있고, 우주군이 새롭게 창설되었으며, 우주 관련 획득 조직이 통합되어 정비되었다는 것은 국방 분야에 대한 기회로 작용한다. 또한, 공동의 국익과 가치 및 신뢰에 기초한 동맹국뿐 아니라 동반자 국가들과의 협력이 가능하며, 우주 상업분야의 급속한 발전으로 미 국방부도 혁신의 활용과 비용 대비 효과적인 투자가 가능해진다는 것도 기회 요소다.

DSS가 밝힌 전략적 접근의 핵심 아이디어는 다음과 같다.

> 국방부는 향후 10년 동안 우주능력spacepower capability을 향상시켜 우주에서의 우월성을 확보하고 미국의 사활적 이익을 획득한다. 국방부는 동맹국, 동반자 국가 및 산업계와 긴밀히 협력하여 미국의 힘과 기회를 활용하기 위해 신속하게 행동을 취할 것이다(DSS, 2020: 6).

이러한 핵심 아이디어는 NSSS에서 제시한 5가지 전략적 접근과 상응한다.[8] 이러한 아이디어를 구현하기 위해 전략서는 4가지 중점 추진 분야prioritized lines of effort: LOEs를 제시하고 있다.

첫 번째 중점 추진 분야는 "우주에서 포괄적인 군사적 우위를 구축"하는 것

---

8 2011년 NSSS의 5가지 접근법은 우주의 책임 있고 평화로우며 안전한 사용 증진, 미국 우주능력 개선 제공, 책임 있는 국가·국제 기구 및 상업 기업들과 협력, 미국의 국가안보를 지원하는 우주 인프라에 대한 공격 예방 및 억제, 악화된 환경에서 공격 격퇴 및 작전 수행 준비 등이었다.

이다. 이러한 언급은 우주공간이 강대국 간 경쟁의 주 무대가 될 것이라는 앞서 제시한 인식을 반영하는 것이며, 우주의 군사적 이용과 관련된 모든 영역에서 미국의 우위를 달성하겠다는 의지를 표명한 것으로 볼 수 있다. 전략서는 이를 위해서, 국방부의 조직을 개혁하고 복원력 있는 아키텍처를 마련하며 우주의 적대적 사용에 맞설 수 있는 능력을 구비하고, 우주력 관련 전문성과 더불어 교리 및 작전개념을 개발하여 우주 관련 체계를 변혁해 나간다는 방침을 밝히고 있다. 구체적으로 ① 미 우주군을 완성하고build out, ② 군사 우주력의 교리적 토대를 개발하여 문서화하고, ③ 우주 전투에 관한 전문성과 문화를 개발하고 확장하며, ④ 검증된 우주역량을 갖추고field, ⑤ 우주의 적대적 사용에 대응하는 능력을 개발하고 구비하며, ⑥ 우주 전장에서 군사적 우위를 달성할 수 있는 첩보 및 지휘통제 능력을 향상시키는 것을 목표로 제시하고 있다.

두 번째 중점 추진 분야는 "군사 우주력을 국가, 합동, 연합작전에 통합"하는 것이다. 이는 우주력이 군사작전의 전 분야에서 핵심으로 자리 잡았다는 것을 보여준다. 전략서는 군사 우주력이 모든 형태의 군사력을 결합했을 때 극대화가 가능하다고 보고 있으며, 우주사령부의 출범으로 상시 작전 수행이 가능해졌다고 평가한다. 이러한 인식하에 통합을 위해 ① 미 우주사령부가 합동 및 연합 우주 작전을 기획·연습·실행할 수 있도록 하고, ② 작전지휘권을 정비하고 교전규칙을 업데이트하고, ③ 우주 전투 작전·첩보·능력·인력을 군사계획과 인력에 통합하며, ④ 미 국방부 우주 프로그램에 대한 보안 분류를 업데이트하고, ⑤ 동맹국과 동반자 국가를 기획·작전·연습·참여·첩보 활동에 통합하는 것 등을 목표로 제시하고 있다.

세 번째 중점 추진 분야는 "전략 환경을 조성"하는 것이다. 이는 비단 우주 전투에서의 승리를 넘어 전략적 차원의 승리를 확보하기 위해서는 유리한 여건 조성이 필수라는 점을 보여준다. 또한 이러한 여건이 아직 미비하다는 것도 보여준다고 볼 수 있다. 전략서는 미 국방부가 우주에서의 침략과 공격을 억지해야 하며, 억지가 실패할 경우에는 우주로 확장되는 전쟁에서 승리할 수 있어야 한다고 명시하고 있다. 또한, 전장으로서의 우주의 안정성을 향상시키고 오판의 가능성을 줄이기 위한 행동에 나설 것이라고도 밝히고 있다. 다만, 무엇이 가능한 행동인지와 전장으로서 우주에 대한 국제사회의 견해가 정립되어 있지 않기 때문에 이 부분에 관해서는 국무부와의 협력을 강조하고 있다. 구체적인 목표로는 ① 점증하는 우주에서의 적대적 위협을 국제사회 및 대중에게 알리고, ② 미국의 우주능력, 동맹국 및 동반자 국가의 이익, 상업적 이익에 반하는 적의 공격을 억지하고, ③ 우주 메시지를 조율하며, ④ 미국, 동맹국 및 동반자 국가의 이익에 우호적인 우주 행동 규범과 표준을 촉진하는 것 등이다. 마지막 중점 추진 분야는 "동맹국, 동반자국가, 산업계 및 기타 미 정부 부처 및 기관들과 협력"하는 것이다. 타 정부 부처 및 기관과의 협력뿐 아니라 부담 공유를 통해 국제적인 협력자 및 기업들과도 협력해야 한다고 전략서는 지적한다. 이를 위한 구체적인 목표로는 ① 역량 있는 동맹국 및 동반자 국가들과 정보 공유 관계를 확장하고, ② 우주정책에서 동맹국 및 동반자 국가들과 제휴하고, ③ 우주 행동 규범과 표준이 우호적으로 정립되도록 동맹국, 동반자 국가 및 기타 미 정부 부처, 기관들과 협력하고, ④ 동맹국과 동반자 국가들과 연구 개발 및 획득RD&A 분야에서 협력을 확대하고, ⑤ 상업 분야의 기술 진전과 획득 절차를 활용하며, ⑥ 상업용 라이선스 승인 절차에 대한 국방부의 접근방식을 개선하는 것 등이다. 이들 4가지 중점 분야는 2011년 NSSS에서 제시된 5가지 접근법보다 구체화되고 군사적인 고려가 강화되었다고 평가할 수 있겠다.

요컨대, 트럼프 행정부의 우주전략과 국방 우주전략을 놓고 보면, 미국의 안행은 경쟁에서의 우위를 확보하고자 하며, 타국에 의한 자극으로 추동되고 있음을 확인할 수 있다. 게다가, 점차 우주의 군사화를 심화하는 방향, 즉 무기화의 길로 나아가고 있다는 것도 확인된다.[9]

---

9 예를 들어, 레이먼드 미 우주군사령관은 "미국은 싸움 없는 우주를 바라고 있지만, 타국의 행동에 의해, 전투 영역으로 변하고 있다"라면서 게다가 "우주의 평화적 환경을 확보하기 위해서 (미국은) 우세

3) 중국의 안행 방식 분석

중국의 안행은 한마디로 정치적 상징성과 군사적 활용성이라는 두 날개로 나는 방식이다. 국력을 상징적으로 보여줄 수 있다는 점에서 중화인민공화국 건립 이후 과거의 영화를 잃어버린 신생국가로서 통일과 발전, 국제적 지위에 민감했던 중국, 특히 중국 공산당으로서는 이보다 좋은 상징물이 없었을 것이다. 이에 따라, 신新중국의 국제적 위상 제고가 중국 우주활동의 한 축을 담당하게 된 것은 자연스러운 일이다(Handberg and Li, 2007: 1; Handberg, 2013: 250). 또한, 초기부터 군사 효용성을 추구했다는 것은 중국의 우주개발이 시작부터 인민해방군의 관할이었다는 점에서도 알 수 있다(나영주, 2007: 150; 박병광, 2020: 8).

중국의 우주전략 및 우주 군사전략과 관련된 공식적인 문건은 발표된 적이 없다. 심지어, 중국이 이러한 전략들을 실제로 가지고 있는가에 대해서도 논란이 있었다(나영주, 2007: 151). 이런 점을 감안하여, 이 글에서는 중국의 공식 문헌인 우주백서와 국방백서를 통해서 중국의 우주에 대한 전략적 접근법을 파악해 보고자 한다.[10]

『중국의 항천中國的航天』은 중국 국무원 신문판공실에서 약 5년마다 출간하는 중국의 우주백서로 실제로는 국가항천국이 작성을 담당하고 있다. 2000년에 처음 발표한 이후 2006년, 2011년, 2016년에 각각 발표했으며, 2021년에 차기 백서가 나올 것으로 예상된다. 지난 네 차례에 걸친 발표에서 우주백서의 구성은 크게 달라진 것이 없다. 머리말에 이어 발전 원칙을 설명하고 이전 백서를 발표한 이후 5년간 중국의 우주개발 성과를 제시한 뒤 향후 5년의 주요 사업을 소개한다. 이어 발전 정책과 조치를 설명하고 마지막에서는 우주 분야

한 입장에 서야 한다"라고 주장했다(渡辺丘, 2020).

10 안보적 차원의 전략이 아니라 우주개발에 관한 국가 전략 또는 계획은 5년마다 발표되는 국가경제발전규획 내의 지침과 중국과학원이 발간하는 우주과학기술 발전 로드맵 등을 통해서 이해가 가능하다.

에서 중국이 다른 국가들과 협력한 내용을 제시하고 있다. 2016년 백서에서는 맺음말도 추가되었다. 중국의 우주 굴기가 본격화하면서 분량도 8525자(2000) → 8691자(2006) → 9634자(2011) → 11773자(2016)로 지속적으로 증가하고 있다.

전략적 측면에서 눈여겨봐야 할 부분은 전문, 발전 원칙과 정책 부분이다. 먼저 전문을 보자면, 2000년판은 중국이 고대에 로켓을 개발한 민족으로 우주와 연관이 있다고 보는 등 인류와 문명을 키워드로 하고 있다. 2006년판에서는 1956년부터 우주 사업이 시작되었다는 점을 밝히며, 독립자주와 평화발전을 강조하고 전 인류의 공동 유산을 주장한다. 2011년판에서는 전 인류의 공동 유산을 가장 먼저 언급하면서 우주가 각국의 국가 발전 전략에서 더더욱 중요해지고 있다는 내용이 들어갔으며, 중국 발전 전략의 중요 요소라는 점도 강조하고 있다. 또한, 우주의 평화적 이용을 명시했다. 2016년판에서는 인류의 공동 유산이 사라지고 우주가 가장 도전적인 공간이라는 점을 피력하면서, 개도국에게 중요한 전략적 선택이 되고 있다고 강조한다. 2011년판과 동일하게 중국에 우주가 발전 전략상 중요하며 평화적 이용을 지지한다고 밝히면서 중국은 자력갱생과 자주 혁신의 길을 걸어왔음을 천명하고 있다. 발전 원칙과 관련해 과학 발전관을 강조한 후진타오 시기에는 과학 발전이 보다 중요하게 다뤄지는 것을 알 수 있으며, 시진핑 시기에는 중국몽의 실현이 포함된 것을 볼 수 있다. 특히, 2016년판에서는 우주강국으로의 도약을 직접적으로 천명하기까지 했다. 이것은 2011년판에서 동일한 항목에서 샤오캉小康 사회 건설을 강조한 것과 대비된다. 또한, 4개의 백서 모두 우주 발전이 국가안보에 중요하다는 점을 지적하고 있다. 발전 정책 및 조치는 2016년판에 들어서 내용이 대폭 추가되었다. 2000년판에서는 '발전사로發展思路'라는 항목이었다. 4개년도의 우주백서가 다루고 있는 정책과 조치는 대동소이하다. 다만, 2016년판은 각 항목을 보다 체계화하여 부연적인 내용을 담았다. 예컨대, 우주활동의 합리적 배치는 모든 백서가 언급하고 있으나, 2016년판에서는 여기에 우주 안전보장 능력의 지속적인 증강을 포함하고 있다.

요컨대, 우주백서를 통해 본 중국의 우주전략은 과학기술을 통한 우주탐사, 이를 통한 중국 사회의 발전을 넘어서 점차 군사적 이용의 중요성에 방점을 두는 방향으로 나아가고 있다.

우주백서가 보여준 중국의 우주에 대한 군사적 접근의 강화는 또 다른 백서인『국방백서』에서 더욱 두드러지게 나타난다. 중국이 군사와 관련하여 발표하는 공식자료인『국방백서』는 발간 기간도 오래되었고 발간 주기도 짧기 때문에 우주백서보다 우주에 대한 중국의 군사안보적인 시각이 어떻게 변화되어 왔는지를 더욱 잘 보여준다. 초기『국방백서』는 우주를 둘러싼 군사적 경쟁을 강하게 반대해 왔으며, 특히 1998년 백서에서는 우주의 무기화에 대한 반대를 비교적 자세하게 서술했다. 하지만, 중국의 우주기술이 점차 성과를 나타내기 시작하는 2000년대 들어서는 이러한 성과를 백서에도 번번이 선전하기 시작했다. 우주의 평화적 이용을 강조하고 군사화를 반대하면서도 자국의 우주 관련 성과를『국방백서』에서 기술하는 모순을 보여준 것이다. 이러한 모순에 대한 자각 때문인지 다른 성과들과 달리 2007년 위성공격 무기ASAT 실험은 2008년 및 2010년 국방백서에서 기술하고 있지 않다.

2010년대 들어서 우주에 대한 서술 방향의 변화는 주목할 필요가 있다. 2010년판 국방백서에서는 처음으로 중국의 이익에 우주가 포함된다고 밝혔으며, 2013년판에서는 이의 연장선상에서 중국의 이익이 공격받을 경우 반격하는 대상에 우주도 해당된다는 것으로 논의가 확장되었다. 2015년판에서는 우주를 사이버공간과 같이 새롭게 전략적 경쟁이 전개되는 하나의 영역으로 보았다. 2019년 국방백서는 이보다 한 발 더 나아가 기존에 별도의 항목으로 강조하던 '우주무기화와 우주 군비경쟁 반대'가 제외되었다. 대신 '중대 안보 영역 이익 수호'라는 항목을 새롭게 만들고 여기에서 우주를 핵무기 및 사이버공간과 함께 서술하고 있다. 즉, 그간 우주의 군사화와 무기화에 강하게 반대하던 중국의 입장이 우주의 군사적 이용의 본격화로 변모했다는 것을 보여주는

표 6-4 중국 국방백서의 우주관련 주요 내용

연도	주요 내용
1995	우주군비경쟁 반대, 우주무기의 완전한 금지.
1998	우주무기 개발 및 배치 반대, 우주 배치,무기의 완전한 금지와 철처한 파괴 주장, 위성공격무기 개발 반대, 우주무기화 금지를 위한 조치 제시 : 미사일 및 위성공격 무기를 비롯하여 우주에서 모든 종류의 무기 완전 금지, 우주에서/우주로의/우주 로부터의 적대행위 및 무력사용 금지, 우주무기의 생산/배치/실험 금지.
2000	민간용도 항공우주 기술 개발 강조, 우주군비경쟁 반대, 우주군비경쟁과 우주의 군 사화를 방지하기 위해 우주에서 무기/무기체계/무기 구성품의 실험/배치/사용 활 동을 금지.
2002	위성/운반용 로켓/유인우주선 등 민간 우주기술 성취 강조, 우주 무기화 및 우주군 비경쟁 방지 노력.
2004	선저우 5호 등 민간용도 우주기술 성취 강조, 외기권군비경쟁방지(PAROS) 관련 노 력 기술.
2006	달 탐사 계획만 간단히 언급.
2008	정보화 관련 우주 강조, 브라질과의 위성협력 언급, 우주에 무기 도입 금지와 군비 경쟁 금지.
2010	우주에도 중국의 안보이익이 있다고 주장, 우주무기화와 군비경쟁 금지 지지, 각국 및 국제기구와의 우주협력 특히 러시아와의 협력 언급.
2013	우주에서 중국의 안보이익 수호, 공격 시 반격 대상에 우주도 포함.
2015	사이버와 더불어 우주를 전략적 경쟁이 치열하게 펼쳐지는 공간으로 인식, 우주 무 기화의 첫 번째 조점이 나타났다고 평가하며 우주무기화와 군비경쟁에 반대, 우주 위협과 도전에 대응/우주자산 보호/우주안보 수호 천명.
2019	중국 국방 목표 중 하나로 우주에서 중국의 안보이익 수호를 명시적으로 적시, 우 주 관련 기술과 역량 강화.

자료: 각 연도별 중국 국방백서를 토대로 저자 직접 작성.

단적인 예라고 할 수 있겠다.

　결론적으로, 중국의 우주전략, 즉 안행 방식은 아직까지는 상업적 잠재성보다는 정치적 상징성과 군사적 활용성을 두 축으로 우주의 군사적 이용과 무기화로 나아가고 있다고 판단된다. 다만, 우주능력의 특성상 미국이 민간과의 협력을 강조하듯이, 시진핑 시기 들어 군민 융합을 특히 강조하는 중국도 민간과의 공동 노력에 중점을 두고 있지만, 어디까지나 방점은 군사에 있다고 볼 수 있다.

4) 기타 우주강국들의 안행 방식 검토

러시아는 구소련 시기 미국과의 우주경쟁에서 위성과 유인 우주 분야에서 연이은 성공을 거뒀지만 이후 상대적으로 침체를 겪게 되었다(Sheehan, 2007: 32). 실패가 빈번한 우주 프로그램의 특성과 이러한 실패가 용인되기 어려운 사회주의 국가의 특성이 결합한 결과로 보인다. 소련 해체 후에는 과거 구성국에 있던 우주 시설과 그에 따른 기술들을 러시아가 온전히 활용할 수가 없게 되었으며, 우주 과학 관련 인력들도 유출이 심화되었다(쉬만스카, 2019: 98~99; Moltz, 2019: 72). 이렇듯 소련 해체 후 상업적인 우주활동을 제외한 다른 우주 분야에서 러시아는 존재감을 상실했지만, 강한 러시아를 내세운 푸틴이 등장한 2000년대 이후 러시아는 다시 본격적으로 우주능력 추구에 나서기 시작했다. 푸틴의 등장이라는 인적 요소 이외에 러시아가 우주에 다시 집중하게 된 계기는 크게 2가지다. 첫째, 러시아의 경기가 회복되기 시작했다. 석유와 천연가스 등 에너지자원을 기반으로 러시아 경제가 2000년대 초반부터 성장을 하면서(Hill, 2004: 33~35), 우주능력 재추진하기 위한 발판이 되었던 것이다(Moltz, 2019: 75). 둘째, 우주경쟁에서 낙오할 수 있다는 위기의식이었다. 앞서 살펴보았듯이 2003년 중국이 유인 우주비행에 성공하고 EU가 독자적인 위성항법시스템인 갈릴레오 계획을 추진하면서 유인 우주비행 기술과 위성 위치측정 분야에서 미국의 유일한 경쟁자로서 자부하던 러시아의 입지가 타격을 받게 되었던 것이다(스즈키 가즈로, 2013: 154).

일본의 경우, 앞서 살펴본 다른 우주강국들과 달리 초기에는 우주개발의 군사적 효용성을 고려하지 않고 이뤄졌다고 볼 수 있다. 평화헌법의 규제로 인해 군사 목적의 우주개발을 배제하고 순전히 민간에 특화된 발전을 추구했기 때문이다(스즈키, 2013: 217). 이후 탈냉전기에 접어들면서는 일반화 원칙과 공평 및 무차별 원칙이 일본 우주정책의 기조로 자리 잡았는데, 이는 사실 일본 자위대가 우주를 이용하는 식으로 우주에 관여하는 길을 열어주었다(김두승, 2009:

12~17). 2008년 일본은 우주기본법을 제정하여 본격적으로 그간의 평화적 이용 원칙에서 군사적 이용으로 입장을 변경했다. 우주기본법 제정으로 우주기술의 군사 목적으로의 사용이 가능해졌기 때문이다(박병광, 2020: 12). 이러한 입장 변화에는 일본의 기술 혹은 정치적 필요성보다는 북한의 미사일 개발, 중국의 부상, 군사적 문제 등의 외부적 요인이 주로 작용했다(한은아, 2013: 107~112).

다른 우주강국들이 어느 정도 명확한 목표를 가지고 우주개발을 추진한 것에 비해 인도는 체계화된 전략과 정책 없이 우주프로그램을 추진하기 시작했다(Sachdeva, 2013: 303). 다만, 인도의 우주개발은 여타 우주강국들과 달리 사회 및 경제발전을 위한 민간 용도에 완전히 초점을 두었다(Sachdeva, 2013: 303; Rajagopalan, 2019: 8~9). 하지만, 인도의 우주개발도 파키스탄과 중국의 위협으로 인해 2000년대 초반부터는 군사안보를 중시하는 경향으로 옮겨가고 있다(Rajagopalan, 2019: 21). 인도 육군은 우주가 전장으로서 매우 중요하며 수색 및 정찰에 대한 지원을 받아야 한다고 주장하고 있고, 해군도 인도양을 통한 해상무역을 보호하기 위해서는 해군 전용위성이 필요하다고 주장하고 있으며, 공군 역시 우주기술과 우주자산의 활용을 기존의 군사전략과 통합하려 하고 있기 때문이다(Sachdeva, 2013: 311).

프랑스는 우주를 비롯한 첨단과학 기술 분야에서 미국과의 기술격차를 줄여 프랑스의 존재감presence을 높인다는 목표하에 1965년에는 미국과 소련에 이어 전 세계에서 3번째로 인공위성을 발사하는 데 성공했다(김종범, 2004: 5~6). 이러한 존재감은 미국에 예속되어 있던 유럽의 우주개발 상황을 벗어나야 한다는 문제의식에 기반하고 있었으며, 특히 정보의 중요성이 증대하면서 더더욱 그러했다(Nardon, 2001). 이러한 독자성autonomy에 기반한 우주전략은 지금도 유효하며, 안보국방 분야에서도 마찬가지다. 2019년 발표한 프랑스의 국방 우주전략은 "평가와 결정에 있어서 전략적 독자성을 유지하기 위한 것"이라고 밝히고 있다(Space Defense Strategy(The French Ministry for the Armed

Forces), 2019: 6]. 이를 위해서 프랑스는 ① 현재의 전략적인 군사적 감시 능력을 강화하고 관측을 지원하며, ② 궤도상의 모든 활동을 감시하기 위한 우주상황인식ssa 능력을 확대하며, ③ 우주의 방어능력을 발전시켜야 한다고 주장한다(김무일, 2019.9.9). 요컨대, 러시아·일본·인도·프랑스 등 우주강국들도 모두 자극으로 추동되는 안행 모습을 보이며, 우주의 군사화·무기화로 이동하고 있음을 알 수 있다.

3. 우주강국들의 우주군 창설 유형

앞서 2절이 글로벌 우주강국의 전략, 즉 안행 방식을 문서 위주로 분석했다면, 이 절에서는 우주강국들의 안행 방식을 행동을 통해 살펴보고자 한다. 글로벌 안행모형에서 살펴본 각국의 경쟁적 안행 방식과 우주무기화로의 안행 이동에 대한 명징한 사례가 바로 우주강국들이 앞다퉈 도입하고 있는 우주사령부, 우주군 또는 우주 임무를 가진 부대들이다.[11] 달리 말해, 우주군 창설 움직임은 제2절에서 논의한 정치적 상징성, 상업적 잠재성, 군사안보적 활용성이라는 우주의 활용 가치 중에서도 군사안보적 가치를 대변해 주는 징표이며, 우주의 군사화를 넘어서 무기화 시대의 본격적인 도래를 알리는 신호탄이라고 볼 수 있다. 또한, 자극으로 인한 경쟁이 우주군 창설에도 적용된다. 즉, 2절의 논의가 주요 우주국들의 언어로 된 전략의 측면을 다루었다면, 이 장은 행동을 통해 안행모형의 설명력을 살펴보려 한다. 중국은 우주군의 성격을 일부 보유한 전략지원부대战略支援部队를 2015년 말에 새롭게 창설했으며, 같은 해 러시아도 기존의 공군과 항공우주방위군을 통합해 항공우주군

---

11 우주군의 규정에 대해서도 논의가 필요하나, 본 연구에서는 편의상 우주 관련 임무를 맡은 부대를 넓게 우주군의 범주에 포함해 살펴보고자 한다.

을 만들었다. 이어 2019년에는 미국이 명칭 그대로의 우주군을 창설했으며, 같은 해 프랑스는 기존과 다른 우주군사령부를 신설했다. 2020년 들어서는 지난 5월 일본이 항공자위대 예하에 우주작전대宇宙作戰隊를 새롭게 편성했다. 이절에서는 이와 같이 창설했거나 창설 중인 각국 우주군에 대한 간략한 소개와 각국의 우주군에 대한 접근방식, 특히 우주군을 새롭게 조직하는 방식을 살펴보고자 한다.[12] 우주군 신설 방식은 창설 후 우주군의 형태를 기준으로 공군을 모태로 하는 출산형, 처음부터 별개의 조직으로 편성하는 독자형, 공군에 임무를 추가하는 진화형, 별도 창설 후 기존 조직에 통합하는 접목형으로 크게 나눠볼 수 있다.

1) 출산형 : 미국 우주군

우주군의 창설 유형 중 '출산형'은 공군을 모태로 하여 우주군의 창설 기반을 조성하는 등의 준비 작업을 거친 후 종국에는 우주군을 별도의 군종으로 분리하되 완전히 자립할 때까지는 모태인 공군과 연계를 유지하는 형태다. 비유적으로 공군이 우주군의 출산과 양육을 담당한다고 보면 될 것이다. 여기에 해당되는 대표적 사례가 2019년 12월 20일에 공식 창설되어 신규 병력 모집 등 조직 편성 작업에 한창인 미국의 우주군U.S. Space Force이다.

미국이 구체적으로 어떤 논의 과정을 거쳐 우주군을 이러한 형태로 만들게 되었는지는 명확하지 않다. 일각에서는 미 공군이 경쟁국인 중국과 러시아에 비해 우주능력의 발전이 미흡했다는 비판이 작용했다고 보기도 한다(강석율, 2018: 2). 다만, 우주군 자체의 필요성에 대해서는 트럼프 대통령이 발표한 '우주정책지침Space Policy Directive'을 통해 엿볼 수 있다, 이 지침 중 네 번째가 우

---

12 이 절은 주로 이강규·송화섭(2020b)의 내용을 정리·보완한 것이다.

주군의 창설과 관련한 것이다. 이에 따르면 우주군의 창설 배경은 다음과 같다. 즉, "우주는 생활방식, 국가안보, 현대전에 필수불가결하다. 미국의 적들은 우주능력을 개발하고 분쟁 시 미국의 우주 사용을 거부하는 방법을 발전시키고 있다. 미국은 공격을 억지하고 이익을 보호하기 위해 국가안보 조직, 정책, 교리 및 능력을 조정해야 한다"라는 것이다(SPD-4).

미 우주군은 크게 3개의 조직으로 운용된다. 즉, 이미 창설된 우주사령부 Space Force Command와 우주군U.S. Space Force 외에 앞으로 신설될 우주성Department of Space Force까지 우주군을 구성하게 된다. 우주사령부는 통합전투 사령부로서 기능하며, 통합사령부 계획에 따라 부여될 예정인 합동군Joint Force 작전을 담당하게 된다. 우주군은 미군의 새로운 군종으로 초기에는 공군성Department of Air Force 내에 위치하게 되며, 우주성은 향후 국방부 내에 설치되어 우주군의 조직·훈련·장비 등을 책임진다(SPD-4).

미 우주군은 기존의 육해공·해병·해안경비대에 이은 여섯 번째 군종으로서 우주에서 미국과 동맹국의 이익을 보호하고 합동군에 우주능력을 제공하기 위해 우주 전력을 조직하고 훈련시키고 장비를 갖추게 하는 역할을 담당한다. 이러한 미 우주군의 책임에는 군 우주 전문가 양성, 군 우주시스템 획득, 우주력을 위한 군사교리 심화, 우주 전력 조직 등이 포함된다(U.S. Space Force). 또한, 우주군은 다음의 6가지를 최우선 임무로 삼는다.

첫째, 미국의 우주에서의 이익과 국제법을 비롯한 준거법을 준수하는 모든 책임 있는 행위자들에 대해서 우주의 평화적 이용을 보호한다. 둘째, 국가안보 목적·경제·미국인·파트너 및 동맹국에 대해 방해받지 않는 우주의 이용을 보장한다. 셋째, 우주에서의 그리고 우주로부터의 적대행위에 맞서 미국, 동맹국과 미국의 이익을 방어하고 공격을 억지한다. 넷째, 미국의 모든 전투 사령부들에 필요한 우주능력을 통합적으로 이용 가능하도록 한다. 다섯째, 미국의 이익을 지원하기 위해 우주에서, 우주로부터, 우주로 군사력을 투사한다. 마지막으로, 우주영역의 국가안보 수요에 중점을 두고 전문 집단을 양성하고 유지하고 발전시킨다(SPD-4). 이러한 임무의 성공적 수행을 위해 최종적으로 우주사령부 휘하에 우주 작전사령부Space Operations Command, 우주 훈련 및 대비 사령부Space Training and Readiness Command: STARCOM, 우주 체계 사령부Space System Command: SSC를 두기로 했다. 우주 작전사령부는 콜로라도 피터슨 공군기지Peterson Air Base에 위치하며 군사위성의 운용을 관장한다. 우주 체계 사령부는 우주무기 체계의 개발·획득·유지를 담당한다.

끝으로, 우주 훈련 및 대비 사령부는 일체의 교육 훈련을 담당한다(Valerie, 2020). 한편, 우주 작전사령부는 2020년 6월 30일 마련한 최초의 우주군 작전 교리를 8월 10일 홈페이지에 공개했다. 이에 따르면 미 우주군은 우주공간이라는 전장 영역을 물리적 차원, 네트워크 차원, 인지적 차원으로 구별하여 이해하고 있으며, 국가 차원의 우주력과 군사적 우주력도 구분하고 있다. 즉, 우주력을 기존의 군사력과는 다른 개념으로 보고 있는 것이다. 동 문서는 우주군이 갖춰야 할 책임, 구비해야 할 핵심 역량, 우주력의 활용 분야 등도 설명하고 있다(U.S. Space Force).

우주군의 신설과 관련하여 출산형 방식이 지니는 장점은 대략 다음과 같다. 첫째, 각국의 공군들은 이미 우주의 전장화를 어느 정도 대비해 왔을 가능성이 높기 때문에 이러한 공군을 모태로 삼는 것은 부수적인 노력을 줄이면서도 준비 작업의 시작점을 한층 앞당길 수 있다. 둘째, 우주군을 기존 군종의 일부로 포함시키지 않고 별도의 군종으로 분리하는 경우 임무 영역이 명확해질 뿐만 아니라 우주군만의 정체성 형성에 유리할 수 있다. 셋째, 별도의 군종 분리 후에도 과도기를 설정해 공군과의 연계를 이어나가기 때문에 신생 군종으로서의 소외나 시행착오를 최소화할 수 있다. 마지막으로, 우주군의 창설이 보여줄 수 있는 효과, 즉 상징성을 극대화하는 데 효과적이다. 반면에, 다음과 같은 단점들도 생각해 볼 수 있다. 우선 공군이 산파 역할을 하게 되면 아무래도 공군의 체계나 문화를 답습하게 될 가능성이 높다. 즉, 하늘을 대상으로 형성되어 온 공군의 문화와 체계가 강하게 작용할 경우 실질적인 차별성이 줄어들어 오히려 우주군 정체성의 형성과 활동에 제약이 있을 수 있다. 연장선상에서 공군이 산실이 되면 조직 논리 측면에서 공군의 이익이 반영될 여지가 크고 우주군의 독립성에도 영향을 미칠 수 있다. 마지막으로, 과도기 동안 예측하지 못한 변수가 발생할 수도 있다. 즉, 공군에서 우주군을 분리한다는 결정이 불과 1년 사이에 극적인 방향 전환을 보인 것처럼 우주군이 아직 완전히 자리 잡기 전에 본래의 취지 및 계획과 다른 전개가 발생할 수도 있다.

2) 독자형 : 중국 전략지원부대

독자형은 공군을 비롯한 타군과 연계하지 않고 우주군을 처음부터 별도의 군종으로 독립하여 창설하고 운용하는 형태를 말하며, 중국이 2015년 말에 전략지원부대를 신설한 방식이 여기에 해당한다. 2015년 12월 31일 거행된 전략지원부대 창설식에서 시진핑 주석은 전략지원부대는 국가안보를 수호하는 새로운 형태의 전투부대이며, 이의 창설은 인민해방군의 전투 능력에 중요한 성장점이라고 언급했다(≪人民日報≫, 2020). 이러한 취지는 전략지원부대의 부대원 모집 공고에도 그대로 담겨있다. 그렇지만 중국의 전략지원부대는 여타 국가들의 우주군과는 부대의 성격상 약간의 차이가 있다. 즉, 우주만을 전담하는 부대가 아니다. 또한, 부대명에 '지원'이라는 명칭이 포함된 것도 주목할 만하다. 전략지원부대의 실체에 대해서는 아직까지 신뢰할 만한 자료가 공개되어 있지 않으나, 일반적으로 우주를 담당하는 부문과 사이버공간을 담당하는 부문으로 나뉘는 것으로 알려져 있다(Costello and McReynolds, 2018: 11). 모집 공고에서도 ① 전략지원부대(베이징 등 29개 성시省市에 배치), ② 전략지원부대 우주공정대학(베이징), ③ 전략지원부대 정보공정대학(란저우, 뤄양)으로 우주와 정보 분야를 별도로 모집하고 있다. 다만, 우주와 사이버로 양분됨에도 불구하고 대우주 작전이나 전략정보작전 등은 두 부문이 함께 임무를 수행한다(Costello and McReynolds, 2018: 11). 이전에는 로켓 기지를 제외하고 베이더우北斗 시스템 등 우주 분야가 인민해방군의 총장비부總裝備部에 속해 있었다(林穎佑, 2018: 106; Pollpeter & Chase & Heginbotham, 2017: 27). 전략지원부대의 임무는 크게 두 가지로 생각해 볼 수 있다, 하나는 통신·위치정보·감시와 정찰 등 우주와 네트워크에 기반한 능력을 통해 인민해방군에게 전략적 정보를 제공하는 것이다. 다른 하나는 우주와 대우주, 사이버, 전자전 및 심리작전을 수행하는 것이다(Ni and Gill, 2019). 즉, 전략적 우주·사이버·전자·심리전 임무에 집중되어 있다는 점에서 네트워크전과 전자전의 통합을 지향하고 평시와 전시를 구분하지 않고 양자를 통합하여 작전하는 데 주력하는 것으로 보인다.

한편, 중국과 같은 독자형이 가진 장단점은 다음과 같이 생각해 볼 수 있다. 장점으로는 첫째, 처음부터 별도의 군종으로 창설되기 때문에 비교적 강한 독립성의 확보가 가능하다. 둘째는 출산형에서 언급한 장점과 동일하다. 즉, 첫 번째 장점의 연장선상에서 별도의 군종으로 분리하는 경우 임무 영역이 명확해지고 우주군만의 정체성 형성이 보다 빠른 시일 내에 이뤄질 수 있다. 셋째, 중국의 전략지원부대가 보여주듯이 사이버와 같이 새로운 영역으로 부상 중이거나 새로운 기술·전술·교리 등을 적용해야 하는 영역과 결합할 경우 우주군의 시너지 효과를 기대할 수도 있을 것이다.

이에 반해, 독자형은 태생부터 독립적이기 때문에 기존 조직 편제와의 긴밀하고 자연스러운 융합이 어려울 수 있다. 더불어, 신규 창설에 따라 명확한 임무, 군 조직 내에서의 위치, 신생조직으로서의 발전 방향이 분명하게 제시되지 못할 경우에는 오히려 혼란만 야기할 수 있다는 단점이 있다.

3) 진화형 : 일본 우주 작전대 및 프랑스 우주사령부

앞에서 살펴본 출산형이나 독자형이 공통적으로 별도의 우주군 조직을 설립한 것과 달리 진화형은 기존 공군을 활용한다. 즉, 공군에 우주 임무를 추가적으로 부여하고 명칭의 변경을 통해 공군이 우주군으로 진화하도록 하는 방식이다. 현재로서는 일본과 프랑스가 여기에 해당한다고 볼 수 있다.

일본은 2020년 가을 임시국회에서 항공자위대 명칭을 항공우주자위대로 변경하기 위한 자위대법과 방위성설치법 개정안을 제출할 계획을 갖고 있는데, 이렇게 되면 1954년 창설 이래 명칭이 변경된 적이 없던 자위대의 명칭이 처음으로 바뀌게 된다. 본격적인 임무 추가와 함께 4만 7000명의 항공자위대 인원 중 70%는 기존 항공자위대 임무에 투입하고 30%는 우주 관련 임무에 투입하려는 구상도 마련되어 있다(김호준, 2020.1.5). 더욱이, 일본은 공식적으로 2020년 5월 18일 우주군으로의 진화를 위해 '우주 작전대'를 항공자위대 예하에 신설했다(≪日刊工業新聞≫, 2020.5.11). 지난 2020년 1월 23일에 방위성은 우주 작전대 신규 편제 등을 포함한 방위성 설치법 개정안을 자민당 국방부회 등에 제출하여 승인받았고, 제201회 통상 국회에 제출하여 4월 17일에 통과되었다. 또한, 부대명도 2020년 5월 8일 우주 작전대로 정식 결정했다(自民部会, 2020.1.23). 우주 작전대는 일본 우주항공연구개발기구JAXA 및 미국 우주군과 협력하여 우주공간의 상시 감시체계를 구축하는 것을 목표로 하며, 이를 통해 다음의 세 가지 임무를 수행한다. 첫째, 우주 잔해물과 타국 인공위성의 일본 인공위성에 대한 영향 감시, 둘째, 인공위성을 이용한 타국으로부터의 공격이나 방해, 우주 잔해물로부터 일본 인공위성을 지키기 위한 우주 상황 감시, 끝으로, 전파 방해·의심스러운 인공위성·정지궤도·운석 등의 감시다.

프랑스도 공군을 중심으로 우주 전력을 확대하고 있다. 지난 2019년 9월 3일 공군 휘하에 우주사령부Commandement de l'Espace를 창설하여 기존의 합동우주사령부를 대체했다. 공군 소속으로 변경한 것은 우주 임무를 달성하기에 적합한 유일한 군종이라는 판단에서다(French Space Defense Strategy, 2019: 41). 2010년에 창설했던 기존의 합동우주사령부Joint Space Command, Commandement Interarmées de l'Espace: CIE는 통합참모총장 소속이었으며 공군은 이러한 합동우주사령부의 지휘를 받아 우주자산을 관리했었다(안진영, 2014: 2). 프랑스는 공군의 명칭도 항공우주군Air and Space Force으로 변경할 예정이다(French Space

Defense Strategy, 2019: 41).

미국과 중국을 제외한 대부분의 국가들이 자국의 우주군을 창설하고 운용해야 할 경우 진화형을 취할 것으로 예상된다. 기존 공군을 발전시켜 진화하는 방식이라는 점에서 가장 적은 노력으로 우주군을 확보할 수 있는 방법이기 때문이다. 즉, 기존 공군에 우주 관련 임무를 부여하고 장비와 인력을 전환하거나 보충하면 된다. 다만, 동전의 양면과 같이 이러한 장점으로 인해 우주군만이 지닐 수 있는 특화된 임무 등이 제한받을 수는 있으며, 공군의 비대화를 야기할 수도 있다. 더불어, 진화라는 용어에서도 알 수 있듯이 상대적으로 발전이 더디게 진행될 수 있어, 급속한 기술발전에 따른 우주 전장의 부상에 적절히 대응하지 못할 우려도 있다.

4) 접목형 : 러시아 항공우주군

접목형은 기본적으로 우주군을 별도로 창설한 후 기존 조직에 통합하는 형태를 말하며 러시아와 과거에 미국이 행한 방식이 여기에 해당한다. 예컨대, 러시아는 매우 이른 시기에 우주군을 창설했으나 여러 통폐합 과정을 거쳐 결국에는 다시 공군과 합쳐졌다. 그 과정을 간략히 살펴보면 다음과 같다. 1992년 5월 7일 러시아 군대의 창설과 거의 동시에 8월 10일 러시아 우주군이 설립되었다(Sirohi, 2016: 7). 이어 1997년 러시아는 전략 미사일 부대에 우주군Military Space Force과 미사일 및 우주방위군Missile and Space Defense Forces을 통합했으며, 2001년에는 하나의 우주군Space Force으로 독립시켰다(Rogov, 2001: 14, 41). 하지만, 2011년에는 우주군을 해체하여 항공우주방위군Aerospace Defense Forces: VKO으로 대체했으며, 마침내 2015년 8월 공군과 항공우주방위군을 합쳐 항공우주군Russian Federation Aerospace Forces: VKS을 창설했다(U.S. Defense Intelligence Agency, 2017: 58; Crane et al. 2019.: 29). 이렇듯 잦은 접목의 과정을 거치면서 항공우주군은 복잡한 지휘 체계를 갖게 되었다. 즉, 항공우주군으로 재편되었지만 완전한 통합이 이뤄지지 못해, 4개 군관구의 통합전략사령부의 지휘도 받으면서 휘하에는 공군, 우주군, 항공우주방위군이 하위 병과로 지휘를 받게 되었다(김경순, 2019: 217).

접목형의 장점은 단시간 내에 하나의 상징적인 신호로 우주군을 활용할 수 있다는 것이다. 다만, 이 점이 곧 단점이기도 한데, 군의 본질적 임무와 능력에 충실하지 못할 가능성이 크다. 결국에는 기존의 조직에 흡수 또는 통합됨으로써 오히려 일관성 측면에서 해당 국가의 우주전략과 정책에 대한 신뢰도가 저하될 우려가 있다. 결론적으로 명확한 임무 구분 없이 우주군으로서의 정체성 혼란만 야기할 수 있다는 점에서 그다지 바람직한 방식은 아니다.

4. 결론

과학기술의 발달은 우주를 미지의 세계가 아닌 현실 세계로 만들어가고 있다. 즉, 우주가 국가의 안보와 번영에 직접적인 영역으로 인식되어 가고 있는 것이다. 이에 따라, 기존의 우주강국들은 다시금 우주로의 진출과 우주의 이용을 위해 박차를 가하고 있으며, 이는 이 글에서 논의한 경쟁적 안행의 형태로 표출되고 있다. 또한, 우주의 평화적 이용이라는 원칙이 무색하게 우주의 군사화 혹은 무기화로의 이행에도 국가 자원을 적극적으로 투입하고 있으며, 그 대표적인 결과가 우주군의 창설이다.

첫 군사위성을 보유하게 되고 로켓에 고체연료의 사용이 뒤늦게 가능해진 우리나라는 이제야 글로벌 안행에 참여하기 위한 날갯짓을 하고 있다고 볼 수 있다. 어떤 안행을 할 것인가, 그리고 안행의 어디에 위치하는 것을 목표로 할 것인가, 안행의 동인 중 어디에 보다 우선순위를 둘 것인가 등등의 문제를 국가 전략 차원에서 논의하고 올바른 정책을 수립해야 할 것이다. 영토·영공·영해와 달리 광활한 우주를 어느 정도 우리의 영향력하에 둘 것인가부터가 문제다. 물론 이에 기초하여 안보전략 및 국방정책 차원에서도 우주에 대한 접근을 고민해 봐야 한다. 현재 국방 차원에서는 정찰위성을 필두로 한 군사적 우주자산의 강화가 비교적 순조롭게 그 계획을 진행 중이다. 다만, 이러한 강화가 분명한 전략적 목표하에 이뤄지고 있는지에 대해서는 의구심이 든다. 국방 우주력 기본계획이 수립되었지만, 아직 미국과 같은 국방 우주전략은 제시된 바가 없다. 즉, 현재 국방차원의 우주에 대한 접근은 하향식top-down이 아닌 상향식bottom-up으로 이뤄진다고 볼 수 있겠다. 상부에서 논의가 정립되지 않았는데, 오히려 각 군이 앞다퉈 우주 관련 부서를 만들고 있는 것이 그 단적인 예다. 국가안보 전략에 기반하여 국방 전략, 군사전략 등으로 내려오는 일반적인 국방기획의 흐름에 비춰 이례적이라고 할 수 있다.

각국이 도입하고 있는 우주군에 대해서도 아직 명확한 개념 정립이나 구체적인 창설 계획이 없다. 이를 위해서는 안행에 대한 세 가지 동인에도 불구하고 각국이 왜 우주군에 대해서 각기 다른 창설 유형을 보였는가에 대한 연구가 필요하다. 우리의 국가 전략에 비춰 우주군에 어떤 역할을 부여해야 하는지, 어느 규모 및 수준의 우주군이 우리의 국가 전략 및 국방 목표 등에 비춰 적정한지, 우리의 우주군은 어떤 자산과 인력을 보유해야 하는지 등을 이를 토대로 도출해야 할 것이다.

강석율. 2018. 「미국의 우주군 창설 추진 동향과 향후 전망」. ≪동북아안보정세분석≫. 한국국방연구원(2018.12.3).

강한태·박영수·배달형·윤용진·윤형노·이만종. 2013. 『비상시 국가우주자산 통합 운용체계 구축 방향』. 한국국방연구원.

곽노필. 2020.5.26. "'유인 우주선 없는' 미국, 9년 만에 꼬리표 뗄까". ≪한겨레≫.

국방기술품질원. 2019. 『국방과학기술조사서』. 국방기술품질원.

김기흥. 1997. 「동아시아 국가의 산업발전과 무역패턴연구: 재론」. ≪산업연구≫, 제8권, 125~151쪽.

김경순. 2019. 「러시아 항공우주군의 창설과 전략적 함의」. ≪항공우주력 연구≫, 제7집, 115~146쪽.

김두승. 2009. 「일본 우주정책의 변화-우주기본법 제정의 안보적 함의」. ≪한일군사문화연구≫, 제7권, 3~29쪽.

김무일. 2019.9.9. "2019년 프랑스의 방어적인 우주전략". ≪이코노미톡뉴스≫.

김상범. 2003. 『21세기 항공우주군으로의 도약』. 한국국방연구원.

김종범. 2004. 「비교 우주개발 정책 미국과 프랑스를 중심으로」. ≪항공우주산업기술동향≫, 제2권 1호, 3~12쪽.

김호준. 2020.1.5. "日 항공자위대 '항공우주자위대'로 개칭 추진…우주부대도 창설". ≪연합뉴스≫.

나영주. 2007. 「미국과 중국의 군사우주전략과 우주공간의 군비경쟁 방지(PAROS)」. ≪국제정치논총≫, 제47권 3호, 143~164쪽.

국방부. 2020.1.21. 「2020년 국방부 업무보고: 국민과 함께 평화를 만드는 강한 국방」. korea.kr/archive/expDocView.do?docid=38817&call_from=rsslink (검색일: 2020.3.20).

박병광. 2020. 「동아시아의 우주 군사력 건설동향과 우리의 대응방향」. ≪INSS 전략보고≫, 제80권, 1~18쪽.

송화섭. 2009. 『국방 우주정책 발전방향』. 한국국방연구원.

쉬만스카, 알리나. 2019. 「러시아의 우주전략: 우주프로그램의 핵심 과제와 우주 분야 국제협력의 주요 현안에 대한 입장」. ≪국제정치논총≫, 제59권 4호, 83~131쪽.

스즈키 가즈로. 2013. 『우주개발과 국제정치』. 이용빈 옮김. 한울엠플러스.

안진영. 2014. 「우주를 둘러싼 프랑스의 국가 현황」. 한국항공우주연구원. 1~5쪽. https://www.kari.re.kr/cop/bbs/BBSMSTR_000000000067/selectBoardArticle.do?nttId=4354 (검색일: 2020.6.25).

안형준·이혁·오승환·김은정. 2019. 『뉴스페이스(New Space) 시대, 국내우주산업 현황 진단과 정책대응』. 과학기술정책연구원.

윤상윤·이상헌·송재근. 2019. 『미래육군의 우주 분야 발전목표와 우주 전력 활용방안』. 안보경영연구원.

외교부. 2020. "우리나라 우주협력협정 체결현황" https://www.mofa.go.kr(검색일: 2020.6.20)

임재혁·안병오·윤웅직·김의순. 2019. 『우주 작전 지휘통제체계로서 한국군 C4I 발전방향 연구』. 한국국방연구원.

이강규·송화섭. 2020a. 「미국의 2020년 국방 우주전략서: 주요 내용과 시사점」. ≪동북아안보정세분석≫. 한국국방연구원(2020.6.30).

_____. 2020b. 「주요국의 우주군 창설유형과 시사점」. ≪동북아안보정세분석≫. 한국국방연구원(2020.6.16).

이성규. 2019.7.2. "미·중, 우주 분여에서 협력 훈풍". ≪중앙일보≫.

장영근. 2010. "세계 최대의 우주실험실, 국제우주정거장 건설". ≪사이언스올≫. https://www.scienceall.com (검색일: 2020.6.20).

_____. 2016. "우주 군사화(Space Militarization)와 우주무기화(Space Weaponization)", IFS Post. https://www.ifs.or.kr/bbs/board.php?bo_table=News&wr_id=2205 (검색일: 2020.6.20).

정영진. 2015. 「우주의 군사적 이용에 관한 국제법적 검토: 우주법의 점진적인 발전을 중심으로」. ≪항공우주정책·법학회지≫, 제30권 1호, 303~325쪽.

정주호. 2017.8.6. "중국·러시아, 미국에 막혀 공동 우주개발 협력 추진." ≪연합뉴스≫.
청와대 국가안보실. 2018.『국가안보전략』. 청와대 국가안보실.
최남미. 2012. 「세계 우주개발 미래 전망과 주요국의 정책 방향」. ≪과학기술정책 정책초점≫, 제22권
　　4호, 69~85쪽.
최준호. 2020.7.2. "한국서 우주기술 배운 UAE가 달 뛰어넘어 화성탐사 나서는 이유". ≪중앙일보≫.
한은아. 2013. 「일본 우주개발정책의 군사적 변화에 관한 연구」. ≪일본연구논총≫, 제37권,
　　97~121쪽.

国务院新闻办公室. 中国的国防(1995, 1998, 2000, 2002, 2004, 2006, 2008, 2010, 2013, 2015,
　　2019).
渡辺丘. 2020.7.20. "米宇宙軍トップインタビュー'宇宙はもはや戦闘領域'". ≪朝日新聞≫.
　　https://digital.asahi.com/articles/ASN7N2Q02N78UHBI00N.html (검색일: 2020.7.22).
林穎佑. 2018. 「中共戰略支援部隊的任務與規模」. ≪展望與探索≫, 15卷 10期, pp.102~128.
≪人民日報≫. "习近平向中国人民解放军陆军火箭军战略支援部队授予军旗并致训词".
　　http://cpc.people.com.cn/n1/2016/0102/c64094-28003839.html (검색일: 2020.6.5).
≪日刊工業新聞≫. 2020.5.11. "防衛省が'宇宙作戦隊'発足へ '世界で"スペース軍拡"競う電
　　波妨害や不審人工衛星を監視".
自民部会. 2020.1.23. "'宇宙作戦隊'新設を了承 防衛省設置法改正案 '今国会提出へ". ≪時
　　事ドットコム≫.
中华人民共和国国务院新闻办公室, 中国的航天(2000, 2006, 2011, 2016).

Aliberti, Matteo Cappella and Tomas Hrozensky. 2019. *Measuring Space Power: A Theoretical
　　and Empirical Investigation on Europe*. New York: Springer.
Chinapower. https://chinapower.csis.org/china-space-launch (검색일: 2020.6.30).
Costello, John and Joe McReynolds. 2018. "China's Strategic Support Force: A Force for a New
　　Era." *China Strategic Perspectives*, No.13. INSS Report.
Crane, Keith, Olga Oliker & Brian Nichiporuk. 2019. *Trends in Russia's Armed Forces: An
　　Overview of Budgets and Capabilities*. Rand Corporation.
Deng, Xiaoci. 2020.6.23. "China completes BDS navigation system, reduces reliance on GPS."
　　Global Times. globaltimes.cn/content/1192482.shtml (검색일 : 2020.7.17).
Handberg, Roger and Zhen Li. 2007. *Chinese Space Policy: A Study in Domestic and
　　International Politics*. London: Routledge.
Handerg, Roger. 2013. "China's space strategy and policy evolution." in Eligar Sadeh(ed.). *Space
　　Strategy in the 21st Century: Theory and Policy*. London: Routledge.
Hill, Fiona. 2004. *Energy Empire: Oil, Gas and Russia's Revival*. The Foreign Policy Centre.
　　pp.1~64.
Kasahara, Shigehisa. 2013. "The Asian Developmental Stata And The Flying Geese Paradigm."

UN Conference on Trade and Development Discussion Paper, No.213, pp.1~36.

Kumagai, Satoru. 2008. "A Journey Through the Secret History of the Flying Geese Model." IDE Disucssion Paper, No.158, pp.1~22.

McDonald, Alexander. 2017. *The Long Space Age: The Economic Origins of Space Exploration from Colonial America to the Cold War.* New Haven: Yale Universtiy Press.

Moltz, James C. 2008. *The Politics of Space Security: Strategic Restraint and the Pursuit of National Interests.* Redwood: Stanford University Press.

Moltz, James C. 2019. "The Changing Dynamics of Twenty-First-Century Space Power." *Strategic Studies Quarterly*, pp.66~94.

Nardon, Laurence. 2001. "France Cedes Leading Role in Space to Europe." *Brookings.* http://www.brookings.edu/articles/france-cedes-leading-role-in-space-to-europe (검색일: 2020.8.10.).

NASA. 2019. "What is Artemis?" nasa.gov/waht-is-artemis (검색일: 2020.7.17).

Ni, Adam and Bates Gill. 2019. "The People's Liberation Army Strategic Support Force: Update 2019." Chine Brief 19(10).

Pollpeter, Kevin L., Michael S. Chase & Eric Heginbotham. 2017. *The Creation of the PLA Stretegic Support Force and Its Implications for Chinese Military Space Operation.* RAND Corporation.

Pyne, Stephen J. 2006. "Seeking Newer Worlds: An Historical Context for Space Exploration." In Stephen J. Dick & Roger D. Launius(eds.). Critical Issues in the History of Spaceflight (Washington D.C.: NASA), pp. 7~36.

Rajagopalan, Rajeswari Pillai. 2019. "India's Space Program: International Competition and Evolution." *Asie. Visions*, No.111.

Raymond Vernon, 1979, "The Product Cycle Hypothesis in a New International Environment," *Oxford Bulletin of Economics and Statistics,* Vol.41, No.4, pp.255~267. Department of Economics, University of Oxford.

Rogov, Sergey. 2001. "The Evolution of Military Reform in Russia." Center for Strategic Studies. cna.org/CNA_files/PDF/D0004857.A1.pdf (검색일 : 2020.5.30).

Sachdeva, G. S. 2013. "Space policy and strategy of India." In Sadeh, Eligar(ed.). *Space strategy in the 21st Century.* New York: Routledge.

Sheehan, Michael J. 2007. *The International Politics of Space.* London: Routledge.

Sirohi, M.N. 2016. *Military Space Force and Modern Defense.* New Delhi: Alpha Edition.

Space Defense Strategy(The French Ministry for the Armed Forces). 2019.

Text of Space Policy Directive(1, 2, 3, 4)

Tripathi, PN. 2013. "Weaponisation and Militarisation of Space." *CLAWS Journal, pp.*188~200.

U.S. Defense Intelligence Agency. 2017. *Russia Military Power: Building a Military to Support Great Power Aspiration.*

U.S. Department of Defense & Office of the Director of National Intelligence. 2011. National

Security Space Strategy(NSSS). 2011. National Security Space Strategy.

U.S. Department of Defense. 2020. Defense Space Strategy: Summary.

U.S. National Defense Strategy. 2018.

U.S. National Security Space Strategy.

U.S. National Security Strategy. 2017.12.

U.S. Space Force. "About U.S.Space Force." spaceforce.mil/About-Space-Force (검색일: 2020.5.25).

U.S. Space Force. "SPACEPOWER: Doctrine for Space Forces" https://www.spaceforce.mil/About-Us/About-Space-Force/Mission/ 검색일: 2020.6.30).

UCS Satellite Database. https://www.ucsusa.org/resources/satellite-database (검색일: 2020.6.30).

Valerie, Insinna. 2020.6.30. "Here's how the Space Force will be organized," *DefenseNews*.

Venet, Christoph. 2015. "Space Security in Russia." in K.U. Shrogl et al.(eds.). *Handbook of Space Security*, pp.355~370. New York: Springer.

White House. 2018.3.23. "President Donald J. Trump is Unveiling an America First National Space Strategy".

7 미중 복합 우주경쟁*
경제-안보 연계의 다면성

이승주 | 중앙대학교

1. 서론: 우주경쟁의 새로운 차원

우주산업의 국제정치 지형이 급격하게 변화하고 있다. 1957년 소련이 스푸트니크 1호Спутник-1, Sputnik-1를 지구 저궤도에 발사한 이래 우주는 강대국 간 경쟁의 상징이 되었다. 당시 미소 우주경쟁은 과학기술 분야의 우위를 누가 주도할 것인가의 문제인 동시에 향후 군사 경쟁의 새로운 장이 될 우주를 선점하기 위한 안보 문제이기도 했으며, 진영 대결을 하고 있던 미국과 소련의 국가 명성과 위신의 문제였다. 미국은 1960년대 소련과의 우주경쟁에서 승리한 이후, 50여 년 만에 또다시 새로운 도전에 직면하고 있다. 이번 상대는 향후 패권 경쟁을 해야 할 중국이라는 점에서 사안의 중대성은 아무리 강조해도 지나치지 않다. 더욱이 우주경쟁의 양상이 과거 미소 경쟁 시대와는 본질적으로 다른

---

* 이 글은 《사회과학연구》 제28권 1호에 실린 「중국 '우주 굴기'의 정치경제: 우주산업정책과 일대일로의 연계를 중심으로」(2021)를 수정·보완한 것임을 밝힌다.

점이 있다. 과거 미소 경쟁은 과학기술과 군사 분야 경쟁의 성격이 강했던 반면, 우주 이용의 상업화를 둘러싼 주도권 경쟁의 성격은 상대적으로 약했다. 또한 소련이 군사 부문에서 미국에 상당한 위협이 되었던 것은 사실이었으나, 동맹국들과 우호적인 국가들을 대상으로 우주 관련 서비스를 제공함으로써 미국과 차별화된 독자적인 우주 세력권을 형성하는 데는 한계를 드러냈다.

과학기술, 군사, 경제 영역에서 동시다발적이고 복합적으로 진행되고 있다는 점에서, 우주 분야에서 중국의 도전은 과거 소련의 그것과 근본적으로 상이하다. 2003년 유인 우주선 발사에 성공한 이래, 중국은 우주 분야에서 가히 폭발적인 성장세를 보이고 있다.[1] 과학기술 면에서 2018년 5월 발사된 룽장龙江 2호가 달궤도에 진입하여 달 뒷면을 촬영한 데 이어, 2019년 1월 창어嫦娥 4호가 달 뒷면 착륙에 성공했다. 중국은 또한 2020년 7월 화성 탐사를 위한 로켓 톈원天问 1호의 발사에 성공했고(Mallapaty, 2020), 2022년 달에 우주 정거장 건설을 위해 향후 2년간 11차례의 임무 수행을 계획 중이다(Jones, 2020). 중국의 비약적인 성장은 1972년 이후 달 표면에 유인 우주선을 보내지 못한 미국의 현실과 대비되어 더욱 선명하게 드러난다.

중국의 '우주 굴기'는 과학기술 분야에 국한되지 않고, 군사 분야로 확대되고 있다. 중국의 『2015 군사전략백서』는 "우주공간이 전략 경쟁의 핵심"이 되었다고 평가하고, "우주공간에서의 안보 위협과 도전에 적극 대응하는 한편, 경제, 사회 발전을 위해 중국의 우주자산을 보존할 것"임을 밝힌 바 있다(Chase, 2019). 미국 군사정보국Defense Intelligence Agency이 2019년 발간한 『우주안보 도전Challenges to Security in Space』에 따르면, 최근까지 우주 활용의 주요 장애 요인이었던 기술과 비용 장벽이 빠른 속도로 완화됨에 따라, 다수 국가들이 우

---

1 역설적이게도 중국 우주산업은 미중 우주협력을 통해 성장할 수 있었다. 1990년대 중국은 세계 발사 시장에서 약 10%의 점유율을 차지하여 세계 3위로 부상했는데, 여기에는 미국 위성 발사 계약을 수주한 것이 결정적 역할을 했다(Zhang and Seely, 2019).

주활동에 참여하고 있는데, 특히 중국이 러시아와 함께 다른 국가들의 우주공간 활용을 위협한다고 적시하고 있다(Defence Intelligence Agency, 2019).

미국의 입장에서 중국의 우주능력 증강은 군사적 위협의 증대를 초래한다. 중국은 이미 저궤도 위성을 요격하는 실험direct-ascent anti-satellite: DA-ASAT에 성공했다(Keck, 2018). 중국은 더 나아가 '킬러 위성killer satellites'을 개발함으로써(Ryall, 2020.7.22), 러시아와 함께 우주공간을 군사화하고 있다는 평가를 받고 있다(Pry, 2020). 미국 국방부도 이에 주목하여 「방위우주전략Defense Space Strategy」을 통해 중국이 미국의 우주활동과 작전에 즉각적이고 심각한 위협을 가하고 있다고 밝히고 있다(Department of Defense, 2020). 미중 전략 경쟁이 기술 경쟁에서 군사 경쟁까지 전방위적으로 확대되고 있으며, 우주가 그 중심에 있는 것이다.

중국의 우주 굴기를 가능하게 한 저변에는 민간 우주산업의 발전이 자리 잡고 있다. 중국의 민간 우주산업은 2014년 이후 급속하게 성장하고 있다. 중국 정부는 우주 정복을 국가적 차원의 전략적 핵심 우선순위 사업으로 설정하고 80억 달러의 예산을 투입하고 있다. 정부의 대대적 지원을 바탕으로 중국의 우주산업은 양적 성장의 단계를 넘어 질적 성장의 단계로 도약하고 있다. 그 결과 최근 3년 사이 약 60개 기업이 중국 정부의 지원에 힘입어 민간 발사 산업에 진출하고, 2018년 아이스페이스i-Space와 원스페이스Onespace가 중국 정부의 지원으로 준궤도sub-orbital 시험을 시작하는 등 중국 우주산업이 미국을 빠르게 추격하고 있다. 자금 투입 면에서도 미국에서는 2000년 블루오리진Blue Origin이 설립된 이후 민간 우수 프로그램이 활성화되기까지 19년이 소요되었지만, 중국에서는 2015년 민간 우주기업들이 설립된 이래 불과 3년 만에 약 20억 달러 규모의 투자를 유치하는 등 성장 속도가 매우 빠르다.

중국의 우주 굴기는 미중 복합 우주경쟁 시대의 도래를 예고한다. 물론 현시점을 기준으로 할 때, 미국이 중국을 압도하고 있기 때문에 미중 우주경쟁이 본격화했다고 하기는 어렵다. 1992~2019년 발사한 페이로드는 미국이

1763개인데 비해, 중국은 480개에 불과하다. 2020년 3월 기준 2666개 위성 가운데 미국은 절반을 넘는 1327개를 운용 중이며, 중국은 363개를 운용 중이다(Center for Strategic and International Studies, 2020). 그러나 우주 분야에서 중국은 과학기술, 상업적 이용, 군사 분야를 망라하고 있을 뿐 아니라, 세 분야를 긴밀하게 연계하는 전략을 추구하고 있다. 또한 중국은 비약적으로 성장하는 산업 능력을 바탕으로 주변국들에 우주 관련 서비스를 제공함으로써 매우 빠른 속도로 우주 세력권을 형성하고 있다. 중국이 전통적으로 강점을 가지고 있는 발사 서비스 부문뿐 아니라, 상업용 위성 프로그램 분야에도 진출하는 등 미중 경쟁이 다각화되고 있다. 예를 들어, 중국 최초의 상업용 원격탐사 위성 기업인 창광위성기술Chang Guang Satellite Technology: CGST는 상업용 위성 프로그램을 개발하여 미국 스타트업 플래닛 앤드 블랙스카이Planet and BlackSky에 도전하고 있다. 더욱이 중국은 베이더우 항법 시스템北斗卫星导航系统, 이하 베이더우 시스템을 미국의 GPS에 대한 대안으로 추진하고 있다는 점을 숨기지 않고 있다. 중국이 특히 일대일로 또는 디지털 실크로드Digital Silk Road와 같은 지역 전략과 연계하는 등 미중 우주경쟁이 복합화가 대두되고 있다.[2]

2. 미국 우주전략의 변화와 우주산업

트럼프 대통령은 취임 직후부터 미국의 기존 우주정책에 대한 재평가 작업에 착수한 이래 우주정책을 최우선 국가 목표 가운데 하나로 설정했다. 트럼프 행정부는 우주공간에서 국제협력을 미국이 선도하는 가운데, 우주에서의 도전을 미국 국가 안보에 대한 중대한 위협으로 규정하고, 우주 공간의 상업적 활

---

2 중국은 2020년 6월 기준 GPS의 31기보다 많은 35기의 위성을 궤도에 진입시켜 베이더우 항법시스템을 완성했다.

용을 미래 경쟁력의 핵심 산업 가운데 하나로 보고 있다는 점에서 우주의 정책적 우선순위를 높여놓았다. 우선, 트럼프 행정부는 우주공간에서 상호의존이 증가하는 현실을 고려할 때, 국제협력의 필요성이 증대하고 있다는 점을 인식하고 있다. 우주공간에서 국제협력의 목표는 지구적 공유지global commons로서 우주를 효과적으로 관리하면서 기술혁신을 병행하는 균형적 접근을 기본으로 하는 가운데, 우주가 군사적 경쟁의 장이 되지 않도록 하는 국제규범을 수립하는 데 있다(Patrick, 2019). 인공위성 발사 횟수가 빠른 속도로 증가함에 따라 우주교통을 효과적으로 관리하고, 우주 파편을 경감하며, 민군겸용 기술을 규제할 규제 레짐의 수립이 매우 절실하다. 이와 동시에 트럼프 행정부는 이러한 규제가 민간기업들의 혁신 역량을 위축시키지 않도록 설계되어야 한다는 점을 명확히 하고 있다. 미항공우주국NASA이 민간 및 외국 정부와 공동으로 우주 임무의 혁신적 조합innovative combination of missions을 계획하는 데에는 이러한 배경이 있다(Rajagoplan, 2019.2.8).

우주에 대한 트럼프 행정부의 정책적 의지는 이미 여러 차례 반복적으로 확인된 바 있다. "우주에서 미국의 존재American presence만으로는 충분치 않으며, 미국의 지배American dominance를 확보해야 할 것"이라든지, "모든 것은 우주에 달려 있다It's all about space"라는 언명에서 트럼프 행정부가 우주정책에 높은 우선순위를 부여하고 있음을 알 수 있다(White House, 2018b). 미국이 주도하는 통합된 달과 화성 탐사 프로그램U.S.-led integrated program with private sector partners 계획을 추진하는 등 과학기술 분야에서 미국의 우위를 강조한 데서 미국이 우주에서 지배력을 유지하기 위한 정책적 의지가 드러난다.[3] 미국은 선언적 차원의 우주전략 재편에 그치지 않고, 2017년 10월 국가우주위원회 의장

---

3 New Space Policy Directive Calls for Human Expansion Across Solar System. 2017.12.11. https://www.nasa.gov/press-release/new-space-policy-directive-calls-for-human-expansion-across-solar-system.

인 마이크 펜스Mike Pence 부통령이 첫 번째 회의를 소집하여 화성 탐사 계획을 뒷받침하기 위한 정책적 지원을 구체화했다.

트럼프 행정부의 우주전략 구상의 일단은 '우주정책지침Space Policy Directive' 에 집약되어 있다. '우주정책지침 1'은 미국이 지향해야 할 우주정책의 목표를 광범위하게 재설정하고 있는데, 요점은 '민간 및 해외 파트너들과의 협력을 통해 혁신적이고 지속가능한 우주탐사 프로그램을 선도해야' 한다는 것이다 (White House, 2017). '우주정책지침 2'에서는 우주공간의 상업적 이용을 보다 구체화하고 있는데, '규제 간소화를 통해 우주산업을 경제 성장을 촉진할 수 있는 새로운 동력으로 활용하는 한편, 우주산업의 상업화를 위한 미국의 리더십을 확립'하겠다는 목표를 제시했다(White House, 2018a). 이어 발표된 '우주정책지침 3'은 '국가우주관리 정책National Space Management Policy'으로, 우주상황인식Space Situational Awareness: SSA, 우주교통관리Space Traffic Management: STM, 관련 과학기술 연구의 발전 등 우주 분야에서 오랜 기간 계속해 온 국제적 논의에 있어서 미국이 국제협력을 선도해야 한다는 내용을 포함하고 있다(White House, 2018b). 마지막으로 '우주정책지침 4'는 널리 알려진 바와 같이 국방부 장관에게 우주 작전을 담당할 우주군Space Force을 미국 제6의 군대로 창설하는 법안을 의회에 제출하도록 했다(White House, 2019).

네 차례에 걸쳐 발표된 '우주정책지침'의 핵심은 우주의 상업적 활용에 따른 경제적 이익을 극대화하기 위해 다양한 수준의 협력을 추구하는 한편, 우주에서의 군사적 위협에 선제적으로 대응하겠다는 양면 전략이다. 미국이 군사와 경제를 한층 긴밀하게 연계하는 우주전략의 재구성을 시도한 것이다. 트럼프 행정부는 우주정책 전환을 신속하게 추진할 수 있는 제도적 기반을 형성하는 작업도 병행했다. 2017년 7월 '국가우주위원회National Space Council'를 부활시킨 것이 대표적 사례이다. 군사적 차원에서도 2019년 8월 트럼프 행정부는 2002년 폐지되어 전략사령부Strategic Command로 통합되었던 우주사령부Space Command의 재출범에 서명했다. 미국의 11번째 통합 전투 사령부로서 역할을 담당하게 된 우주사령부는 인공위성 관리, 타 통합 전투 사령부 지원, 우주영역에서 전투 수행 등의 임무를 담당하게 된다. 트럼프 대통령에 따르면, "우주사령부가 다음 전장warfighting domain인 우주공간에서 미국의 핵심 이익을 수호하는 임무를 수행"하게 된다(Grush, 2019). 우주사령부의 또 다른 주요 임무는 우주에서 발생할 수 있는 다양한 시나리오에 대비한 계획을 수립하는 일이다.[4]

1) 우주공간의 상업화

미국은 급격하게 팽창하는 우주산업을 선도하고 있다. 2019년 우주산업의 규모는 4238억 달러를 기록했는데, 이 가운데 상업 부문의 시장 규모는 2177억 달러로 파악된다(Spacefoundation, 2020).[5] 골드먼삭스Goldman Sachs는 우주 관련 산업이 2040년까지 1조 달러 규모의 산업으로 성장할 것이라는 전망을 제시한 바 있다.

우주 상업화를 선도하는 국가는 미국이다. 아마존 제프 베이조스Jeff Bezos의 블루 오리진Blue Origin, 리처드 브랜슨Richard Branson의 버진 갤럭틱Virgin Galactic, 일론 머스크Elon Musk의 스페이스XSpaceX 등 민간기업이 상업화를 선도하고 있다. 2017년 기준 1738기의 상업용 위성이 발사되었고, 2018년 기준 상업용 위성 발사의 세계시장규모는 약 30억 달러로 파악되고 있다. 이 가운데 스페이스X는 2019년 10월 기준 81회 임무를 완수하고, 65%의 시장점유율을 기록하는 등 민간 우주산업의 성장을 선도하고 있다(Campbell, 2019.7.17). 스페이스X는 메트릭톤metric ton당 발사 비용을 1400달러까지 획기적으로 낮추는 데

---

4 트럼프 행정부의 확고한 의지에도 불구하고, 새로운 명칭, 일부 조직 개편, 약간의 예산 증액이라는 차이만 있을 뿐 우주사령부의 역할이 구체화되지 못하고 전략사령부의 기존 임무를 유지하고 있다는 비판이 제기되기도 한다.

5 코로나 19의 세계적 확산에도 불구하고 로켓 발사는 5년 평균 로켓 발사 횟수인 43.2회와 비슷한 수준인 41회를 기록했다.

성공했다(Center for Strategic and International Studies, 2020). 그 결과 스페이스X
는 재사용이 가능한 스타십Starship의 발사 비용을 200만 달러까지 낮출 수 있
을 것으로 기대를 모으고 있다(Matyus, 2019). 원웹OneWeb과 스웜Swarm 등 중
소 업체들도 다수의 저궤도 인공위성들로 연결성을 대폭 증대하여 산업용 IoT
또는 주거지역에 브로드밴드 서비스를 제공하는 것을 목표로 시스템 개발을
진행 중이다(https://oneweb.world/).

3. 중국의 우주 굴기

1) 우주산업 전략

중국 역시 우주산업을 미래 핵심 전략산업으로 육성하고 있다. 중국이 우주
산업 경쟁에서 기술 장벽을 하나씩 극복할 수 있는 것은 정부가 전략적이고 장
기적인 계획을 수립·추진한 결과이다. 중국 정부가 우주산업에 국가 차원의
전략적 우선순위를 부여한 것은 우주산업이 기본적으로 고부가가치 산업일 뿐
아니라, 스핀오프spin-off 기술이 광범위하고 전후방 연관 산업의 동반성장에
미치는 영향이 지대하기 때문이다.

이러한 배경에서 2020년 4월 국가발전개혁위원회国家发展和改革委员会, National
Development and Reform Commission는 위성 인터넷을 IoT 및 5G와 함께 '신인프
라新基建'에 추가한다고 발표했다(Curcio, 2020). 미래 경쟁력의 배양을 위해 우
주산업의 가치에 주목한 것이다. 중국은 2045년까지 세계를 선도하는 우주강
국으로 발돋음하겠다는 야심찬 계획을 설정하고, 이 목표의 실행을 위해 2018년
기준 우주 관련 정부 지출에 58억 달러를 투입하는 등 우주산업 육성을 적극적
으로 추진하고 있다. 이 액수는 미국의 401억 달러와 비교할 때 커다란 격차가
있지만, 미국에 이어 세계 2위에 해당하는 규모이다. 중국 정부는 특히 우주산

그림 7-1 중국의 우주산업 연구개발비 변화 추이

(단위: 100만 달러)

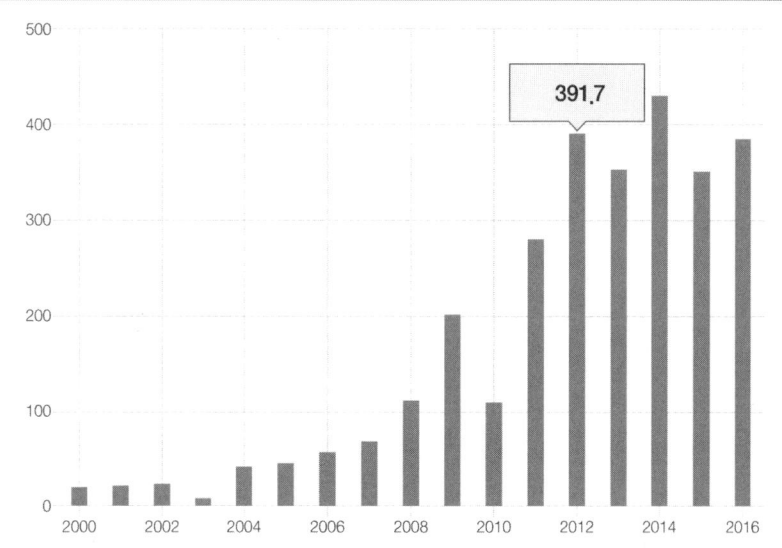

자료: Center for Strategic and International Studies(2020).

업의 독자적인 혁신 능력을 배양하기 위해 우주 관련 연구개발 지출을 2000년 2천 260만 달러에서 2016년 3억 8600만 달러로 대폭 증액했다(그림 7-1 참조). 그 결과 같은 기간 중 우주산업 관련 특허가 10개에서 632개로 증가했다(Center for Strategic and International Studies, 2020).

우주산업의 전략적 육성을 위해 중국 정부와 민간 부문이 공동보조를 맞추고 있다. 중국 우주산업에서 공공과 민간의 영역이 명확히 구분되는 것은 아니다. 민간기업이 정부 지원을 받아 군사 기술을 활용하는 등 표면적으로 민간기업일 뿐 정부와 민간 영역의 구분이 어렵다. 특히 정부가 국영기업을 통해 우주산업에서 주도적 역할을 하고 있다는 점에서 순수한 의미의 우주산업의 상업화라고 보기 어렵다는 평가가 지배적이다.[6]

이에 더하여 '중국상업우주연맹China Commercial Space Alliance'이 출범한 데서

나타나듯이, 중국 정부와 민간 부문을 연계하는 제도적 통로가 형성·유지되고 있다. 중국상업우주연맹은 중국 정부가 2019년 12월 중국우주항공과기공사中国航天科技集团公司, China Aerospace Science and Technology Corporation와 중국우주과공中国航天科工集团有限公司, China Aerospace Science and Industry Corporation 산하 6개 우주기업들을 중심으로 민간 우주산업의 진흥을 위해 결성한 단체이다. 이 단체는 국가우주국国家航天局, China National Space Administration과 긴밀한 연계하에 정부 정책 지원, 연구 및 기술혁신 증진, 상류 부문과 하류 부문의 통합, 정부 규제 지원, 국제협력 증진 등 다양한 기능을 수행하는 것으로 알려졌다. 이 단체는 특히 일대일로 참여국과의 국제협력을 증진하는 데 초점을 맞추고 있다 (Jones, 2019).

이러한 제도적 기반 위에 중국 정부와 민간 부문 사이에 협력이 원활하게 유지되고 있다. 국가발전개혁위원회의 '신인프라' 발표 후, 샤오미의 레이쥔雷军 회장이 위성 인터넷을 14차 5개년 계획의 핵심 전략산업에 포함시켜야 한다고 제안한 것이 정부와 민간 부문의 긴밀한 소통과 협력을 상징적으로 보여준다 (*Global Times*, 2020.5.21).[7] 이어 차이나 유니콤China Unicom의 자회사인 차이나 유니콤 에어넷China Unicom Airnet과 콤샛Commsat이 위성 발주와 이를 위한 자금조달계획을 발표하는 등 국가발전개혁위원회의 정책 지침에 즉각적으로 호응하는 모습을 보이고 있다(Curcio, 2020).

정부·기업의 긴밀한 협력의 결과, 중국 우주산업은 미국과의 기술격차를 빠르게 축소하고 있다. 중국 최초의 로켓 제조업체인 링크스페이스LinkSpace는

---

6 Liu et al.(2019)는 중국에서는 '민간' 또는 '상업' 부문의 정의가 모호하기 때문에, 다음의 세 가지 기준에 따라 정의한다. ① 국영기업이 지분을 많이 가지고 있는 기업이라고 하더라도 소유, 투자 등의 방식으로 위험을 분담하는 민간 행위자가 있는가? ② 제품을 중국 정부 이외의 고객에 판매하는가? ③ 국영기업 또는 정부기관으로부터 독립성을 드러내기 위해 노력하는가?

7 레위쥔 회장의 제안에는 위성주파수 조정, 국제표준 채택, 민간기업 진출 자유화, 국가 자금의 대규모 지원 등이 포함되었다(*Global Times*, 2020.5.21).

2019년 8월 재사용 로켓 RLV-T5의 세 번째 시험에 성공했고, 아이스페이스 i-Space의 차세대 로켓 Hyperbola-2 역시 수직 이착륙과 부분 재사용이 가능할 것으로 보인다(Center for Strategic and International Studies, 2020). 가격경쟁력 면에서 중국 창정 3 계열의 발사 서비스 비용은 스페이스X의 팰컨보다 높은 8200달러 수준이나, 유럽의 아리안 5 Ariane 5이나 미국의 델타 IV에 비해서는 가격경쟁력을 갖추고 있다. 중국 역시 수직이착륙과 재사용 기술을 개발 중인 데, 2020년 시험발사가 예정되어 있다. 우주산업을 선도하는 미국 기업들과 달리, 중국 민간 우주기업들은 틈새시장을 공략하고 있는데, 중국이 경쟁력을 갖추고 있는 (초)소형 위성 발사 시장은 2027년 150억 달러 규모까지 성장할 것으로 예상된다(Campbell, 2019.7.17).

2) 중국 우주산업

(1) 현황과 특징

우주의 상업화 추세에 편승하여 중국 민간 우주산업도 급속하게 성장했다. *Future Aerospace*에 따르면 2018년 말 중국 내 등록된 상업용 항공우주기업 은 141개였다(Jones, 2019). 이 중 민간 우주기업 수는 78개로 파악된다. 이 가운데 29개는 위성 제조업체, 21개는 발사 부문, 8개는 원격탐사 운영, 17개는 통신, 33개는 지상기지국 등 하류 부문을 담당하는 기업들이다(Foust, 2020). 중국의 민간 우주기업은 두 차례에 걸쳐 급팽창했는데, 진입 시기에 따라 주력 분야의 차이가 발견된다. 발사체 부문의 경우, 1차 확대기에 진입한 아이스페이스, 랜드스페이스LandSpace, 원스페이스OneSpace 등은 상류 시스템 기술에 초점을 맞추고 있는 반면, 2차 확대기에 진입한 기업들은 소형 발사체 등 하류 시스템 기술에 특화하는 기업 간 분화 현상이 발생했다(Curcio, 2020).

중국의 우주 민간기업은 국영기업 자회사, 중국과학원에서 분사한 기업, 민간 중소기업, 스타트업으로 구분된다. 수적으로는 스타트업이 과반인 54%를

그림 7-2 중국 민간 우주기업 수의 변화 추이(1986~2018)

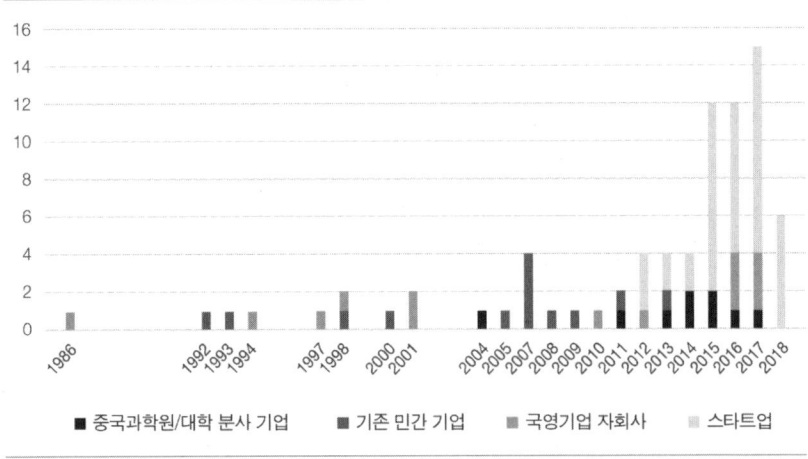

범례: ■ 중국과학원/대학 분사 기업   ■ 기존 민간 기업   ■ 국영기업 자회사   ▦ 스타트업

자료: Liu et. al.(2019).

차지하고 있으나(그림 7-2 참조), 대부분이 국영이거나 국영기업 또는 군에서 분사한 기업들이라는 점에서 공공과 민간의 구분이 언제나 명확한 것은 아니다. 중국 최초의 민간 로켓 업체인 엑스페이스ExPace가 개발한 콰이조우快舟 발사체는 실질적으로는 방위산업 분야의 핵심 국영기업인 중국우주항공과학산업中国航天科工集团이 개발한 것으로 알려졌다. CGST 역시 중국과학원 산하의 창춘광학정밀기계물리연구소长春光学精密机械与物理研究所 소속이며, 임직원의 43%가 공산당원이다. 대표적인 우주기업인 원스페이스, 아이스페이스, 랜드스페이스 등도 이러한 유형의 기업으로 분류할 수 있다(Autry, 2019).

중국의 위성 제조업체는 29개로 대부분 중소기업이다. 중소기업 간 경쟁이 매우 치열하며, 소형 위성 부문은 이미 포화 상태에 있다(Foust, 2020). 스타트업을 비롯한 중국 민간 우주기업들은 원천기술의 혁신보다는 제조 과정에서 비용 절감을 통해 경쟁력을 향상시키는 '패스트팔로워fast follower' 전략을 구사하고 있다. 이들은 특히 미국 등 서구의 선발 기업을 모방하는 전략으로 리스크를 관리하는 가운데, 공정·생산·마케팅 등 2차 혁신에 초점을 맞추고 있다.

중국 민간 우주산업에 구조적 한계가 없는 것은 아니다. 산업구조 면에서 중소 위성 제조업체들이 수익성 향상과 생존을 위해서는 대형 위성 제조 부문으로 이동해야 하는데, 국영기업과의 관계 설정이 향후 중요한 과제이다. 국영기업에 대한 정부의 선호가 유지되고 있기 때문에, 민간 우주기업들이 시장점유율을 높이는 데는 한계가 있다.

투자 자본 조달 면에서 2014년 이후 상업용 우주산업에 투입된 자본 규모가 빠르게 증가하기 시작했다. 특히 2014년 이후 벤처캐피털을 중심으로 조달된 19억 달러 가운데 거의 절반이 민간 우주기업에 투자되었다(Curcio, 2020). 그러나 벤처캐피털의 투자 규모가 미국에 비해 작고 투자 회수 기간도 상대적으로 단기간에 그치는 등 장기적 관점에서 기술혁신에 주력해야 하는 우주산업이 성장하기에 우호적인 환경이 아니라는 한계가 있다. 구체적으로 2018년 기준 미국의 경우 벤처캐피털의 민간 우주기업에 대한 투자 규모는 22억 달러인 반면, 중국은 5억 달러 수준에 불과했다(Foust, 2020).

이러한 문제에도 불구하고 중국 우주산업의 장래는 민간기업이 주도하게 될 것이라는 전망이 우세하다. 국영기업은 정부와의 긴밀한 협력 및 자금 동원 능력 등에서 장점이 있음에도, 관료주의적 의사결정 및 보수적 접근 등의 문제를 갖고 있다(Foust, 2020). 국영기업을 보완하고 우주산업의 균형 발전과 도전적 혁신을 위해서는 민간 우주기업의 존재가 필수적이다. 즉, 중국 우주산업에서 국영기업이 차지하는 비중이 높지만 기술혁신 역량이 정체되어 있기 때문에, 지속적인 경쟁력의 확충을 위해서는 민간 부문의 역할이 매우 중요하다(Kramer, 2020).

(2) 우주산업의 정치경제

중국 정부는 우주산업의 육성을 위해 국영기업에 대한 지원을 우선하는 한편, 우주산업의 균형 발전을 위해 민간 우주기업에도 다양한 지원을 제공하고 있다(Liu et al., 2019). 민간 우주기업에 대한 정부 지원은 세 가지로 구분된다.

첫째, 민간 우주산업의 육성을 위해서는 중앙정부와 성 정부의 유기적 분업이 중요하다. 현재 중국은 중앙정부가 정책적 지원을 제시하고, 성 정부가 재정지원을 하는 방식으로 역할 분담이 이뤄져 있다. 중앙정부는 우주산업의 성장을 위한 방향성을 제시하는데, 2014년 국무원이 민간 우주산업의 발전을 위해 민간 자본의 참여를 촉진할 것이라고 발표한 것이 민간 우주산업의 확대에 결정적 계기가 되었다. 위에서 언급한 국가발전개혁위원회가 위성 인터넷을 신인프라에 포함시킨 것은 국무원의 정책 방향을 재확인하고 민간 우주기업의 참여를 유도하려는 계획이다.

중앙정부는 민간 부문에 대한 지원 가운데 연구개발에 집중적인 지원을 제공하고 있다. 중앙정부는 연구개발에 대한 지원에서도 민간기업들 사이의 경쟁을 유도하는 방식을 취하고 있다. 연구개발 단계에서 일정한 성과를 달성한 기업이 더욱 성장할 수 있도록 지원하는 방식이다. 액체연료 추진 로켓을 20기 이상 개발 중인 민간위성 발사 업체에 자금 지원을 집중적으로 제공하기로 한 것이 이러한 정책 사례에 해당한다(*Geospatial World*, 2020.6.5).[8] 경쟁력 향상에 성공한 기업들은 이후 국가 주도의 공급 사슬에 참여할 수 있는 기회를 부여받아 본격적인 성장 궤도에 진입할 가능성이 높아진다(Liu et al., 2019).[9]

성 정부들은 제품 및 서비스 계약을 통해 실질적인 자금 지원을 포함한 각종 혜택을 제공하는 역할을 한다. 중앙정부가 우주산업의 발전에 우선순위를 정하고, 성 정부가 이에 따른 자금 지원을 선택적으로 제공하는 방식으로 역할 분담을 한다(Liu et al., 2019). **그림 7-3**에 나타나듯이, 2018년 이후 민간 자금조달의 비중이 높아졌으나, 그 이전까지 정부의 재정지원이 상대적으로 중요한 역할을 했다. 이 기간 중 민간 우주기업들은 중앙정부보다 성 정부로부터 제공

---

8 2014~2019년 기간 중 중국 기업들이 제조한 위성 발사 회수가 319회라는 점을 감안하면(*Geospatial World*, 2020.6.5), 중국 정부의 지원을 받는 기업의 수가 10개 이내라는 점을 추정할 수 있다.

9 이러한 방식은 IT산업과 통신산업 등에서 경쟁을 통해 산업 경쟁력을 제고했던 방식을 원용한 것이다

그림 7-3 중국 민간 우주산업의 재원 조달 방식

(단위: 100만 달러)

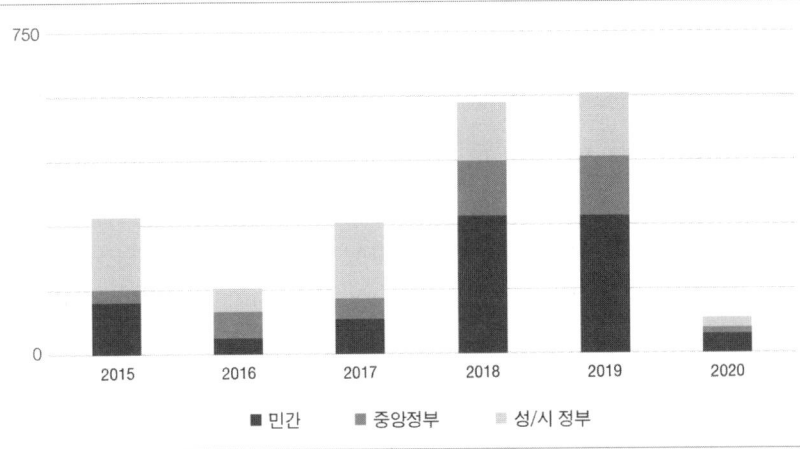

주: 2020년 데이터는 2020년 5월까지임.
자료: *Geospatial World*(2020.6.5).

받은 투자 및 지원의 비중이 더 높은 데서 나타나듯이, 성 정부 차원의 지원이 민간 우주기업의 성장에 견인차 역할을 했다.[10] 랜드스페이스는 선발 기업으로서 정부 지원을 성공적으로 활용한 대표적인 기업이다. 후저우시湖州市 정부는 랜드스페이스가 엔진과 로켓을 제조하는 데 2억 위안의 자금뿐 아니라, 토지 및 건물을 무상 임대하는 등 다양한 지원을 제공했다(Lan and Myrrhe, 2019). 중국의 민간 우주기업들은 이러한 정부의 지원에 힘입어 액체 추진 중형 로켓 개발 및 생산을 위한 경쟁에 돌입할 수 있게 되었다.

둘째, 민군 융합은 중국 정부의 우주산업 지원의 핵심 요소이다. 2014년 시진핑 주석은 민간 우주 부문이 민군 융합 전략을 실행하는 데 있어서 선도적 역할을 해야 할 것이라고 촉구했는데, 이 정책 지도는 인민해방군이 고비사막에 주취안위성발사센터酒泉卫星发射中心를 설립하는 즉각적인 변화를 초래했다

---

10 자금조달 비중 면에서 민간투자의 비중이 가장 높다.

(Goswami, 2019). 특히, 중국의 우주산업 거버넌스는 기본적으로 방위산업 시스템과 연동되어 있다. 중국 정부는 2008년 기존의 국방과학기술공업위원회를 국가국방과기공업국国家国防科技工业局으로 강등하고, 2015년 군사 개혁의 일환으로 전략지원부대战略支援部队를 창설하여 발사, '원격 측정·추적·통제telemetry, tracking, and control: TT&C', 위성통신, '우주 정보·감시·정찰 space intelligence, surveillance, and reconnaissance: ISR' 등을 포괄적으로 담당하도록 함으로써(Ni and Gill, 2019), 군사 부문과의 연계를 대폭 강화했다.[11] 특히 전략지원부대는 총장비부가 보유하고 있던 우주 인프라와 공군이 보유하고 있던 우주능력을 인수하여 한층 통합적인 우주정책을 수립할 수 있게 되었다(Du, 2017).[12] 또한 중국에서는 군부대에서만 로켓을 발사할 수 있기 때문에, 민간 우주기업들의 성장을 위해서는 민군 융합이 필수적이다(Campbell, 2019.7.17).

물론 정부가 민간 우주기업과 긴밀한 협력을 통해 우주산업을 육성한다는 면에서는 미국도 마찬가지다. 그러나 국영기업과 민간기업의 구분이 모호하고 민군 융합을 추진하는 중국과 비교할 때, 미국은 정부 기관과 민간 우주기업 사이에 역할 분담이 비교적 명확하다. NASA는 예산의 85~90%를 로켓과 우주선을 설계·제작하는 민간기업에 지출하고 있을 뿐 아니라, 우주활동도 민영화하고 있다. 다만, 미국 정부 기관들이 민간기업과 협력하는 이유는 민간 우주산업의 육성 차원보다는 경비 절감의 필요성에 초점이 맞춰져 있다. NASA가 스페이스X의 팰컨 9를 자체 개발했다면 더 많은 개발 비용이 필요했을 것으로 추산된다. 스페이스X 같은 민간기업들이 저궤도 위성의 발사에 가격경쟁력을 갖추고 있기 때문에, 민간 우주기업들이 우주의 상업화를 주도하도록 하고,

---

11 중국 정부는 1998년 제7기계공업부(第七机械工业部)와 국방과학기술공업위원회(国防科学技术工业委员会)를 중심으로 형성했던 우주산업 거버넌스를 중국인민해방군 총장비부(总装备部)가 관장하는 형태로 변경했다(Du, 2017).

12 한편, 국가우주국(国家航天局)은 국가국방과기국을 대표하여 대외 협력을 주관한다(Du, 2017)

NASA 등 정부 기관들은 과학 및 탐사 활동에 초점을 맞추고 있다(Council on Foreign Relations, 2020).

그러나 미국 우주산업의 이러한 특성에 문제가 없는 것은 아니다. 미국 정부가 국가 차원의 프로그램을 운영하고 있지 않기 때문에 전략적 관점이 결여되어 있다는 비판이 제기되고 있다. 초기 시장 형성 단계에 정부가 관여하지 않을 경우, 스타트업에 대한 의존도가 높아질 수밖에 없는데, 이 경우 스타트업들의 자금조달 능력이 취약하기 때문에 다른 기업에 매각되는 등 변동성이 높아지는 문제가 발생한다. 문익스프레스MoonExpress의 경우, 심지어 텐센트로부터 자금을 지원받아야 했다(Goswami, 2019).[13]

4. 미중 복합 우주경쟁

1) 군사 경쟁과 상업 경쟁의 복합

중국의 우주 굴기는 미중 우주경쟁을 촉발하고 있다. 물론 중국이 우주 대국으로 성장하는 과정에서 우주 잔해물 증가 등의 문제에 대응하는 데 있어서 중국과의 협력이 요구되는 것도 사실이다.[14] 중국 또한 우주능력이 비약적으로 증대하면서 우주협력의 중요성을 인식하고 있다. 그러나 중국의 민군 융합은 우주정책 수립과 실행 과정에서 투명성이 결여되었다는 평가를 받는 동시에, 미국을 포함한 서방측과 우주협력의 확대를 어렵게 하는 요인으로 대두되었다(Du, 2017). 미중 우주경쟁이 가속화되는 것은 현시점에서 미국 민간기업

---

13 미국 정부가 상업 부문에 대한 지원에 소극적이기 때문에 장기적으로 중국 민간기업과의 경쟁에서 우위를 유지하기 어려울 수 있다는 우려도 제기된다.

14 미중 우주협력의 기원과 전개에 대해서는 Zhang and Seely(2019) 참조.

들이 경쟁 우위를 유지하고 있지만, 중국 우주산업이 추격을 견제해야 한다는 요구가 커지는 데 근본 원인이 있다.

미국 내에서는 중국과의 우주경쟁에서 미국이 적절한 대응을 하지 못하는 데 대한 우려의 목소리가 커지고 있다. 트럼프 행정부의 우주전략이 어디까지나 총론일 뿐 각론 차원의 구체적 대응 전략을 수립하는 수준에 이르지 못했다는 것이다. 트럼프 행정부는 우주군을 창설하여 우주 관련 정찰, 통신 등 필요한 우주자산의 구축과 필요 인력의 훈련을 담당하도록 하는 등 우주 분야에 대한 정책적 우선순위를 높였다(Grush, 2019). 그러나 우주군의 창설이 기존 지휘부의 지휘·통제를 다소 개선하는 수준에 그칠 뿐, 트럼프 행정부가 공언하듯이 미국이 '우주를 지배'하는 수준에는 턱없이 부족하다는 것이다.

더욱이 중국의 우주 굴기에 대한 대응의 핵심은 군사적 분야보다 상업 분야인데, 이에 대한 트럼프 행정부의 인식이 부족하다는 지적도 제기된다. 트럼프 행정부는 1980년대 구소련과의 군비경쟁을 중국을 상대로 되풀이하려는 전략에 몰두하고 있으나, 중국은 상업 통신·운송·에너지·제조업 등 우주 분야에 신속하게 진출하여 수익을 창출하고 다양한 경험을 축적함으로써 역량을 키우고 있다. 중국의 이러한 시도는 소형 발사체 시장을 중심으로 이미 전개되고 있는데, 기업(명목상 민간기업)들이 중국 정부의 미사일 발사 기술을 활용할 수 있기 때문에 발사 서비스에서 상당한 경쟁력을 갖추고 있다(Autury and Kwast, 2019).

미중 양국은 군사 부문과 상업 부문에서 동시에 전개되는 '복합 우주경쟁'에 돌입하고 있다. 트럼프 행정부는 중국이 우주를 군사 전략의 대상으로 인식함으로써 우주에서 미국에 대한 도전을 가시화하고 있다고 인식하고 있다. 중국은 우주 기반의 정보·감시·정찰 활동을 강화하고 있을 뿐 아니라, 발사체와 위성항법시스템의 개량을 시도하고 있다. 이로써 중국은 미국과 연합국에 대한 중대한 군사적 위협이 될 수 있는 자국 군사력에 대한 명령과 통제를 지구적 차원에서 행사할 수 있을 것으로 예상된다. 트럼프 행정부는 중국 정부가 다양한 우주프로그램을 우주에서의 군비경쟁 시도를 위장하는 수단으로 활용하고 있다고 본다. 중국이 운용하고 있는 통신 위성 34기 가운데 4기가 군사용이라는 점도 미국의 위협 인식을 높이는 요인이다(Chase, 2019). 베이더우 시스템이 본격 가동됨에 따라 정확도가 더욱 향상됨으로써 위성 요격을 포함한 중국의 군사 위협 증대에 대비할 현실적 필요성이 증대하고 있다. 중국의 우주감시 네트워크는 탐색과 추적 능력을 갖추고 있어 상대국의 우주활동을 저해할 수 있다는 것 역시 미국이 중국을 견제하는 이유이다(Defence Intelligence Agency, 2019). 트럼프 행정부가 우주사령부를 부활시킨 것은 우주공간에서 중국과의 패권 경쟁이 가시화되는 데 따른 결정이다. 독립된 조직이 우주공간에서의 전쟁을 담당하게 되었다는 것 자체가 미국 우주 방위 전략에서 하나의 전환점이라는 것은 분명하다.

중국의 우주 굴기는 우주공간에서 미국의 안보를 위협할 뿐 아니라, 민간 우주 부문에서도 미국과의 격차를 빠르게 좁힘으로써 미국의 미래 경쟁력을 약화시키는 결과를 초래할 수 있기 때문에 경쟁이 불가피하다. 중국 정부는 우주 인프라의 건설이 21세기 통신·에너지·운송·제조업 등 주요 산업의 경쟁력에 지대한 영향을 미칠 것이라고 보고, 대규모 자본을 투입하여 우주개발 역량을 확대, 강화해 왔다(Kenderine, 2017). 중국이 우주경쟁을 전개하는 데 있어서 일차적 타겟은 위성 발사 시장이다. 세계 대다수 국가들이 인공위성의 발사를 외국 로켓에 의존하고 있으며, 심지어 미국도 외국 로켓을 사용해 인공위성을 발사하기도 한다. 이에 반해, 중국은 2019년 발사된 위성의 96%를 자체 제작 로켓에 탑재한 데서 나타나듯이(Center for Strategic and International Studies, 2020), 발사 시장에서의 경쟁력을 확보하기 위한 중국 정부의 의지는 매우 강력하다.

중국 우주산업이 단기간에 성장할 수 있었던 데는 정부의 지원이 중요한 역할을 했음을 부인하기 어렵다. 중국은 민간기업이라 하더라도 정부의 대대적인 지원을 기반으로 발사 서비스 시장에서 상당한 가격경쟁력을 갖추고 있는데, 실제로 중국 민간 발사업체들은 이미 미국 업체의 발사 비용보다 80%나

낮은 가격으로 서비스를 제공하는 것으로 알려져 있다. 중국은 브라질·베네수엘라·라오스·미얀마의 인공위성을 발사한 경험을 축적한 바 있다. 브라질과 공동개발한 인공위성을 발사한 데서 나타듯이, 중국 정부는 상대국의 인공위성 개발에 참여할 뿐 아니라, 필요할 경우 재정지원을 하는 등 경쟁력을 높이기 위한 다양한 노력을 전개하고 있다. 중국 업체들은 발사 시장을 기반으로, 향후 인터넷, 이미징, 전력 등에서도 미국 및 서구 기업들과 경쟁하게 될 것으로 예상된다.

중국의 우주 굴기가 다른 국가들의 우주 진출과 차별화되는 것은 아직 초기 단계이기는 하나 독자적 생태계를 갖추고, 관련 서비스 산업의 성장을 촉진하는 부수적 효과도 발생시키고 있다는 점이다. 2017년 중국 우주산업은 약 160억 달러 규모인데, 이 가운데 약 85% 이상이 하류 시장downstream market에서 발생한 것으로 알려졌다(Space Daily, 2018.11.23). 중국의 우주산업은 위성 제조, 발사와 같은 제조 분야뿐 아니라 위성항법, 위성통신, 지구관측, 우주탐사 등 우주 서비스 분야가 동반 성장하고 있다는 점을 고려할 때, 독자적인 우주산업 생태계를 형성했다. 이는 2015년 국영기업의 민영화에 착수한 이래 민간기업이 대거 우주산업에 진출한 결과이다. 우주산업에 새로 진입한 민간기업과 기존 업체 사이의 경쟁이 격화됨에 따라, 기술혁신이 촉진되는 선순환 구조가 형성되기 시작했다. 구체적으로 중국의 거대 기술 기업 알리바바Alibaba가 소규모 우주 정거장의 발사 계획을 발표했는데, 우주 기반의 서비스를 통해 온라인과 오프라인 쇼핑을 통합함으로써 질 높은 서비스를 제공할 수 있다는 판단에 따른 것이다(He, 2018.10.28). 또한 2019년 9월 발사된 창정長征 11은 주하이 오비타珠海欧比特宇航科技股份有限公司의 원격 탐지 위성인 '주하이珠海 1' 5기를 성공적으로 발사했다. 주하이 오비타는 향후 34기의 소형 인공위성단을 구성하여 농업과 스마트시티 건설에 필요한 초정밀 데이터와 이미지 제공 서비스를 더욱 확대할 계획이다(Weitering, 2019).

2) 일대일로와 우주 국제협력

중국은 우주 국제협력을 추진하는 데 있어서 일대일로 참여국과의 협력에 우선순위를 부여하고 있다. 중국 정부는 『2015 일대일로백서』에서 우주와 디지털 연결성을 협력 우선순위로 설정하고, 정보통신 네트워크 구축을 위한 양자 협력을 강화할 필요가 있음을 지적했다. 이어 『2016 일대일로백서』에서는 우주협력의 중요성을 강조하고, 일대일로 우주 정보 회랑의 건설을 핵심 협력 분야로 설정했다. 또한 '2017 일대일로 포럼'에서 중국은 전자상거래, 디지털 경제, 스마트시티 등을 위한 지원을 제공할 것임을 강조했다. 중국 정부의 이러한 방침은 2019년 디지털 인프라 건설 방침에서도 재확인되었다(Chase, 2019).

중국이 우주협력을 일대일로와 연계하는 것은 수출통제 등 미국의 압력에 대응하고 미중 전략 경쟁에 대비하려는 의도와 관련이 있다. ITAR International Traffic in Arms Regulations에 근거한 수출규제가 시행되고 있기 때문에, 중국 기업들의 미국 부품이 포함된 위성 발사가 금지되어 있다. 중국은 이러한 규제를 우회하기 하기 위해 브라질·베네수엘라·라오스·나이지리아·알제리 등 일대일로 참여국들과의 협력을 모색하고 있다. 이 국가들로부터 통신 및 정찰위성 발사를 수주하고 발사 서비스, 지상기지국 건설, 기술 인력 훈련 등 다양한 분야의 지원을 통해 종합적인 우주역량을 확대·강화함으로써 미국의 견제를 우회하면서 자국 우주산업의 성장을 도모하는 것이다.[15]

또한 일대일로 참여국들과의 우주 국제협력을 통해 중국은 미중 전략 경쟁에 대비하는 효과도 기대할 수 있다. 중국 정부는 역내 국가들 사이의 연결성

---

15 미국의 수출통제 레짐으로 인해 미국 기술에 대한 중국 기업들의 접근을 제한하고 중국의 시장점유율을 감소시키는 효과가 기대되지만, 수출통제의 장기적 효과는 불분명하다. 중국이 독자적 공급 사슬을 발전시키고 국내 시장을 확대시키고, 심지어 유럽 위성 제조업체 중에서도 발사를 중국에 위탁하기 위해 미국산 부품을 사용하지 않은 위성(ITAR-free)을 개발하는 등의 예상하지 못한 결과가 초래되고 있기도 하다(Campbell, 2019).

을 획기적으로 증진하는 수단의 일환으로 도로·철도·통신 등 대규모 인프라 건설을 목표로 한 일대일로 사업을 추진해 왔다. 중국 정부는 일대일로를 '일대일로 우주 정보 회랑Belt and Road Space Information Corridor'과 디지털 실크로드를 통하여 우주 및 사이버 분야의 국제협력으로 확대하고 있다. 2013년 중국이 나이지리아에서 약 250억 달러 규모의 일대일로 사업을 추진할 것이라고 발표하고, 2018년 국영기업인 중국창청공업이 나이지리아와 통신위성 2기 수출 계약을 체결한 것이 일대일로와 우주 국제협력을 연계한 대표적인 사례이다. 중국창청공업은 라오스, 파키스탄 등 일대일로 상대국의 통신위성 발사 서비스도 대행했다(Huang, 2018).

특히, 베이더우 시스템은 참여국들의 인프라를 디지털 수단을 통해 연결하는 데 핵심적인 역할을 한다(Chase, 2019).[16] 중국 정부는 중국 국무원이 발표한 『베이더우 백서』를 통해 개도국에 항법 서비스 제공 등을 통해 베이더우 시스템을 일대일로와 연계할 계획임을 명확히 했다(The State Council Information Office, 2016). 2017년 파키스탄의 카라치Karachi에 베이더우 기지국을 설치하여 운영하는 것을 필두로 베이더우 시스템은 현재까지 동남아시아 국가들을 중심으로 30개국 이상을 연결하는 역할을 하고 있다. 중국 정부는 더 나아가 제2차 '중국·아랍 베이더우 시스템 협력 포럼'을 개최하여 아랍 국가들에게 고품질 항법 서비스를 제공하는 방안을 검토하고 있다. 중국은 이처럼 베이더우 시스템을 독자적으로 구축하는 과정에서 일대일로를 실질적으로 업그레이드하고 있다. 베이더우 시스템을 통해 기존의 육로와 해로를 중심으로 추진되었던 일대일로가 우주를 포괄하는 다차원적 프로젝트로 변모하고 있는 것이다. 기존 일대일로 프로젝트에서도 중국 육상 케이블과 해저 인터넷 케이블을 통해 전 지구적 연결성을 추진해 왔으나, 베이더우 시스템은 중국이 항공기와 잠수함

---

16 디지털 실크로드는 특히 통신 네트워크, 스마트 시티, 전자상거래 등에 초점을 맞추고 있다(Chase, 2019).

등을 포함하여 연결성의 수준을 한 차원 더 높일 수 있다는 점에서 일대일로의 다차원화라고 할 수 있다(Siddiqui, 2019).

'일대일로 우주 정보 회랑'은 디지털 실크로드와 함께 일대일로 추진 지역에서 중국의 ICT 영향력을 증대시키는 데 목적이 있다. 우주 및 디지털 분야에서 역내 국가들의 대중국 의존도가 증가하고, 이는 궁극적으로 중국의 역내 경제적·정치적 영향력 확대와 소프트파워 증대로 연결된다는 것이 중국의 판단이다(Kramer, 2020). 이와 관련, 중국은 역내 국가들에 특화된 서비스를 제공할 수 있다는 점을 베이더우 시스템 강점으로 내세우고 있다. 2019년 5월 중국 정부가 평윤风云 기상위성을 통해 일대일로 참여 22개국에 재난 예방을 위해 특화된 데이터 서비스를 제공하기로 한 것이 대표적 사례이다. 특화된 서비스 제공의 질적 수준을 향상시키기 위해 중국 정부는 2019년 4월 81개국을 대상으로 우주산업 수요에 대한 설문조사를 실시했다. 아프가니스탄·파키스탄·이란·러시아·수단 등 서베이에 응답한 22개국들은 모두 기상예보, 기후 및 환경 모니터링을 위해 평윤 위성의 응용 소프트웨어 플랫폼 설치를 희망한 것으로 나타났다. 이 국가들은 특히 강수 모니터링·기근·황사·안개·번개 등 광범위한 서비스뿐 아니라, 평윤 위성 데이터 분석, 원격탐사 응용프로그램, 데이터 수집 등에 대한 교육과 훈련을 요청하기도 했다(Li, 2019). 일대일로 참여국 가운데 상당수 국가들은 기상이변과 재난은 세계 평균의 2배를 상회하는 데 반해, 산악·사막·해양 지대로 정확한 기상정보를 갖고 있지 못하다. 중국 측은 기상위성의 실시간 재난 모니터링이 재난 예방과 경감에 상당한 효과를 거둘 것으로 예상한다. 중국 정부가 '네트워크 강대국,' '네트워크 공간에서 영향력 향상' 등을 명시적으로 표방하는 데서 이러한 전략적 의도가 드러난다(Prasso, 2019).

이처럼 중국이 일대일로와 우주산업을 연계하는 효과는 다면적이다. 중국 정부는 일대일로를 우주산업 발전의 수단으로 삼는 동시에, 중국이 독자적인 시스템을 구축함으로써 우주에서도 미국과의 본격적인 경쟁에 돌입할 수 있는 인프라를 갖춘다는 의미가 있다. 또한 일대일로 국가들과의 우주협력을, 미국 중심으로 형성되어 있는 기존 우주 국제질서를 재편하는 계기로 활용하는 효과도 의도하고 있다.

5. 결론

지금까지 중국 우주산업의 성장과 미중 우주경쟁을 살펴보았다. 이 연구의 시사점은 다음과 같다. 첫째, 중국의 우주 굴기가 어느 한 영역이 아니라, 과학 기술·군사·민간 산업 등 우주산업의 모든 영역에서 이뤄졌다는 점에서 미중 우주경쟁의 복합적 성격이 드러난다. 미중 복합 우주경쟁은 중국 민간 우주산업의 성장 때문에 본격화되었다. 중국 정부가 2014년 우주산업의 전략적 육성을 발표한 이래 중국의 민간 우주산업은 빠르게 성장했다.

둘째, 중국 민간 우주산업 성장의 이면에는 정부와의 긴밀한 협력, 민군 융합, 기업 간 연합 등 다양한 정책적·제도적 요인들이 작용했다. 중국 우주산업이 성장하는 과정에서 중앙정부와 성 정부 사이의 유기적 분업, 군사 부문과 상업 부문의 연계, 국영기업과 민간기업의 협력 등 다양한 협력 메커니즘이 형성되었다. 그러나 중국 우주산업에 협력 메커니즘만 작동한 것은 아니다. 민간기업들 사이에서 치열한 경쟁이 전개된 데서 알 수 있듯이, 중국 우주산업은 협력과 경쟁 사이의 균형을 통해 성장해 왔다. 한편, 미국의 우주산업도 정부에 대한 의존도가 높기는 하나, 민간기업이 우주산업의 발전을 선도하고 있다. 스페이스X와 블루 오리진의 사례에서 나타나듯이 민간기업들이 기술혁신은 물론 우주산업의 확장을 주도하고 있다. 민간기업의 존재는 미국이 우주산업에서 경쟁력을 유지할 수 있는 근간이 되고 있으나, 중국의 우주 굴기에 대한 국가 차원의 대응이 필요하다는 지적도 제기되고 있다.

셋째, 미국과 중국은 우주경쟁에서 유리한 위치를 확보하기 위해 국제협력을 다차원적으로 추구하고 있다. 미국의 수출통제라는 제약에 직면한 중국은 국내시장은 물론 대외적으로도 일대일로를 우주산업의 확장과 연계하기 시작했다. 중국 정부는 특히 일대일로 참여국들 사이에 디지털 연결성을 촉진하기 위해 일대일로 우주 정보 회랑과 디지털 실크로드를 적극 활용하는 한편, 우주 협력을 위한 다자 프레임워크로서 APSCO를 활용했다. 미국에서 중국의 우주 굴기에 복합적 대응의 필요성이 제기되기 시작한 것은 중국이 우주산업의 육성과 국제협력을 유기적으로 연계하는 움직임을 강화했기 때문이다.

Autry, Greg and Steve Kwast. 2019. "America Is Losing the Second Space Race to China." *Foreign Policy*. https://foreignpolicy.com/2019/08/22/america-is-losing-the-second-space-race -to-china/

Autry, Greg. 2019. "Beijing's Fight for the Final Frontier." *Foreign Policy*. https://foreignpolicy.com/ 2019/04/02/beijing-is-taking-the-final-frontier-space-china/

Campbell, Charlie. 2019.7.17. "From Satellites to the Moon and Mars, China Is Quickly Becoming a Space Superpower." *Time*. https://time.com/5623537/china-space/

Center for Strategic and International Studies. 2020. "How is China advancing its space launch capabilities?" ChinaPower. https://chinapower.csis.org/china-space-launch/

Chase, Michael S. 2019. *The Space and Cyberspace Components of the Belt and Road Initiative*.

Council on Foreign Relations. 2020. "Space Exploration and U.S. Competitiveness." (July 30, 2020).

Curcio, Blaine. 2020. "China's Space Industry in the Time of COVID-19." http://satellitemarkets. com/china-space-covid19

Defence Intelligence Agency. 2019. *Challenges to Security in Space*.

Department of Defense. 2020. *Defense Space Strategy Summary*(June 17, 2020).

Du, Rong. 2017. "China's approach to space sustainability: Legal and policy analysis." *Space Policy*, Vol.42, pp.8~16.

Foust, Jeff. 2020. "Assessing China's commercial space industry." https://www.thespacereview.com/ article/3872/1

Geospatial World. 2020. "Private investment fuels china commercial space sector growth, alongside state-backed investment." https://www.geospatialworld.net/news/private-investment

-fuels-china-commercial-space-sector-growth-alongside-state-backed-investment/

Global Times. 2020. "Satellite internet buildup needed in 14th Five-Year Plan: Lei Jun." https://www.globaltimes.cn/content/1189085.shtml

Goswami, Namrata. 2019. "Misplaced Confidence? The US Private Space Sector vs. China." The Diplomat.

Grush, Loren. 2019. "The Trump administration stands up US Space Command as fate of Space Force is still undecided." The Verge. https://www.theverge.com/2019/8/29/20837136/space-command-trump-administration-warfighting-dod-force

He, Wei. 2018.10.17. "Alibaba reaching for the stars with Singles Day satellite." China Daily, https://www.chinadaily.com.cn/a/201810/27/WS5bd39c8fa310eff303284e36.html (검색일: 2021.4.8)

Huang, Echo. 2018. "China is building its new Silk Road in space, too." Quartz. https://qz.com/1276934/chinas-belt-and-road-initiative-bri-extends-to-space-too/

Jones, Andrew. 2019 "China creates commercial space alliance, expands launch complex." Space News. https://spacenews.com/china-creates-commercial-space-alliance-expands-launch-complex/

_____. 2020. "China outlines intense space station launch schedule, new astronaut selection." Space News. https://spacenews.com/china-outlines-intense-space-station-launch-schedule-new-astronaut-selection/

Keck, Zachary. 2018. "China Will Soon Be Able to Destroy Every Satellite in Space." The National Interest. https://nationalinterest.org/blog/buzz/china-will-soon-be-able-destroy-every-satellite-space-27182

Kenderdine, Tristan. 2017. "China's Industrial Policy, Strategic Emerging Industries and Space Law." Asia & the Pacific Policy Studies. Vo.4, No.2

Kramer, Miriam. 2020. "China's commercial space industry charges ahead." https://www.axios.com/china-space-industry-24b69201-2843-4526-bbf1-4da59017bdc1.html

Lan, Chen and Jacqueline Myrrhe. 2019. "Will LandSpace be China's SpaceX?" Space Review. https://www.thespacereview.com/article/3787/1

Li, Hongyang. 2019. "China offers customised weather satellite services to BRI countries." China Daily. http://www.chinadaily.com.cn/a/201905/18/WS5cdf4a84a3104842260bc5e6.html

Liu, Irina et. al. 2019. Evaluation of China's Commercial Space Sector. Science and Technology Policy Institute.

Mallapaty, Smiriti. 2020. "China's Mars Launch Seals New Era in Deep-Space Exploration." Nature, Vol.583, pp.671.

Matyus, Allison. 2019. "At $2 million per launch, SpaceX's Starship brings cost of space down to earth." Digital Trends. https://www.digitaltrends.com/cool-tech/spacex-starship-rocket-costs-2-million-per-mission/

New Space Policy Directive Calls for Human Expansion Across Solar System. 2017.12.11.

https://www.nasa.gov/press-release/new-space-policy-directive-calls-for-human-expansion-a
cross-solar-system)] (검색일: 2021.4.8)

Ni, Adam and Bates Gill. 2019. "The People's Liberation Army Strategic Support Force: Update 2019." *China Brief*, Vol.19, No.10.

Patrick, Stewart M. 2019. "A New Space Age Demands International Cooperation, Not Competition or 'Dominance'." World Politics Review. https://www.worldpoliticsreview.com/articles/27869/a-new-space-age-demands-international-cooperation-not-competition-or-dominance

Prasso, Sheridan. 2019. "China's Digital Silk Road Is Looking More Like an Iron Curtain." *Bloomberg Businessweek*. https://www.bloomberg.com/news/features/2019-01-10/china-s-digital-silk-road-is-looking-more-like-an-iron-curtain

Pry, Peter. 2020. "Have Russia And China Already 'Militarized' Space." Realcleardefense. https://www.realcleardefense.com/articles/2020/07/16/have_russia_and_china_already_militarized_space_115469.html

Rajagoplan, Rajeswari Pillai. 2019.2.8. "As China surges ahead in space, India and Japan band together to keep up." Observer Research Foundation. https://www.orfonline.org/research/china-surges-ahead-space-india-japan-band-together-keep-47923/

Ryall, Julian. 2020.7.22. "Chinese, Russian killer satellites 'seen approaching' Japanese craft." *South China Morning Post*. https://www.scmp.com/week-asia/politics/article/3094275/chinese-russian-killer-satellites-seen-approaching-japanese

Siddiqui, Sabena. 2019. "BRI, BeiDou and the Digital Silk Road." *Asia Times*. https://www.asiatimes.com/2019/04/opinion/bri-beidou-and-the-digital-silk-road/

Space Daily. 2018. "Evolving Chinese Space Ecosystem To Foster Innovative Environment."

Spacefoundation. 2020. "Global Space Economy Grows in 2019 to $423.8 Billion, The Space Report 2020 Q2 Analysis Shows." https://www.spacefoundation.org/2020/07/30/global-space-economy-grows-in-2019-to-423-8-billion-the-space-report-2020-q2-analysis-shows/

The State Council Information Office of the People's Republic of China. 2016. "Full Text: China's BeiDou Navigation Satellite System." http://www.scio.gov.cn/zfbps/ndhf/34120/Document/1480623/1480623.htm

Weitering, Hanneka. 2019. "China Launches 5 New Earth Observation Satellites into Orbit." Space.com. https://www.space.com/china-third-zhuhai-satellite-launch-success.html

White House. 2017. "Presidential Memorandum on Reinvigorating America's Human Space Exploration Program." (December 11, 2017) https://www.whitehouse.gov/presidential-actions/presidential-memorandum-reinvigorating-americas-human-space-exploration-program/

_____.2018a. "Space Policy Directive-2, Streamlining Regulations on Commercial Use of Space." (May 24, 2018) https://www.whitehouse.gov/presidential-actions/space-policy-directive-2-streamlining-regulations-commercial-use-space/

_____. 2018b. "Space Policy Directive-3, National Space Traffic Management Policy." (June 18, 2018) https://www.whitehouse.gov/presidential-actions/space-policy-directive-3-national-space-traffic-management-policy/

_____. 2019. "Text of Space Policy Directive-4: Establishment of the United States Space Force." (February 19, 2019) https://www.whitehouse.gov/presidential-actions/text-space-policy-directive-4-establishment-united-states-space-force/

Zhang, Zhihui and Bruce Seely. 2019. "A Historical Review of China-U.S. Cooperation in Space: Launching Commercial Satellites and Technology Transfer, 1978-2000." *Space Policy*, Vol.50, pp.1~14.

8 위성항법시스템의 국제 경쟁과 국제협력

안형준 | 과학기술정책연구원 연구위원

1. 서론

위성항법시스템Global Navigation Satellite System: GNSS은 지구궤도를 도는 다수의 인공위성에서 송신하는 전파 신호를 이용하여 지상의 정지 또는 이동 중인 물체의 위치 및 속도에 대한 정보를 제공하는 시스템이다. 위성항법시스템이 제공하는 정보는 위치positioning·항법navigation·시각timing을 뜻하는 'PNT 정보'로 일컫는다. PNT 정보는 차량·항공기·선박 운항 같은 교통 영역뿐 아니라 어업·임업·토목을 위한 측지·측량, 나아가 정확한 시간 정보를 필요로 하는 금융 서비스와 재난안전 등에까지 이용되는 국가 운영을 위한 핵심 정보이다. 그리고 이러한 PNT 정보를 제공하는 기술 시스템은 경제·사회·국방 전반에 활용되는 기반기술enabling technology이자 국가의 핵심 인프라다.[1]

---

1 미국 국토안보부 산하 사이버 및 기반시설 안보국(CISA)은 PNT 서비스를 다음과 같이 정의하며 국가 기반 기능(national critical function)으로 분류하고 있다. 지난 2020년 2월 12일 대통령 행정명령을 통

이처럼 위성항법시스템은 일차적인primary PNT 정보 획득 수단²으로 공공재적인 성격이 있고 여타 우주개발과 마찬가지로 시스템 구축에 막대한 비용과 시간이 소요되기 때문에, 국가가 연구개발과 구축의 주체가 되는 것이 보통이다. 또한 위성항법시스템 부재에 따른 위험을 사전에 인지하고 이에 대한 대비를 하는 일도 국가의 책무이다. 위성항법시스템과 관련해 위성체, 지상 시스템 등 하드웨어나 지상 서비스 소프트웨어 고장이 발생할 경우, 통신·방송·전력·교통체계 등 위치·시각 정보를 사용하는 관련 기술체계 전반의 운용 불능을 야기할 수 있기 때문이다. 방송·통신 서비스 불가 및 품질 저하는 물론, 실시간 거래를 활용하는 금융 시스템 마비, 자동화 생산라인 중단 등 국가 산업 전반에 걸친 경제적 피해와 이로 인한 사회적 혼란은 막대하다. 나아가 지상 기반 위성항법시스템의 지상 인프라가 정밀 타격 무기나 테러에 의해 마비될 경우, 적의 공격에 대한 군사적 대응 옵션에 심각한 제한이 가해질 수 있다.

세계 주요국들은 국가 존립에 큰 영향을 끼칠 수 있는 중요 인프라로서 위성항법시스템과 PNT 정보 활용 기술의 중요성을 인식하고, 관련 기술과 시장이 무르익기 전인 1990년대부터 자국의 독립적인 위성항법시스템을 구축하는 데

해 PNT 서비스의 활용에 대한 정부의 책임을 강화했다.
(a) "PNT services" means any system, network, or capability that provides a reference to calculate or augment the calculation of longitude, latitude, altitude, or transmission of time or frequency data, or any combination thereof.
(b) "Responsible use of PNT services" means the deliberate, risk-informed use of PNT services, including their acquisition, integration, and deployment, such that disruption or manipulation of PNT services minimally affects national security, the economy, public health, and the critical functions of the Federal Government("Executive Order on Strengthening National Resilience through Responsible Use of Positioning, Navigation, and Timing Services,"White House(2020. 2.12).

2 PNT 정보는 지상의 기지국 같은 통신시스템과 도로의 센서나 영상정보 등을 조합, 활용하는 지상항법시스템(Loran-C, eLoran)을 통해서도 얻을 수 있으나, 이 시스템들은 네트워크의 복잡도와 시스템 구축 비용 증가에 따른 제약이 커서 위성항법시스템의 보조적 수단으로 활용되고 있다.

큰 관심을 두어왔다. 1973년 미국이 최초의 전역 위성항법시스템인 GPS를 구축하기 시작하여, 1983년 원래 군용이었던 GPS 신호를 전 세계에 무료로 개방했다. 뒤이어 1976년 러시아, 1994년 중국, 1999년 유럽연합이 차례로 자국의 위성항법시스템 구축에 착수했으며, 2002년 일본, 2006년 인도가 대열에 합류했다. 최근에는 4차 산업혁명 시대를 맞아 자율주행차·드론·지역기반 서비스 등을 위한 PNT 정보 수요와 관련 서비스 시장이 크게 확대될 것으로 예측되면서[3] 차세대 산업 인프라 구축을 위한 후발국들의 위성항법 구축과 관련 서비스 기술에 대한 관심도 크게 높아지고 있다. 우리나라도 2018년 '제3차 우주개발 진흥기본계획'을 통해 한반도 인근을 서비스 영역으로 하는 한국형 위성항법 시스템Korea Positioning System: KPS을 구축하겠다는 계획을 발표하고, 2035년 서비스 제공을 목표로 현재 예산 확보를 위한 예비타당성 조사를 추진하고 있다. 이 밖에 호주·나이지리아·싱가포르·터키·이란 같은 후발국들도 아직 독자적 위성항법시스템 구축 계획을 발표한 바는 없지만, 꾸준히 독립적인 PNT 정보 획득 수단을 마련하기 위한 노력을 지속하고 있다(안형준 외, 2018).

이처럼 2000년대 들어 독자적인 위성항법시스템을 구축하려는 국가들이 크게 늘면서, 이러한 전개 양상을 미국이 주도 하고 있던 세계 GNSS 질서의 변화Regime Change로 인식하거나(Stuart, 2013.9.10), 이전에 없던 새로운 경쟁The GNSS race이 시작되었다고 보는 견해들이 등장했다(Gadimova, 2009). 위성항법 시스템을 구축하기 위해서는 궤도와 주파수라는 한정된 자원을 확보하는 일이 전제되어야 하고, 또 군용과 민간용으로 동시에 사용되는 이중용도 기술에 대한 국가 간 제한이나 신호 간 간섭을 둘러싼 분쟁에 대한 외교적인 조정이 필요하기 때문에 위성항법시스템이 국제정치적인 이슈가 되었다는 것이다. 한편으로는 이러한 위성항법시스템의 다종화를 경쟁 구도보다는 지구 자원의 공동

---

3 전 세계 위치기반서비스 시장 규모는 2017년 240억 달러에서 2021년 960억 달러로 연평균 39.77% 성장할 것으로 전망된다(Technavio, 2017; 한국인터넷산업진흥원, 2017 재인용).

사용과 PNT 정보의 활용을 통한 이용자 편익의 증대라는 국제 공동 이익 실현을 위한 국제협력 강화의 기회를 강조하는 견해도 있다. 국제연합UN 산하의 국제위성항법위원회International Committee on GNSS: ICG 같은 국제협의체를 통한 각국의 위성항법 운용 관련 원칙의 제정이나 조정을 통해 효과적인 'GNSS system of systems'를 구축하고 공동의 이익을 실현할 수 있다는 것이다(Gadimova, 2009).

이 글에서는 위성항법시스템의 국제 경쟁과 국제협력이 어떻게 전개되어 왔으며, 어떤 국제질서와 메커니즘을 통해 경쟁과 협력이 어떻게 이뤄지고 있는지 검토하고자 한다. 그리고 이러한 맥락 속에서 현재 우리나라가 추진하고 있는 한국형위성항법시스템KPS의 구축을 위해 어떠한 전략이 필요한지 제안하고자 한다.

2. 위성항법시스템 국제 경쟁의 양상

1) 위성항법 다극화의 전개

1980년대까지 미국과 구소련의 양극화bipolar 체제였던 세계 우주개발은 베를린장벽의 붕괴와 구소련의 해체 이후 미국이 주도하는 양상unipolar이 되었다가, 2000년대 중국·일본·유럽연합 등 주요 선진국의 강한 추격 의지 속에 다극화multipolar 양상을 보이고 있다(Petroni and Bianchi, 2016) 위성항법 분야도 이러한 큰 흐름 속에서 지역 패권을 주도하는 주요국들의 정치적 지향에 따라 협력과 경쟁의 국제정치시스템international-political system이 형성되고 있다.

위성항법시스템의 국제정치를 주도하고 있는 나라는 최초의 위성항법시스템인 GPS를 개발하고 전 세계에 민간용 신호를 무료 개방해 운용하고 있는 미국이다. GPS는 1973년 미 공군의 주도로 개발을 시작하여 1978년 첫 번째

GPS 위성을 발사했고, 1995년 총 24개 위성의 배치를 완료하고 완전 정상 가동을 시작했다. 초기에는 군사용 목적으로 개발했지만, 1983년 우리나라의 대한항공 007편이 관성항법 장치 고장으로 구舊소련에 의해 격추된 사건을 계기로, 미국 정부가 민간의 항행 안전에 사용할 수 있도록 신호를 공개했다. 초기에는 적국의 GPS 신호 사용을 막기 위해 고의잡음Selective Availability: SA을 신호에 삽입하여 위치오차를 유발했으나, 2000년 SA마저 완전히 해제했다. 1991년 국제민간항공기구International Civil Aviation Organization: ICAO 제10차 항공 항행 회의에서 1993년부터 10년간 GPS의 무료 사용을 발표하면서 서비스 대상 범위를 전 세계로 확대해 GPS의 활용도를 높이고, 미 국방성과 교통성의 GPS 운영자금 공동 부담으로 다른 나라의 대체 항법시스템 개발 동기를 상쇄하는 등 GPS 국제표준화에 나섰다. 이후 미국은 지금까지 전 세계 위성항법 국제질서를 주도하고 있다(Bonnor, 2012).

그러나 1990년대 말 ICAO 회원국들 사이에 유사시 미국이 GPS 신호 사용을 제한하거나 유료로 전환할지도 모른다는 우려의 목소리가 커지기 시작했다. 러시아는 1995년 글로나스 서비스를 개시했으나 소련 붕괴 이후 경제난으로 서비스 제공이 불가능해졌고(2001년 총 6기 운용), 이후 재개 사업을 통해 2010년 러시아 영토, 2011년 전 세계 서비스를 재개했다. 그리고 유럽연합(Galileo)과 중국(BeiDou), 인도(NavIC), 일본(QZSS)이 독자 위성항법시스템 구축에 나서면서 미국 GPS 주도의 세계 위성항법시스템 질서가 다극화 양상으로 재편되기 시작했다. 미국과 러시아는 위성항법시스템의 선두주자로서, 기존 시스템의 기능 및 성능 향상을 위한 신규 항법 신호 추가, 시스템 안정화 등을 중심으로 현대화를 추진 중에 있으며, 관련 기술·정책 측면에서 독점적 지위 점유를 통해 후발국을 견제하는 양상이다. 유럽연합·중국·인도·일본은 위성항법시스템 활용 추세 및 전망에 따른 보강 항법 서비스, 재난·위기 상황에서 자국민의 안전을 확보하기 위한 탐색 구조 및 재난 안내 서비스 등 위성항법 서비스의 다변화를 유도하면서, 신시장 개척과 표준화를 통해 관련 시장 및 산업의

표 8-1 전 세계 위성항법시스템 개발 현황(2021년 3월 기준, 정상 위성만 포함)

구분		전 지구 위성항법시스템				지역 위성항법시스템	
		GPS	글로나스	갈릴레오	베이더우	큐즈	나빅
국가		미국	러시아	유럽연합	중국	일본	인도
위성 수(정상/설계)		31/24	23/24	21/30	29/35	4/7	7/7
개발 기간	착수	1973	1976	2002	1994	2002	2006
	첫 위성	1978	1982	2005	2000	2010	2013
	완료	1995	1996	2025 예정	2020	2023 예정	2018

자료: https://www.gps.gov/; http://www.glonass-iac.ru/en/; https://www.gsc-europa.eu; http://www.esa.int/Applications/Navigation/Galileo/What_is_Galileo; http://www.beidou.gov.cn/; http://sys.qzss.go.jp/dod/en/constellation.html/; https://www.isro.gov.in/irnss-programme

트렌드를 선도하고 있다.

이상 6개국(EU 포함)의 위성항법시스템 운용국과 더불어 위성항법 후발국의 참여도 높아지고 있는데, 주로 기 구축국과의 협력과 동맹을 통해 자국의 PNT 정보의 안정성을 기하고 있다. 브라질은 글로나스 최초의 해외 기준국을 설치하여 위성항법시스템의 안전성을 확보하고 있으며, 캐나다는 영국 및 미국과 강한 동맹 관계를 맺고 미국의 위성항법 인프라를 공유하고 있다. 우리나라를 비롯해 호주·나이지리아·싱가포르·터키·이란 등의 경우 독자적 PNT 시스템 구축을 위한 노력을 지속 중이다.

호주는 2013년 위성 활용 정책에서 '국가항법기반구축계획'을 발표하고, 일본의 큐즈 및 중국 베이더우의 기반시설을 자국 내에 건설하여 협력을 강화하고 있다(Dawson, 2015). 특히 2017년 우주청 설립 이후 위성항법과 관련된 국제협력 활동을 활발하게 추진하면서(Dawson, 2017), 2018년에는 UN ICG의 회원 국가로 등록하는 등 지속적인 관심을 보이고 있다. 싱가포르는 2006년 싱가포르 국토청Singapore Land Authority: SLA이 토지조사(측량)를 지원하기 위해 싱가포르 본토 내 5개의 기준국을 세우면서 이후 자산 관리, 구조 모니터링, 정밀 항해, 지도 제작, 학술 등 분야로 사용을 확대했다. 2010년부터 GPS와 글로나스를 지원하는 기준국을 추가로 건설하면서 위성항법 정보의 활용 측면에서 두각을 나타내고 있다(Singapore Land Authority, 2015). 아프리카 국가들 가운데에서는 나이지리아의 관심이 뜨겁다. 위성항법의 전략 및 경제적 중요성을 파악한 NASRDANational Space Research and Development Agency는 민간 영역의 수요에 대응하기 위한 위성항법시스템 구축을 결정했고. 2011년 예비 위성인 NIGCOMSAT-1R을 활용하여 자국 및 아프리카 국가를 대상으로 위성항법 서비스를 제공하기 시작했다. 벨라루스와 협약을 통해 Belintersat-1을 백업 위성으로 지정하는 등 국제협력 활동도 활발히 하고 있다(Salami, 2018).

2) 위성항법시스템의 국제분쟁 양상

위성항법시스템이 다극화 양상으로 전개되면서, 국가 간 이해관계와 갈등을 조정해야 하는 일도 점차 많아지고 있다. 위성의 궤도와 신호·주파수는 물질적으로 존재하는 자원은 아니지만, 원리적으로 무한정한 자원이 아니며 위성항법시스템을 구축하기 위해 필연적으로 확보해야 하는 자원이다. 한정된 자원을 확보하기 위해 다수의 국가가 일종의 국제적 룰에 따라 경쟁하고 또 조정을 해야 한다는 점에서 위성항법시스템은 국제정치적 속성을 갖는다. 특히 위성항법시스템은 기술 특성상 본질적으로 민군겸용기술dual-use의 특성을 갖고 있으며 관련 산업과 국가경제에 대한 파급효과가 매우 크기 때문에, 국가 위성항법시스템 구축에 대한 국제협력 이슈는 자국의 이권 보호와 관련해 더욱 다양하고 첨예해지고 있다. 최근 위성항법시스템의 국제 경쟁 양상은 몇 가지 두드러진 특징을 보인다.

첫째, 제한된 위성의 궤도와 신호·주파수 확보와 배분 문제가 더욱 중요한 이슈로 등장하기 시작했다. 궤도는 위성 배치와 관련한 공간 점유에 대한 특성 외에도 해당 위성이 사용하는 주파수에도 영향을 준다. 위성궤도와 주파수는 절대적으로 선점하고 있는 위성과 국가가 우선권을 갖고 있으며, 후발주자는

그림 8-1 위성항법시스템 개발 현황과 항법관련 위성주파수 등록 현황

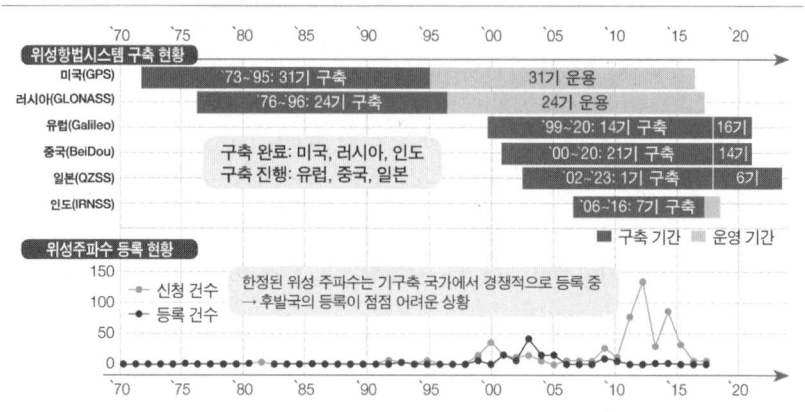

자료: 지규인 외(2017).

선점하고 있는 인접 위성들의 신호에 간섭 등의 문제를 일으키지 않아야 한다
는 조건이 전제된다. 위성궤도와 주파수는 지구 공동의 자원으로 국제전기통
신연합ITU와 같은 국제기구를 통해 관리되고 있으며, 특정 궤도와 주파수를
사용하기 위해서는 국제 사회의 동의가 필수다.

세계 각국의 경쟁적인 위성항법시스템 개발로, 항법을 위한 주파수대역 등
록 건수는 2010~2017년 사이 약 6배의 증가 추세를 보일 정도로 가파르게 상
승하고 있다(지규인 외, 2017). 따라서 수가 한정된 정지위성궤도는 최근 들어
궤도 확보를 위한 국가 간 경쟁이 치열해지고 있으며, 후발 주자들의 자원 확
보에 어려움이 예상된다. 현재 위성항법 주파수는 기존 위성항법시스템 개발
국들이 대부분을 선점하고 있어 후발주자들은 국가의 외교적 역량을 총투입
하여 이를 확보해야 하는 상황이며, 진입장벽은 갈수록 더 높아질 것으로 전망
된다.

둘째, 위성항법시스템의 다종화에 따라 각국의 위성항법시스템이 사용하는
신호 사이의 간섭에 대한 국제분쟁을 조정하기 위한 양자·다자간 국제협력 활
동의 중요성이 날로 커지고 있다. 위성 신호는 강도가 미약하여 인접 주파수

간 간섭에 취약하고, 특히 위치 신호 주파수대역L band이 통신 전파 주파수대역보다 협소하여, 배분 과정에서 분쟁이 발생할 소지가 많다(Larsen, 2015).

실제로 미국의 GPS와 유럽연합의 Galielo 사이의 주파수 중첩ovelay으로 분쟁이 발생한 적이 있다(Beidleman, 2006). 2000년대 초반 GPS의 군용 M-code 주파수와 갈릴레오의 민군겸용 PRS Public Regulated Service 주파수가 중첩되어 요구 성능이 나오지 않자, 미국 정부는 유럽연합에 PRS 주파수 변경을 요구했다. 당시 미국은 GPS의 강력한 대항마로 떠오른 유럽연합의 갈릴레오를 견제하고 있었고, 주파수 변경의 불이행 시 모든 위성항법 분야에서 협력 중단을 경고했다. 미국과 EU는 주파수 분쟁을 종결하기 위해 수차례 협상을 진행했고, 끝내 유럽연합은 미국의 요구를 수용하여 PRS 주파수대역 변경을 결정했다. 그리고 2004년 GNSS 관련 전 범위 이슈의 조율에 관한 협정Agreement on the Promotion, Provision and Use of Galileo and GPS Satellite-based Navigation Systems and Related Applications을 체결했다. 이 협정에 따라 양국은 '주파수 호환성 및 상호 운용성', '무역 및 민간 응용', '차세대 시스템 설계 및 개발', 'GPS 및 Galileo 관련 보안 이슈' 등 4개의 워킹 그룹을 조직하여 지속적인 협의를 이어오고 있다. 한편 유럽연합의 Galileo는 중국의 BeiDou와도 분쟁이 있었는데, 2009년 민군겸용 PRS 주파수와 BeiDou의 군, 정부용 주파수 스펙트럼이 중첩되었다. 양국은 문제해결을 위해 2년 이상 협상한 끝에 2012년 EU·중국 정상회담에서 ITU의 중재를 통해 해결하기로 합의했다(Inside GNSS, 2012.10.17). 셋째, 국가 간 정치적·경제적·군사적 대립 시 위성항법시스템의 신호 송출을 중단하거나, 고의로 위성항법시스템 전파를 교란하는 사례가 증가하고 있다. 일찍이 1999년 인도와 파키스탄의 국경분쟁으로 인한 전쟁 위기가 고조되었을 때, 미국은 양측의 충돌을 지연하기 위해 해당 지역을 지나는 GPS 위성의 신호를 차단한 바 있다(*The Times of India*, 2014.4.5). 이러한 경험으로부터 많은 나라들이, 미국이 GPS 민간용 신호를 무료 개방하고 있지만 국가 간 국익 충돌 시에 협상력을 높이기 위해 이를 협상 수단으로 사용할 위험이 있다고 보았다. PNT 정보가

표 8-2 GNSS 관련 최근 국제분쟁 이슈

이슈	기술적 어려움	경제·사회적 영향	리스크
GNSS/RNSS 운용국가의 증가.	독자위성항법시스템 구축 국가 증가로 시스템 자체의 복잡성과 다중신호 수신 단말기 증가.	위성분야 투자 확대 및 다중신호수신 단말기 개발 비용의 증가.	상호운용성(interoperability) 제한에 따른 복잡성 및 추가비용 증가.
라디오 주파수 간섭(RFI), 전자기파간섭(EMI) 및 재밍(jamming).	· 인코딩 시스템과 스마트 안테나 시스템 개선. · 스푸핑(spoofing).	간섭과 재밍과 관련된 규제와 의무 확대.	범죄나 테러, 또는 정부 간 재밍(jamming).
근접주파수(adjacent frequencies) 사용에 대한 요구 증가.	근접 주파수 간섭을 줄이는 기술적 어려움.	사용자 단말기 사용 비용 증가.	GNSS 서비스 제공 거부에 따른 국가적 손실.

자료: Jakhu and Pelton(eds.), 2017.

필요한 모든 지휘·통신·타격 체계에 GPS 신호 수신기를 탑재한 미국산 무기를 주로 배치하고 있다면, 위성항법 신호 품질 저하나 장애로 군 전력이 크게 떨어질 수 있다.

신호 송신 중단 외에도 고의적인 전파방해나 간섭을 통해 위성항법 신호를 사용하는 무기체계를 무력화할 가능성도 있다. 특히 전파방해나 간섭이 일어날 경우 주파수 중첩 발생 시 위성 신호 수신 감도 저하 및 위치오차가 커지는데, 그것이 우연인지 고의적인 것인지 판단하기가 쉽지 않다. 또한 위성항법 신호는 일방향 방송에 가깝기 때문에 의도적으로 부정확한 위성항법 신호를 방출하는 경우spoofing, 수신자가 송신자에게 책임을 묻기도 어렵다. 실제로 미국에서는 2014년 중국 CTS Technology가 신호 재머signal jammer를 판매한 혐의로 3400만 달러 이상의 벌금을 부과한 바 있다[Jakhu and Pelton(eds.), 2017]. 우크라이나, 이라크 등 분쟁지역에서는 크고 강력한 위성항법 신호 재머의 존재도 보고된 바 있으며, 우리나라에서도 2010~2016년까지 발생한 총 4차례의 GPS 전파 교란의 발신지가 북한 지역으로 확인된 바 있다(최민지, 2017.9.24).

이처럼 위성항법시스템과 관련한 국제 경쟁의 양상은 위성항법시스템 구축

국가들의 증가에 따라 위성의 궤도와 주파수·신호라는 제한된 자원의 확보와 분배, 위성항법 신호의 다종화에 따르는 신호 간섭 등의 조정, 그리고 의도적인 공격 행위에 대한 선제적 대응 등을 통해 두드러지게 나타나고 있다. 그러나 이러한 위성항법과 관련한 국제 경쟁은 다양한 국제표준화기구를 통한 다자 협력 그리고 국가 간 양자 협력을 통해 통제 및 조정되고 있다.

3. 위성항법시스템 국제질서의 메커니즘

1) 위성망 표준화 기구를 통한 다자 협력

위성항법시스템과 관련한 국제질서는 국제표준화기구를 통해 형성된다. 표준화 기구는 위성 운용을 위해 필요한 자원인 궤도 및 주파수 분배와 관련한 위성망UN ICG, ITU 표준화기구와, 위성항법 신호 활용 분야에 따라 육상UNGGIM, IGS, GGOS, 해상IMO, IALA, 항공ICAO, FAA 관련 표준기구 등 크게 4가지로 구분할 수 있다(안형준 외, 2018). 이 글에서는 위성항법시스템 구축과 관련해 국제 경쟁의 양상이 가장 두드러지게 나타나고 있는 궤도와 주파수 분배 관련 문제를 조정하는 위성망 관련 표준화 기구인 ITU와 UN ICG를 중심으로 국제질서의 메커니즘을 분석하고자 한다.

방송·통신·항법·지구 탐사 등의 위성기반 서비스 제공을 위해 사용하는 한정된 자원인 위성의 궤도와 주파수는 위성망 관련 표준화 기구인 국제전기통신연합International Telecommunication Union: ITU의 규정에 따라 등록 절차를 거친 이후에 사용이 가능하다. ITU는 정보통신 부문 최고의 UN 전문 국제기구로서 국가별 정보통신 정책(국제협력 및 규제)의 유무선 통신·전파·방송·위성주파수에 대한 규칙 및 표준을 개발·보급하고 국제적인 조정·협력 역할을 수행한다. 1865년 5월 유럽 20개국이 파리에서 설립한 무선전신연합이 전신이며, 1947년

UN에 의해 전기통신·전파통신·위성통신·방송 등의 국제 정보통신 분야를 총괄하는 전문 기구로 지정되었다. 2020년 기준 193개 회원국, 533개 부문회원, 207개 준회원, 158개 학계 회원이 가입되어 있으며, 우리나라는 1952년에 가입했다(국제전기통신연합, 2020).

48개 이사국으로 구성된 최고의사결정기구인 전권회의PP를 통해 운영되며, 전파통신ITU-R, 표준화ITU-T, 개발 ITU-D 부문으로 구성된다. 이 가운데 ITU-R은 국가 간 유해한 전파간섭을 방지하기 위해 효율적인 주파수 스펙트럼 분배 및 할당 주파수 등록, 정지위성궤도의 위치 등록, 국가 간의 유해한 전파간섭 방지를 위한 조정, 주파수 이용 개선 및 정지위성궤도 이용 개선에 따른 국가 간 분쟁조정 등의 임무를 수행하는 위성항법과 관련한 핵심 조직이다. 산하에 세계전파통신회의World Radiocommunication Conference: WRC를 두고 있으며, WRC에서는 국제적으로 준수해야 할 주파수대역과 위성궤도의 분배 및 이용 방법, 무선국 운용, 기술 기준 등과 관련한 규제 및 절차를 규정하는 전파규칙 Radio Regulation: RR을 제정 또는 개정한다.

전파규칙은 국제전기통신조약에 부속된 업무 규칙으로 개별 국가의 주권을 존중하기 위한 국제적 전파의 유해간섭 방지 및 조정을 위해 제정되었으며, 국제조약으로서 국제 주파수 관리를 위해 서로 다른 서비스 간의 무선주파수 공유 방식, 위성궤도 이용 방식 등을 결정한다. WRC를 통해 보완되는 전파규칙은 국제협약으로 현대 사회의 모든 무선통신 서비스를 문제없이 사용할 수 있는 근간으로 작용하는 것이다. 위성망 국제등록을 원하는 각국의 주관청은 위성망 운용 예정일의 7년 전부터, 늦어도 2년 전에 사전공표 자료를 ITU에 제출해야 한다. 따라서 개별 국가들은 자국의 현재와 미래의 전파 사용과 관련한 요구사항을 준비하여 WRC를 통해 자국 견해를 반영하기 위해 선제적인 기술, 정책적 협력에 힘쓰고 있다. 이처럼 위성의 궤도와 주파수 분배는 ITU 체제하에서 전파규칙이라는 문서화된 국제협약을 통해 이뤄지고 있는데, 주지해야 할 점은 위성항법시스템 운용과 관련하여 기존 위성망과 신규 망과의 궤도·주파수의 조정에 관한 해당국 간의 기술 및 정책에 대한 전반적인 협의와 조정이 UN ICG 회의에서 사전에 이뤄지고 있다는 점이다.

UN ICG International Committee of GNSS는 UNOOSA United Nation Office for Outer Space Affairs 산하 위원회로, 복수의 위성항법시스템 간의 기술적·정책적 협력이 주요 업무다. 2001년부터 2004년까지 미국과 이탈리아에 GNSS Action Team으로서 UNISPACE-III 권고안의 이행을 위해 처음 구성했으며, 2005년 ICG로 설립하고 이를 UN 총회에 공지했다. 위성항법 관련 주파수는 일반적으로 ICG에서 상호운용성을 확인하고 주파수 할당 문제 협의를 위해 WRC 의제로 상정한다. UN ICG는 현재 위성항법시스템 운용과 서비스 제공 6개국(미국·러시아·중국·EU·인도·일본)과 위성항법 관련 활용 및 홍보가 활발한 4개국(이탈리아·말레이시아·아랍에미리트·호주)을 포함한 10개 회원국 Members과 21개 준회원국 Associate Members 및 관찰국 Observer으로 구성된다. 주요 회원국들이 번갈아 가면서 매년 10월~12월경 총회를 개최하여,[4] 각국의 위성항법시스템 최신 현황을 공유하며 국가 위성항법시스템의 궤도 및 주파수 등 위성망의 조정과 협의를 한다.

UN ICG에서 이뤄지는 각국의 위성항법시스템 관련 조정과 협의는 ITU와 WRC에서 이뤄지는 공식적이고 형식적인 절차에 비해, 회원국에 대한 분담금이나 의무 사항이 없는 등 자발적이고 voluntary이고 자유롭다는 특징이 있다. 여기에서 이뤄지는 회원국 간의 협의 및 조정에는 일종의 원리 principal가 통용되고 있는데, 호환성·상호운용성·투명성이 그것이다. 첫째, 호환성 Compatibility은 하나의 위성항법시스템에서 발신하는 신호가 다른 위성항법의 신호와 간섭을 일으키지 않아야 하며, 공인된 서비스를 위한 제한된 신호 영역과 중복을 피해야 한다는 원리다. 둘째, 상호운용성 Interoperability은 하나의 위성항법시

---

4 2019년 14차 회의는 인도에서 개최했으며, 2020년 오스트리아 빈에서 열릴 예정이었던 15차 회의는 코로나 19 사태로 취소되었다.

표 8-3 UN ICG Working Group의 주요 의제

그룹명	분야	주요 의제
WG S	시스템, 신호 및 서비스	위성항법 공개서비스에 대한 호환성(Compatibility), 상호 운용성(Interoperability) 및 복합체계(System of systems) 운용 관련 표준·권고안 제정을 논의.
WG B	위성항법 성능향상 및 신규 서비스	위성항법 활용 확대를 위하여 시스템 성능 향상, 새로운 서비스 및 기능을 제안하고 이에 대한 기준 및 권고안을 논의.
WG C	정보 보급 및 역량 강화	위성항법시스템 운용 국가의 위성항법 신호 정보 확산 및 역량강화 노력, 각 국가별 당해년도 정보 확산 및 역량강화 프로그램 현황을 소개하고 향후 계획 및 발전방향을 권고.
WG D	좌표/시각계 및 활용	위성항법시스템의 정밀도, 호환성, 상호운용성 증대를 위한 좌표계·시간계 및 위성특성 데이터 관련 연구 및 결과 공유.

자료: 안형준(2018).

스템에서 나오는 신호들은 전체적인 서비스의 질을 높이기 위한 방식으로 다른 위성항법시스템들과 함께 활용할 수 있어야 한다는 원리다. 셋째, 투명성 Transparency은 신호 제공자는 수신기 제작업체가 활용할 수 있는 신호와 시스템 정보, 정책, 최소한의 퍼포먼스 정보 등이 담긴 문서를 공개하여 정보를 공유해야 한다는 원리다(안형준 외, 2019).

이러한 3가지 원리는 기존 위성항법시스템 구축 국가들의 이익을 보호하고 다종화된 위성항법 신호 간 조정과 협의 등 위성항법 관련 국제질서의 중요한 근간으로 작동하고 있다. UN ICG 총회에서는 항법위성시스템 구축 6개국(미국·러시아·중국·EU·인도·일본)으로 구성된 프로바이더스 포럼Provider's Forum을 통해 이들 국가의 위성항법시스템의 최신 현황과 향후 계획을 공유하고 국제협력 이슈 발굴 및 주요 현안을 조정한다. 또한 모든 회원국들을 대상으로 4가지 실무 워킹 그룹을 연중 운영하면서 위성항법시스템 운용과 활용에 관련한 주요 현안들에 대해 기술적 정책적 논의를 심화하여 매년 권고안을 제시하고 있다.

이처럼 세계 위성항법시스템 구축 및 운영과 관련하여 위성궤도와 주파수라는 한정된 자원의 분배에 대한 국제질서는 ITU와 ICG라는 두 개의 축으로

구성되어 있다. ITU라는 기구가 공식적이고 절차적인 규범의 한 축을 담당하고 있으며, UN 산하의 ICG라는 위원회가 위성항법시스템 구축국과 활용 및 관심국들 간의 기술·정책 분야에서 실질적 협력의 한 축을 담당하며 다극화된 위성항법의 새로운 국제질서를 만들어가고 있다.

2) 양자 협력의 전개 : 미국, 일본 사례

앞서 살펴보았듯이 현재 운용 중이거나 운용 예정인 위성 기반 전파항법 서비스용 위성망·위성시스템의 주파수대역의 일부를 이용하기 위해서는, 기구축국들의 위성항법시스템과의 상호운용성interoperability 및 호환성compatibility을 확인하는 것이 선결과제이다. 점차 ICG 같은 다자 협력을 위한 국제위원회를 통해 관련 정보의 공유와 조정이 많이 이뤄지는 추세이지만, 위성항법시스템은 국방 등 특수 목적으로 이용되기 때문에, 관련국과의 기술적인 협상만으로 상대 주관청의 동의를 받는 것은 매우 어려운 일이다. 따라서 위성항법시스템 구축 후발국들은 다자 협력관계와 더불어 기구축국과의 협력 채널을 구축하고 장기적인 기술적·정책적 협력을 통해 신뢰를 쌓는 등의 양자 협력을 병행해 왔다. 그동안 글로벌 차원의 GPS 시스템을 구축·운영해 온 미국이 다른 나라들에 비해 압도적 기술 우위가 있었기 때문에, 기타 후발 국가들은 미국과의 분야별 협력체계를 구축해 왔다. 이러한 미국과의 양자 협력 채널과 더불어 개별 국가들은 전략적 파트너쉽 차원에서 자신들이 필요한 양자 협력 파트너를 선정하여 협력사업을 추진해 왔다.

이에 대해 미국은 2010년 국가우주정책에 따라 위성항법시스템에 관한 국제협력의 기본 방향을 제시했는데, GPS와의 호환성과 상호운용성을 보장하고, 상호 간 투명성 보장과 더불어 미국 우주산업의 시장 우위를 지속하기 위한 관련 산업 접근권 확보를 우선시했다.

이러한 국제협력의 기본 방향은 크게 두 가지 트랙으로 나뉘어 타국과의 협

표 8-4 미국의 위성항법 국제협력 두 가지 트랙

구분	Track-1	Track-2
Key Word	Interoperability, Compatibility	Back-up
Target Action	Multi-GNSS	Alternative GPS, Foreign GNSS
Background & Intention	International Standard & GPS Complement	Operation Risk Manage
	Robustness & Resiliency → Assured(보증) PNT	

자료: 안형준 외(2018).

력 사업에 반영되었다. 첫째, 위성항법시스템의 다종화를 지지하면서도 미국 GPS의 국제표준 위상을 유지하기 위해 호환성과 상호운용성을 확보하기 위한 협력이다. 이를 위해서는 미국과 타국의 공식적인 협력관계를 공표하기 전에 연구자 수준에서 충분한 기술협력을 통해 신뢰의 네트워크를 쌓는다. 둘째, 타국의 위성항법시스템이 GPS와 경쟁 관계가 아닌 보완관계를 맺음으로써 GPS의 안정성을 더욱 확보하는 협력이다. 이는 미국의 위성개발 상위 운영 정책의 국제협력 방향인 'Hosted Payload' 개념과 궤를 같이하는 것으로 볼 수 있는데, 자국의 위성개발 일정 또는 (비용 측면의) 포화 상태를 고려하여 연구개발과 운용을 공동으로 추진하면서 협력 대상국의 위성체에 미국의 탑재체를 싣는 방식이다. 이러한 위성항법 국제협력의 두 가지 트랙을 통해 미국은 궁극적으로 세계 위성항법시스템 시장에 대한 GPS의 주도권을 유지하면서, GPS의 안정성Robustness과 유사시 빠른 복구 가능성Resiliency을 확보하고자 하는 것이다 (안형준 외, 2019).

미국은 이러한 국제협력의 기본 방향을 바탕으로 러시아·유럽연합·중국·인도·일본 등 위성항법구축국들과 양자 협력관계를 맺어왔다. 러시아와는 2004년 공동선언을 통해 GPS와 글로나스의 협력 채널을 구축하고, 양국 시스템의 호환성과 상호운용성뿐만 아니라 상업적·과학적 이용에 대한 기술협력을 시작했다. 같은 해 유럽연합의 Galileo와도 협정을 채택하여 긴밀한 협력관계를 이어오고 있으며, 2013년에는 ARAIM Advanced Receiver Autonomous Integrity Monitoring 기술협력 채널을 구축하여 차세대 글로벌 위성항법시스템의 공동개발에 나서기도 했다. 이어 2007년 인도, 2014년 중국과 각각 위성항법 협력을 위한 공동선언을 발표하면서 양자 협력관계를 맺었다.

위성항법시스템 구축 후발국으로서는 일본의 경우를 예로 살펴볼 수 있다. 일본은 자국의 위성항법시스템인 큐즈QZSS를 미국 GPS의 보완 및 보강시스템으로서 설계했기 때문에, 2002년 본 사업을 시작하기 전인 1998년부터 미국과의 협력을 시작했다. 일본은 90년대 중반 이후 GPS 신호 유료화에 대한 국내 산업계의 우려와 함께 쓰나미 같은 재난 대비를 위한 정밀 위성항법시스템의 필요성이 대두되면서 미국과 위성항법 협력관계를 맺기 원했고, 미국은 90년대 말 유럽연합의 갈릴레오Galileo 계획 등에 따른 GPS의 리더십 약화 우려로 일본과의 협력에 비교적 우호적이었다. 일본과 미국은 1998년 'GPS-QZSS cooperation 공동성명'을 발표한 이래, GPS·QZSS 간 상호 공유 가능 방안 연구를 위한 작업그룹이 2002년에 구성되었으며, 2006년에는 QZSS 신호의 형태·주파수·확산 부호 및 데이터 형태 등에 대한 공동 설계를 통해 두 시스템 간 완전한 공유 가능성을 확인하는 작업을 거쳤다. 2013년까지 공식적인 협력 채널로 위성항법정기회의Plenary Meeting를 8차례 열면서 이 같은 기술적·정책적 협력을 이어왔으며, 이후부터는 양국의 포괄적인 우주 분야 협력체인 '포괄적 우주협의체Comprehensive Dialogue on Space'를 통해 QZSS·GPS 관련 논의를 포함한 우주협력 전반을 논의하고 있다(안형준 외, 2018).

일본은 미국뿐만 아니라 타 위성항법시스템 운용국과의 양자 협력관계도 이어오고 있다. 러시아·인도·중국·유럽연합과 주파수 사용에 대한 호환성 및 상호운용성 논의를 지속하고 있으며, 2017년 유럽연합과는 위성항법 관련 협약Cooperation Agreement relative to Satellite Navigation Applications을 통해 위험 경보 서비스, 자율주행과 3D 매핑 등 활용 분야 기술협력을 위한 워킹 그룹을 운영하기 시작했다. 특히 주목할 점은 지역 위성항법시스템인 일본의 QZSS가 서울·시드니·방콕 등 아시아·오세아니아 전역에서 관측되고 높은 고도각을 유지할 수 있다는 장점을 바탕으로, QZSS 서비스 영역의 항법위성 미보유 국가들에 대한 QZSS 활용과 관련한 참여를 유도하면서 지역적 협력regionalized cooperation을 이끌고 있다는 점이다. 아시아·오세아니아 다중 위성항법체계 시연 캠페인의 활동 증진과 지원을 위해 2011년 설립된 MGA Multi-GNSS Asia는 바로 그러한 협력 활동의 구심체다. 일본은 현재 11개국 24개 기관이 참여하고 있는 Multi-GNSS Asia의 창립을 주도했으며, JAXA는 사무국 역할을 수행하고 있다. JAXA는 2013년부터 다중위성항법 국제 공동연구인 Asia Oceania Multi-GNSS Demonstration Campaign을 제안하여, 8개 국가 연구자들과 함께 아시아·오세아니아 지역에서 다중 위성항법체계 진입에 따른 다중 위성항법 사용자의 상호운용성 확보를 위한 요구사항의 도출과 다중 위성항법체계하에서의 새로운 활용 분야에 대한 공동개발과 실험(또는 시연) 프로그램을 수행하고 있다(안형준 외, 2018).

4. 결론

지금까지 살펴본 바와 같이 위성항법시스템은 사회 전반에 활용되는 위치·항법·시간 정보를 제공하는 가장 주요한 수단으로 국가의 존립에 영향을 미칠 수 있는 주요 국가 인프라다. 2000년대 전후 그동안 전 세계에서 유일하게 무료로 제공되던 미국의 GPS 신호에 대한 의존에서 탈피하고 관련 산업 영역에서 새로운 기회를 찾기 위해 유럽연합·중국·인도·일본 등 주요국들을 중심으로 독자적인 위성항법시스템을 구축하려는 시도가 이어졌다. 이에 따라 미국 주도의 국제 위성항법 질서가 다극화되면서 국제질서가 재편되는 양상이다. 이에 따라 한정된 위성의 궤도와 주파수를 분배하고, 다종화된 위성항법 신호 사이의 간섭이나 의도적인 신호 방해 같은 공격 등의 부작용을 막기 위한 국제규범과 절차 등이 마련되었다.

위성항법 구축의 전제조건이 되는 위성궤도와 주파수는 ITU 같은 국제기구의 표준화 규범에 의해 확보해야 하며, UN ICG 같은 민간기구 활동을 통해 회원국들의 사전동의와 협의를 통해 대략 10여 년 전부터 준비되어야 한다. 이를 위해서, 관련 국제표준 및 질서의 메커니즘을 정확히 파악하고 그 질서 안에 편입하기 위한 활동의 중요성이 커졌다. 위성항법시스템 관련 국제협력을 통한 관련 자원 확보는 위성항법시스템 구축의 선결 조건이며, 기획 초기부터 국제적 동향을 모니터링하고 주요국의 항법위성시스템 및 주파수 선점 현황과 이해관계 등 국제 환경을 고려한 구축 전략과 국제협력 방안을 마련할 필요가 있는 것이다.

우리 정부는 2018년 발표한 '제3차 우주개발진흥기본계획'에 의거, 한국형 위성항법시스템KPS 구축을 추진하고 있다. 위성궤도와 주파수 확보 등 관련 자원을 확보하기 위한 국제표준에 대한 이해와 이에 기반한 선제적인 국제협력 활동의 중요성을 인지하고, 위성항법 관련 기술 및 정책을 조정하는 국제회의와 학회 등에 한국 대표단이 정기적으로 참석하여 활동을 이어오고 있다. 추후 위성항법시스템 주요 운용국이나 해외 지상 감시국 설치 대상국과의 양자 협력으로 국제협력 활동의 폭을 넓혀나가야 할 것이다. 이때 조정 대상 국가와의 기술적인 협상만으로 관련 자원을 확보하고 동의와 지지를 단기간에 얻는 일은 매우 어려운 일이므로, 기술적인 측면에 관한 논의와 더불어 신뢰 구축부터 협력까지 이어지는 '과학기술외교'의 다양하고 장기적인 방안을 수립해야 할 것이다.

국제전기통신연합 . 2020. https://www.itu.int/en/membership/Pages/default.aspx (검색일: 2020. 9.25)

안형준·김태양·김영수. 2018. 『한국형 위성항법시스템 구축을 위한 국제협력 방안』. 과학기술정보통신부.

안형준·송치웅·유지영·김태양. 2019. 『한국형 위성항법시스템 구축을 위한 국제자원 확보 전략 연구』. 과학기술정보통신부.

지규인·이영재·성상경·임준혁·서성훈·장진혁·최문석. 2017. 『국가 위성항법사업 추진 방안 연구』. 과학기술정보통신부.

최민지. 2017.9.24. "17배나 증가한 교란 영향, 북한 GPS 전파 교란 대응체계 시급", ≪디지털데일리≫ http://www.ddaily.co.kr/news/article/?no=160576 (검색일: 2020.9.25).

한국인터넷산업진흥원. 2017. 「국내·외 LBS 산업동향 보고서」. 방송통신위원회.

Beidleman, S. W. 2006. *GPS versus Galileo*. Air University Press.

Bonnor, Norman. 2012. "A Brief History of Global Navigation Satellite Systems." *Journal of Navigation*, Vol.65, No.1, pp.1~14.

Dawson, J. 2015. "National Positioning Infrastructure." IGNSS(Gold Coast).

_____. 2017. "The Future of Satellite Positioning in Australia." Space Weather Users Workshop (Sydney).

Gadimova, Sharafat. 2009. "The Ultimate Goal of ICG is to Build a GNSS System of Systems." in "GPS, GLONASS, Galileo, Compass: What GNSS Race? What Competition," *Inside GNSS* (March 23, 2009).

http://sys.qzss.go.jp/dod/en/constellation.html/ (검색일: 2020.9.25).

http://www.beidou.gov.cn/ (검색일: 2020.9.25).

http://www.esa.int/Applications/Navigation/Galileo/What_is_Galileo (검색일: 2020.9.25).

http://www.glonass-iac.ru/en/ (검색일: 2020.9.25).

https://www.gps.gov/ (검색일: 2020.9.25).

https://www.gsc-europa.eu (검색일: 2020.9.25).

https://www.isro.gov.in/irnss-programme (검색일: 2020.9.25).

Inside GNSS. 2012.10.17. "China Plans New BeiDou Launch, Agrees to ITU Coordination in Galileo Signal Dispute," https://insidegnss.com/china-plans-new-BeiDou-launch-agrees-to-itu-coordination-in-Galileo-signal-dispute/ (검색일: 2020.9.25).

Jakhu, R. S. and J. N. Pelton(eds.). 2017. *Global Space Governance: An International Study*. Springer.

Larsen, P. B. 2015. "International Regulation of Global Navigation Systems." *Journal of Air Law and Commerce*, Vol.80, No.2, pp.365~422.

Petroni, G. and D. G. Bianchi. 2016. "New Patterns of Space Policy in the Post-Cold War World." *Space Policy*, Vol.37, pp.12~19.

Salami, L. L. 2018. "Update on Nigerian Satellite Augmentation System." ITU Radio Navigation Satellite Service Symposium(Geneva).

Singapore Land Authority. 2015. "Singapore Satellite Positioning Reference Network(SiReNT) - User Guide."

Stuart, Jill. 2013.9.10. "Regime Theory and the Study of Outer Space Politics." E-International Relations.

Technavio. 2017. Global Location-Based Services (LBS) Market 2017-2021

The Times of India,. "How Kargil Spurred India to Design Own GPS," 2014.4.5, https://timeso findia.indiatimes.com/home/science/How-Kargil-spurred-India-to-design-own-GPS/articlesho w/33254691.cms (검색일: 2020.9.25).

White house. 2020.2.12. https://www.whitehouse.gov/presidential-actions/executive-order-streng thening-national-resilience-responsible-use-positioning-navigation-timing-services/ (검색일: 2020.9.25).

9 미러 우주 항법체계 경쟁에 대한 러시아의 대응*

복합지정학의 시각

알리나 쉬만스카 ㅣ 서울대학교

1. 서론

냉전시기 미국과 소련은 많은 분야에서 경쟁을 해왔고 이러한 경쟁은 오늘날 미국과 러시아의 항법체계 경쟁으로 이어졌다. 이러한 경쟁의 증거는 양국 의사결정자의 발언에서 찾을 수 있다. 미국 국방부에 따르면 현재 과학기술 차원에서 미국과 경쟁하고 있는 국가는 러시아와 중국이다. 이 때문에 이들 사이에는 신흥안보 문제emerging threats가 대두했고, 미국 국방부는 과학기술 발전을 위해 하원에 2019년도 관련 예산 증액을 요청했다. 2018년 국방부의 과학기술 및 엔지니어링 책임자 메리 밀러Mary Miller가 강조한 것처럼 중국과 러시아는 미국과의 기술격차를 줄이기 위해 과학기술 분야에 대한 집중투자를 계속하면서(Cronk, 2018) 추격을 멈추지 않고 있다.

---

* 이 글은 ≪세계지역연구논총≫, 제38권 4호에 게재된 「미러 우주 항법체계 경쟁에 대한 러시아의 대응: 복합지정학의 시각으로」를 수정·보완한 것이다.

이러한 상황에서 2015년에 티토브 우주 주요 제어 센터Titov Main Test and Space Systems Control Centre 일리인Андрей Ильин 소장은 러시아의 글로나스GLONASS가 북부 위도에서 미국 GPS보다 훨씬 더 정확하다고 주장했다. 즉, 글로나스는 애초에 북부 위도에서 작동하도록 만든 특화된 시스템이라는 것이다. 또한 소장은 GPS는 30개 위성 체제로 작동하지만 글로나스는 24개 위성으로도 GPS를 능가하는 시스템을 유지할 수 있다며 글로나스의 우월성을 강조했다(Oko-Planet, 2015.7.11). 미국 GPS와 러시아 글로나스 간 경쟁을 둘러싼 이러한 신경전은 러시아 시민들 사이로 확산되고 있다. 2010년 러시아 모스크바 물리기술연구소Moscow Institute of Physics and Technology: MPhTI의 여론조사에 따르면 응답자의 4분의 1은 글로나스가 GPS에 버금갈 만큼 경쟁력이 충분하다고 응답했으며, 또 다른 4분의 1의 응답자는 러시아 정부의 충분한 지원이 제공되면 글로나스가 미국 GPS와의 경쟁에서 승리할 것으로 예상했다. 요컨대 응답자의 절반은 러시아의 글로나스와 미국의 GPS를 라이벌 기술로 인식하고 있었으며, 이러한 기술을 발전시키기 위한 국가적 차원의 투자 필요성을 강조했다.

러시아연방 대통령령 899호인 「러시아연방의 주요 과학기술개발 우선순위 및 핵심기술 목록」을 보면 글로나스 시스템은 총 27위 중에서 13번째 항목을 차지하고 있다. 러시아는 글로나스를 어떤 기술로 인식하고 있는가? 글로나스 시스템과 관련한 법규는 내용과 목적에 따라 여러 범주로 분류할 수 있는데, 그중 글로나스 시스템의 목적에 관한 조항이 러시아의 이러한 인식을 잘 반영하고 있다. 다시 말하면 이 조항들을 통해 글로나스 시스템이 군용인지, 민수용인지, 아니면 이중용도의 성격을 갖는지를 파악할 수 있고, 러시아 국가 전략에서 글로나스가 차지하는 위상을 확인할 수 있다. 여기에 해당하는 법은 다음과 같다. 러시아연방 대통령 행정명령 38-rp호,[1] 러시아연방 대통령령 638호,[2] 러시아연방 대통령령 899호,[3] 러시아 국가두마(러시아연방의 국회)의 연방법 23호 '위성항법법'[4] 등이다. 예를 들어 대통령령에서는 글로나스 범지구 항법 위성시스템(이하 글로나스 시스템)을 러시아연방의 국방·안보 및 과학적·사회적·경제적 목적으로 사용하는 이중용도의 우주기술로 분류하고 있다. 이는 러시아 정부가 글로나스 시스템에 정치적 의도를 투영했음을 알 수 있는 대목이다.

이뿐만 아니라 글로나스 시스템을 관리하는 주요 행정기관 간 업무 추진 및 분장과 관련된 조항에서도 정치적 용어가 관찰된다. '국가 방위 및 안전보장, 러시아의 사회·경제적 발전, 국제협력 확대 및 과학적 목적을 위한 글로나스 범지구 항법 위성시스템의 유지, 개발 및 사용에 관한 연방 집행기관의 권한' 러시아 정부 결의 323호[5]를 보면 "안전보장", "사회·경제적 발전", "국제협력" 등이 자주 언급되고 있는 것이다. 이러한 맥락에서 글로나스 시스템은 기술적

---

1 정식 명칭은 러시아어로 'Распоряжение Президента Российской Федерации № 38-рп от 18 февраля 1999 г.'이며, 한국어로는 '러시아연방 대통령 행정명령 38-rp호'이다.

2 정식 명칭은 러시아어로 'Указ Президента Российской Федерации от 17 мая 2007 г. N 638. «Об использовании глобальной навигационной спутниковой системы ГЛОНАСС в интересах социально-экономического развития Российской Федерации»'이며, 한국어로는 '러시아연방의 사회 및 경제적 발전을 위한 GLONASS 범지구 항법 위성시스템 사용에 관한 러시아연방 대통령령 638호'이다.

3 정식 명칭은 러시아어로 'Указ Президента Российской Федерации от 7 июля 2011 г. N 899 «Об утверждении приоритетных направлений развития науки, технологий и техники в Российской Федерации и перечня критических технологий Российской Федерации»' 이며, 한국어로는 '러시아연방의 주요 과학기술개발 우선순위 및 핵심기술 목록 러시아연방 대통령령 899호'이다.

4 정식 명칭은 러시아어로 'Федеральный закон Российской Федерации от 14 февраля 2009 г. N 22-ФЗ «О навигационной деятельности»'이며, 한국어로는 연방법 23호 '위성항법법'이다.

5 정식 명칭은 러시아어로 'Постановление Правительства РФ от 30 апреля 2008 г. № 323 "Об утверждении Положения о полномочиях федеральных органов исполнительной власти по поддержанию, развитию и использованию глобальной навигационной спутниковой системы ГЛОНАСС в интересах обеспечения обороны и безопасности государства, социально-экономического развития Российской Федерации и расширения международного сотрудничества, а также в научных целях"이며, 한국어로는 '국가의 방위 및 안보 보장, 러시아의 사회·경제적 발전, 국제협력 확대 및 과학적 목적을 위한 GLONASS 범지구 항법 위성시스템의 유지, 개발 및 사용에 대한 연방 집행기관의 권한 러시아 정부 결의 323호'이다.

의미도 크지만, 러시아 정부가 안보적·사회적·경제적 가치도 중요하게 생각하고 있음을 알 수 있다. 따라서 미국과 러시아의 위성항법체계 경쟁은 기술 경쟁의 틀을 뛰어넘어 정치적 경쟁으로 확대되고 있다.

이 글의 연구 목적은 미국과의 위성항법체계 경쟁에서 러시아가 어떤 정책을 채택하고 있는지를 고찰하는 것이다. 이를 보다 자세히 파악하기 위해 위성항법체계 관련 러시아의 주요 법률 및 전략서, 보고서, 글로나스와 관련된 러시아 정부의 다양한 집행기관의 정책을 살펴볼 것이다. 이 글은 이러한 분석 과정에서 미러 항법체계 경쟁에 대한 러시아의 접근 방법은 복합지정학complex geopolitics 패러다임에서 찾을 수 있다고 주장한다.

2. 미러 항법체계 경쟁의 이론

1) 복합지정학으로 보는 미러 위성항법 경쟁

미러 항법체계 경쟁은 강대국으로서 미러 전략 경쟁 패러다임으로 접근할 필요가 있다. 이런 경쟁은 2010년대에 두드러졌다. 2014년 9월에 뉴포트(로드아일랜드주) 남동부 뉴잉글랜드 방위산업 연합the Southeastern New England Defense Industry Alliance in Newport, Rhode Island에서 척 헤이글Chuck Hagel 미 국방부 장관은 다음과 같은 연설을 했다.

이전에 선진국들의 특권이었던 첨단기술과 무기를 이제는 엄청나게 호전적인 북한이나 이슬람 테러 집단까지 가질 수 있게 됐다. 특히 러시아와 중국의 막대한 군 현대화 투자는 미국 군대의 기술적 우위를 무디게 만들고 있다. 러시아와 중국이 현재 개발하고 있는 무기들은 바로 대함미사일, 공중전, 전자 및 사이버 전쟁이며, 다른 특수작전 기술을 발전시키면서 미국의 전통적인 안보 지배에 도전하려고 한다(김미경, 2014.11.18).

오늘날 미국과 중국 그리고 러시아는 무역 및 투자 체제, 새로운 기술 인프라의 개발 및 규제를 포함한 전 세계 규범 및 관행뿐만 아니라 보안 아키텍처를 구축하기 위해 경쟁하고 있다. 즉 항법체계 경쟁은 미러 간의 신흥·첨단 기술 경쟁의 수많은 사례 중 하나로 이해할 수 있다. 다음 내용은 위성항법 경쟁을 복합지정학 개념으로 어떻게 이해할 수 있는지를 설명하는 것이다.[6]

냉전 시기 미국과 소련의 경쟁은 일반적으로 고전 지정학 개념으로 설명했었다. 즉 미국과 미국의 동맹국은 소련과 소련의 동맹국과 정치적인 이데올로기 갈등이 있었고 각자가 이 게임 안에서 상대방보다 더 많은 동맹국을 얻고자 노력했다. 동맹국이 많을수록 자국의 영향력이 미치는 영토가 늘어나므로 냉전 시기의 강대국 게임은 동맹을 위한 게임, 다시 말해서 영토를 위한 강대국 하드파워 게임을 포함했다. 냉전 시기 과학기술 경쟁에 있어 각국이 개발하는 기술은 자국만 사용했으므로 GPS는 미국 국방부만 사용하는 가운데, 소련의 위성항법시스템은 오직 오직 소련을 위한 것이었다.

그런데 소련이 붕괴된 후 완전히 새로운 게임이 벌어지기 시작했다. 1996년에 미국의 '우주 사업화 촉진법Space Commercialization Promotion Act 1996'이 등장했다. 이 촉진법에 따르면 미국이 1983년에 GPS 시스템의 민간 사용을 허락한 뒤에 1996년도 민간용 GPS 장비 매출액이 벌써 20억 달러였고, 향후 5년 내에(2000년까지) 80~110억 달러까지 증가할 것으로 예상되었다(Space Commercialization Promotion Act, 1996: 64). GPS의 영향력을 글로벌 범위로 더욱 확장하기 위해 미국은 GPS 사용에 대해 유럽연합과 일본 등의 동맹국과 상호 각서를 교환하기도 했고, 동맹국이 아닌 국가에도 GPS 사용을 촉진했다(Space Commercialization Pro-

---

6 복합지정학의 개념에 대하여서는 김상배(2015: 1~40)를 참조.

motion Act, 1996: 67). 이런 차원에서 위성항법시스템은 고전 지정학의 개념을 넘어 강한 초국적인 성격을 가지며 **비지정학적**인 특징을 지니고 있다. 2000~2010년대에 러시아도 결국 글로나스 사용을 친러 국가에게 많이 제안 했다.

그런 가운데 러시아와 미국 간에 위성항법 표준 경쟁이 벌어지고 있으면서 동시에 협력도 이루어지고 있다. 2000년대부터 글로나스의 사용을 전 세계적 으로 대중화하고자 하는 러시아가 2007년에 국제 위성항법 포럼International Satellite Navigation Forum에서 GPS·GLONASS 시스템 통합의 이점 제공에 동의했 으며 새로운 GPS·GLONASS 표준을 성립했다. 하지만 이것이 러시아와 미국 간의 위성항법 경쟁이 사라졌다는 것을 의미하지는 않는다. GLONASS 표준만 으로는 GPS의 대중화를 이기지 못한다는 사실을 인식한 러시아가 GPS· GLONASS 통합 표준으로 말미암아 GLONASS의 중요성을 높이려고 하는 것 으로 이해할 수 있다. 그런데 서론에서 언급한 바와 같이 러시아 고위공무원들 의 공식 발언과 러시아 대중의 인식을 보면, 러시아는 당장은 아니더라도 훗날 GPS를 능가해서 글로나스 시스템이 유일한 표준이 되고자 하는 전략이 있다. 글로나스의 표준을 세계적으로 확산하기 위해 러시아는 GPS·GLONASS 표준 을 활용하면서 러시아 국내와 구소련 지역 국가들 및 쿠바, 니카라과 등 친러 국가, 인도 등의 중립적인 국가에서 네트워킹 하고 있다. 이처럼 협력하면서도 권력 투사가 이어지는 미러 위성항법 경쟁은 **비판지정학 성격**을 지닌다.

마지막으로, 위성항법시스템에 있어 국제 네트워크의 국가적인 행위자뿐만 아니라 글로벌 기업 등의 비국가적 행위자도 위성항법의 표준을 활용하면서 사업을 확대하고 있다. 예를 들면, 2012년 휴대용 전화기 브랜드 업체 노키아 Nokia는 GPS·GLONASS 표준을 사용하는 최초의 휴대전화를 만들어서 글로나 스의 표준을 확대하기 시작했다. 그런데 러시아는 그렇게 하기 위해 Nokia의 국적국인 핀란드 정부와 협약한 것이 아니었고, 러시아는 이후 해외 비국가적 인 행위자들의 GPS·GLONASS 표준 사용을 지원하게 되었다. 따라서 위성항법 경쟁 게임은 place를 flow로 보는 **탈지정학적인** 게임이기도 한다. 이렇듯 위성항법 경쟁은 고전 지정학, 비지정학, 비판지정학과 탈지정학 등의 복합지정학의 특징을 가지고 있는 것을 알 수 있다.

소련의 붕괴와 냉전의 종식은 러시아에게 많은 위기와 도전을 야기했다. 가장 큰 도전은 예산 부족으로 인해 소련 시대만큼 우주기술의 개발과 기존 기술 유지에 많은 투자를 못 하게 된 것이었다. 그 결과 1990년대부터 우주영역에서 러시아는 과거의 패권을 상실하기 시작했다. 특히 원격 탐지 및 위성항법 분야에서 러시아는 다른 국가보다 많이 뒤처졌다(Defence Intelligence Agency, 2019: 23). 또 다른 도전은, 소련 시대의 우주기술개발과 발사체 발사를 위한 인프라가 러시아 공화국뿐만 아니라 다른 구소련 구성국에 산재되어 있었고, 소련 붕괴로 구성국들이 각자 독립하게 되면서 인프라 역시 분산되었다는 사실이다(U.S. Congress, Office of Technology Assessment, 1995: 20). 1990년대부터 대두된 문제지만 아직까지 해결되지 않은 부분이 많고, 그에 대한 해결책은 오늘날 러시아 우주정책의 핵심 과제로 남아 있다. 러시아 정부의 비판지정학의 상식은 바로 그 당시에 러시아의 정부가 통과시킨 '글로나스 연방 프로그램 2002~2011Федеральная программа "Глобальная навигационная система 2002-2011"' 에 잘 반영되어 있다. 위성항법체계에 대한 러시아의 복합지정학적 전략이 어떻게 반영되었는지 3절에서 보다 더 자세히 살펴보도록 하겠다.

2) 미러 강대국 전략 경쟁 사례로 본 항법체계 경쟁 및 본 논문의 분석 틀

항법체계 경쟁을 보다 더 잘 이해하기 위해서는 항법체계가 무엇이고 그것의 구조가 무엇인지 파악하는 것이 필수적이다. '유럽 위성항법 글로벌시스템 당국European Global Navigation Satellite Systems Agency'의 정의에 따르면, 항법체계는 우주에서 지상에 있는 수신기에 신호를 보냄으로써 위치 및 타이밍을 파악할 수 있도록 도와주는 우주 인공위성 복합체를 말한다(European Global Navigation Satellite systems Agency, 2017). 그리고 항법체계의 기본적 구조는 우주 부문Space Segment, 제어 부문Ground Control Segment 및 사용자 부문User Segment 으로 구성되어 있다. 이러한 구조는 미국 GPS, 러시아 글로나스, 유럽연합 갈릴레오Galileo와 중국 베이더우Beidou 등의 글로벌 항법체계는 물론 일본 큐즈QZSS, 인도 IRNSS NAVIC 등의 아시아·태평양 지역을 포함하는 지역 항법체계에도 해당한다. 우주에 있는 위성은 지상에 있는 많은 제어 기지를 연결한다. 그 제어 기지들이 수신기로 신호를 보냄으로써 위성항법 활동이 이뤄진다.

우주 부문은 일반적으로 우주에 있는 위성 인프라로 구성되어 있다. 우주 부문의 성과는 국가의 전문 인력, 과학기술 능력, 인프라 등에 달려 있고 외교적 방법으로는 이 부분에 영향을 주기 어렵다. 그런데 위성항법체계 위성이 받는 신호의 범위를 확대하거나 신호의 정확도를 높이기 위해서는 최대한 큰 규모의 영토에 제어 부문을 설치해야 한다. 물론 국가 간 국경으로 인해 한 나라의 영토는 제한될 수밖에 없다. 그런 가운데 위성항법체계를 갖고 있는 국가는 자국의 동맹관계를 활용하여 동맹국 또는 협조하는 국가의 영토에 제어 부문을 설치할 수 있다. 미국은 항법체계 제어 부문을 개발하면서 동맹을 활용하는 국가로 알려져 있다. 그림 9-1에서 볼 수 있는 것처럼 미국과 상호 첩보 동맹 FiveEyes을 맺은 호주·뉴질랜드·영국 및 한미동맹의 대한민국은 미국 GPS의 제어 부문 설치 국가로 분류된다. 1947년부터 페르시아만에서 미국 해군 활동의 기반을 제공해 온 바레인 역시 미국의 GPS 제어 부문 설치 국가이다.

사용자 부문은 위성항법체계를 활용하는 사용자를 의미하며, 이것은 일반적으로 위에 언급한 우주 부문과 제어 부문에 달려 있다. 즉 신호의 질이 더 좋거나, 위성이 더 많은 영토를 커버하거나 제어 부문이 많을수록 사용자 부문의 범위가 늘어난다. 그리고 행정적인 메커니즘을 활용해 자국 국민들이 자국의 위성항법을 사용하도록 만들 수가 있다.

이 글의 틀은 다음과 같다. 위성항법체계의 우주 부문, 제어 부문 및 사용자 부문 등 각각 주요 부문에서 러시아가 미국의 GPS보다 글로나스 시스템의 경

그림 9-1 미국 GPS의 제어 부문 위치

자료: www.gps.gov

쟁력을 높이기 위해 어떤 정책을 도입하고 있는지, 그리고 이 정책들이 복합지
정학에 어떻게 해당되는지를 분석한다. 이를 위해 3절에서는 위성항법체계와
관련한 러시아의 주요 법률 및 전략서, 보고서, 글로나스와 관련한 러시아 정
부의 다양한 집행기관의 정책을 살펴보면서 자세한 분석을 진행한다.

3. 복합지정학으로 보는 미러 항법체계 경쟁

1) 우주 부문 경쟁과 러시아의 대응

냉전기 미소간 군사 경쟁은 매우 치열했고, 우주영역도 그러한 군사 경쟁의
분야 중 하나였다. 1978년 미국은 최초로 GPS 위성을 발사했고 이에 대응해
소련은 4년 뒤 글로나스 범지구 위성항법시스템의 첫 위성인 코스모스-1413

위성을 궤도에 진입시켰다. 소련은 1995년까지 발사를 계속하여 24개의 위성으로 구성한 글로나스 시스템을 완성했다.

소련 붕괴 후 글로나스에 관한 최초의 법제는 옐친 정부가 발표한 대통령령 38-rp호다. 이 명령은 러시아의 국가 전략에서 글로나스 시스템이 어떤 역할을 맡고 있는지 명시적으로 보여준다.

러시아연방 대통령 행정명령 38-rp호(Вестник ГЛОНАСС, 1999)[7]

① 러시아 정부는 다음과 같은 제안을 결정했다.
- 글로나스 범지구 항법 위성시스템(이하 글로나스 시스템이라고 함)을 러시아 연방의 방위 및 국가안보 그리고 과학적·사회적·경제적 목적으로 사용하는 이중용도 우주기술로 분류한다.
- 글로나스 시스템의 개발에 필요한 자금조달을 위해, 국제 범지구 위성항법시스템을 구축하는 기반 기술로 글로나스 시스템을 제공하고, 이를 위해 외국 투자를 유치해야 한다.
② 러시아 국방부와 더불어 러시아 우주청(현 로스코스모스)을 글로나스 시스템의 주요 일반 고객general customer으로 지정한다.
③ 러시아 정부는 다음과 같은 과제를 이행해야 한다.
- 글로나스 시스템의 보존 및 개발 보장.
- 이중용도 기술로서 글로나스 시스템의 유지보수, 사용 및 개발에 대한 연방 집행기관 간의 책임 분담에 대한 규정 승인.
- 글로나스 시스템의 유지보수, 사용 및 개발을 조율하고 지속가능한 자금조달을 보장하기 위해 정부 기관 간 실무그룹을 구성.

---

7 저자가 직접 번역했다.

· 글로나스 시스템을 국제 위성항법시스템의 표준으로 제공하기 위해 러시아연 방 측의 준비 상태를 국제 사회에 통지. 끝.

이 법률에서 확인할 수 있는 글로나스 범지구 위성항법시스템에 대한 인식 은 다음과 같다. 먼저, 글로나스는 냉전기 미소 군사 경쟁 가운데 등장한 것으 로 군사적인 함의가 크다. 하지만 냉전 종식으로 군비경쟁의 강도가 낮아졌기 때문에 글로나스 시스템을 단순히 군용 목적으로 제한할 필요가 없어졌으며, 이에 따라 민군 이중용도 기술로 인식하게 되었다. 과거 글로나스에 관한 업무 의 유일한 컨트롤타워 역할을 수행했던 국방부가 군사기관이 아닌 러시아 우 주청(로스코스모스)과 책임을 분담하게 됐다는 점도 이를 방증한다. 둘째, 1990년 대에 경제난으로 러시아 우주영역이 전반적으로 타격을 입으면서 글로나스 시 스템도 함께 기술적으로 퇴보했다. 러시아 정부는 이를 보완하고 추가적으로 체계를 개발하기 위해 필요한 자금을 국제 민간 위성항법 시장에 글로나스 시 스템을 제공함으로써 유치하고자 했으나, 미국의 GPS 시스템이 패권을 장악 한 국제 시장에서 글로나스 시스템은 표준이 되지 못했고 결국 해외투자 유치 에도 실패했다.

소련의 붕괴와 냉전의 종식은 러시아가 우주영역에서 서방과 협력할 수 있 는 계기가 되기는 했으나, 그만큼 많은 위기와 도전도 야기했다. 가장 큰 도전 은 예산 부족으로 인해 소련 시대만큼 우주기술의 개발과 기존 기술 유지에 많 은 투자를 하지 못하게 된 것이었다. 그 결과 1990년대부터 우주영역에서 러 시아는 과거의 패권을 상실하기 시작했다. 특히 위성항법 분야에서 러시아는 다른 국가보다 많이 뒤떨어졌다(Defence Intelligence Agency, 2019: 23). 공식 전 략 문건인 「2006~2015년 러시아연방 우주프로그램」에서 볼 수 있는 것처럼, 1990~2000년대 사이 글로나스 시스템을 포함하여 러시아의 모든 위성 수가 3분의 2로 감소했다. 이 시기 위성시스템을 보유하고 있는 타국의 위성 수는 평균 2배 증가해 러시아가 서방보다 많이 뒤처졌다. 그뿐만 아니라 설계수명,

처리량, 데이터 전송속도, 데이터의 자율 분석 등의 다양한 기능적인 차원에서도 러시아산 위성은 경쟁력이 약한 것으로 평가된다(쉬만스카, 2019: 99). 따라서 「2006~2015년 러시아연방 우주프로그램」이 보여주는 바와 같이 이러한 상황이 개선되지 않으면 러시아는 우주에서 경쟁력을 상실하게 될 가능성이 크다. 글로나스 시스템은 러시아의 군사적 및 경제적인 우위를 내세우는 데에 필요할 뿐만 아니라 러시아가 가진 강대국으로서의 자부심과도 직결되기에, 러시아로서는 결코 위성항법시스템의 낙후를 방관할 수 없었다(쉬만스카, 2019: 99).

이런 상황을 타개하기 위해 2001년 러시아는 「글로나스 연방 프로그램 2002~2011Федеральная программа "Глобальная навигационная система 2002~2011"」을 추진하기 시작했다. 이 프로그램은 새로운 위성 개발 및 지상 발사·통제 시설 여건의 개선을 촉진했고, 그 결과 2003~2007년 사이에 차세대 글로나스 위성인 GLONASS-M 위성이 여러 차례 발사되었다. 그럼에도 불구하고 여전히 글로나스는 완전한 작동 능력을 회복하지 못했으며, 정확도도 떨어지는 등 문제점을 안고 있었다.

2008년의 러시아·조지아 전쟁의 경험은 글로나스를 포함하는 러시아 위성 시스템의 복원이 러시아 우주프로그램의 최우선순위에 오르는 계기가 되었다(쉬만스카, 2019: 100). 그 결과 보다 구체화된 목표를 제시하는 '2012~2020년 글로나스 시스템의 유지, 개발 및 사용에 관한 연방 프로그램Федеральная целевая программа "Поддержание, развитие и спользование системы ГЛОНАСС на 2012~2020 годы'이 수립되었다. 글로나스를 타국의 범지구 위치결정 시스템(특히 미국의 GPS와 중국의 베이더우)과 기술적으로 동등한 수준으로 업그레이드하기 위한 미래 개발, 그리고 해외 글로나스 사용자 네트워크의 확대를 통한 경쟁력의 확보 등이 그 핵심 목표라 할 수 있다. 이에 따라 러시아 위성시스템의 역량과 기술 수준 제고를 위해 2011년부터 3세대 글로나스 위성인 GLONASS-K 위성의 발사가 시작되었으며, 2020년 현재는 4세대 위성인 GLONASS-V가 개발 중이다.

그림 9-2 범지구 위성항법시스템의 궤도 및 지리공간적 범위(geospatial coverage)

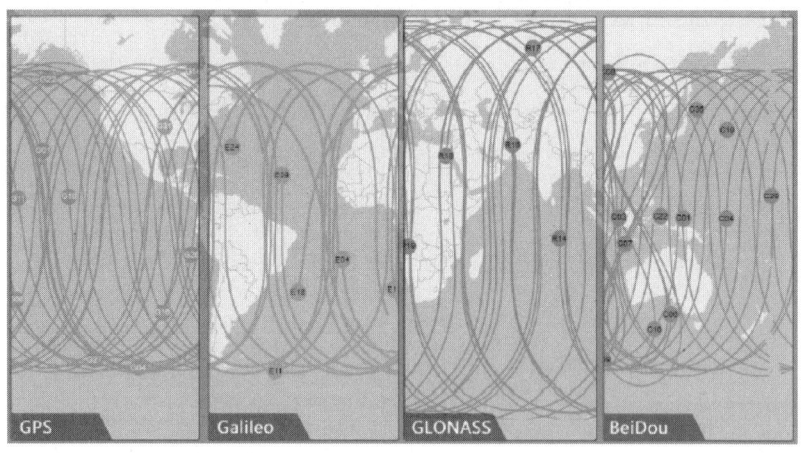

자료: Gu et al.(2019).

　서론에서 언급한 바와 같이, 러시아 글로나스 시스템과 관련해 일리인 소장
은 글로나스가 GPS보다 북 위도에서 정확성 우위가 있다고 강조했다. 이 는
많은 전문가에게 인정받은 사실이다. 그런데 이러한 장점은 무엇 때문인가?
그 답은 **그림 9-2**에서 보듯이 바로 위성궤도의 경사각傾斜角에서 찾을 수 있다.
즉 미국 GPS 및 중국 베이더우의 위성궤도 각도는 55도이고, 유럽연합 갈릴
레오는 56도의 궤도 경사각을 가지고 있다. 따라서 64.8도의 경사각을 자랑
하는 러시아 글로나스가 이 세 가지 범지구 위성항법시스템보다 북쪽 위도의
더 넓은 범위를 맡을 수 있는 것이다. 이는 글로나스의 큰 장점이며, 핀란드
같은 북유럽 국가에서의 사용률이 GPS에 이어 2위를 차지하고 있는 이유이
기도 하다[Ministry of Transport and Communication(Finland), 2017]. 즉 유럽연합
우주국 멤버인 핀란드가 유럽우주국이 운용하고 있는 갈릴레오 범지구 위성
항법시스템보다 러시아 글로나스를 선호하는 이뉴는 바로 북쪽 위도에서의
정확성 때문인 것이다. 핀란드 교통통신부의 보고에서 볼 수 있는 바와 같이
핀란드에서 아직도 패권을 유지하고 있는 글로나스는 북유럽 민용 시장에서

많은 잠재력을 가지고 있으며, 향후에 북쪽 위도 국가들에서 GPS를 추월할지도 모를 일이다.

그런데 GPS보다 뛰어난 항법체계를 만들고자 하는 러시아 정부의 바람은 우주영역과 관련한 글로나스의 단점 때문에 실현 불가능한 일이 될 수도 있다. 그 첫 번째 단점은 글로나스 위성의 설계수명기간이 GPS의 위성보다 짧다는 것이다. 예를 들면, 글로나스의 제2세대인 GLONASS-M의 설계수명은 7년이고 GLONASS-K와 K2는 10년인 반면, 미국이 현재 활용하고 있는 GPS 체계의 경우 2세대인 Block II와 3세대인 Block III 위성의 설계수명은 공히 12~15년에 달한다. 게다가 러시아 내부 부패와 우크라이나 사태로 인한 대러시아 국제 경제제재로 인해 러시아 경제는 많은 타격을 받았다. 이 때문에 러시아는 기대치만큼 위성 발사를 하지 못하고 있다. 2019년 우주안보 지수Space Security Index 보도에 따르면 2018년에 러시아는 2개의 글로나스 위성을 발사했고 미국은 1개의 GPS 위성만 발사했다(Space Security Index, 2019: 48). 앞서 언급한 것처럼 이는 러시아 위성의 짧은 기대수명 때문이다.

글로나스의 두 번째 단점은 위성 발사대 부족과 그로 인한 카자흐스탄 바이코누르 발사대에 대한 지나친 의존이다. 2012년 기준으로 러시아 내부에 있는 플레세츠크Плесецк 우주기지는 전체 발사의 25%만을 담당했으며, 나머지 75%는 주로 카자흐스탄에 있는 바이코누르에서 진행되었다(Самофалова, 2012. 4.6). 글로나스 위성은 물론 군사위성의 경우에도 바이코누르에서만 발사할 수가 있다. 자국의 군사안보와 경제가 타국과의 정치적 관계에 의존하는 상황에 놓여 있다는 국내 전문가의 지적이 잇따르면서, 바이코누르 우주기지에 대한 지나친 의존으로부터의 탈피는 러시아 우주영역의 핵심 과제 중 하나가 되었다.

2) 제어 부문의 경쟁과 러시아의 대응

제어 부문은 위성항법의 필수적인 부분이다. GPS와 글로나스 두 시스템은 원래 군용으로 만들어졌다. 하지만 1983년 9월 1일 소련 전투기가 사할린 인근에서 269명의 승객과 승무원이 탑승하고 있는 한국 보잉 여객기를 격추한 사건을 계기로, 로널드 레이건 미국 대통령은 이러한 비극을 피하기 위해 전 세계 국가들이 민간 목적으로 GPS를 사용할 수 있도록 허용했다. 그런데 특수 알고리즘 적용으로 GPS 신호의 정확도는 감소하고 불량해졌다. 빌 클린턴 대통령은 2000년에 그의 마지막 법령 중 하나를 통해 이 알고리즘을 폐지하여 모든 사람이 완전한 GPS 신호를 수신할 수 있게 했다.

미국의 GPS가 전 세계 사람들이 사용 가능한 기술이 되기 위해서는 타국에서의 제어 부문 네트워크가 필요했다. GPS의 성능과 정확성을 높이기 위해 2005년에 미국은 향후에 GPS의 성능과 정확성을 높이기 위하여 2005년에 미국은 다음과 같은 동맹국 또는 친미 국가에서 지상관제 제어 기지를 도입했다.

- 호주(Adelaide)
- 영국(Hermitage)
- 에콰도르(Quito)
- 아르헨티나(Buenos Aires)
- 바레인(Manama)

그뿐만 아니라 같은 해 미국 워싱턴 D.C.에도 GPS 지상관제 기지가 생겼다. 2006년도에는 다음의 5개의 새로운 기지가 생겼다.

- 대한민국(오산시)
- 남아프리카 공화국(Pretoria)
- 미국 알래스카주(Fairbanks).
- 아이티(Papeete)
- 뉴질랜드(Wellington)

표 9-1 GPS 제어 부문 네트워크 위치 국가의 미국과 관계

국가	미국과 관계
호주	FiveEyes 참여국
뉴질랜드	FiveEyes 참여국
영국	FiveEyes 참여국
대한민국	한미동맹 참여국
바레인	친미, 미국 해군 부대의 위치
남아프리카 공화국	2019년도 기준으로 미국의 가장 큰 무역 파트너, 아프리카에서 미국 경제 지원 최고 수령자
아르헨티나	걸프 전쟁 파트너, 미국 경제 지원 수령자, 미국 대테러 작전 파트너
에콰도르	미국 경제 지원 수령자
아이티	미국 경제 지원 수령자

자료: Congressional Research Service(2019); U.S. Department of State(2020a); U.S. Department of State(2020b); U.S. Department of State(2020c).

표 9-1에서 볼 수 있는 것처럼, 미국의 GPS 제어 부문 네트워크는 주로 미국과 안보·국방·경제 협력을 하는 국가 영토 내에 위치하고 있다. 이처럼 글로벌 위성항법체계의 제어 부문 네트워크 개발은 지정학, 특히 동맹 정치와 깊은 관계가 있다.

2010년대 들어 러시아 정부도 러시아산 위성항법시스템의 성능 향상을 중요한 정책적 과제로 인식하게 되었으며, 이를 반영하여 2012년 정부 결의 189호에 따라 '2012~2020년 글로나스 시스템의 유지, 개발 및 사용에 관한 연방 프로그램'이 승인되었다(Вестник ГЛОНАСС, 2012). 이에 따라 글로나스 시스템의 개발을 위해 러시아 정부는 2012년부터 2020년까지 3200억 루블을 투자했으며, 다음과 같은 단계를 거쳐 글로나스 시스템의 사양을 향상시키고자 노력하고 있다(Вестник ГЛОНАСС, 2012).

글로나스의 우주 부문 개발과 함께 러시아는 지상관제 부문(제어 부문) 개발에도 집중했다. 이에 따라 러시아도 제어 부문 네트워크 개발을 위해 동맹 정치의 메커니즘을 활용하려 했다. 하지만 러시아는 미국만큼 동맹국이 많지 않

그림 9-3 중남미에서 글로나스 제어 부문 네트워크

자료: Global Affairs(Universidad de Navarra)(2018).

기 때문에 타국에서 개발할 수 있는 제어 부문이 매우 제한적이었다. 2009년
에는 브라질이 글로나스 시스템 개발에 대해 러시아와 각서를 체결했고, 그 결
과 현재 글로나스 지상관제 센터ground control 중에서 4개소가 브라질에 위치
하고 있다. 브라질은 러시아와 BRICS를 통해서 가까워진 것으로 알려져 있다.
그 밖에 고위 정치인들이 친러 사상을 많이 가진 니카라과에도 글로나스 지상
관제 기지가 하나 있다고 알려져 있다(Global Affairs(Universidad de Navarra),
2018]. 현재 러시아의 글로나스 외국 지상관제 기지의 위치는 **그림 9-3**과 같다.

마트베예프Олег Матвеев, 나자로프Андрей Назаров 및 베르비츠키Андрей
Вербицкий에 따르면, 글로나스 관련 양자 협력의 역사는 다음과 같다(Матвеев·
Назаров·Вербицкий, 2016: 74). 먼저 2004년 러시아와 인도 간의 GLONASS-K
제3세대 위성의 공동개발에 대한 논의가 있었고, 2007년에 러시아와 인도 양
국은 인도가 평화로운 용도로 글로나스 범지구 위성항법시스템의 신호를 사용

할 수 있게끔 하는 각서에 서명했다. 그리고 2019년에는 로스코스모스가 인도의 벵갈루루에서 글로나스의 지상기지 설치에 대해 인도 정부와 논의 중이라고 러시아 *Ria-Novosti* 신문이 보도했다(*Ria-Novosti*, 2019).

2008년에는 쿠바와 시리아가 러시아의 글로나스 시스템을 사용하기 위한 협정에 서명했다. 2010년에는 우크라이나와 글로나스 항법시스템의 사용에 대한 쌍무적인 각서를 체결했고, 추가 논의를 통해 글로나스에 필수적인 장비를 우크라이나에서 공급받기로 합의하는 데도 성공했다. 그러나 2014년 우크라이나 크림반도의 러시아 합병에 뒤이은 우크라이나 사태로 인해 러시아·우크라이나 협력은 조기에 단절되었다(Матвеев·Назаров·Вербицкий, 2016: 76).

2013년에는 '러시아연방의 글로나스 범지구 위성항법시스템의 사용 및 개발에 관한 러시아연방과 벨라루스 정부 간의 협정 서명에 대한' 러시아 정부 시행령 951-r호[8]를 발표했다. 해당 시행령의 부록 제2조에 따르면 벨라루스와 러시아의 협력 목표는 글로나스 범지구 위성항법시스템의 제어 기지 개발이다.

2014년에 러시아는 미국 정부에 미국 영토에 글로나스 제어 기지 설치를 요청했지만 거절당했다. 이에 대한 대응으로 2014년부터 러시아는 러시아의 영토 내에 있는 모든 GPS 기지를 러시아연방의 소유로 선포했고 미국은 그것을 군용으로 사용하지 못하도록 막았다. 미국 정부의 거절에 대해 러시아의 외교부는 "불공정한 경쟁"이라고 선포했고, 같은 해에 벌어진 러시아의 우크라이나 크림반도 합병으로 인해 러시아와 미국의 관계는 심각한 위기에 빠졌다(Ria-Novosti, 2014). 한편, 러시아는 2014년에 글로나스의 제어 네트워크를 늘리기 위해 쿠바의 정부와 글로나스 제어 기지의 쿠바 설치 가능성에 대해 논의했다

---

8 정식 명칭은 러시아어로 Распоряжение Правительства Российской Федерации № 951−р от 10 июня 2013 года이며, 한국어로는 '『러시아연방의 GLONASS 범지구 위성항법시스템의 사용 및 개발에 관한 러시아연방과 벨라루스 정부 간의 협정 서명에 대한』 러시아 정부 시행령 951호'이다

(Tass, 2014).

또한 보다 최근의 예로 러시아 국가두마가 발표한 러시아연방법 273호 '글로나스 및 베이더우 범지구 위성항법시스템의 평화적인 이용을 위한 러시아연방과 중화인민공화국 정부 간의 협정 승인'[9]은 중국과 협력을 통하여 글로나스 시스템의 향후 개발에 이바지함을 목표로 명시하고 있다. 이 법률에 의거해 러시아의 영토에 Beidou 기지를 설치하는 대신 글로나스 제어 기지를 중국 영토에 설치할 수 있게 된다.

여기서 볼 수 있는 것처럼, 러시아는 지정학을 넘어 비지정학적 협력을 통해 많은 국가와 협조하고, 글로나스의 제어 부문 기지를 설치하려고 한다. 이들 국가는 대부분 구소련 소속, 반미 또는 중립 국가라 할 수 있다. 즉, 구소련에 속했던 벨라루스 및 2014년 이전의 우크라이나, 중국·쿠바·니카라과 등의 반미 국가, 미러 사이에서 중립을 지키는 브라질과 인도[10] 등이 러시아의 네트워킹 목표국들이다.

3) 사용자 부문 경쟁과 러시아 대응

2010년대에 이르기까지 러시아 국내시장에서 GPS 위성항법시스템은 글로나스보다 더 폭넓게 보급되어 있었다. 이 상황을 타개하기 위해 러시아 정부는 적극적으로 러시아 내부에 글로나스 항법 도입을 진행하는 한편 정부·민간 합

---

9 정식 명칭은 러시아어로 Федеральный закон от 2 августа 2019 г. N 276-ФЗ "О ратификации Соглашения между Правительством Российской Федерации и Правительством Китайской Народной Республики о сотрудничестве в области применения глобальных навигаци-онных спутниковых систем ГЛОНАСС и Бэйдоу в мирных целях"이며, 한국어로는 '글로나스 및 베이더우 범지구 위성항법시스템의 평화적인 이용을 위한 러시아연방과 중화인민공화국 정부 간의 협정 승인'에 대한 러시아연방법 273호이다.
10 러시아와 브릭스(BRICS) 파트너이기도 하다.

작을 추진했다. 러시아 정부는 민간 영역의 글로나스 항법 연방 네트워크 서비스 제공자Federal network operator들을 중심으로 협력을 강화했다. 이에 따라 연방 네트워크 서비스 제공자는 민간 영역에 속해 있음에도 불구하고 러시아 정부의 이해를 반영하는 성향을 띠게 되었다.

그런 상황에서 정부 결의 549호 '위성항법 분야의 연방 네트워크 서비스 제공자에 관한 결의'[11]가 공표되었다. 러시아 정부는 글로나스 항법시스템을 러시아 내에서 표준으로 삼기 위해 주식회사 'NIS GLONASS Navigation-Information System GLONASS'를 창립하고, 연방 네트워크 서비스 제공자로 임명했다. 연방 네트워크 서비스 제공자의 주요 업무를 살펴보기 위해 정부결의 549호의 내용을 살펴보도록 하겠다.

위성항법 분야의 연방 네트워크 서비스 제공자에 관한' 러시아 정부 결의 No.549

(Вестник ГЛОНАСС, 2009)[12]

러시아연방법 23호 '위성항법법'에 따라 러시아 정부는 다음과 같이 결정한다.

① 러시아 우주청(로스코스모스)·국방부·교통부·경제개발부·산업통상부 등 기관과 글로나스 시스템에 관심을 보이는 다른 집행기관이 제안한 바와 같이, 러시아 정부는 러시아연방의 공익을 위해 글로나스 위성항법시스템의 서비스를 일관성이 있게 도입할 유일한 연방 네트워크 서비스 제공자를 승인한다.

② 연방 네트워크 서비스 제공자의 주요 임무는 다음과 같이 정의된다.

---

11 정식 명칭은 러시아어로 Постановление Правительства РФ от 11 июля 2009 г. No. 549 "О федеральном сетевом операторе в сфере навигационной деятельности"이며, 한국어로는 '위성항법 분야의 연방 네트워크 서비스 제공자에 관한' 러시아 정부 결의 549호이다.

12 저자가 직접 번역했다.

a) 항법 시스템의 하드웨어 및 소프트웨어의 개발·도입 및 서비스 제공, 정보 유지관리 등의 위성항법 기술을 사용하는 집행기관, 법인 및 개인 소비자에게 인력 교육 및 정보제공 서비스 실시.

b) 글로나스 범지구 위성항법시스템(이하 글로나스 시스템)의 도입 및 사용의 일관성을 보장하기 위해 국영 및 민간 통신사와 협력.

c) 타국 위성항법시스템과 글로나스 시스템의 상호운용성을 보장하기 위해 러시아연방 집행기관과 업무 조율.

d) 고객의 요구에 따라 글로나스 시스템 장치를 주문제작.

e) 러시아연방 집행기관, 글로나스 시스템 총괄 설계자 및 주요 항법 소비자, 장치 디자이너와 함께 '글로나스 연방 프로그램 2002~2011년'의 일환으로 러시아산 항법 시스템을 설계 및 구축.

f) 국가비상사태 발생 시 대응을 위해 위성항법시스템으로부터 정보를 수집 및 처리할 수 있는 하드웨어 및 소프트웨어 개발.

g) 범지구 위성항법시스템 항법 필드navigation field 모니터링에 참여, 그 현황 파악 및 위성항법시스템의 정보 보강.

h) 글로나스 시스템의 총괄 설계자와 소비자를 위한 글로나스 위성항법장치 설계와 함께 글로나스 시스템 및 기타 범지구 위성항법시스템에 사용에 대한 전문 평가.

i) 과학기술의 연구 결과를 활용하여 범지구 위성시스템과 관련된 경쟁력이 있는 서비스와 제품을 개발, 러시아 국내 및 국제시장의 도입 촉진.

j) 평시, 전시와 비상 상황을 대비하기 위해 연방 집행기관의 요청에 따라 연방 네트워크 서비스 제공자가 보유한 정보 제공.

③ 로스코스모스와 다른 집행기관이 제안한 바와 같이 연방 네트워크 서비스 제공자로 주식회사 'NIS GLONASS'를 선정한다. 끝.

이후 2012년에는 NIS GLONASS 대신 러시아연방 네트워크 서비스 제공자로 비영리 단체인 'GLONASS Union'이 선발되었다. GLONASS Union의 대표이사인 알렉산드르 구르코Александр Гурко가 글로나스 기반의 항공 및 정보 기술개발을 위한 대통령 산하 위원회의 회원인 것으로 보아 GLONASS Union이 본 기관의 하위에 있는 것을 알 수 있다. 현재 GLONASS Union은 MegaFon, MTS, VimpelCom, Rostelecom 등의 러시아 주요 통신사 및 인터넷 제공자 Yandex와 협조 중이다. 이처럼 2012년 이후 비영리단체인 GLONASS Union을 네트워크 서비스 제공자로 임명했지만, 그 주요 임무는 앞서 언급한 러시아 정부 결의 No. 549에 따라 정해져 있다.

러시아에서 글로나스 시스템은 주로 교통 분야에서 많이 활용되고 있다. 그로 인해 글로나스 시스템에 대한 법제 중 대다수는 교통 감시와 관련되어 있다. 러시아 정부결의 641호 '교통수단 및 기술 시스템에 대한 글로나스 또는 GLONASS/GPS 위성항법장치 장착에 관한 시행령'[13], 정부결의 503호 '위성항법 사용제한 특수구역에 관한 시행령'[14], 정부결의 620호 '해상운송 시설 안전 규정의 승인에 대한 시행령'[15], 정부 결의 623호 '내륙수로 시설의 안전에 관한 기술 규정 승인에 대한 시행령'[16] 등은 그중 일부다. 또한 상술한 바와 같이 러

---

[13] 정식 명칭은 러시아어로 Постановление Правительства Российской Федерации от 25 августа 2008 г. № 641 г. Москва "Об оснащении транспортных, технических средств и систем аппаратурой спутниковой навигации ГЛОНАСС или ГЛОНАСС/GPS"이며, 한국어로는 '교통수단 및 기술 시스템에 대한 GLONASS 또는 GLONASS·GPS 위성항법장치 장착에 관한' 러시아 정부 결의 641호이다.

[14] 정식 명칭은 러시아어로 Постановление Правительства Российской Федерации от 5 июля 2010 г. № 503 г. Москва "О территориях, на которых вводятся ограничения на точность определения координат объектами навигационной деятельност я"이며, 한국어로 '위성항법 사용에 제한이 적용되는 특수 구역에 대한' 러시아 정부 결의 503호이다.

[15] 정식 명칭은 러시아어로 Постановление Правительства РФ от 12 августа 2010 г. № 620 «Об утверждении технического регламента о безопасности объектов морского транспорт а» 이며, 한국어로 '해상운송 시설의 안전 규정 승인에 대한' 러시아 정부 결의 620호이다.

[16] 정식 명칭은 러시아어로 Постановление Правительства РФ от 12 августа 2010 г. № 623 "Об утверждении технического регламента о безопасности объектов внутреннего

시아 교통부도 많은 법규를 제정 및 시행하고 있다. 몇 가지 예를 들면, 교통부 세부시행규칙 23호 '항공항법 서비스, 항공 우주 수색 및 구조 기술 시스템에 대한 글로나스 또는 GLONASS·GPS 위성항법장치 장착에 관한 세부시행규칙'17, 세부시행규칙 55호 'GLONASS 또는 GLONASS·GPS 위성항법장치를 갖춰야 하는 승객 및 위험물 운송차량 목록'18 등이 있다.

또한 2013년 러시아 국가두마는 러시아연방법 395호 'ERA-GLONASS 국가 자동화정보시스템법'을 제정했으며, 이에 따라 2015년부터 ERA-GLONASS(충돌 시 운전자에게 신속한 도움을 주는 비상 시스템) 서비스를 러시아 국내에서 제공하기 시작했다. 앞서 언급한 일련의 법규에 의거해, 러시아연방의 모든 차량은 GLONASS 또는 GLONASS·GPS 장치를 의무적으로 탑재하고 있다. 여기서 언급한 이 부분들이 러시아가 국내에서 글로나스 사용을 권장하는 정책을 반영한다.

러시아 외부에서 러시아는 탈지정학의 방법을 활용하면서 국가적인 행위자가 아닌 글로벌기업 등 비국가행위자를 통해서 글로나스의 사용을 확대하고 있다. 2011년부터 미국 업체인 퀄컴Qualcomm Incorporated은 러시아 글로나스 위성시

водного транспорта"이며, 한국어로는 '내륙수로 시설의 안전에 관한 기술 규정 승인에 대한' 러시아 정부 결의 623호이다.

17 정식 명칭은 러시아어로 Приказ Министерства транспорта Российской Федерации(Минтранс России) от 1 февраля 2010 г. № 23 г. Москва "Об оснащении технических средств и систем аэронавигационного обслуживания, авиационно—космического поиска и спасания аппаратурой спутниковой навигации ГЛОНАСС или ГЛОНАСС/GPS"이며, 한국어로는 '항공항법 서비스, 탐색·구조 임무를 위한 항공우주기술 및 시스템의 GLONASS 또는 GLONASS·GPS 위성항법장치 장착에 관하여' 러시아 교통부 세부 시행규칙 23호이다.

18 정식 명칭은 러시아어로 Приказ Министерства транспорта Российской Федерации(Минтранс России) от 9 марта 2010 г. № 55 г. Москва "Об утверждении Перечня видов автомобильных транспортных средств, используемых для перевозки пассажиров и опасных грузов, подлежащих оснащению аппаратурой спутниковой навигации ГЛОНАСС или ГЛОНАСС/GPS"이며, 한국어로는 'GLONASS 또는 GLONASS·GPS 위성항법장치를 갖춰야 하는 승객 및 위험물 운송차량 목록에 관한' 교통부 세부시행규칙 55호이다.

그림 9-4 항법체계 스마트폰 호환성 비교

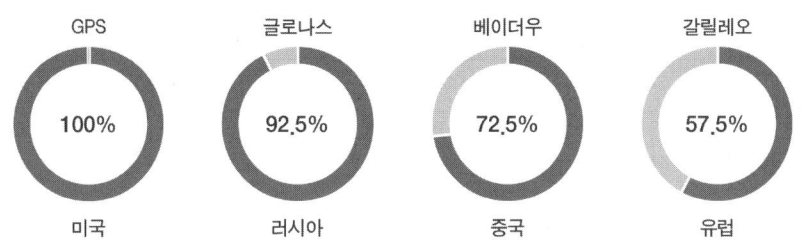

GPS	글로나스	베이더우	갈릴레오
100%	92.5%	72.5%	57.5%
미국	러시아	중국	유럽

자료: Gu et al.(2019: 18).

스템에 대한 제품 지원 및 더 나은 위치 성능을 위해 GPS·GLONASS 네트워크를 동시에 사용할 수 있는 기능을 지닌 휴대폰을 생산하고 있다(TSNIIMASH, 2011). 스웨덴의 스웨포스Swepos는 러시아의 글로나스 기술을 사용하는 최초의 외국기업이 되었는데, 북부 위도에서 GPS보다 낫다는 확신을 갖고 있기 때문이었다(*East-West Digital News,* 2011). 삼성, 레노보Lenovo, 샤오미Xiomi, 오포Oppo, LG, 비보Vivo, 화웨이Huawei 등의 업체들이 기본적으로 GPS 및 GPS·GLONASS 리시버를 가지고 있다(Gu et al., 2019: 16~17). 스마트폰 호환성 부문에서 글로나스는 미국 다음으로 2위를 차지하고 있다(그림 9-4 참조).

4. 결론

미국과 러시아 간의 항법체계 경쟁이 벌어지고 있고 이것은 고전 지정학의 성격이 아닌 탈근대적 복합지정학의 성격을 지니고 있다. 복합지정학이란 우리에게 잘 알려진 고전 지정학은 물론 비지정학, 비판지정학 및 탈지정학의 복합적인 프레임워크이다. 고전 지정학의 시각으로 미국과 러시아의 항법체계 경쟁을 보면 두 나라가 각기 최대한 많은 영토에서 제어 부문 네트워크를 만들려고 한다. 그런데 자국의 영토만으로는 부족하기 때문에 타국과 협조할 수밖에 없다. 제어 부문을 개발하고자 하는 러시아는 중국·벨라루스·인도·브라질·쿠바·니카라과·시리아 등의 국가들과 협조한다. 그뿐만 아니라 미국과의 협조를 구하기도 한다. 인도의 경우에는 러시아가 제어 부문뿐만 아니라 우주 부문을 개발하는 데도 같이 협조했다. 그러므로 러시아의 이런 네트워킹 전략을 비지정학적인 차원으로 이해할 수 있다.

두 번째, 항법체계에 있어 러시아와 미국의 표준 경쟁이 벌어지고 있다. 그런데 이것은 단순히 GPS 및 글로나스 경쟁이라기보다 GPS와 복합항법체계인 GPS/GLONASS 경쟁이다. 글로나스의 표준을 세계적으로 확대하기 위해 러시아는 GPS·GLONASS 표준을 활용하면서 러시아 국내와 구소련 지역 국가, 쿠바·니카라과 등 친러 성향의 국가 그리고 인도 등의 중립적 국가에서 네트워킹 사업을 전개하고 있다. 협력하면서도 권력 투사를 이어가는 미러 간 위성항법 경쟁을 보면 그것이 비판 지정학적 성격을 지님을 알 수 있다.

세 번째, GPS·GLONASS 표준을 확대시키는 데에 삼성, 레노보, 샤오미, 오포, LG, 비보, 화웨이 등 국가적인 행위자가 아니라 비국가행위자인 글로벌기업들이 러시아에 많은 도움을 주고 있다. 물론 이 기업들도 각자 한국 기업, 중국 기업, 미국 기업 등의 정체성이 있지만 국적을 넘어서 사업한다. 따라서 GPS·GLONASS 표준을 확대시키는 데에 탈지정학적인 패러다임도 보인다.

결론적으로, 항법체계 표준 경쟁은 복합지정학적인 현상이다. 항법체계의 기본적 구조는 우주 부문, 제어 부문 및 사용자 부문으로 구성되어 있기 때문에 미국과 러시아 표준 경쟁도 이 3가지 부문에서 나타난다. 우주 부문에 대한 경쟁이 고도로 기술적이기 때문에 아직 복합지정학적인 함의가 크게 나타나지 않지만, 제어 부문과 사용자 부문에서의 경쟁은 복합지정학적인 성격을 지니고 있다.

김미경. 2014.11.18. "헤이글 미국방 '군사력 우위 유지 위해 대대적 혁신'". ≪서울신문≫. https://www.seoul.co.kr/news/newsView.php?id=20141118012015 (검색일: 2020.9.25).

김상배. 2015. 「사이버 안보의 복합지정학: 비대칭 전쟁의 국가 전략과 과잉 안보담론의 경계」. ≪국제·지역연구≫, 제24권 3호, 1~40쪽.

쉬만스카, 알리나. 2019. 「러시아의 우주전략 : 우주프로그램의 핵심 과제와 우주 분야 국제협력의 주요 현안에 대한 입장」. ≪국제정치논총≫, 제59권 4호, 83~131쪽.

Congressional Research Service. 2019. "South Africa: Current Issues, Economy, and U.S. Relations." https://fas.org/sgp/crs/row/R45687.pdf (검색일: 2020.9.25).

Cronk, Terri Moon. 2018. "U.S. Faces Global Science, Technology Competition, Official Says." *U. S. Department of Defence, DoD NEWS*. https://www.defense.gov/Explore/News/Article/Article/1467815/ (검색일: 2020.9.25).

Defence Intelligence Agency. 2019. "Challenges to Security in Space." https://www.dia.mil/Portals/27/Documents/News/Military%20Power%20Publications/Space_Threat_V14_020119_sm.pdf (검색일: 2020.9.25).

East-West Digital News. 2011. "Swedish satellite data provider prefers GLONASS to GPS." https://www.ewdn.com/2011/04/12/swedish-satellite-data-provider-prefers-glonass-to-gps/ (검색일: 2020.9.24).

European Global Navigation Satellite systems Agency. 2017. "What Is GNSS?" https://www.gsa.europa.eu/european-gnss/what-gnss (검색일: 2020.9.24).

Global Affairs(Universidad de Navarra). 2018. "A 'special' Russian installation in Nicaragua." https://www.unav.edu/web/global-affairs/detalle/-/blogs/a-special-russian-installation-in-nicaragua (검색일: 2020.9.25).

Gu, Xuewu, Christiane Heidbrink, Ying Huang, Philip Nock, Hendrik W. Ohnesorge, Andrej Pustovitovskij. 2019. "International Competitor Global Navigation Satellite Systems(GNSS)." *CGS Global Focus.*

Ministry of Transport and Communications(Finland). 2017. *GNSS-Signal Quality Evaluation in Finland.* Preliminary Study. https://julkaisut.valtioneuvosto.fi/bitstream/handle/10024/80049/Julkaisuja%206-2017%20GNSS%20Signal%20Quality%20Evaluation%20in%20Finland.pdf?sequence=1&isAllowed=y (검색일: 2020.9.25).

Space Commercialization Promotion Act, 1996. Hearing Before the Subcommittee on Space and Aeronautics of the Committee on Science, U.S. House of Representatives. One Hundred Fourth Congress. Second Session(July 31, 1996).

Space Security Index. 2019. The University of Adelaide. http://spacesecurityindex.org/ssi_editions/space-security-2019/ (검색일: 2020.9.26).

TASS. 2014. "Russia to place GLONASS stations in Cuba." https://tass.com/non-political/736525 (검색일: 2020.9.25).

TSNIIMASH. 2011. "QUALCOMM INCORPORATED NOW HAS PRODUCT SUPPORT FOR THE RUSSIAN GLONASS SATELLITE SYSTEM." https://www.glonass-iac.ru/en/content/news/? ELEMENT_ID=116 (검색일: 2020.9.25).

U.S. Congress, Office of Technology Assessment. 1995. *U.S.-Russian Cooperation in Space.* Washington, DC: U.S. Government Printing Office.

U.S. Department of State. 2020a. "U.S. Relations With Argentina: Bilateral Relations Fact Sheet." https://www.state.gov/u-s-relations-with-argentina/ (검색일: 2020.9.25).

U.S. Department of State. 2020b. "U.S. Relations With Ecuador: Bilateral Relations Fact Sheet." https://www.state.gov/u-s-relations-with-ecuador/ (검색일: 2020.9.25).

U.S. Department of State. 2020c. "U.S. Relations With Haiti: Bilateral Relations Fact Sheet." https://www.state.gov/u-s-relations-with-haiti/ (검색일: 2020.9.25).

www.gps.gov (검색일: 2020.4.4)

Вестник ГЛОНАСС. 1999. Распоряжение Президента Российской Федерации № 38-рп от 18 февраля 1999 г. http://vestnik-glonass.ru/ugolok-chitatelya/1274/ (검색일: 2020.4.4)

_____. 2009. Постановление Правительства РФ от 11 июля 2009 г. N 549 "О федеральном сетевом операторе в сфере навигационной деятельности." http://vestnik-glonass.ru/ugolok-chitatelya/1354/ (검색일: 2020.9.25.)

_____. 2012. ФЕДЕРАЛЬНАЯ ЦЕЛЕВАЯ ПРОГРАММА «Поддержание, развитие и использование системы ГЛОНАСС в 2012~2020 годах». http://vestnik-glonass.ru/ugolok-chitatelya/1347/ (검색일: 2020.9.25).

Oko-Planet. 2015.7.11. "Разработчики заявили о превосходстве ГЛОНАСС над GPS по точности в северных широтах. https://oko-planet.su/science/sciencenews/287043-razrabotchiki-zayavili-o-prevoshodstve-glonass-nad-gps-po-tochnosti-v-severniyh-shirotah.html (검색일: 2020.4.4)

NIS GLONASS. https://www.nis-glonass.ru/ (검색일: 2020.9.25).

Ria-Novosti. 2014. "МИД РФ: отказ США разместить ГЛОНАСС — форма конкурентной борьбы." https://ria.ru/20140716/1016177013.html

_____. 2019. "Роскосмос" планирует разместить станцию ГЛОНАСС на юге Индии." https://ria.ru/20190111/1549211754.html

Матвеев, Олег, Андрей Назаров, Андрей Вербицкий. 2016. Некоторый опыт российской космической деятельности(1991~2015 гг.). История и политика: Москва: Издатель Витюк Игорь Евгеньевич.

Самофалова, Ольга. 2012.4.6. "Лучше свое и новое: Через двадцать лет Россия может почти полностью отказаться от полетов с Байконура." Взгляд. https://vz.ru/economy/2012/4/6/ 573255.html (검색일: 2020.9.25).

10 우주 국제규범의 세계정치*

우주경쟁의 제도화

유준구 ┃ 국립외교원 연구교수

1. 서문

최근 우주강국들은 인공위성 및 GPS 장치를 사용하여 군사적 능력을 증대하고 있어 우주에 대한 군사안보적 관심이 주목되고 있다. 우주강국은 우주를 정치·안보·경제·과학기술의 관점에서 접근·경쟁하고 있는바, 미국·러시아·중국 등은 공식적인 부인에도 불구하고 우주공간에서의 전쟁 수행능력 향상 경쟁을 가속화하고 있다. 이와 더불어 지난 50년 이래 다원화 단계에 진입한 우주경쟁은 현재 UN을 중심으로 우주안보의 규범화 작업이 시급한 현안으로 제기·진행되고 있는 상황이다. 우주안보 분야는 UN 및 다자 협력체에서 포괄적인 접근을 기조로 국제조약 창설과 국제규범 형성 작업이 투 트랙으로 논의되고 있다. 또한 UN의 여러 다자 협의체에서 미국·서방과 중러 간의 이해대

이 글은 외교안보연구소 정책연구시리즈(2020-11), 「우주안보 환경 변화에 따른 우주안보 제도화의 현안과 과제」를 수정·보완한 것임을 밝힌다.

립이 첨예하게 지속되는 상황에서, 우주강국들은 우주공간의 군사화·무기화 및 상업적 민군 이중용도의 기술개발을 급속히 진행하고 있는 상황이다.

우선 우주 분야 기술·규범·정책에 관한 문제는 UN 등과 같은 정부 간 국제기구뿐만 아니라 다양한 국제협의체에서 논의가 진행되고 있는바, 특히 비정부 간 국제 협의체에서는 민간 전문가들이 포괄적으로 혹은 특정 전문 이슈를 다루고 있다. 한편 우주공간의 국제규범 형성과 관련해서는 그간 UN 산하 '우주의 평화적 이용을 위한 위원회COPOUS'를 중심으로 다수의 국제조약과 결의를 채택해 온 경험이 있다. 이는 사이버 안보 규범 논의에 비해 논의의 진행 속도가 빠른 편이나 미국과 중러 간의 대립구도는 사이버 안보와 같이 여전히 견조하게 유지되는 상황이다. 즉, 미국과 EU는 2012년 '우주활동의 국제 행동 규범안Draft International Code of Conduct for Outer Space Activities: ICoC'을 제출한바, 기본적으로 법적 구속력이 없는 행동 규범의 채택을 의도한 반면 중러는 '외기권에서의 무기 배치 금지와 외기권 물체에 대한 무력 위협 및 사용 방지에 대한 조약 초안Treaty on the Prevention of the Placement of Weapons in Outer Space and of the Threat or Use of Force against Outer Space Objects: PPWT'을 공동 제출했는데, 법적 구속력 있는 국제 우주법을 제정해야 한다는 입장이다. 이와 같은 상황에서 실질적 결과를 도출하기에는 ① 법적 문서의 형식, ② 우주의 경계획정, ③ 우주의 무기화·군사화의 허용 정도, ④ 우주에서의 무력 충돌, ⑤ 우주기술의 수출통제, ⑥ 신뢰구축 조치 및 우주상황인식 등 여러 이슈에서 각 진영 간 이해대립이 커서 논의에 커다란 진전이 없는 상황이다.

이러한 우주강국들의 첨예한 진영대립 속에서 미국 트럼프 행정부는 우주에서 미국의 리더십을 유지하기 위한 국가안보전략 차원에서 2018년 3월 「국가우주전략」 및 우주사령부 창설을 발표했다. 미국 국가우주전략의 핵심은 트럼프 행정부의 정책 기조인 '미국 우선주의America First'에 입각하여 우주에서의 군사력 강화와 경제적 이익을 확보하는 것에 초점을 두고 동맹국 및 파트너 국가와 국제협력을 강화하고 있다. 이를 위해 국가우주전략의 4대 핵심 초석으로 ① 회복력 제고, ② 억제 및 군사수단 강화, ③ 기초 역량 강화, ④ 유리한 국내외 환경 개발 등을 설정했다. 이 중 앞의 3개 분야는 우주에서의 국가안보 활동과 연관되고 마지막 사안은 상업적·국제적 파트너십 구축과 관련이 있다. 군사력 강화 차원에서 우주공간의 전장화 추세는 다중 영역multi-domain에 기반한 군사작전을 전개하기 위해 필요한 우주공간의 중요성을 반영한 것으로, 사이버공간과 더불어 다중 영역 작전 수행의 기반 영역으로 우주공간을 설정하고 있다. 이러한 취지에서 국방예산의 전반적 감소에도 불구하고 트럼프 대통령은 향후 5년간 방어우주프로그램 및 우주탐사 활동에 각각 8억 달러 및 520억 달러의 예산 증액분을 2019년 예산에 반영했다.

현 단계에서 우주안보의 제도화 과제는 진영 및 국가 간 첨예한 대립 속에서 여러 난제를 안고 있다. 이는 기존 우주안보 레짐이 변화하는 우주안보 환경을 반영하지 못한 상황에서 각국의 우주경쟁은 가속화하고 있는 데서 기인한다. 따라서 미래의 제도화 과제는 기존 우주안보 레짐의 분절·분화 내지 경우에 따라 무력화되는 과정도 겪을 것으로 전망된다. 이에 이 글에서는 국제안보적 차원에서 논의되는 우주안보의 현황 및 특성, 그리고 우주안보 규범 형성의 현안과 쟁점을 분석하여 향후 우주안보의 제도화 전망과 과제를 도출해 보고자 한다.

2. 우주경쟁에 관한 이론적 쟁점

1) 복합 우주공간과 우주안보

우주 진입 초기에는 미국과 구소련 간의 양자 경쟁이었으나, 현재는 중국의 진입으로 경쟁구도가 다원화·심화되고 있는 가운데 2000년대 이후 기존 우주 선진국뿐만 아니라 독일·캐나다·호주·일본·인도·한국 등도 우주개발에 본격적으로 참여하면서 우주경쟁이 촉발되고 있다. 오늘날 전 세계적으로 단독 혹은 국제협력을 통해 우주개발에 참여하고 있는 국가는 50개국이 넘으며 이 중 10여 개국 이상이 독자적인 우주 군사 프로그램을 수행 중인 것으로 알려져 있다. 우주 예산 중 군수 분야 예산의 경우도 1990년대 초반 30% 정도에서 2010년대 이후부터 50%를 상회하는 등 주요 우주 선진국들은 우주 군사력 증강에 막대한 투자를 하고 있다. 또한 지구궤도에서 활동 중인 인공위성은 총 2666개(2020년 3월 기준)인데, 그중 중국의 위성 수가 363개로 기존 우주영역의 강자였던 러시아(169개)를 제치고 미국(1327개) 다음으로 올라섰고(US Sattelite Database, 2021) 2018년에서 2026년까지 3000여 기의 추가 위성이 발사될 예정이다. 더욱이 상업용과 군사용의 구별이 모호하고 상업적 목적의 위성도 군사적 전용이 쉽기 때문에 실제 군사 용도의 인공위성은 상당한 규모에 이르고 있다(현대경제연구원, 2015).

우주개발 경쟁이 본격화하면서 상업적 목적의 우주산업이 차지하는 비중이 연간 2천억 달러로 급증하고 있으며 이러한 추세는 우주안보의 새로운 위협요인이기도 하다. 또한 우주공간에서의 상업적 활동은 사실상 군사적 활동을 전제 내지 수반한 측면이 강하다. 실제로 모든 국가에서 군과 정부의 상업적 우주산업에 대한 의존도는 날로 증대하고 있으며, 급속한 우주개발에 따른 우주공간의 체증, 우주 쓰레기의 위험, 전파간섭 문제 등이 발생하고 있다. 다만, 사이버 분야와 달리 우주 분야의 경우 민관의 유기적인 협력이 상대적으로 잘 이뤄지고 있으며 현실적으로도 현재까지는 우주물체의 제조·발사·항행에 대해 정부의 엄격한 통제가 가능하다는 사실이 중요하다.

사이버공간의 거버넌스 이슈와 달리 우주공간의 거버넌스 이슈는 상대적으로 우주안보 이슈를 중점으로 논의되고 있지만, 우주안보는 아직 확립된 개념이 아닌 형성 과정에 있는 개념이다. 즉, 우주공간에 대해 주권에 의한 영유를 인정하지 않는 만큼 현실주의적 안보 개념이 적용된다기보다는 포괄적 안보comprehensive security 내지 복합적 안보complex security 차원에서 접근하고 있다.

우주안보 논의는 국가마다 명백한 안보 위협으로 파악하는 국가(주로 우주강국), 새로운 안보 위협으로 보는 국가(우주 중견국) 등 차이가 있는바, 이는 기본적으로 각국의 우주역량의 차이를 반영한 것이다. 또한 우주 선점의 논리나 우주 자원개발 및 우주의 상업적 이용에 대해서도 각국은 포괄적 안보 차원에서 국가적 전략을 수립·대응하고 있는 현실이다(김형국, 2010).

포괄적 안보 차원에서 우주공간의 거버넌스 이슈는 안보security, 안전safety, 지속가능성sustainability의 모든 요소를 고려하여 통합적인 국제규범 창출을 모색하는 것이다. 즉 우주안보 이슈에서 거버넌스 차원의 국제규범 창출은 ① 우주 환경의 불안감 증대로 인한 국제관계의 불안정, ② 인간의 생활환경으로서 우주의 자연적 상태에 대한 안전·안보에 대한 위험 및 위협, ③ 우주의 평화적 이용에 대한 국제적 관심 등과 관련하여 일정한 합의나 제도적 장치를 통해 초국가적 안전성을 확보하려는 노력의 일환으로 볼 수 있다. 같은 맥락에서 '우주 운용space operation'을 일국의 영토적 안보 위협과 연계해 실행하는지의 여부가 관건이며 이는 우주에서 주권의 범위, 우주의 평화적 이용, 우주에서의 무력 충돌 그리고 우주기술 경쟁과 수출통제 등의 문제와 연관되어 있다 (Schmitt, 2006).

2) 우주 레짐의 분화·분절

최근 우주안보와 관련한 국제규범 형성 논의는 UN 및 다자 협의체를 중심으로 활발히 논의되고 있으며, 각각의 논의 기제가 상호 영향을 미치면서 미국과 중러 간 입장차가 뚜렷하게 노출되는 상황이다(UNIDIR, 2016). 즉, 미국의 경우 우주안보와 관련해서는 기존 1967년 '우주조약(조약의 정식명칭은 '달과 다른 천체를 포함하여 우주의 탐사와 이용에서 국가의 활동을 규제하는 원칙에 관한 조약 Treaty on Principles Governing the Activities of States in the Exploitation and Use of Outer Space Including the Moon and Other Celestial Bodies: 1967년 우주조약)'으로 충분하고 우주에서의 군비경쟁을 방지하기보다는 우선 우주에서의 행동 지침이나 통행 규칙, 투명성 및 신뢰구축조치 등 강제성 없는 자발적 조치의 강화를 우선해야 한다는 입장이다. 이에 반해, 중러는 급격히 변화하는 우주 환경에 대응하기에 기존 우주조약으로는 부족하고 우주에서의 군비경쟁 방지를 위해 법적 구속력 있는 새로운 국제조약의 채택이 필요하다는 견해이다. 한편, 본격적으로 우주 경쟁에 합류한 EU·일본·인도·브라질·한국 등은 국제규범의 창설 논의에는 원칙적 지지를 표하면서도 그 구체적 적용 대상 및 범위, 법적 구속력 여부에 대해서는 상이한 입장을 보인다(임재홍, 2011). 결국 우주규범 창설 논의에 우주안보를 포함시키고 법적 구속력 있는 조약을 창설하자는 국가(러시아, 중국, 중남미 국가)와 우주안보 논의를 배제하고 신뢰구축조치를 우선시하는 국가(미국, 서방국가 등) 간 의견 차이가 여전히 노정되고 있는바, 이러한 대립은 결국 우주 레짐의 분화 및 분절을 가속화할 것으로 전망된다.

우주안보의 국제규범 창설과 관련, UN 차원에서는 COPUOS와 군축회의 Conference on Disarmament: CD를 중심으로 논의되고 있는바, 양 논의체가 최근 역할의 분화를 보이고 있다. 즉, COPOUS의 경우 지난 1959년 UN총회 산하 위원회로 설립된 이래 국제우주법의 근간인 6개의 조약과 5개의 총회 결의안을 주도했는데, 최근에는 국제조약의 채택을 주도하기보다는 국가 간 공동의 합의를 유도하는 경향으로 선회하고 있는 추세이다. 가령, COPOUS는 2010년 이래 우주활동에 관한 국가 간 상이한 관행 및 규정을 국제적으로 통일함으로써 장기적으로 우주 환경 조성에 필요한 가이드라인을 제정하기 위해 과학기술소위원회에 '우주활동 장기지속성Long-Term Sustainability, LTS' 가이드라인 워킹그룹을 구성하여 가이드라인 작성을 주도하고 있다. 동 가이드라인은 국가별로 강제력은 없으나, 국가별 경험과 최적사례best practices 공유, 이행 현황 제출 등을 통해 다양한 지속가능성 지향 우주 운영 정책들을 국제사회로 확산, 유도하고 있다. 동 가이드라인의 경우 일견 진영 간 타협의 산물로 우주에 적용되는 국제법 창설이 난망한 상황에서 국가들의 행동을 규율하는 최소한의 가이드라인이 필요하다는 문제의식에 기인한 것이다. 반면, CD는 매년 채택되는 '우주공간에서의 군비경쟁 방지Prevention of Arms Rase in Outer Space: PAROS' 관련 UN 총회 결의(122v.4)에 따라 포괄적인 국제우주법의 제정을 위한 협상을 진행해 왔고, 2008년 중러는 CD에 PPWT를 공동 제출한(2014 Updated Draft) 상황이다. 결국 최근, UN 체제하 우주안보의 국제규범 논의는 COPOUS와 CD에서 각기 상향식의 공동 합의 추진과 하향식의 국제 우주법 창설이라는 투 트랙으로 수렴하는 가운데 미국과 중러 간 입장차가 현저한 현실이다.

EU는 안보전략의 목표 중 하나인 "효과적인 다자주의에 근거한 국제질서" 구축의 차원에서 2012년 COPUOS에 우주활동의 국제 행동 규범안ICoC을 제출했다. 현재 우주공간에서의 위험요소 및 위협과 관련하여 ICoC는 군비경쟁 금지, 우주 쓰레기 경감 등을 통한 우주의 안전과 안보를 위한 지침, 그리고 우주활동의 정보공유 등의 행동 규범을 제시하고 있다. EU의 경우 보편적으로 적용되는 ICoC를 UN 체제 밖에서 추진하고 있는데 이는 UN 내에서 미국과 중러 간 입장차가 좁혀질 가능성이 희박한 상황에서 미국과 중러 모두 '투명성 및 신뢰구축 조치Transparency and Confidence Building Measures: TCBMs'에 대해서는 긍정적인 점을 감안한 것이다. 다만, ICoC는 사이버공간의 국제법 적용 문제와 같이 우주에서의 자위권에 대한 국제적인 논쟁을 초래하여 중러 및 여타 BRICS 국가들의 강력한 반대에 직면하고 있고, 중러는 ICoC의 논의를 PPWT의 논의와 연계한다는 것이 공식 입장이어서 향후 공식적 ICoC 채택은 난항이 예상된다. 미국 역시 트럼프 행정부 출범 이후 ICoC 채택에 미온적인 태도를 견지하고 있다(박원화, 2012).

3) 우주강국의 우주안보 전략·정책의 변화

미국의 우주 관련 정책 전반을 아우르는 문서라 할 수 있는 「국가우주정책 National Space Policy」은 2010년 6월 발표한 이래 업데이트가 되지 않았으며, 백악관은 동 문서와 관련해 전략적 검토를 계속하고 있는 상황이었다. 그런데 트럼프 행정부 들어 신기술 안보 분야에서 우주안보가 특히 강조되면서 대통령 취임 직후(2017.6.30) 국가우주위원회NSC를 부활시키고, 연이어 「국가우주전략」 발표, 우주군 창설, 우주상황인식SSA 발표, 우주교통관리STM 체계 정비, 수출통제개혁ECR 등 일련의 우주안보 정책을 추진했다(유준구, 2018). 2018년 3월 새로이 발표한 「국가우주전략」에서는 미국의 리더십 회복이라는 차원에서 '미국 우선주의America First' 취지에 따라 우주에서의 군사력 강화와 상업적 규제개혁을 통해 미국의 이익을 보호하는 데 초점을 두고 있다. 미국은 상업적 우주산업에 대한 의존도가 상당한데 미국의 국가안보 전략 혁신은 통신·지휘·감시·정찰 및 정보 등 우주의 이용에 크게 의존하며 이러한 군사정보 목적의 서비스들은 민간 분야 상업 주체들에 의해 제공되고 있다. 특히, 미국은 위성의 이중용도를 우주안보 위협 요인의 하나로 인식함과 동시에 미국의 상업용 또는 정부 주도 우주프로그램에 대한 투자를 우주개발 기술, 통신서비스 기술, 전파간섭 최소화 기술 등에 집중하면서 이 기술들을 위성의 민군겸용 임무 수행에 직간접적으로 활용하고 있다. 또한 미국은 우주가 이미 러중의 우주 공격 능력 강화로 인해 국가 간 경합이 이루어지는 전투공간으로 변모하고 있다고 평가하고 있다. 현재 미군은 이에 대응하기 위해 우주군과 우주사령부를 창설하여 조직 및 구조적 변화를 단행하고 있으며 우주군은 미국의 군사자산을 보호할 수 있는 수단들을 획득·계획하고, 우주사령부는 동 수단들에 대한 구체적 운용 방안을 강구하고 있는 상황이다.

중국은 우주개발 사업을 국가안보 및 국가발전 전략 핵심 구성 부분으로 인식한 바, 2016년 새로운 중국 『우주전략 백서』를 발간한 후, "세계 우주강국과 기술 강국 건설을 위해 힘써야 한다"라고 강조했다(人民网, 2016). 2016년 『우주전략 백서』에서는 "외기권 공간에 대한 탐사는 지구와 우주의 인식을 확장, 외기권 공간에 대한 평화적 이용은 인류문명의 사회 진보를 촉진, 전 인류에 혜택을 준다"라는 취지를 강조하고 있다. 구체적으로는 "경제건설, 과학기술 발전, 국가안전과 사회 진보 등의 요구를 충족하고 전 인민의 과학문화 소양을 제고, 국가 권익 수호 및 종합 국력 증강에 도움을 준다"라고 명시하고 있다 (年中国的航天 白皮书, 2016). 따라서 중국은 전면적으로 우주강국 건설을 추진함으로써 자체적인 혁신 개발 능력, 과학탐구 능력, 경제사회 발전 복무 능력 등을 구비하여 '중국몽中国梦'을 실현하기 위한 강력한 기술적 지지 기반을 제공하겠다는 동기를 가지고 있다(김지이, 2019). 중국은 2011년 『제1차 우주백서』 발표 후부터 2015년 말까지 5년간 우주 운송시스템·인공위성·유인우주선·달 탐사·우주 발사장·중국형 GPS인 베이더우 위성시스템·고해상도 대지 관측 시스템 등 중대한 우주기술 발전을 추진했다. 이를 바탕으로 제2차 우주계획(2016~2020)에서는 제1차 계획(2011~2015)을 지속적으로 추진하고 신기술 실험을 강조하면서 우주강국 건설에 더욱 박차를 가할 것임을 공표했다 (Kenderdine, 2017). 특히, 독자적 위성항법시스템인 베이더우 2호의 서비스 성능을 제고하여 '일대일로' 프로젝트에 참여하는 국가들과 주변국에 기본 서비스를 제공하고, 2020년경에는 35개 위성으로 글로벌 위성항법시스템을 구축·완성하여 전 세계 이용자들에게 서비스를 제공하겠다는 원대한 구상을 밝히기도 했다(Levin, 2009.3.23).

미국과 함께 전통적 우주강국인 러시아는 1996년에 통과된 '러시아연방 우주활동관련법', 2014년 발표되어 현재까지 적용되고 있는 「러시아 안보독트린」과 「2006~2015 러시아연방 우주프로그램」 등 핵심 문서들을 통해 우주안보 및 우주기술개발 정책을 추진하고 있다(쉬만스카, 2019). 동 법에서는 러시아 우주활동의 핵심적인 목표를 ① 우주기술의 합리적이고 효과적인 사용을 통한 러시아연방 국민의 복지 향상 및 국가경제 발전 촉진, ② 우주산업과 그 기반시설의 과학적·기술적·지적 잠재력의 강화 및 발전, ③ 러시아연방의 국방과 안보의 강화, ④ 지구에 관한 과학 지식의 개선 및 축적, ⑤ 국제안보와 경제발전을 위한 국제협력의 촉진 등을 제시했다. 특히, 4조 1항에서는 러시아연방 우주활동의 주요 원칙을 제시하고 있는데, 그중 첫 번째는 "우주기술을 활용한 국제 평화와 국제 안보의 유지"이다. 이를 통해 러시아는 우주를 안보의 핵심 영역으로 간주하고 있음을 알 수 있다. 우주에 대한 러시아의 인식을 잘 보여주는 다른 문서는 바로 「러시아 안보독트린」이다. 2014년 공개된 독트린의 12조에서, 미국이 추구하는 "전 세계 신속 타격Prompt Global Strike 역량(1시간 이내에 지구상의 어디든지 극초음속 항공기를 통한 재래식 공격을 할 수 있게 하는 미국의 계획)과 우주무기화를 러시아에 대한 주요 외부 위협으로 명시하고 있다. 또한 동 문서는 현대 군사 갈등의 핵심 전략을 적국의 정보공간, 항공, 우주, 지상 및 해상 영역에서 동시에 공격을 진행해 적국을 무력화하는 것으로 정리하고 있다. 이처럼 러시아는 우주를 군사안보에서 가장 핵심적인 영역으로 인식하면서, 군사 갈등을 예방하기 위한 러시아의 전략적 임무로는 ① 타국의 우주 군사화 시도에 대한 저항, ② 우주활동의 안전을 보장하기 위한 유엔 체제 내에서의 정책 조율, ③ 우주공간의 감시 분야에서 러시아 국가 역량의 강화를 제시하고 있다. 러시아연방군의 핵심적인 과제로는 ① 국가 기반 시설에 대한 우주방위의 제공, ② 항공우주 공격에 대한 대응·대비, ③ 군의 활동을 지원하는 우주기술 역량의 강화 및 유지를 명시하고 있다(쉬만스카, 2019).

3. 우주안보 국제규범 논의의 쟁점과 현안

1) 우주공간의 특성과 경계획정

우주공간은 일국의 주권적 영유가 인정되지 않는 '국제 공역international commons'으로서 사용자의 자유로운 접근을 위해 국제사회의 효율적 규범이 요구되는 공간인 동시에 우주인, 우주물체, 우주활동에 대해서는 국가의 엄격한 통제가 적용되는 영역이다. 즉, 우주공간은 공해 및 심해저·남극·대기권·사이버공간의 국제 공역적 특성과 유사하면서도 다른 상당히 독특한 성격이 있는바,

대기권과 우주공간의 명확한 경계 구분이 불확실한 상황에서 전 지구적인 우주활동이 이뤄지고 있다는 특성이 있다. 또한 고도의 과학기술과 자본이 필요한 우주활동의 특성으로 인해 실제 우주의 자유로운 접근과 이용이 가능한 국가는 제한되어 있으며, 이러한 측면이 미국 등 우주강국들이 우주의 국제 공역적 성격을 강조하는 배경이기도 하다. 미국의 경우 국제 공역적인 우주를 무주지無主地적 개념으로 인식하는 측면이 강하여 개별 국가의 능력에 의한 이용·개발·탐사가 가능하다는 입장이다. 다만, 최근 우주의 국제 공역성에 대한 미국의 기존 입장이 변화되어 미국의 의지와 능력을 관철하려는 의도를 표명하고 있는바, 이는 우주경쟁이 본격화하면서 우주에서의 미국의 안보이익을 강화하려는 의지의 표현이라고 평가된다.

이러한 배경에서 우주의 경계획정은 우주와 영공을 구별하여 각각의 범위 또는 구역을 명확히 정의하자는 취지인바, 경계획정 찬성 국가와 반대 국가로 구별되고 있다. 즉, 러시아·우크라이나·알제리 등은 사고 발생 시 손해배상 문제 등 국가 간 분쟁 가능성을 최소화하기 위해 우주의 정의 및 경계획정이 필요하다는 입장이다. 반면 미국·캐나다·프랑스·노르웨이·일본 등은 우주활동에 관한 국제적 규제는 우주물체의 기능 및 운용, 미래의 기술 발전 등에 기초해야 하며 우주의 정의와 경계획정의 부재가 우주활동의 장애를 구성하지 않았으므로 인위적인 우주의 경계획정은 불필요하다는 입장이다. 특히, 이와 관련 COPOUS 법률소위 산하 '우주의 정의과 경계획정에 관한 워킹그룹'에서는 우주의 정의 및 경계획정과 준궤도sub-orbital 비행의 법적 정의에 대한 회원국들의 의견을 수렴하고 있다. 특히, 준궤도 비행의 혼합적 성격은 준궤도 비행에 항공법과 우주법 중 어떤 법을 적용할 것인지에 관한 문제를 제기하지만, 준궤도 비행은 영공과 우주에서 모두 부분적으로 이뤄지기 때문에 우주의 정의 및 경계획정이 바로 준궤도 비행에 대한 적용법 문제를 해결주지는 않는다는 난제가 남아 있다.

2) 우주의 평화적 이용

우주에 대한 탐사와 이용이 무제한적으로 허용되는 것은 아니며, 우주가 모든 인류의 영역으로서 달과 그 자연자원이 인류의 공동 유산으로 유지되기 위해서는 우주의 탐사와 이용이 과학적 목적 등 오직 평화적 목적으로 제한되었을 때에만 가능하다. 즉 우주가 군사적 목적으로 이용될 경우 지속적인 우주의 탐사와 이용의 보장은 확신할 수 없게 된다. 이를 반영하여 1967년 우주조약 제4조 1항에서는 우주의 군사화·무기화의 일정한 금지를 규정하고 있다. 다만, 앞서 설명한 6개 조약 중 1967년 우주조약과 1979년 달 조약에는 군사적 활동에 대한 국제법적 흠결이 있는바, 달과 다른 천체에서는 군사 활동이 포괄적으로 금지되는 반면, 지구 주변 궤도에서는 대량파괴무기만이 금지의 대상이라는 것이다. 따라서 지구 주변 궤도에서는 대량파괴무기가 아닌 재래식 무기를 사용하는 군사 활동은 허용된다는 해석이 가능하고 이러한 해석은 1967년 우주조약의 대원칙인 우주의 평화적 탐사 및 이용과 일견 상충될 수 있다. 동 조약의 평화적 목적과 관련해 완전한 비군사화로 이해해야 한다는 의견, 침략적 이용만이 금지된다는 견해, 비무기화만을 의미한다는 세 가지 입장으로 나뉘는데, 중러는 비군사화를 주장하는 반면 미국은 비침략적인 목적에만 국한해야 한다는 입장이다.

러중이 공동으로 제한한 PPWT에서는, 1967년 우주조약 제4조 1항의 통상적 해석상 지구 주변 궤도에 재래식 무기의 배치가 가능한 것과는 달리 우주에 어떤 무기의 배치 및 우주물체에 대한 무력 위협 또는 사용을 금지하고 있어 우주에서의 비무기화를 규정하고 있다. PPWT의 비무기화 규정도 논란의 소지가 있는바, 금지되는 우주무기의 명확한 정의가 부재하여 우주에 배치하지 않은 인공위성 요격 또는 미사일 방어 무기의 지상 배치는 그 배치가 무력의 위협을 구성하지 않는 한 PPWT의 금지 대상에 포함되지 않는다. 또한 PPWT의 검증 시스템 부재로 실효성에 한계가 있고, 현재 미국의 강한 반대로 PPWT를 논의하기 위한 워킹 그룹도 구성하지 못한 현실이어서 동 조약의 조기 채택 가능성은 낮다. 다만, 대부분의 국가가 동 조약을 지지하고 있고 UN총회 및 CD에서 지속적으로 논의하고 있기 때문에 향후 여하한 형태로든 결과물이 도출될 것으로 보인다. 다만, 러중이 PPWT 및 외기권 무기 선제 불배치NFP 등과 같은 외기권 규범을 통과시키기 위해 외교적으로 노력해 온 것에 반해, 실제로는 외기권에 무기 배치를 지속적으로 추진하고 있다는 서방측 비판 역시 존재한다.

반면, ICoC에서는 "과학·상업·민간·군사 활동에서 우주의 평화적 탐사와 이용을 촉진"한다고 규정함으로써 우주의 군사적 이용을 허용하고 있는바, 이에 대해 논란이 제기되고 있다. 즉 우주가 사실상 군사적으로 이미 활용되고 있는 상황에서, 국제협력 체계를 통하여 군사 활동의 TCBMs를 도모할 수 있다는 입장과 우주의 군사적 이용을 인정함으로써 우주 분쟁이 악화할 수 있다는 견해로 대립하고 있는 것이다.

3) 우주에서의 무력 충돌

최근 우주공간은 4차 산업혁명 시대의 '확장된 신복합공간'으로서 기술 경쟁의 성격을 갖고 있는바, 위성을 활용한 정찰, GPS를 이용한 유도제어, 다중 영역 차원의 군 작전 수행 등 민간 및 군사안보 차원에서 우주자산이 적극적으로 활용되고 있다. 특히, 미국·러시아·중국 등 우주강국들이 우주를 정치·안보·경제·과학기술의 관점으로 접근·경쟁하고 있는데, 공식적인 부인에도 불구하고 우주공간에서의 정보 및 전쟁 수행 능력 향상의 경쟁을 가속화하고 있다. 예컨대, 미국의 우주기술 기반 미사일 방어 검토보고서MDR, 우주산업 육성 전략, 우주상황인식SSA, 우주군 창설 관련 우주정책지침SPD 발표 등을 계기로 우주강국들은 우주공간의 군사화와 무기화 및 상업적 민군겸용기술의 개발을 급속히 진행하고 있는 상황이다.

상기 이슈는 사이버공간의 국제법 적용 논의에서와 같이 우주공간의 국제 규범 논의에서도 자위권의 적용 문제가 핵심적 쟁점 사안으로 대두하는 것과 연계되어 있고, 동 이슈에서 국가 간 이견이 현저하다. 우주공간에서의 비무기화를 주장하는 중러는 우주가 자위권의 대상이 되는 것을 받아들일 수 없다는 입장이고, 미·서방은 기본적으로 비침략적 형태의 우주 군사화는 가능하다는 전제하에서 특정한 상황에서의 자위권 행사는 UN헌장상 보장된 기본 권리라는 입장이다. ICoC에서는 이를 보다 명문화하여 "UN헌장에서 '인정된 recognized' 개별적 또는 집단적 자위권 행사라는 고유한 권리"를 일반원칙으로 규정하고 있다. 상기 문구는 관습 국제법상 자위권을 포함하는 포괄적 개념으로, EU는 ICoC에 대한 미국의 적극적인 참여를 유도하기 위해 자위권의 범위를 확대했으나, 그 대신 중러 및 상당수 국가의 반발을 초래했다.

4) 우주기술 경쟁과 수출통제

우주개발 초기 인공위성은 우주 탐사·개발과 경제적 이용 등 민간 목적에 초점을 두어 왔으나, 전쟁이 첨단기술에 의해 수행되는 상황 변화에 따라 인공위성의 역할과 기능도 민간 용도와 함께 군사전략적으로 활용되고 있다. 즉, 오늘날 우주안보를 위협하는 주요인은 우주의 평화적 이용이 아닌 군사적 이용에 있으며 인간생활이 우주와 밀접히 연관된 상태에서, 각국이 현재 운용 중인 민간위성과 군사위성 간 구분이 어려운 실정이다. 위성의 이중용도가 우주안보 위협 요인의 하나로 인식되고 있으나, 상업용 또는 정부 주도의 우주프로그램에 대한 투자가 특히 우주개발기술, 통신서비스 기술, 전파간섭 최소화 기술 등에 집중되고 있으며 이들 기술이 위성의 민군겸용 임무 수행에 직간접적으로 활용되고 있다. 실제로 우주 선진국의 군과 정부의 상업적 우주산업에 대한 의존도가 증대되는 가운데, 각국의 군사력 혁신은 통신·지휘·감시·정찰 및 정보 등 우주 이용에 크게 의존하며 이러한 군사 목적의 서비스들은 민간 분야 상업 주체들이 제공하고 있다. 이런 상황에서 우주안보의 지속성 보장을 위한 국제규범화를 위해서는 우주의 민간 및 상업적 이용을 포함해 모든 분야를 포괄한 논의가 필요한 실정이다.

특히, 미국은 비확산 체제를 강화한다는 원칙에 따라 우주발사체 기술의 해외수출을 엄격히 제한하고 있으며 기존 '미사일기술통제체제(1987년 창설, Missile Technology Control Regime: MTCR)'에 따라 운반 시스템에 도움이 되는 광범위한 품목의 이전을 통제하고 있다. 다만, 트럼프 행정부는 우주의 상업적 활동과 관련한 법적·제도적 개혁조치의 일환으로 '수출통제개혁조치Export Control Reform: ECR'의 구체적 내용을 2019년까지 마련하여 제출할 계획이었다. ECR의 경우 전임 오바마 행정부에서부터 제기되었던 것으로서, 미국 수출통제 법제의 전반적으로 노후화된 시스템, 중복적이고 복잡한 제도, 수출 허가 절차에 장시간 소요 등으로 인해 효과성과 효율성이 저하된다는 문제의식을 바탕으로 관련 기관 간 TF를 구성하고 새로운 수출통제 제도의 2019년 도입을 목표로 검토 작업을 진행했다. ECR은 효과성과 효율성 강화를 목표로, 비민감 거래의 경우에는 절차 간소화를 위해 ① 비민감 품목 통제 완화, ② 제도 및 절차 단순화, ③ 우방국 허가 요건 면제 등을 추진하고, 우려 거래를 집중 통제하기 위해 ① 집행 강화, ② 허가 기관 간 정보공유 강화, ③ 민감 품목 식별 등을 통해 이원적·균형적 정책을 추진한다는 내용을 포함하고 있다.

상기 현안을 바탕으로 ECR은 통제 리스트, 허가 기관, IT시스템, 집행 조정 기관 등 4개 통합 분야를 중심으로 진행되고 있는바, 통제 리스트의 경우 그동안 상무부 관할 CCLCommerce Control List과 국무부 관할 USMLUS Munition List의 상이한 두 개의 수출규제 품목 리스트를 ECR을 통해 규제 대상 물품을 재정리함으로써 궁극적으로는 하나의 Control List로 통일하기 위한 기준을 수립하고 있다. 그 중간 과정으로 부품 등 비민감 품목을 CCL로 이전하고 USML(positive list)과 CCL 간에 명확한 선을 긋는 작업을 진행 중에 있다. 우주 물품과 관련해서는 상업 통신위성, 저능력 관측위성, Planetary Rover, Planetary and Interplanetary Probes 및 이와 관련된 시스템 및 장비 이외에 USML에 없는 위성 버스 관련 부품 등 일부 위성 물품이 USML에서 CCL로 이전되었고, 트럼프 행정부에서는 본격적으로 의회 통보 및 협의를 계획하고 있다. 허가 기관 통합 문제의 경우 현재 국무부ML, 상무부CCL, 재무부(금수조치 중 무역 관련 부분)로 삼분되어 있고 집행기관 역시 다수 부처(국무부·재무부·국방부·법무부·상무부·에너지부·국가안보국)로 나뉜바, 허가 기관 및 집행기관 통합은 장기적이고 법 개정이 필요한 관계로 현재로서는 부처 간 조정기능을 강화하는 방향으로 진행하고 있다.

4. 우주경쟁 제도화 과제

1) 우주규범 창설 가능성 및 형식

우주 환경의 변화와 우주개발의 다원화에 따른 새로운 국제규범의 정립 및 국제조약의 창설 필요성에도 불구하고 규범의 구체적 내용과 형식 등 여러 쟁점을 둘러싼 미·서방과 중러 간 대립이 현저한 상황에서 조기에 가시적인 성과가 나올 가능성은 희박하다. 미국 오바마 행정부는 2010년 6월 신우주정책을 발표하면서 국제협력적 접근을 확대하고 국제규범 형성과 관련해 과거보다 상당히 전향적인 입장을 보였으나, 이러한 기조는 트럼프 행정부 들어 보수적입장으로 변화되었다. 즉, 트럼프 행정부는 다자적인 국제규범 논의보다 동맹국 및 파트너십 국가들과의 국제협력 강화를 중시하는바, 이 배경에는 우주경쟁의 다원화, 우주 예산의 상대적 감소, 우주 환경의 위험 증가 등에 대응하기위해 우주상황인식 분야에서 국제협력을 강화하고 우주안보에서 미국의 리더십을 유지할 필요성에서 기인한다. 다만, 최근 미국은 중러의 공세적인 우주안보 규범 창출 논의에 대한 대응 차원에서 다자적 차원의 우주공간에서의 책임 있는 행위와 관련된 규칙이 필요하다는 판단하에 한국을 비롯한 여러 국가들과 구체적 규범을 담은 UN 차원의 결의안을 도출하기 위해 외교적 노력을 기울이고 있다.

반면 중러는 '새로운 법적 구속력 있는 국제문서'에 대한 협상과 서명이 우주안보 논의에 있어 최우선 의제가 되어야 한다는 입장하에 PAROS 논의를 주도하면서 PPWT의 협상·채택을 강력히 제안하고 있다. 중러는 우주안보와 관련한 현존 국제조약 및 규범은 우주에서의 군비경쟁을 방지하기에 미흡하고 자신들이 제시한 PAROS 및 PPWT는 이미 국제적 공감대를 충분히 형성했다는 입장이다. 다만, 러시아의 경우 우주조약의 보완·개정이나 TCBMs에 대한 추가 의정서가 우주에서의 안보와 안전 문제를 다룰 수 있고 국제규범의 합의 채택에 용이한 측면이 있다는 점은 공감하면서 이에 대한 논의 필요성에는 동의하고 있다. 그럼에도 불구하고 러시아는 법적 구속력 없는 국제규범 채택 논의가 UN에서의 PPWT와 같은 법적 구속력 있는 조약의 협상 목적과 진행을 저해해서는 안 된다는 입장이다.

EU는 중도적 입장이다. 즉, 국제사회가 우주안보를 위해 현실적으로 달성 가능한 목표를 세우고 점진적으로 포괄적인 레짐을 구축해야 한다는 입장에서 ICoC를 2007년 제안하여 2008년 채택되었다. EU는 포괄적인 국제규범 형성을 위해 TCBMs의 핵심 역할을 할 것이라고 주장하면서, ICoC를 즉시 채택하고 향후 점진적으로 법적 구속력 있는 문서의 채택을 고려할 수 있다는 입장이다.

2) 신뢰구축 조치 및 우주상황인식

냉전시대에 국가 간에 발생 가능한 갈등을 사전에 예방하기 위한 조치였던 투명성 및 신뢰구축조치가 우주에서도 적용된다는 것은 인공위성 등 우주에서 우주물체의 운용에 수반하는 다양한 활동이 외교문제 등 국가 간에 새로운 안보 분쟁을 야기할 수 있다는 것을 의미한다. ICoC의 TCBMs 논의와 더불어 UN 차원에서도 투명성 및 신뢰구축조치의 국제규범 형성을 위한 노력이 진행되고 있는바, UN은 총회 산하 제1위원에서 '투명성 및 신뢰구축 조치 정부 전문가 그룹UN Group of Governmental Experts on Transparency and Confidence-Building Measures in Outer Space Activities: UNGGE'를 설립하여 2013년 보고서를 채택했고 2018년 제2차 UNGGE가 개최되었다. 주목할 점은 우주활동과 TCBMs을 연계해 제1위원회에서 논의한다는 것은 UN이 우주의 군사적 이용을 사실상 인정한 것이라는 점이다. 또한 TCBMs의 논의는 서방과 중러 간 최소한의 협력을 유지하는 매개이기도 하고 양측이 서로를 공박하는 공격 수단적 의제이기도 하다. 따라서 신뢰구축조치와 관련 우리나라가 할 수 있는 조치와 할 수 없는 조치를 구분하여 국제사회 논의에 대응할 필요가 있으며, 인공위성의 운영 및 우주공간에 대해서도 과학기술적 접근뿐 아니라 외교안보적 측면에서도 접근해야 할 것이다.

오늘날 우주는 우주 진출 기회 확대 및 우주 활용성 증대, 우주자산의 고부가가치화, 우주 위협 증대 등 복잡한 상황이 중첩되고 있다. 우주에 가장 많은 자산을 보유하고 있는 미국은 우주개발 문제를 국가안보의 문제로 규정하고 우주상황인식과 우주교통관리의 혁신을 추가하고 있다. 이와 관련 미국 트럼프 행정부는 SPD-3을 발표해, 미국의 우주 주도권 확보가 필수적임을 천명하고 이를 위한 수단으로 적극적 조치를 제시했다. 동 지침에서 전통적으로 군사적 이슈로 인식되었던 우주상황인식을 상업적 차원에서 접근하면서 국제협력 및 미국 주도 우주이용 국제규범의 표준화를 통해 해결해 나갈 것을 지시하고 있다. 러시아 역시 우주 감시와 추적 시스템 등의 우주상황인식이 러시아 우주 정책의 핵심 영역이자 자국 조기 경보 시스템의 필수 구성요소라고 보고 미국에 이어 두 번째로 우주 감시 기능을 제공하고 있다. 중국 역시 톈궁天宮 1호가 2018년 4월 통제 불능에 빠진 뒤 남태평양으로 추락한 사건을 계기로 우주상황인식 기능 개선과 함께 중국은 정확한 표적을 식별하고 성공적으로 군사작전을 전개하기 위해 미국과 분리된 독립적인 우주상황인식 시스템 구축을 목표로 추진하고 있다.

특히, 우주상황인식은 미국이 우주 역량이 있는 주요 동맹국 및 파트너 국가들과 국제협력을 강화하는 우선 분야로서 EU·캐나다·일본·호주 등과 우주상황인식을 핵심 협력 사안으로 추진하고 있으며, 한미 우주정책 대화 초기부터 한미 간 협력 의제로 우주상황인식을 제안해 오고 있다. 또한 우주상황인식은 우주의 복원력 강화 차원에서 중요한바, 일국 우주상황인식 시스템의 장애 시에도 동맹국 및 파트너 국가들과 협력하여 대응한다는 전략적 목표가 있다. 따라서 우주상황인식은 한국의 우주 외교전략의 핵심 의제라는 관점에서 다자 및 양자적 차원의 국제협력을 추진해야 할 것이고, 이러한 국제협력에 있어서는 민·관·군의 총체적이고 유기적인 협력을 전제로 하여 전략을 수립해야 한다.

3) 우주 자원 탐사

현재 우주 자원의 정의를 비롯하여 우주 자원의 탐사를 규제하는 국제조약 및 규범이 부재하다. 그렇기 때문에 일반적으로 우주 자원을 "지구를 제외하고 달과 달의 천연자원을 포함하여 태양계에 있는 행성, 소행성, 운석, 혜성 등의 천체 및 각각의 천체에 매장되어 있는 천연자원"으로 정의할 수 있을 것이다. EU·러시아·중국·일본·인도 등은 우주 자원에 대한 국제적 규제의 필요성을 인정하고 있으며, COPOUS 법률 소위원회도 2016년 "우주 자원의 탐사·채집·활용의 향후 법적 모델에 관한 의견 교환"이라는 신규 의제를 채택하고 2017년부터 논의를 시작했다. 현재의 논의는 회원국들이 우주 자원의 규제 필요성을 개진하는 수준인바, 우주 자원 탐사 및 개발 역시 우주경쟁에 있어 필수적인 제도화 과제라 할 수 있다.

더욱이 우주의 기원과 생명체의 발견에 초점을 뒀던 그동안의 우주탐사 목적이 행성, 소행성 등에 매장된 희귀 금속의 채굴로 확대되고 있다. 즉 골드만삭스는 2017년 4월 보고서에서, 축구장 크기의 소행성 한 개에 지구 매장량의 175배에 달하는 백금이 매장되어 있으며 약 250~500억 달러의 가치를 지닌 것으로 평가했다. 또한 동 보고서에 따르면 달의 북쪽 동경 18~43° 지역의 표토에는 최소 1만 톤의 헬륨-3 Helium-3이 함유되어 있는데, 약 370톤의 헬륨-3는 인류가 1년 동안 소비하는 모든 에너지를 공급할 수 있는 양이다. 이러한 상황에서 UAE, 사우디아라비아 등 중동의 산유국들이 달, 소행성 등에 있는 희귀 금속 채굴 계획을 발표했다. 특히, 미국은 2015년 11월 '상업적 우주 발사 경쟁력 법 Commercial Space Launch Competitiveness Act: CSCA'을, 룩셈부르크는 2017년 9월 '우주 자원 탐사 및 활용법'을 제정하여 자국민 및 자국 기업의 우주 자원 채굴을 위한 국내법 제도를 갖추었다. 또한 룩셈부르크 정부는 2020년 행성 채굴을 목표로 미국 우주탐사 기업인 DSI와 개발 계약을 체결했다. DSI는 행성 착륙선인 Prospector-1을 2022년 전에 발사할 계획이다. 미국 및 룩셈부르크가 우주 자원의 탐사에 관한 국내법을 제정한 이유는 우주 자원에 관한 국제법의 흠결 또는 부재 속에서 국내 입법과 실질적인 채굴을 통해 국가 관행을 형성시킴으로써 자국의 국내법을 국제적인 기준으로 만들려는 목적이 있다고 할 수 있다.

5. 결론

최근 우주안보 이슈에서 UN 및 다자 협의체의 논의는 주요 우주강국들의 이해 대립으로 인해 당분간 지체될 것으로 전망되는 가운데 미국 주도로 STM, ECR 등 주요 규범들이 다자화될 가능성이 높기 때문에 이에 대한 준비 및 대응이 긴요하다. 또한, 미·서방과 중·러 간의 입장 차로 인해 우주공간에 보편적으로 적용되는 구속력 있는 국제조약 및 규범이 단기에 창설될 가능성은 낮으나 향후 UN 및 다자 협의체에서의 논의는 치열할 것이기 때문에 적극 참여하여 우리의 기본 입장을 제시해야 하고, 이를 위해 쟁점별 검토·분석을 통한 입장 정리가 필요하다. 특히, 우주안보 및 전반적인 우주활동을 위한 우주 상황인식 이슈는 미국은 물론 세계적으로도 보편성을 갖는 어젠다인바, 이에 적극적으로 대처하여 우주활동국으로서의 의무를 준수하고 국제사회에 기여한다는 인상을 부각할 필요가 있다.

미국의 국가 우주전략이 파트너십을 통해 다층적인 양자 협력을 구축하는 것인바, 한국도 미국과의 포괄적인 우주정책 협력 틀 안에서 사안별 협력 프로그램을 준비해야 한다. 특히, 지난 20여 년간 위성분야에서 성공적인 협력을 수행했던 신뢰를 바탕으로 점차 발사체 및 우주 부품의 수출통제 부분에서도 보다 진전된 협력사업을 준비하여 진행해야 한다. 다만, 민감 품목 이전이나 전략물자 이전에 대한 민감성이나 방산 분야에서처럼 국가별 양자 협력의 일정한 시간적 격차를 설정하려는 미국의 일반적 기조 역시 고려해야 하기때문에 한·미 간 고위급 우주안보 대화채널을 구축, 유지하여 양자 간 정책적 이해를 공유할 필요가 있다. 같은 맥락에서 한미 간 우주전략 대화는 일원적인 특정 분야 중심의 논의만으로는 실질적인 성과를 도출할 수 없는바, 국내 유관 부처 간 유기적인 협력 조정 체계를 통한 한미 간 우주전략 대화 진행이 필요하다.

현재 우주협력 역시 COPUOS, CD, UNGGE 등 UN 중심의 다자 차원의 논의가 지속될 것이지만 일정한 한계가 있고 향후 지역 및 유사 입장 그룹 간 논의가 활성화할 가능성이 높으므로 유사 입장 그룹 논의에서 우주의 평화적 이용 및 TCBMs 이슈를 주도할 어젠다 개발 및 선도적 역할 배양이 필요하다. 이러한 배경에는 우주경쟁의 다변화를 촉진하는 국가들이 중국·일본·한국·인도·호주·멕시코·칠레 등 아·태 지역 국가들이며 아시아 지역 안보 이슈에 우주안보 및 우주협력도 포함될 가능성이 높은 상황이다. 또한 미국의 경우 우주안보 전략의 실현을 위해 아시아 국가와의 파트너십 구축을 강조하면서 아시아 국가의 역할분담을 제시하고 있는바, 우주안보 분야에서도 아시아 국가들의 적극적 역할이 요구되고 있다.

주지하다시피 오늘날 전통적 우주강국은 물론 신흥국들도 우주경쟁에 본격적으로 가세함에 따라 우주공간은 복합지정학적 안보경쟁이 심화되고 있다. 이에 따라 국제적으로는 기존 레짐의 분화 및 분절이 가속화되고 국내적으로는 우주안보 정책의 강화가 추진되고 있다. 이와 관련 세계정치 차원의 새로운 거버넌스 구축을 위한 진영 및 국가 간 규범 경쟁이 치열하게 전개되고 있는바, 이는 필연적으로 기존의 핵심적 국제규범에 대한 새로운 해석 및 규범 창출을 수반할 수밖에 없다. 우주공간에서 파괴적 경쟁을 제어하고 평화적으로 이용하기 위한 미래 과제는, 결국 전환기에 처해 있는 우주 거버넌스 및 규범의 재설정이 점진적, 안정적으로 안착하거나 혹은 모순적이지만 창조적으로 파괴되는지 여부에 달려 있다 할 것이다.

김지이. 2019. 「중국의 우주전략과 주요 현안에 대한 입장」. 국제문제연구소 워킹페이퍼 No.132.
김형국. 2010. 「우주경쟁: 제도화와 과제」. ≪한국동북아논총≫, 제15권 2호, 295~328쪽.
박원화. 2012. 「우주법, 정책: EU의 우주행동강령의 의미와 평가」. ≪한국항공우주정책·법학회지≫, 제27권 2호
쉬만스카, 알리나. 2019. 「러시의 우주전략과 우주 분야 주요 현안에 대한 입장」. 국제문제연구소 워킹페이퍼 No.133.
유준구. 2018. 『트럼프 행정부 국가우주전략 수립의 의미와 시사점』. 국립외교원 외교안보연구소 ≪주요국제문제분석≫. 1~19쪽.
임채홍. 2011. 「우주안보의 국제조약에 대한 역사적 고찰」. ≪군사≫, 제80호. 국방부군사편찬연구소. 259~294쪽.
현대경제연구원. 2015. "주요국 우주산업 경쟁력 현황과 시사점 - 민간 중심의 우주산업 생태계 조성이 시급하다!" VIP 리포트, 제15권 26호.

人民網. 2016.12.20. "习近平 : 努力建设航天强国和世界科技强国." http://politics.people.com. cn/n1/2016/ 1220/c1001-28964268.html (검색일: 2021년 4월 8일)

中华人民共和国国务院新闻办公室. 2016. "2016年中国的航天白皮书." http://www.scio.gov.cn/wz/Document/1537090/1537090.htm (검색일: 2021.4.8).

Kenderdine, Tristan. 2017. "China's Industrial Policy, Strategic Emerging Industries and Space Law", *Asia & the Pacific Policy Studies*, Vol.4, No.2.

Levin, Dan. 2009.3.23. "Chinese Square Off with Europe in Space", *The New York Times* https://www.nytimes.com/2009/03/23/technology/23iht-galileo23.html (검색일: 2021.4.8).

Schmitt, Michael N. 2016. "International Law and Military Operations in Space." Max Planck UNYB 10, pp.89~90.

U.S. Satellite Database, Union of Concerned Scientist. 2021.1.1 https://www.ucsusa.org/resources/satellite-database (검색일: 2021.4.8).

UNIDIR. 2016. Space Security Conference Report, pp.1~22.

찾아보기

서울대학교 미래전연구센터

서울대학교 미래전연구센터는 동 대학교 국제문제연구소 산하에 서울대학교와 육군본부가 공동으로 설립한 연구기관으로, 4차 산업혁명 시대 미래전과 군사안보의 변화에 대하여 국제정치학적 관점에서 접근하는 데 중점을 두고 있다.

김상배

서울대학교 정치외교학부 교수이며, 서울대학교 국제문제연구소장과 미래전연구센터장을 겸하고 있다. 미국 인디애나대학교에서 정치학 박사학위를 취득했다. 정보통신정책연구원(KISDI)에서 책임연구원으로 재직한 이력이 있다. 주요 관심 분야는 '정보혁명과 네트워크의 세계정치학'의 시각에서 본 권력변환과 국가변환 및 중견국 외교의 이론적 이슈와 사이버 안보와 디지털 경제 및 공공외교의 경험적 이슈 등이다.

최정훈

서울대학교 정치외교학부 외교학 전공 석사과정을 이수하면서 미래전연구센터 총괄조교로 재직하고 있다. 주 관심 분야는 과학기술의 발전에 따른 국제정치의 변화. 특히 우주·사이버 분야와 같은 신흥 영역의 이슈들이 기존 국제정치와 결합하여 발생하는 변화의 양상과 새롭게 등장하는 갈등의 향방, 그리고 그에 대한 대응책 등에 관심을 가지고 있다.

김지이

서울대학교 외교학 석사이다. 주로 미중 첨단기술 경쟁을 표준경쟁의 시각으로 바라보고 연구하고 있다. 편저서 『미중 경쟁과 글로벌 디지털 거버넌스』(2020)에서 "미국 기술패권에 대한 중국의 안보인식: MS, 구글, 애플을 중심으로"와 편저서 『규범의 국제정치』(2020)에서 "마이크로소프트 기술패권에 대한 중국 정부의 대응: 2000년대 홍치리눅스(红旗Linux)를 중심으로"를 썼다.

알리나 쉬만스카

알리나 쉬만스카(Alina Shymanska)는 한국에서 활동하고 있는 우크라이나 출신 사회과학 연구자이다. 현재 서울대학교 정치외교학부 박사과정을 수학하고 있으며, 사이버 안보와 우주 분야 등 신흥안보 이슈에 관한 연구를 진행하고 있다. 안보 연구에 대한 열정을 바탕으로 핵 비확산, 군비통제, 사이버 안보부터 전통 안보 분야까지 폭넓은 영역에 관심을 갖고 있으며, 최근 관심분야는 우주 안보, 우주 군사화, 우주법, 우주 외교 등이다.

한상현

가톨릭대학교 국제학부를 졸업하고, 서울대학교 정치외교학부 외교학 전공 석사과정을 수료했다. 국제관계를 전공하고 있으며, 신흥기술이 국제정치에 끼치는 영향과 경제-안보-기술 넥서스의 결합을 연구하고 있다. 서울대학교 국제문제연구소 연구보조원으로 활동하면서 우주, 4차 산업혁명과 육군, 미중 경쟁 시대의 수출입통제정책 등에 대한 연구를 수행했다.

이강규

한국국방연구원 안보전략연구센터 연구위원으로 재직 중이며, *The Korean Journal of Defense Analysis(KJDA)*의 편집위원으로 활동 중이다. 미 덴버대학교 국제대학원에서 중국의 대외정책으로 박사학위를 취득했다. 정보통신정책연구원(KISDI)에서 위촉연구원으로 근무했다. 주요 연구 분야는 미중 관계, 우리나라의 국방정책, 사이버 안보 및 우주군사 분야이며 동아시아 국가들 간 관계의 역사적 접근에도 관심이 많다.

이승주

중앙대학교 정치국제학과 교수이다. 미국 캘리포니아 버클리대학교에서 정치학 박사를 취득하고, 싱가포르 국립대학교 정치학과 교수와 연세대학교 국제관계학과 교수를 역임했다. 현재 한국정치학회 이사, 한국국제정치학회 이사, 외교부 정책자문위원으로 활동하고 있다. 주요 논저로『사이버 공간의 국제정치경제』(공저, 2018), 『일대일로의 국제정치』(공저, 2018), 『미중 경쟁과 글로벌 디지털 거버넌스』(공저, 2020), 「디지털 무역 질서의 국제정치경제」(2020) 등이 있다.

안형준

서울대학교에서 물리교육과 과학철학을 공부하고, 미국 조지아공대에서 한국 우주개발사를 다룬 논문으로 과학기술사 박사학위를 받았다. 현재 과학기술정책연구원에서 연구위원으로 재직하며 우주, 국방, 극지 등 거대공공연구개발 정책 연구를 주로 하고 있다. 과학기술정보통신부 우주개발진흥실무위원, 달탐사개발사업 추진위원, 발사체사업 추진위원으로 국가우주개발 관련 정책 자문도 하고 있다.

유준구

국립외교원 연구교수이며, 유엔 사이버 안보, 자율무기시스템 법률 고문(legal adviser)을 겸하고 있다. 성균관대학교 법과대학 국제법 박사학위를 취득했다. G20 정상회의 준비위원회에서 재직한 이력이 있다. 주요 관심 분야는 사이버, 우주, 자율무기시스템 등 신기술안보 거버넌스 및 규범 이슈 등이다.

한울아카데미 2300
서울대학교 미래전연구센터 총서 3

우주경쟁의 세계정치
복합지정학의 시각

ⓒ 서울대학교 미래전연구센터, 2021

엮은이 김상배 ┃ **지은이** 김상배·최정훈·김지이·알리나 쉬만스카·한상현·이강규·이승주·안형준·유준구
펴낸이 김종수 ┃ **펴낸곳** 한울엠플러스(주) ┃ **편집책임** 정은선
초판 1쇄 인쇄 2021년 4월 15일 ┃ **초판 1쇄 발행** 2021년 5월 3일
주소 10881 경기도 파주시 광인사길 153 한울시소빌딩 3층
전화 031-955-0655 ┃ **팩스** 031-955-0656 ┃ **홈페이지** www.hanulmplus.kr
등록번호 제406-2015-000143호

Printed in Korea.
ISBN 978-89-460-7300-5 93390 (양장)
　　　978-89-460-8066-9 93390 (무선)

한울엠플러스의 책

서울대학교 미래전연구센터 총서 1

4차 산업혁명과 신흥 군사안보
미래전의 진화와 국제정치의 변환

- 김상배 엮음
- 김상배·이중구·윤정현·송태은·설인효·차정미·이장욱·윤민우·
  최정훈·장기영·이원경·조은정 지음
- 2020년 4월 29일 발행 | 신국판 | 440면

자율무기체계, 5차원 전쟁, 우주군, 사이버전, 사이버심리전……
4차 산업혁명이 바꾸는 미래전의 모습!

이 책은 미래전의 부상이라는 시대적 변화에 대응하는 국가행위자들의 대응전략과 그러한 과정에서 발생하는 국가행위자 및 전쟁수행 주체의 성격 변화를 주목하며 나아가 이러한 변화들이 국제정치의 변환에 미치는 영향을 살펴본다. 특히 강군몽을 실현하려는 중국의 '반접근/지역거부 전략(A2/AD)'과 '제3차 상쇄전략'을 추진하는 미국의 'JAM-GC'이 충돌하는 전장 공간 속에서 미래 글로벌 패권을 놓고 벌이는 미중의 군사혁신 경쟁 양상을 살펴보고, 4차 산업혁명의 신기술들이 이러한 경쟁과 군사역량 창출에 미칠 영향을 전망한다.

또한 이 책은 기존의 전쟁수행 주체로서 국가행위자의 역량과 권위에 도전하는 비국가행위자들의 부상을 살펴본다. 군의 기능을 민간 기업에서 대행하는 안보사영화와 무인병기를 활용하는 전장무인화라는 두 가지 군사혁신과 국가의 관계를 이를 추진했던 국가들의 실제 사례를 통해 검토하고, 새로운 미래전과 주요 전쟁 주체로서의 비국가행위자들의 특성과 의미를 살펴보며, 불확실해지는 시대에 평범한 개인들 또는 국가 구성원들의 안보를 증진하기 위한 새로운 안보 프레임과 전쟁전략의 필요성을 제안한다.

서울대학교 미래전연구센터 총서 2

4차 산업혁명과 첨단 방위산업
신흥권력 경쟁의 세계정치

- 김상배 엮음
- 김상배·박종희·성기은·양종민·엄정식·이동민·이승주·이정환·
  전재성·조동준·조한승·최정훈·한상현 지음
- 2021년 3월 10일 발행 | 신국판 | 464면

첨단 방위산업 참여 주체들의 다양화
미·중·일 강대국의 경쟁과 중견국의 틈새 전략

각국의 전략 경쟁이 어느 때보다 심화되고 있는 상황이다. 그중 방위산업 세계 기업 순위 5위까지 석권하고 있는 미국은 중국에 대한 군사적 견제 전략을 위해 필요한 군사기술 개발에 앞장서고 있다. 이에 중국은 미국의 군사전개를 약화시키는 이른바 반접근/지역거부 전략을 펴면서 경제력을 바탕으로 아시아 국가들과 연대를 맺어가고 있다. 미·중 경쟁의 심화는 남중국해, 한반도 등 아시아 지역에도 영향을 줄 것으로 보이므로, 한국은 지속적으로 이 상황을 주시해야 할 것으로 보인다.

한국을 비롯해 스웨덴, 이스라엘, 터키와 같은 중견국들이 방위산업에서 나름의 경쟁력을 바탕으로 부상하고 있는 것도 눈여겨봐야 한다. 중견국들은 틈새를 공략하는 무기체계 위주의 전략을 추구하며 자국의 입지를 넓혀나가고 있다. 이 중 이스라엘의 경우는 우리나라에 많은 함의를 준다. 이스라엘은 체계적인 군-산-학 네트워크를 기반으로 민군 상호 협력이 활발히 이루어지고 있는 나라다. 이처럼 4차 산업혁명 시대에는 민군기술의 경계를 넘어 시장경쟁력과 군사 역량을 함께 증대해야 할 필요성이 커지고 있음에 주목해야 한다.